普通高等教育规划教材

煤 矿 地 质 学

陈继福　主编

化学工业出版社

·北 京·

本书主要包括两部分内容：第一部分为基础地质理论部分，包括地球概述、地质作用与矿产形成、地壳的物质组成、地史知识、煤矿地质构造、煤与煤层及煤系等。第二部分为煤矿应用地质工程技术部分，包括影响煤矿生产的地质因素及开采对策、矿井水文地质及水害防治、地质信息的获取技术及应用、煤矿主要地质图、煤炭资源储量及矿井储量管理、煤矿开采对环境的影响与环境保护等。

本书可作为普通高等院校采矿工程、测绘工程、井巷工程、安全工程等非地质类专业教学用书，也可作为采矿技术人员、矿井地质技术人员工作时的参考书。

图书在版编目（CIP）数据

煤矿地质学/陈继福主编. —北京：化学工业出版社，2016.2（2024.6重印）
普通高等教育规划教材
ISBN 978-7-122-26035-2

Ⅰ.①煤… Ⅱ.①陈… Ⅲ.①煤田地质-高等学校-教材 Ⅳ.①P618.110.2

中国版本图书馆CIP数据核字（2016）第007299号

责任编辑：张双进　　文字编辑：孙凤英
责任校对：宋　夏　　装帧设计：王晓宇

出版发行：化学工业出版社（北京市东城区青年湖南街13号　邮政编码100011）
印　　装：北京科印技术咨询服务有限公司数码印刷分部
787mm×1092mm　1/16　印张18　字数473千字　　2024年6月北京第1版第6次印刷

购书咨询：010-64518888　　售后服务：010-64518899
网　　址：http://www.cip.com.cn
凡购买本书，如有缺损质量问题，本社销售中心负责调换。

定　　价：54.00元

前 言 FOREWORD

本书是化学工业出版社组织编写的普通高等学校采矿类专业系列教材之一，适用于采矿工程、安全工程（煤矿安全）、地质工程、测绘工程、土木工程（矿井建设方向）等专业。

本教材按80学时编写，根据学校所在区域地质条件及实际教学需要，教学时数可选择60～70学时，内容可酌情增减。全书共十一章，分为两个部分。第一部分为基础地质理论部分，包括地球概述、地质作用与矿产形成、地壳的物质组成、地史知识、煤矿地质构造、煤与煤层及煤系等。第二部分为煤矿应用地质工程技术部分，包括影响煤矿生产的地质因素及开采对策、矿井水文地质及水害防治、地质信息的获取技术及应用、煤矿主要地质图、煤炭资源储量及矿井储量管理、煤矿开采对环境的影响与环境保护等，另附煤矿地质实验指导书。

参加本书编写的有：山西大同大学陈继福（绪论、第二、四、六、七、九章）、张磊（第一、八、十一章、实验指导书），山西工程技术学院李海珍（第五章）、史江涛（第三、十章）。本书由陈继福担任主编，并对全书进行统稿，李海珍担任副主编。

本教材在编写过程中得到了化学工业出版社的支持和指导，得到山西大同大学和山西工程技术学院的支持，在此一并表示衷心感谢！

由于编者水平所限，书中不当之处在所难免，敬请读者和各方面专家批评指正。

编者

2016年1月

目　录 CONTENTS

绪论

我国是当今世界上最大的煤炭生产国和消费国，煤炭资源在我国的能源政策中占据非常关键的位置，有效地支撑了国民经济的持续快速发展。在我国的自然资源中，基本特点是富煤、贫油、少气，这就决定了煤炭在一次能源中的重要地位。与石油和天然气比较而言，我国煤炭储量相对比较丰富，占世界储量的11.60%。我国煤炭资源总量为5.6万亿吨，其中已探明储量为1万亿吨，占世界总储量的11%，成为世界上第一大产煤国。据有关资料预测，即使我国政府采取积极稳健的替代能源政策，到2050年，我国的煤炭在能源消费结构中所占比例也将在40%以上。由此可见，在今后相当长的一段时期内，煤炭仍将是我国能源的支柱产业。煤炭工业要实现可持续发展战略，就必须深化改革，尽快摆脱粗放型的经营模式，步入低投入、高产出、高效益、低污染的良性循环轨道，而现代化的高产高效矿井需要建立可靠的地质保障系统。为此，必须加强煤矿地质理论研究，提高煤矿地质技术水平，创新煤矿地质工作方法。

一、煤矿地质学的研究对象

地质学是研究地球，主要是研究地壳的科学。具体地讲，它是研究地壳的构造、物质组成、发展变化以及矿产形成和分布规律等内容的科学。

煤矿地质学的研究对象主要是煤矿建设、生产过程中出现的各种地质问题，包括煤的赋存状态、地质构造、水文地质、瓦斯地质、煤尘等方面的情况。煤矿地质学就是利用地质学的基础知识，查明影响矿井建设与采煤的地质因素及其规律性，研究相应的处理方案和措施，以便指导采掘工程正常进行。

二、煤矿地质学的研究内容

煤矿地质学是一门服务于矿井生产的综合性学科，它包括：动力地质学、矿物学、岩石学、古生物学、地史学、构造地质学、地质力学、煤田地质学、矿井地质学、水文地质学、工程地质学、煤田勘探等。

随着生产的发展与科学技术的进步，地质学的研究领域日渐扩大，针对研究内容的不同，划分出越来越多的分支学科。当今的地质学实际上已经发展成为一系列既互有区别又互有联系的学科体系。

煤矿地质学作为地质学的一个分支学科，其重要特点之一是研究内容有很强的综合性，即研究范围广泛，不仅涉及地质学的基础理论，而且涉及地质学的许多应用分支。

1. 矿物学、岩石学

研究岩石的物质成分、形成机理、时空分布特征和变化规律。重点研究与煤矿产有关的造岩矿物和沉积岩。

2. 构造地质学

研究构造运动和构造运动引起的岩石圈的构造变动及其发展演化规律。重点研究与煤矿产关系密切的节理、断层、褶皱的形态特征、力学性质、发展规律及其对煤矿产的破坏与控制作用。

3. 古生物学、地史学

研究生物起源、发展、演化规律和地球形成、发展、演变的历史。重点研究含煤地层中有代表性的动物、植物化石，含煤地层在地质历史时期中的形成过程与演变规律。

4. 煤田地质与勘探

研究煤的物质组成、性质、分类，成煤作用，聚煤环境，含煤地层与煤田的时空分布特征，研究煤田地质勘探与矿井地质勘探的技术手段与勘探方法。

5. 水文地质学

研究地下水的赋存状态和分布规律。重点研究矿井水的来源、特征、涌水量变化规律与防治水措施。

6. 瓦斯地质学

研究煤层瓦斯的形成机理、赋存状态和分布特征。重点研究煤层瓦斯含量变化规律及其控制因素。

7. 矿井地质学

研究矿井地质编录、矿井地质制图、矿井地质报告及说明书的编制、矿井储量管理等。

三、煤矿地质学的任务

1. 研究煤矿地质规律

根据地质勘探部门提供的原始地质资料和煤矿建设生产中揭露出来的地质现象，研究矿区煤系地层、地质构造、煤层和煤质的变化规律，查明影响煤矿建设、生产的各种地质因素。

2. 矿井地质工作

进行矿井地质勘探、地质观察、地质编录和综合分析，提交煤矿建设、生产各阶段所需的地质资料，处理采掘工作中的地质问题。

3. 矿井储量管理

计算和核实矿井储量，测定和统计储量动态，分析储量损失，编制矿井储量表。为提高矿井储量级别和扩大矿井储量提供依据，为生产正常接替、资源合理利用服务。

4. 水文地质调查

地面与井下相结合，开展矿区水文地质调查。查明矿井水的来源、涌水通道、涌水量大小及其影响因素与变化规律，研究和制定防治水措施与方案，同时为煤矿生产、生活寻找和提供优质水源。

5. 地质灾害预测预报

对危及煤矿建设生产的各种地质灾害，如瓦斯突出、水害、热害、煤尘、崩塌、滑坡等，查明其形成机理，对各类地质灾害的分布范围、突发时间及危害程度进行预测预报，提出防范措施与治理方案。

6. 环境地质调查

开展矿区环境地质调查工作，查明污染矿区（井）环境的地质因素及其危害程度，研究环境地质的治理措施，配合环保部门提出矿区（井）环境保护方案。

7. 矿产资源综合利用

调查研究煤系地层中伴生矿产资源的性质、特征、储量、分布规律和利用价值，为化废为宝、综合利用、保护环境、提高煤矿经济效益提供依据。

四、煤矿地质与煤矿建井、地下采煤及煤矿测量的关系

煤矿地质与煤矿建井、地下采煤、矿山测量的关系非常密切，它是煤矿建井、生产过程中的重要依据。没有正确的地质工作就不能进行正常的建井与采煤；没有可靠的地质资料就不可能作出正确的矿井设计。

地质工作为建井和采煤服务，又指导建井和采煤。它始终贯穿在建井、开拓、回采直至矿井报废的全过程。没有正确的地质资料不单不能设计出正确的开拓开采方案，甚至给生产带来重大损失。例如：当掘凿一对竖井时，由于地质资料的错误，往往使竖井不能按期移交生产或将竖井设计在构造破碎带上，造成竖井井筒达不到设计的服务年限。又如：根据错误的地质资料计算出来的储量，必定是错误的，因此，设计的采区就要提前报废或无煤可采，给国家带来人力、物力的浪费；严重时可能造成人为的伤亡事故。

在建井与生产过程中，地质与测量工作必须紧密配合。每当设计一个钻孔后，要由测量人员到现场进行准确定位后才能钻进。在生产矿井中根据设计要求，某一巷道沿煤层底板掘进时，测量人员必须经常指导掘进方向。如果对地质构造了解不清，将直接影响采煤方法的选择和影响采煤机械化的进行；如果储量计算不准，将影响煤矿服务年限和生产的正常接续。如果对水文条件、瓦斯的赋存、地热等了解不清将会带来严重的自然灾害，也将会给国家造成人力、物力、财力的极大浪费。

由此可见，在煤矿建设和生产过程中，地质与煤矿建井、地下采煤、矿山测量等工作是密切相关的，互相配合的统一体。

第一章 地球概述

Chapter 1

第一节 地球

一、地球在宇宙中的位置

1. 宇宙

（1）银河系的构成　银河系是由众多恒星及星际间物质组成的庞大的天体系统。

（2）银河系的大小和形状　银河系从侧面看呈铁饼状，俯视呈旋涡状。银河系的直径约10万光年。

（3）太阳系在银河系中的位置　太阳系位于银河系赤道平面附近，距银河系中心约3万光年，太阳系作为一颗普通的恒星绕银河系的中心运动。银河系中像太阳这样的恒星有2000多亿颗。

（4）宇宙的构成　目前，人类所观测到的类似于银河系的天体系统就有10亿个左右，这些天体系统被称为星系，所有的星系构成了广阔无垠的宇宙。人类所观测到的宇宙部分叫总星系，它有约距地球150亿光年的时空范围。

2. 太阳系

（1）太阳系的构成　八大行星、小行星、彗星等天体按一定的轨道围绕太阳公转构成了太阳系。太阳是中心天体，它以强大的引力将太阳系里的所有天体牢牢地吸引在周围，使它们井然有序地绕太阳旋转。

（2）八大行星距太阳由近及远的顺序　为水星、金星、地球、火星、木星、土星、天王星、海王星。

水星、金星、地球和火星被称为类地行星，它们主要由石质和铁质构成，半径和质量较小但密度较高。

木星、土星、天王星和海王星被称为类木行星，它们主要是由氢、氦、冰、甲烷、氨等构成，质量和半径均远大于地球，但密度却较小。

（3）小行星带的位置　小行星位于火星与木星轨道之间，用肉眼看不到这些小行星，它们沿着椭圆形轨道绕太阳旋转，形成了一个环状小行星带。

（4）八大行星公转的方向　都是自西向东，公转轨道几乎在同一平面上，公转轨道跟圆都很接近。

3. 地球

地球是太阳系的一颗普通行星，在太阳系八大行星中，它与太阳的距离（由近及远）排在第三位（图 1-1）。各行星的有关物理参数见表 1-1。

表 1-1 太阳系八大行星物理参数

行星	质量		赤道半径		扁率 $(a-c)/a$	体积与地球比	平均密度/(g/cm^3)	表面重力加速度与地球比	逃逸速度/(m/s)
	g	与地球比	km	与地球比					
水星	3.33×10^{26}	0.0554	2440	0.0383	0.0	0.056	5.46	0.37	4.3
金星	4.87×10^{27}	0.815	6050	0.0949	0.0	0.856	5.26	0.88	10.3
地球	5.976×10^{27}	1.000	6378	1.000	0.0034	1.000	5.52	1.00	11.2
火星	6.421×10^{26}	0.1075	3395	0.532	0.009	0.150	3.96	0.38	5.0
木星	1.900×10^{30}	317.94	71400	11.22	0.0648	1.316	1.33	2.64	59.5
土星	5.688×10^{29}	95.18	60000	9.41	1.108	745.000	0.70	1.15	35.6
天王星	8.742×10^{28}	14.63	25900	4.06	0.0303	65.200	1.24	1.17	21.4
海王星	1.029×10^{29}	17.22	24750	3.88	0.0259	57.100	1.66	1.18	23.6

二、地球的形状和大小

地球的形状，顾名思义，是“球”形的。不过，对于“球”形的认识曾经历了一个相当长的过程。

通常，地球的形状不是指地球自然表面的真实形状，而是指大地水准面的形状。所谓大地水准面，就是完全静止海面，它是假设占地表 3/4 的海洋表面完全处于静止的平衡状态，并把它延伸通过陆地内部所得到的全球性的连续的封闭曲面，曲面上处处与铅垂线垂直。它是陆地海拔的起算面。

随着科学技术的发展，人类目前了解到地球并非是一个标准的旋转椭球体，而是一个梨形体，北极突出约 10m，南极凹进 30m。北半球在中纬度地区稍稍凹进，南半球则凸出（图 1-2）。近年来，由人造地球卫星测得的地球大小更为精确。目前所采用的有关数值见表 1-2。

表 1-2 地球大小的参数

参数名称	数值
赤道半径 6378.140km	子午线周长 40008.08km
极半径 6356.755km	表面积 $5.11\times10^{8}km^{2}$
地球体积 $1.083\times10^{12}km^{3}$	地球面积($4\pi R^2$)510100934km^2
扁率 1/298.257	地球质量 $5.9742\times10^{24}kg$
赤道周长 40075.04km	万有引力常数 $6.67259\times10^{-11}m^{3}/(kg\cdot s^{2})$

在研究地球形状的地理意义时，可略去地球几何形状和真实形状之间的差异，而把它当做一个正球体。地球是一个不透明的球体，因接受同一光源的照射，而形成半球性的白昼和黑夜。

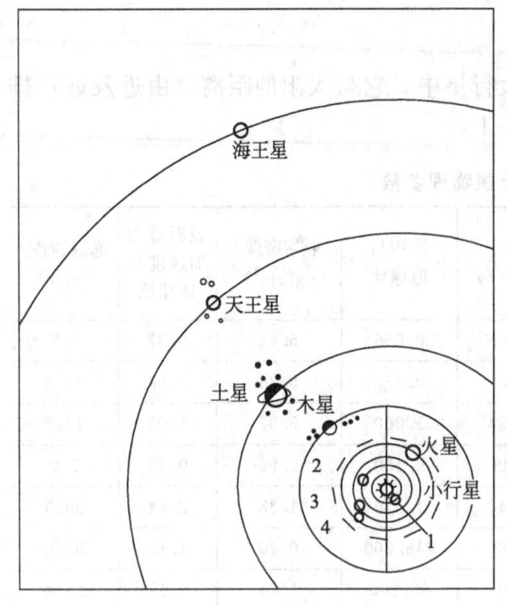

图 1-1　行星围绕太阳旋转示意
1—水星；2—金星；3—地球；4—月球

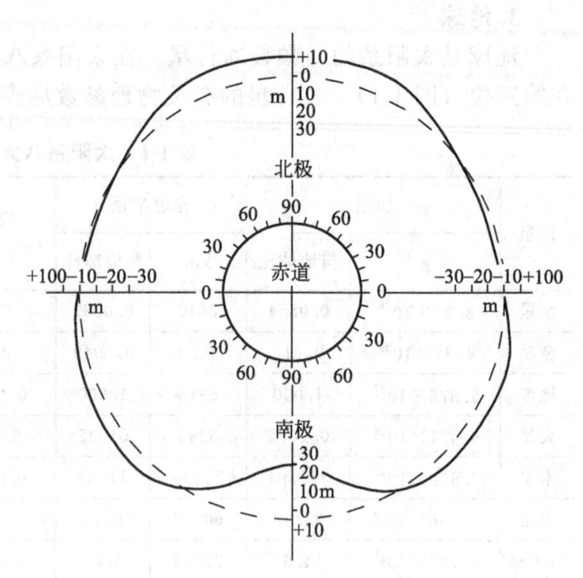

图 1-2　地球的梨形体示意

日地距离遥远，可以把太阳光视作平行光线。当平行光线照射到球形地表时，在同一时刻，不同地点将具有不同的太阳高度。黄赤交角的存在，决定了这种高度有规律地从地球直射点向两极减小，在自转的地球上，就造成热量分布的纬度差异，从而引起地表上一切与热量有直接关系或间接关系的现象和过程，均具有纬向地带性。

地球的巨大体积，使它具有强大的地心引力吸引周围的气体，保持着一个具有一定质量和厚度的大气圈。有了大气圈，才能保护水圈，形成生物圈。

三、地球的表面特征

根据海拔高程和地形起伏特征，陆地地形主要可划分为山地、高原、盆地、丘陵、平原等多种地形单元。

1. 大陆地形特征

根据海拔高程和地形起伏特征，陆地地形主要可划分为山地、高原、盆地、丘陵、平原等多种地形单元。

（1）山地　指海拔高度大于 500m 以上的隆起高地，并且有明显山峰、山坡和山麓的地形单元。呈长条状延伸的山地称山脉，如阿尔卑斯-喜马拉雅山脉、环太平洋山脉等。

（2）丘陵　指海拔高度小于 500m 或相对高差在 200m 以下的高地，顶部浑圆、坡度平缓、坡脚不明显的低矮山丘群。如辽东丘陵、山东丘陵。

（3）盆地　指陆地上中间低四周高的盆形地形，世界上最大的盆地是刚果盆地，面积达 $337\times10^4km^2$。我国最大的盆地为塔里木盆地，其面积达 $50\times10^4km^2$。还有准噶尔盆地、柴达木盆地和四川盆地等大型盆地。

（4）高原　指海拔高度较高（海拔大于 500m），面积较宽广，地面起伏较小的地区。世界上最大的高原是非洲高原，最高的高原是我国青藏高原，海拔在 4000m 以上。

（5）平原　指海拔高度小于 200m，面积宽广、地势平坦或略有起伏的平地，如我国的松辽平原、华北平原和长江中下游平原等。

2. 海底地形特征

海洋是由海和洋组成的。洋是远离大陆，面积宽广，深度较大的水域，是海洋的主体。如大西洋、印度洋、太平洋和北冰洋。四大洋的水体是相互连通的。在大洋的边缘与陆地比邻的水域称为海。根据海底地形的基本特征，可分为大陆边缘、深海盆地及大洋中脊三部分。如图 1-3。

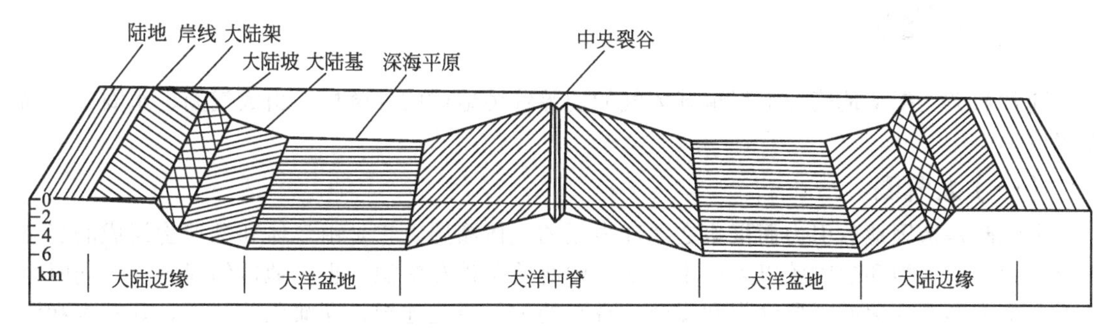

图 1-3　洋底地形的主要单元示意（据金性春，1984）

（1）大陆边缘　大陆边缘是指大陆至大洋深水盆地之间的地带，是陆地与海洋之间的过渡地带，它包括大陆架、大陆坡和大陆基，占海洋面积的 22.4%。

① 大陆架。海与陆接壤的浅海平台，又称浅海陆棚，是大陆周围坡度平缓的浅水区。其范围从低潮线开始，到海底坡度显著增大的转折处，地势平坦，坡度一般小于 0.3°。大陆架外缘水深各地不一样，其水深一般不超过 200m，平均水深约 133m。大陆架的宽度差别很大，平均为 75km。大陆架的地壳结构与大陆相同，可以认为是被海水淹没的大陆部分。

② 大陆坡。位于大陆架外缘到深海海底地形明显变陡的地带，坡度较大，平均坡度为 3°，最大坡度可达 20°以上，致使水深各地不同，从 200～3000m 以上不等，一般不超过 2000m。大陆坡的宽度为 20～100km，平均宽度为 20～40km。

③ 大陆基。又称大陆隆、大陆裙，是大陆坡与大洋盆地之间的缓倾斜坡地带，由沉积物堆积而成。坡度为 5°～35°，水深为 2000～5000m。在大西洋及印度洋，大陆基宽度可达 500km。大陆基在太平洋地区并不发育，但海沟发育。海沟是洋底狭长而深渊的洼地，宽度不到 100km。延伸可达几百到几千千米，水深大于 5500m，最大可达 8000～10000m，是地球表面地势最低的地区。

（2）深海盆地　指大陆边缘之外，大洋中脊两侧的较平坦地带，一般水深 4000～6000m，是海洋的主体部分，占海洋面积的 44.9%。大洋盆地地势十分平坦，以深海平原为主，在大洋中脊附近发育深海丘陵。

（3）大洋中脊　大洋中脊是大型海底地形单元之一，是洋底发育的连绵不断的海底山脉，泛称海岭。在大西洋和印度洋中，位居大洋中部，在太平洋中则偏东。全球大洋中脊相互连接，全长超过 70000km，占海洋面积的 32.7%。

第二节　地球的圈层构造及特征

地球的圈层构造包括由大气圈、水圈、生物圈组成的外部圈层和由地核、地幔、地壳组成的内部圈层。其特点为：地核的外核为液态或熔融状，内核为铁镍固体；地幔为铁镁固体，地幔上部的软流层为岩浆发源地；地壳厚度不均，陆壳厚洋壳薄，地壳上为硅铝层，下为硅镁层；大气圈高度增高大气密度下降；水圈由液、固、气三态组成，连续而不均匀分布；生物圈与大气圈、地壳、水圈交叉分布且相互渗透，是包括人类在内的生命最活跃的圈层。

一、外圈层

通常意义上把从地表往上至地球大气的边界称为地球的外圈层，由大气圈、水圈、生物圈组成。

（一）大气圈

大气圈是指因地球引力而聚集在地球表层的气体圈层。它是由气体和悬浮物组成的流体系统。大气是人类和生物赖以生存不可缺少的物质条件和资源，也是地球的保护层，同时也是促进地表形态变化的重要动力和媒介。现在的大气圈是地球长期演化的结果，其发育和演变又受到地球其圈层发育演变的影响。

1. 大气圈的组成

大气圈由干洁大气、水汽和气溶胶粒子组成。

(1) 干洁大气　干洁大气主要成分是氮、氧和氩，合占干洁大气总容积的99.9%。还有少量的二氧化碳、臭氧、各种氮氧化合物及其一些惰性气体。

大气中的氮、氧丰富，对生物有重大意义。大气中臭氧和二氧化碳含量虽然很少，但它们对人类活动和天气、气候变化有很大影响。高空臭氧的形成主要是氧分子吸收了波长在0.1～0.24μm的太阳紫外线辐射后形成氧原子，而后氧原子在第三种中性粒子的参与下，很快与氧分子结合形成臭氧。低空的臭氧一部分是从高空输送而来，一部分是由闪电、有机物氧化而成。后者过程不经常发生，故低空臭氧含量少，且不固定。在大气更高层次中，由于紫外线辐射强度很大，氧分子接近完全分解，使臭氧难以形成。在垂直方向臭氧浓度最大出现在20～30km，称为臭氧层。

二氧化碳主要来源于有机物的燃烧、腐烂以及生物的呼吸，矿泉、地裂隙和火山喷发。所以大气中的二氧化碳也随时间和空间而变化。由于人类活动影响的加剧，使大气中二氧化碳含量在急剧增加。

(2) 水汽　大气中的水汽来源于海洋、湖泊、江河、沼泽、潮湿地面及植物表面的蒸发或蒸腾作用。大气中的水汽含量随时间、空间和条件不同有较大的变化，按容积计，其变化范围在0～4%。大气中的水汽一般是低纬度地区大于高纬度地区，沿海地区大于内陆地区，夏季大于冬季。在垂直方向水汽含量迅速减小，观测表明，在1.5～2km高度处空气中水汽含量只有地面附近的1/2，在5km高度只有地面的1/10。

(3) 气溶胶粒子　大气气溶胶粒子是指悬浮于空气中的液体和固体粒子，包括水滴、冰晶、悬浮着的固体灰尘微粒、烟粒、微生物、植物的孢子、花粉以及各种凝结核和带电离子等。它是低层大气的重要组成部分，是自然现象和人类活动的产物。

2. 大气圈的基本特征

大气圈总质量约为5.3×10^{18}kg，约占地球总质量的百万分之一。大气是多种气体的混合物，可分为恒定组分、可变组分和不定组分三种。

恒定组分是指在地球表面上任何地方（主要是90km以下的低层）其组成几乎是可以看成不变的成分。可变组分是指大气中的二氧化碳、臭氧和水蒸气。不定组分是指大气中可有可无的成分，如尘埃、硫化氢、硫氧化物、氮氧化物、煤烟、金属粉尘等。大部分物质在大气中含量超标就会造成污染。它们来源于自然界的火山爆发、森林火灾等灾害，也有一部分来源于人类的活动。

大气圈的下界在地下一般小于3000m。一般认为上界在地表以上2000～3000km。从下往上可依次分为对流层、平流层、中间层、暖层和散逸层（图1-4），其中与人类及地质作用最密切的是对流层，其次是平流层。

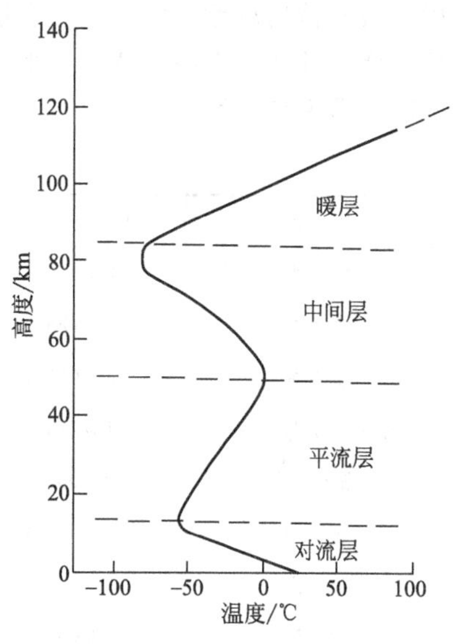

图1-4 大气的垂直分层

对流层是大气圈的最下一层，平均厚度在高纬度地区为8～9km，中纬度地区为10～12km，低纬度地区为17～18km。夏季厚度大于冬季。对流层厚度不到整个大气圈的1%，但集中了大气质量的3/4，大气水汽的90%。对流层受地球表面的影响最大，层内对流旺盛，大气中的主要天气现象如云、雾、雨、雪、雹都形成在此层内。对流层中温度一般随高度的升高而降低，垂直温度梯度（在垂直方向高度变化100m时气温的变化值）平均为0.65℃/100m。对流层顶的温度降至零下几十摄氏度。其主要特征有：温度随高度的升高而降低，空气具有强烈的对流运动，从而发生一系列的天气现象；天气要素如温度、湿度的水平分布不均匀，由此产生一系列的物理过程，形成复杂的天气现象，对人类的影响和受人类活动的影响最为明显。对流层对人类的影响最大，通常所说的大气污染就是对此层而言。

平流层为从对流层顶以上到50km左右高度。平流层中气温随高度升高初时不变，后反而升高，这主要是地面辐射减少和氧及臭氧对太阳辐射吸收加热的结果。这样的温度分布抑制了空气对流。此层内气流比较平稳，是喷气式飞机飞行的理想场所。由于水汽和尘埃含量少，而无对流层中那种剧烈的云雨天气现象。该层特点是气流以水平运动为主，它基本上不含水汽和尘埃，不存在各种天气现象。

3. 大气圈与人类生存的关系

大气圈的存在，对地球表层创造一个良好的环境起着重要作用。大气与人类发展联系紧密，大气质量直接影响人体健康。尤其是当今时代发展迅速，人地矛盾突出，加之近年来空气质量的不断恶化，细颗粒物（$PM_{2.5}$）重要性的凸显，无不显露出大气独一无二的作用：可供给生物所需的N、C、H、O等元素。大气的主要成分有氧气、氮气、二氧化碳、微尘及稀有气体等，为生物供给所需元素；吸收有害光线（紫外线等），保护生物免受宇宙射线伤害。大气圈中的臭氧能吸收对生物体有害的紫外线，以达到保护地球表层生物的作用；防止地表温度发生剧变和水分散失。大气圈如同一层厚厚的保暖层，使得地表温度不至于过高或过低，为万物生长提供有利的条件；一切天气变化都在大气层中发生。雨、雪、云、雾、风等天气状况，都于大气中发生。大气是水循环的重要环节；大气是促成地表物质作用的主要因素。主要指风化作用对地表的塑造作用，其中吹蚀、磨蚀作用为主。

除此之外，从资源的角度看，大气也是一种重要的资源。比如说，将大气中的氮固定下来，合成多种化合物，成为工业原料；随着大气污染越来越严重，去空气新鲜、氧气充足的地方旅游；再比如风能的利用、太阳能的利用都与气候密切相关；以及空气中传播的电磁波，它能产生光和热；大气圈中的电离层也是传播无线电短波所必需的物质环境；为飞机航道、卫星轨道所提供的大气空间等。

（二）水圈

1. 水圈的特点

水圈也是外动力地质作用的主要介质，是塑造地球表面最重要的角色。水圈是指地球表层所有水体的总称。它指地壳表层、表面和围绕地球的大气层中存在着的各种形态的水，包括海洋、江河、湖泊、冰川、地下水等。海洋是水圈的主体，其次是冰川和地下水。各种水体的分布见表 1-3。

表 1-3　地球水圈的构成

水　体	面　积/km^2	体　积/km^3	平均深度/m	占水圈总水量百分数/%
海洋水	361300000	1338000000	3700	96.5
地下水	134800000	23400000	174	1.7
土壤水	82000000	16500	0.2	0.001
冰川和永久积雪	16227500	24064100	1463	1.74
永久冻土层地下冰	21000000	300000	14	0.022
湖　泊	2058700	176400	85.7	0.013
沼　泽	2682600	11470	4.28	0.0008
河　流	148800000	2120	0.014	0.0002
大气水	510000000	12900	0.025	0.001
合　计	510000000	1385983490	2718	100

注：摘自《中国大百科全书·大气科学·海洋科学·水文科学》，1987 年版。

水圈中的水是循环的。海洋表层水体经太阳辐射发生蒸发，一部分进入大气圈再运动到陆地上空凝结成雨、雪等降落到陆地，然后随地下水或地表径流又返回到海洋。在海洋表层水体有一部分水蒸发后，又接着以降水形式返回海洋；在陆地上也有一部分水蒸发后也接着降落在陆地上。水圈对地表及大气圈和生物圈都起着十分重要的作用。

2. 水环境与人类的关系

水环境是由地表水圈所构成的环境，它与其他圈层存在物质和能量的交换，是一个开放的系统。人类大规模的活动对水圈中水的运动过程有一定的影响。大规模的砍伐森林、大面积的荒山植林、大流域的调水、大面积的排干沼泽、大量抽用地下水等，都会促使水的运动和交换过程发生相应变化，从而影响地球上水分循环的过程和水量平衡的组成。人类的经济繁荣和生产发展也都依赖于水。如水力发电、灌溉、航运、渔业、工业和城市的发展，无不与水息息相关。

目前，水环境污染已成为一个全球性的危及人类长远发展的严重问题，无论地面流水、地下水、海水甚至冰川，都受到不同程度的污染。水体污染的污染源除自然因素外，主要还是人为因素造成的，如工业废水、生活废水和农业废水直接排入水体中，破坏水质。

（三）生物圈

1. 生物圈的简介及基本特征

生物圈是指地球上凡是出现并感受到生命活动影响的地区。是地表有机体包括微生物及其自下而上环境的总称，是行星地球特有的圈层。它也是人类诞生和生存的空间。生物圈是地球上最大的生态系统。从地表以下 3000m 到地表以上 10000m 的范围内都存在生物。但 90%以上的生物仅活动在地表以上 200m 和水下 200m 的范围。

生物圈是一个封闭且能自我调控的系统。其生物种类繁多，现已被发现和定名的达 200 万种，其中动物 150 万种、植物 50 万种。这实际上只是其中极少的一部分，真正存在的生物种类的数量比这大得多。地球目前是整个宇宙中唯一已知的有生物生存的地方。一般认为生物圈是从 35 亿年前生命起源后演化而来的。数量已达 60 多亿的人类是目前主宰世界的最高级动物。

2. 生物圈的存在条件与生态平衡及生物资源

生物圈是一个复杂的、全球性的开放系统，是一个生命物质与非生命物质的自我调节系统。它的形成是生物界与水圈、大气圈及岩石圈（土圈）长期相互作用的结果，生物圈存在的基本条件如下。

① 必须获得来自太阳的充足光能。因一切生命活动都需要能量，而其基本来源是太阳能，绿色植物吸收太阳能合成有机物而进入生物循环。

② 要存在可被生物利用的大量液态水。几乎所有的生物全都含有大量水分，没有水就没有生命。

③ 生物圈内要有适宜生命活动的温度条件，在此温度变化范围内的物质存在气态、液态和固态三种变化。

④ 提供生命物质所需的各种营养元素，包括 O_2、CO_2、N、C、K、Ca、Fe、S 等，它们是生命物质的组成或中介。

生态系统的范围可大可小，大到全球的生物圈，小到一个池塘。无论大小，它都应包括无机环境、生产者、消费者和分解者四个组成部分。

具体来说，无机环境包括水、气体、土壤和阳光等。生产者包括所有的绿色植物和部分细菌，它们通过光合作用而使生态系统获得能量，是生态系统中最积极的因素。消费者包括各类动植物，它们直接或间接地依赖于生产者而生存，是生态系统中的消极因素。分解者包括细菌、真菌、土壤、原生物等，它们把生态系统中一些复杂的有机物逐步分解为简单的无机物，便于生产者吸收，所以它们也是生态系统中的积极因素。

在不断进行能量流动和物质循环的正常生态系统中，一定时间和空间内生产者、消费者和分解者之间都保持着一种动态的稳定，这种稳定状态就叫生态平衡。它包括生态系统结构上的稳定、功能上的稳定以及能量输入输出上的稳定。生物的多样性是决定生态系统调节能力强弱的重要因素。生态系统中生物种类越多，其调节能力就越强；反之就越低。

生物也是一种自然资源，它包括生物圈中的全部植物、动物和微生物，是人类生存和发展必不可少的物质。

植物资源包括森林资源、草地资源、陆地野生物资源。世界森林和林地面积曾达 $60\times10^8km^2$，到 1954 年下降了 1/3。近 30 年来，全球森林覆盖率进一步下降，而且有明显增快趋势。我国的森林覆盖率约 20%，低于世界大多数国家，处于第 139 位，我国的人均值不足世界的 1/4，由于长期以来的过量采伐，我国很多著名的林区森林资源都濒临枯竭。全球天然草原面积 $3000\times10^4km^2$，占陆地面积的 23%。我国草地面积有 $446\times10^4km^2$，约占全国土地面积的 46.5%。世界野生植物资源虽然丰富，但目前正以每小时消失一种的速度锐减。我国有高等植物 3 万多种，其中木本植物达 7000 多种。

目前，世界上已确定的哺乳动物有 4170 种，鸟类 8715 种，爬行动物 5115 种，两栖动物 3125 种，鱼类 2.1 万种，无脊椎动物 130 万种。我国爬行类动物有 300 多种，鸟类 1100 多种，兽类 400 多种，淡水鱼近 600 种，海鱼 1500 多种。需要引起警觉的是，到目前为止已有 110 多种兽类和 130 多种鸟类灭绝了，这种灭绝的速度十分惊人。从某种意义上来说，人口也是一种资源，它具有生产和创造物质财富的能力。当代突出的问题是人口快速增长对整个地球环境及各种资源都产生了极大的压力。有些科学家预计，世界上的生物资源量只能养活 100 亿人。所以，必须控制人口的快速增长，使人口、资源、环境达到和谐的平衡状态。

二、内圈层

地球内部的圈层称为内圈层。1909年，前南斯拉夫地震学家莫霍洛维奇首先发现在大陆地下平均约33km处地震波横波波速突然增大（表1-4），表明此处上下物质有变化，存在一个界面（称为莫霍面）。1914年，美籍德国地震学家古登堡发现在地下约2885km处地震波横波波速突然为零（表1-4），表明此处上下物质也有明显变化，存在一个界面（称为古登堡面）。地球内圈层以这两个界面为界分为三个大圈层：地壳、地幔、地核（表1-4）。

表1-4　地球内圈层及各圈层主要数据

内部圈层		深度/km	地震波速度/(km/s)		密度ρ/(g/cm^3)	压力p/MPa	重力g/(10m/s^2)	温度t/℃	附注
			纵波v_p	横波v_s					
地壳		0	5.6	3.4	2.6	0	981	14	岩石圈（固态）
			7.0	4.2	2.9	1200	983	400~1000	
莫霍面									
地幔	上地幔	33	8.10	4.4	3.32				
		60	8.2	4.6	3.34	1900	984	1100	
		100	7.93	4.36	3.42	3300	984	1200	软流圈（部分熔融）
		250	8.2	4.5	3.6	6800	989		
		400	8.55	4.57	3.64	7300	994	1500	
	下地幔	650	10.08	5.42	4.64	18500	995	1900	（固态）
		2550	12.80	6.92	5.13	98100	1008		
			13.54	7.23	5.56	135200	1069	3700	
古登堡面		2885							
地核	外核		7.98	0	9.98				液态地核
		3170	8.22	0					
		4170	9.53	0	11.42	252000	760	4300	固-液态过渡带
	过渡层		10.33	0					
		5155			12.25	328100	427		
	内核		10.89	3.46					固态地核
		6371	11.17	3.50	12.51	361700	0	4500	

1. 地壳

地壳是地球的固体外壳，是指由岩石组成的固体外壳地球固体圈层的最外层，岩石圈的重要组成部分，通过地震波的研究判断，地壳与地幔的界面为莫霍洛维奇不连续面（莫霍面）。全球平均厚度为16km，但变化很大，大陆地壳较厚，平均约33km，最厚可达70多千米；大洋地壳较薄，平均约7km，最厚约11km，最薄不足2km。

地壳由上下两层组成（图1-5）。上层化学成分以氧、硅、铝为主，平均化学组成与花岗岩相似，称为花岗岩层。上地壳叫硅铝层或花岗岩质层，因其与以硅铝为主的花岗岩质岩石一致。上地壳呈不连续分布，此层在海洋底部很薄，尤其是在大洋盆底地区，太平洋中部甚至缺失，是不连续圈层。

下层富含硅和镁，平均化学组成与玄武岩相似，称为玄武岩层，下地壳叫硅镁层或玄武岩质层，因其与由硅、镁、铁、铝组成的玄武岩相当。下地壳呈连续分布，在大陆和海洋均有分布，是连续圈层。两层以康拉德不连续面隔开。

2. 地幔

地幔是指介于地球内部莫霍面与古登堡面之间的圈层。体积占地球的82.3%，质量占

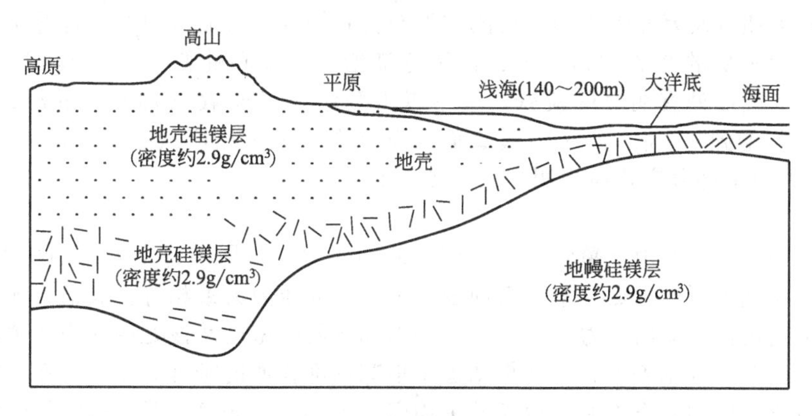

图 1-5　地壳结构示意

地球的 67.8%，是地球的主体。厚度约 2865km，主要由致密的造岩物质构成，这是地球内部体积最大、质量最大的一层。地幔又可分成上地幔和下地幔两层。

上地幔上部存在一个地震波传播速度减慢的层，一般又称为软流层，推测是由于放射性元素集中，蜕变放热，使岩石高温软化，并局部熔融造成的，很可能是岩浆的发源地。软流层以上的地幔是岩石圈的组成部分。上地幔的平均密度为 3.5g/cm^3，与石陨石相当。其物质成分基本上相当于含铁、镁很高的超基性岩石（称为地幔岩），主要矿物成分可能为橄榄石，部分为辉石和石榴子石。在上地幔上部存在一个地震波低速带（称之为软流层），大约从地下 70km 延伸至 250km。在该层中易熔组分或熔点较低的组分已发生熔融，这些熔融物质（占 1%～10%）散布于固态物质之间，因而这层的强度降低且具有较强的塑性或流动性。由于软流层物质已接近熔融的临界状态，因此有人称它为岩浆的发源地。

下地幔温度、压力和密度均增大，物质呈可塑性固态。平均密度为 5.1g/cm^3，由于强大的压力作用，橄榄石等矿物成分分解为 FeO、MgO、SiO_2 和 Al_2O_3 等简单的氧化物。与上地幔相比，一般表现为含铁量的相对增加或 Fe/Mg 的比例增加。

3. 地核

地核是指地球内部古登堡面至地心的圈层，是地球的核心部分，厚 3400km 以上，体积占地球的 16.2%，质量占地球的 31.3%，密度高达 9.98～12.5g/cm^3。主要由铁、镍元素组成，半径为 3480km。地核占地球总体积的 16%，地幔占 83%，而与人们关系最密切的地壳，仅占 1%而已。

地核分为三层：外核（地下 2885～4170km）、过渡层（地下 4170～5155km）、内核（地下 5155km～地心）。外壳推测为液态，内核推测为固态，而过渡层则为液体-固体的过渡状态。据推测地核的物质组成为少量的硅、硫等轻元素组成的合金。

三、地球的主要物理性质

地球的主要物理性质包括密度、压力、重力、地磁、地热等。它们从不同的侧面反映地球内部的物质组成、状态、结构。目前，人们已利用这些知识来为开发地下矿产资源和地下工程建筑服务。

1. 密度

由万有引力公式及地球体积可得出地球的平均密度为 5.516g/cm^3。但从地表岩石实测的平均密度仅为 2.7～2.8g/cm^3，可以肯定的是地球内部必定有密度更大的物质。现阶段，对地球内部各圈层物质密度大小与分布的计算，主要是依靠地球的平均密度、地震波传播速度、地球的转动惯量及万有引力等方面的数据与公式综合求解而得出的。计算结果表明，地球内部的密度由表层的 $2.7\sim2.8g/cm^3$ 向下逐渐增加到地心处的 $12.51g/cm^3$（见表 1-4），并且在一些不连续面处有明显的跳跃，其中以古登堡面（核-幔界面）处的跳跃幅度最大，从 $5.56g/cm^3$ 剧增到 $9.98g/cm^3$；在莫霍面（壳-幔界面）处密度从 $2.9g/cm^3$ 左右突然增至 $3.32g/cm^3$，在以上部分变化最为明显（见表 1-4）。

2. 压力

地球内部的压力是指由上覆物质重量产生的静压力，其周围各个方向的压力大致相等，也称为围压。在地内深处某点，来自其周围各个方向的压力大致相等，其值与该点上方覆盖的物质的重量成正比。地内压力的大小与地球内部物质的密度及该处的重力有关，总是随深度连续而逐渐地增加（见表 1-4）。如果知道了地球内部物质的密度大小与分布，便可求出不同深度的压力值。比如研究表明，地壳的平均密度为 $2.75g/cm^3$，那么深度每增加 1km，压力将增加约 27.5MPa（$1MPa=10^6N/m^2$）。计算可以知道，压力值在莫霍面处约 1200MPa、古登堡面处大约为 135200MPa、在地心处达到 361700MPa。

3. 重力

重力是地心引力与地球自转产生的惯性离心力的合力。地球上的任何物体都受着地球的吸引力和因地球自转而产生的离心力的作用。重力的方向大致指向地心。

在地球表面，在引力和离心力的共同影响下，重力随纬度增高而增加，赤道处最小，为 978.0318gal（$1gal=1cm/s^2$，下同），两极最大，为 983.2177Gal。地球的离心力相对吸引力来说是非常微弱的，其最大值不超过引力的 1/288，因此重力的方向仍大致指向地心。地球周围受重力影响的空间称重力场。重力场的强度用重力加速度来衡量，并简称为重力。

地球内部的惯性离心力很微弱，地球内部的重力可简单地看成是引力。一般而言，地球大体上是一个由均质同心球层组成的球体，在这样的球体内部，影响重力大小的不是地球的总质量，而只是所在深度以下的质量。如质点位于地下 2885km 深处的核-幔界面上时，对质点具有引力的只是地核，而地壳与地幔对质点的引力因其呈圈层状而正好相互抵消。根据上述原理，利用地球内部的密度分布规律，便可求出地球内部不同深部的重力值。从地表到地下 2885km 的核-幔界面，重力值大体上随深度而增加，但变化不大，在 2885km 处达到极大值（约 1069Gal）。这是因为地壳、地幔的密度低，而地核的密度高，以致质量减小对重力的影响比距离减小的影响要小一些。从 2885km 到地心处，由于质量逐渐减小为零，故重力也从极大值迅速减小为零（见表 1-4）。

地表实测重力值往往与理论值不符，这种现象称为重力异常。实测值大于理论值称为正异常；实测值小于理论值称为负异常。人们可以利用这种现象来探测地下矿产资源。

4. 地磁

地球周围空间存在着磁场，称地磁场。地磁场近似于一个放置地心的磁棒所产生的磁偶极子磁场，它有两个磁极，S 极位于地理北极附近，N 极位于地理南极附近。地磁场的南北两极与地理南北两极不一致，因此，地磁子午线与地理子午线之间存在一个夹角，称为磁偏角（图 1-6）。

以指北针为准，地磁子午线偏在地理子午线东边的为东偏角，符号为正；地磁子午线偏在地理子午线西边的为西偏角，符号为负。1980 年实测的磁北极位置为北纬 78.2°、西经 102.9°（加拿大北部），磁南极位置为南纬 65.5°、东经 139.4°（南极洲）。长期观测证实，地磁极围绕地理极附近进行着缓慢的迁移。我国东部地区为西偏，甘肃酒泉以西地区为东偏。

通过各地地磁台所测的地磁要素数据，经校正并消除了地磁的短期和局部变化影响所得到的磁场值称为正常值。地磁场的磁场强度是一个具有方向（即磁力线的方向）和大小的矢

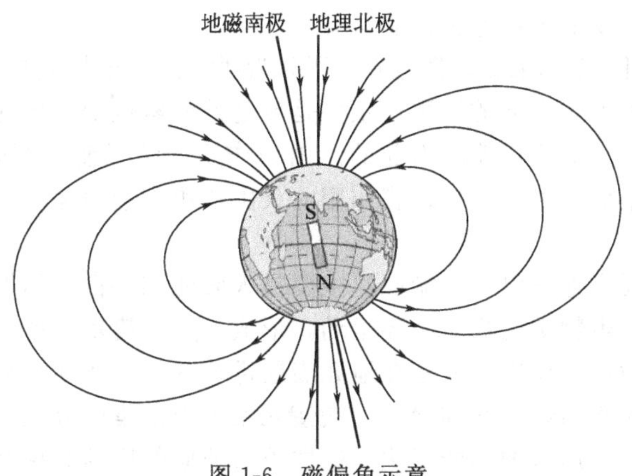

图 1-6　磁偏角示意

量，为了确定地球上某点的磁场强度，通常采用磁偏角、磁倾角和磁场强度三个地磁要素。在实测中所测的地磁要素值与正常值偏离，称为地磁异常。

5. 地热

研究表明，地球蕴藏着极其巨大的热能，由地表往下一般分为三层：外热层，其平均深度为 15m 左右，能量主要来自太阳的辐射热能，受季节和昼夜变化的影响显著；常温层，指外热层与内热层之间的地带，温度常年不变，大致为当地年平均气温；内热层，是位于常温层以下，其温度来自地内热源，总的趋势是随深度的增加温度升高（见表 1-4）。

内热层中温度变化可用地温梯度（地热增温率）来表示，其定义是深度每增加 100m 温度升高的度数。地温梯度一般只适合用来大致推算地壳以内的地温分布规律，并不适用于整个地球。事实上，地温梯度是随深度的增加而逐渐降低的。最新资料显示，莫霍面处的地温约为 400～1000℃，在岩石圈底部大约为 1100℃。上、下地幔界面附近大约为 1900℃。在古登堡面处大约为 3700℃，地心处为 4300～4500℃。地球内部的高温热能总是以对流、传导和辐射等方式向地表传播并散失到空间，通常把单位时间内通过地表单位面积的热量称为地热流密度。

地表热流值或地温梯度明显高于平均值或背景值的地区称为地热异常区。地热异常可以用来研究地质构造的特征，同时对研究矿产（如金矿、石油等）的形成与分布也具有重要作用。随着技术的发展，在不久的将来，地热也将成为一种重要的资源，可用于发电、工业、农业、医疗和民用等。

第三节 地质作用与矿产形成

一、地质作用概述

地球自形成到现在，已经经历了漫长而复杂的变化。地球内部的每一个圈层以及地壳表面的形态、内部结构和物质成分，都是在不断地变化着、运动着的。

地壳每时每刻都在变化着。无论地壳是缓慢地变化，或者是迅速地变化，都是地质作用引起的。地质学上把引起地壳物质组成、地表形态和地球内部构造发生改变的作用称为地质作用，而使地壳发生改变的力量称为地质营力。

根据产生地质作用力量的来源，把地质作用分为两大类：外力地质作用和内力地质作用。

内力地质作用是由地球内部的能源，主要是放射性元素蜕变产生的热能、重力能以及由地球旋转速度变化而产生的旋转能所引起的。内力作用的结果使岩石圈的板块移动、分裂、碰撞以及下沉到地幔里面，以致产生地震作用、火山作用、造山运动、构造变动以及地表形态的变化等。

外力地质作用主要是地球以外的能源，主要是太阳能和宇宙空间能引起的。太阳辐射能引起了大气圈、水圈、生物圈的物质循环运动，形成了风、流水、冰川等地质营力，并产生了各种地质作用。外力地质作用主要是在地壳表层进行的，它使地壳表层原有的矿物和岩石不断遭受破坏，同时又不断形成新的岩石；它使元素不断富集或分散并形成可供工业开采的新矿产，同时也引起地表形态的不断变化。这样外力地质作用的结果是重新塑造了地形和形成新的沉积物。

二、内力地质作用

内力地质作用是由地球内部的能量引起的，是由地球的重力能、热能、地球旋转能以及化学能、结晶能引起地球内部物质的运动、结构改变的地质作用。内力地质作用可形成高山和盆地，使岩层褶皱或断裂，造成地壳表面起伏不平。内力地质作用包括地壳运动、岩浆作用、变质作用和地震作用等。

1. 地壳运动

地壳运动是地球内部能量引起的组成地壳物质的机械运动。这种运动表现有两种形式，即水平运动和升降（垂直）运动。

水平运动是组成地壳的物质沿地球切线方向的运动。这种运动使地壳受到挤压、拉伸或者平移甚至旋转。水平运动主要引起地壳的拉张（大洋中脊的扩散）、挤压（板块的消减、碰撞），从而使岩层弯曲和断裂，形成山脉和盆地。

升降（垂直）运动是组成地壳物质沿铅直方向长期进行的上升和下降交替运动，所以又称为振荡运动。升降运动波及的范围大小、位置、幅度以及速度可以随时间而变化。所以升降运动可以表现为波状运动的特点，它主要引起海洋、陆地的变化，地势高低的改变，岩体的垂直位移以及层状岩石中大型平缓褶曲的形成等。升降运动的速度在一定的时间内人们是难以察觉的。但它进行的时间很长，产生的后果十分巨大，会引起地形、气候以及各种外力地质作用发生根本性的变化。同时，升降（垂直）运动也控制着煤系地层的分布范围，影响着煤层的层数和厚度的变化。

水平运动和垂直运动两者不能截然分割开来，无论在空间上和时间上都是相互联系又相互制约的，只是在不同地区、不同时间有主次的关系。

2. 岩浆作用

岩浆作用是指地球内部的能量使地球内部物质发生局部熔融形成以硅酸盐为主并含大量挥发分的熔融体，并且促使它向地表薄弱部分移动的作用。在岩浆移动过程中，对它周围的岩石产生两种作用，一是对围岩发生的机械冲击和挤压，二是岩浆的化学成分、温度对围岩的化学作用。在岩浆运动过程中，岩浆侵入到地壳岩层中的作用，称为侵入作用，岩浆在地壳中冷凝后就形成侵入岩；地下的岩浆喷出地表的地质作用，称为喷出作用，岩浆在地面冷凝后就形成喷出岩。岩浆由侵入围岩至喷出地表，以及与围岩所发生的机械的和化学的作用，统称为岩浆作用，所形成的岩石总称为岩浆岩。

3. 变质作用

在发生地壳运动时，原有的岩石，包括沉积岩、岩浆岩或者变质岩，在温度、压力和外来物质的参与作用下，其原始特征将发生改变，变成为新的岩石。这种在地球内部能源作用下使岩石产生变化的作用，称为变质作用。改变后的岩石叫做变质岩。引起原生岩石变质的因素主要是温度、压力及岩浆中某些化学性质活泼的气体和液体。变质作用的类型有区域变质、接触变质（接触热变质和接触交代变质）、动力变质三种。

4. 地震作用

地震作用是指在地壳局部的快速颤动过程中的孕震、发震和余震的全部作用过程。当地内机械能在长期积累、达到一定的限度而突然释放时，地壳就会受到猛烈冲击，发生颤动，就是地震。地震强烈时对地面产生严重的破坏作用。按地震产生的原因可分为构造地震、火山地震、人工地震、陷落地震等。世界上每年发生的大小地震约有500万次，人们能感觉的地震只有5万次左右，破坏性地震每年只有20次左右。我国是世界上发生地震较多的国家，世界上的两大地震带（环太平洋地震带和阿尔卑斯—印尼地震带）都经过我国。

各种内力地质作用都是相互关联的。构造运动可以在地壳内形成断裂并引起地震的发生，并为岩浆活动创造了移动的通道，而地壳运动和岩浆运动又都可引起变质作用。但是地壳运动在内力地质作用中总是起主导的作用。

三、外力地质作用

外力地质作用是指在地壳表面，主要由太阳辐射的热能引起大自然物理和化学变化的各种地质作用。按照作用的方式，外力地质作用又分为风化作用、剥蚀作用、搬运作用、沉积作用和固结成岩作用五个阶段。

1. 风化作用

风化作用是指由于大气温度的变化、水及生物的作用，使地壳的岩石、矿物在原地崩裂成为石块、细砂甚至泥土，或者由于水、空气、有机体的化学作用而使矿物分解形成各种新的矿物的地质作用。

风化作用按其产生的原因或方式又可分为物理风化作用（机械破坏）、化学风化作用和生物风化作用。

物理风化作用是母岩的一种机械破坏作用，其影响因素主要是温度变化、水的作用和生物的机械破坏作用；化学风化作用是矿物、岩石在氧、二氧化碳、水及酸类的联合作用下发生化学分解而被破坏的作用；生物化学风化作用主要是指生物新陈代谢过程中排除大量的酸类以及生物死亡后遗体腐烂而产生的腐植酸，腐蚀和破坏周围的岩石的作用。

2. 剥蚀作用

剥蚀作用是由风、雨、流水、海浪及冰川等各种外营力对地表岩石风化后的产物从原地剥离开来的作用。剥蚀作用一方面将风化的产物剥脱离开母体，使新鲜的岩石裸露地表继续遭受风化；另一方面，它对岩石也进行着破坏作用。风化和剥蚀都是对岩石的一种破坏作用，它们彼此间是相互联系、相互依赖、相互影响的。

3. 搬运作用

由各种营力所剥蚀下来的物质被风、流水、冰川、海流、海浪等从风化剥蚀区搬到另一个地方，这种作用称为搬运作用。搬运作用的自然营力主要有风、流水、冰川等。搬运作用也有化学的和机械的两种方式。

4. 沉积作用

沉积作用是指被搬运的物质经过一段路程运移，当搬运介质动能减小、搬运介质的物理化学条件发生改变或在生物的作用下，在新的环境下堆积下来的作用。

地表到处都可以进行沉积作用，特别是在比较低洼的地方，沉积作用表现得特别明显。但是比较起来，海洋是最广阔和稳定的沉积场所。陆地除了少数地区外，大部分地区的堆积都是暂时的，因为大陆上主要以剥蚀作用为主。沉积作用按照进行的方式不同可分为三种：机械的方式，即被搬运的物质是泥、沙、砾等，是以碎屑状态堆积下来的；化学的方式，即堆积物质是从真溶液或胶体溶液中分析沉淀的；生物的方式，即堆积物是由于生物的生命活动、新陈代谢、死亡等原因堆积下来的。由沉积作用堆积下来的物质统称为沉积物。

5. 固结成岩作用

固结成岩作用是堆积在新的介质环境中的疏松沉积物，随其所处的环境变化，在失水、压紧等作用下表现为新矿物的生成，沉积物结构构造的变化，最后形成沉积岩的过程。成岩作用一方面取决于沉积物的原始成分，另一方面取决于沉积物形成以后外界环境的变化，如温度、压力、水、生物等。这些因素互相联系，并且是经常变动的，在成岩作用的不同阶段中各种因素所起的作用也不同，但是沉积物的原始成分及结构是一切因素中的主要因素。成岩作用过程包括压紧作用、胶结作用和重结晶作用。

整个外力地质作用实质上是一个相当复杂的过程，它们之间相互联系、相互影响。外力地质作用的序列也是交错进行的。例如，在岩石遭受风化的同时，剥蚀作用就开始了；在剥蚀的同时，搬运作用也同时进行；沉积物堆积下来以后，也可能再度遭受剥蚀和搬运等。

外力地质作用对地壳表层的改造过程，还受各种条件的控制，因而在地表不同地区具有不同特点，形成不同的产物。在这些条件中起主导作用的是气候及地形。外力作用的类型及组合首先与气候有关。潮湿气候带由于水量充足，化学风化及生物风化作用、河流地质作用、湖泊及地下水的地质作用十分发育。干旱气候带则以物理风化及风的地质作用为主。在冰冻气候带，占统治地位的是冰川地质作用。

各种外力地质作用，除风化作用外，对地壳表面的塑造过程都是遵循风化→剥蚀→搬运→沉积→固结成岩的顺序进行的。外力地质作用总是从破坏作用开始的，被破坏的岩石就为搬运和沉积作用的物质来源。而在破坏作用中，风化作用具有十分重要的意义。首先风化作用使岩石松散而便于剥蚀作用的进行。风化的产物（碎屑的、化学的）也是河流、湖泊、海洋、风、冰川等沉积物的原始来源。因此，可以说是风化作用拉开了外力地质作用的序幕。

四、内外力地质作用的辩证关系

内力地质作用和外力地质作用是自地壳形成以来，在时间和空间上都是一个连续的过程。它们每时每刻都在进行着，其结果，一方面改变了地表的面貌，另一方面又形成了很多有用的矿产资源，如煤、石油、锰盐、铁盐、钾盐和铝土矿等。

内力地质作用和外力地质作用是相互联系的，内力地质作用形成了地表的高低起伏，决定了地壳表面的基本特征和内部构造，而外力地质作用则是破坏内力地质作用形成的地形和产物，总是削平凸起的地势，而在低凹的地区进行沉积，形成新的沉积物，同时又进一步塑造了地表形态。在地质历史中，内力地质作用和外力地质作用都在不停地进行着，某个地区在一个阶段中内力作用可表现得很强烈，但在另一时期，外力地质作用却相对占了重要的地位，或者在内、外力地质作用中，某些类型的作用比较强烈。内、外力地质作用使得地壳不断地演变，随着这些地质作用的进行，地表形态、内部构造、矿产等也在不断地形成和改造。

内力地质作用与外力地质作用之间互相联系、互相影响又互相矛盾，这两种相互依存、相互斗争的对立统一过程，就是地壳发展的过程。

第二章 Chapter 2
地壳的物质组成

组成地壳的固体物质是岩石，而岩石是由矿物组成的，矿物又是由自然元素或化合物组成的。可见，组成地壳最基本的物质是化学元素。

第一节 地壳的化学组成

地壳中几乎包含了门捷列夫元素周期表中的所有元素。元素在地壳中的分布情况，可用它在地壳中的平均质量分数，即克拉克值表示。地壳中主要元素的克拉克值见表 2-1。

表 2-1 地壳中主要元素的克拉克值 单位:%

元素名称		克拉克值	元素名称		克拉克值
氧	O	46.60	钾	K	2.59
硅	Si	27.72	镁	Mg	2.09
铝	Al	8.13	钛	Ti	0.44
铁	Fe	5.00	氢	H	0.14
钙	Ca	3.63	磷	P	0.10
钠	Na	2.83	锰	Mn	0.09

从表 2-1 中可以看出，表 2-1 中的 12 种元素占地壳总质量的 99%以上。其中氧最多，其次是硅，两者约占 75%。由此可见，地壳中的化学元素分布是很不均匀的。

地壳中的化学元素，以单质形式单独存在的数量较少，如自然金、自然银等；绝大部分以各种化合物的形式出现，其中以氧化物最为普遍。地壳中的矿物主要是由 O、Si、Al、Fe、Ca、Na、K 和 Mg 等元素结合形成的含氧盐和氧化物，其中特别是硅酸盐，它占矿物种类总数的 24%，占地壳总质量的 75%，而氧化物占矿物种类总数的 14%，占地壳总质量的 17%。

第二节 矿物

一、矿物的概念及分类

1. 矿物的概念

矿物是在地质作用下，由一种元素或由两种以上的元素化合在一起，具有一定的外部形态、物理性质和比较固定的化学成分的自然物质。它是组成地壳岩石的物质基础。通常，自然物质多以固态存在于地壳中，少数呈液态（如石油、水银）和气态（如天然气）。自然界中，有由一种元素组成的单质矿物，如自然金（Au）、自然铜（Cu）、石墨（C）等；也有由两种以上的元素化合而形成的矿物，如石英（SiO_2）、方解石（$CaCO_3$）、正长石 $K(AlSi_3O_8)$ 等。

目前已发现的矿物有3000多种，其中最常见的不过200余种。组成岩石的常见矿物叫造岩矿物。主要造岩矿物有30多种。地壳中各种有用矿物大量富集在一起，就成为具有开采价值的矿产资源，如煤、铁、铜、云母、水晶等。

2. 矿物的分类

矿物的分类方法很多，本书采用如下的具体分类。

(1) 第一大类　自然元素矿物。如自然金、石墨等。

(2) 第二大类　硫化物及其类似化合物矿物。如方铅矿、闪锌矿、黄铁矿、黄铜矿等。

(3) 第三大类　氧化物和氢氧化物矿物。如石英、赤铁矿、磁铁矿、褐铁矿等。

(4) 第四大类　卤化物矿物。如石盐、萤石等。

(5) 第五大类　含氧盐矿物。如橄榄岩、辉石、角闪石、云母、长石、方解石、石膏等。

各种矿物在自然界分布数量很不均衡。石英和含氧岩矿物（特别是其中的硅酸盐矿物）分布最广、数量最多，它们往往是构成各类岩石的重要造岩矿物。

二、矿物的识别标志

不同的矿物具有不同的特征与性质。在地质工作中，根据其不同的特征与性质可以识别和鉴定矿物。通常，对矿物进行肉眼鉴定的主要依据是矿物的形态和物理性质和化学性质。

1. 矿物的形态

矿物的形态主要受矿物本身的内部结构和形成时外部环境的制约。内部结构相同的同一种矿物，因矿物形成时的物理化学条件和空间情况不同，可以具有明显不同的外貌特征。

在相同的生长条件下，一定成分的同种矿物，总是有着它自己特定的结晶形态。矿物晶体的这种性质，就称为该矿物的结晶习性。在自然界中，矿物多呈集合体出现。矿物的形态是指矿物单体的形态和集合体的形态。其中，单体的形态是研究矿物形态的基础。

(1) 矿物单体的形态

① 结晶习性。矿物晶体在形成过程中，往往生成某一习见形态的趋势，称为结晶习性。如食盐结晶，形成立方体。根据矿物晶体在三度空间发育的程度，单体的形态可以分为以下

三种。

a. 一向延长。晶体沿一个方向特别发育，包括柱状、棒状、针状、纤维状等。如柱状石英、针状金红石、纤维状石棉等。

b. 二向延展。晶体沿两个方向特别发育，包括板状、片状、鳞片状等。如板状的石膏、片状的云母等。

c. 三向等长。晶体沿三个方向发育程度大致相等，包括等轴状、粒状等。如立方体的黄铁矿、菱形十二面体形态的石榴子石。

② 晶面特征。矿物晶体的晶面特征，主要是指晶面条纹，即在晶面上常有一些规则的细条纹。例如，立方体的黄铁矿，相邻的晶面上条纹互相垂直；水晶的柱面上，具有平行的横条纹（图 2-1）。

（2）矿物集合体的形态　矿物集合体形态取决于个体的形态、大小和集合方式。集合体的形态种类很多，可用肉眼或借助放大镜分辨出各个矿物颗粒的界线。常见的矿物集合体是由针状、柱状或是纤维状单体聚集而成，分别称为针状集合体、柱状集合体、纤维状集合体；若是由板状、片装、鳞片状等单体聚集而成的集合体，则分别称为板状、片装、鳞片状集合体；若由粒状矿物单体聚集而成的集合体，称为粒状集合体。此外，在晶洞中，由于矿物有良好的形成条件，常常有许多发育较好的晶体生长在同一基底上，称为晶簇（图2-2）。

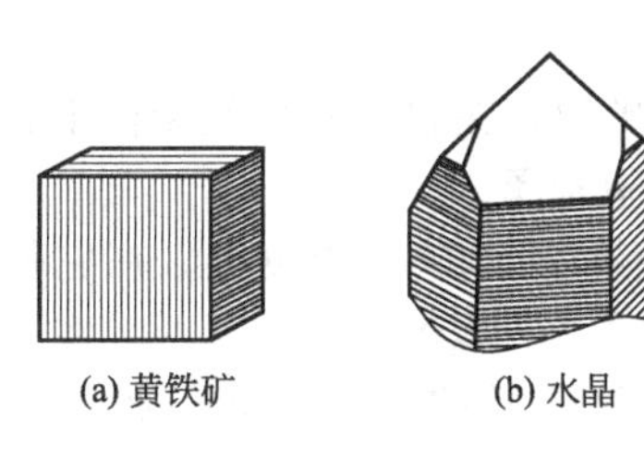

图 2-1　晶形及晶面条纹

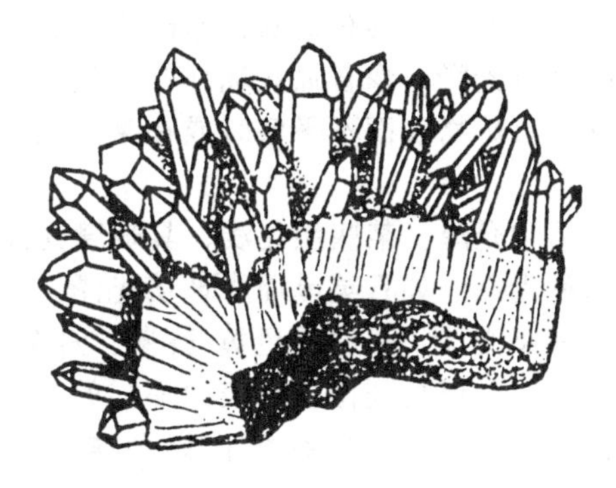

图 2-2　石英晶簇

2. 矿物的物理性质

有不少矿物被利用，正是由于它们具有特定物理性质的缘故。例如金刚石的高硬度、石英的压电性、白云母的绝缘性、石棉的隔热性和可织性等。在矿物鉴定工作中，利用矿物的物理性质也很重要。

矿物的物理性质涉及物理学各个领域，包括矿物的光学、力学、磁学等方面的性质。下面介绍肉眼鉴定矿物时所利用的各项物理性质。

（1）矿物的光学性质　矿物的光学性质，是指矿物对自然光的吸收、反射、折射等所表现出的各种性质，主要有矿物的颜色、条痕、光泽、透明度等。

① 颜色。矿物的颜色是最明显、最直观的物理性质，在鉴定矿物方面，具有重要的实际意义。矿物的颜色是矿物对可见光中不同波长的单色光波选择吸收的结果。矿物的颜色可以分为自色、他色和假色三种，但具有鉴定意义的主要是自色。

a. 自色。即矿物自身固有的颜色。自色产生的原因，主要与矿物成分中某些离子的存在有关。如含有 Fe^{3+} 的矿物常呈褐色（如褐铁矿）和樱桃红色（如赤铁矿）；含有 Fe^{2+} 的矿物常呈暗绿色（普通角闪石）。自色一般较为固定，常可用作矿物的鉴定特征。

b. 他色。一般是由于外来的杂质包括机械混入物等所引起的颜色。它与矿物本身的内部结构和化学成分无关，颜色随包裹体、混入物不同而异，往往是不固定的，一般无鉴定意义。如石英，由于含不同颜色的机械混入物而常呈紫色、玫瑰色、烟灰色和黑色等。

c. 假色。由于某些物理光学过程引起矿物呈色的现象，与矿物的化学成分和内部结构无关。例如，在白云母、方解石等透明矿物的表面，因反射光的干涉作用呈现一种虹彩般的颜色称为晕色；黄铁矿、斑铜矿等不透明矿物的表面，因氧化薄膜所引起的锖色（蓝紫混杂的斑驳色彩）。

② 条痕。矿物的条痕是指矿物粉末的颜色，一般是指矿物在条痕板（白色无釉瓷板）上擦划后所留下的粉末的颜色。条痕消除了假色干扰，减弱了他色影响，突出表现出矿物的自色，所以它是比较固定的。在鉴定矿物过程中，常作为可靠的依据。例如赤铁矿的颜色，有铁黑、褐红等色，但是条痕都是樱桃红色；又如黄铜矿和黄铁矿颜色近似，但黄铜矿的条痕为带绿的黑色，黄铁矿的条痕为黑色，据此可以准确地区别它们。

条痕一般浅于从手标本上观察到的颜色。条痕对鉴定不透明矿物至关重要，但对透明矿物无鉴定意义，因为它们的条痕均呈白色或无色。

③ 光泽。光泽是指矿物表面对光的反射能力。反射力强，光泽就强；反之，则弱。根据反射光由强到弱的次序，可以分为以下四种。

a. 金属光泽。矿物表面如同光亮的金属器皿表面的光泽，如黄铁矿、方铅矿的光泽。

b. 半金属光泽。弱于金属光泽，像未抛光的金属面那样光亮，如磁铁矿、辰砂的光泽。

c. 金刚光泽。具有金刚石那样耀眼的光泽，如金刚石、闪锌矿的光泽。

d. 玻璃光泽。像普通玻璃那样的光泽，如石英、方解石的光泽。

此外，矿物表面不平整时或在某些集合体表面往往会呈现一些特殊的光泽。常见的有如下几种。

a. 油脂光泽：某些颜色浅、具玻璃光泽或金刚光泽的矿物，在它的不平坦断面上，可以见到这种光泽。如石英晶面为玻璃光泽，贝壳状断口为油脂光泽。

b. 松脂光泽：一些颜色黄-黄褐、具金刚光泽的矿物，如闪锌矿、雄黄等，在它们的不平坦面上，可以见到像松香表面那样的光泽。

c. 丝绢光泽：某些纤维状集合体的矿物具有的像蚕丝一样的光泽。如石棉、纤维石膏等。

d. 珍珠光泽：解理发育的浅色透明矿物，在它们的解理面上，可以见到的那种像珍珠一样柔和而多彩的光泽。如白云母、滑石等。

e. 土状光泽：某些粉末状或土状集合体的矿物光泽暗淡，就像泥土那样的光泽。如高岭石、褐铁矿等。

④ 透明度。矿物的透明度是指矿物透过可见光能力的大小。它取决于矿物对光的吸收率和厚度。

金属矿物吸收率高，一般都不透明；非金属矿物吸收率低，一般都透明，但透明程度却因矿物而异。

在观察矿物的透明度时，为了消除厚度的影响，一般是隔着矿物的破碎边缘或岩石薄片(厚度为0.03mm）观察光源一侧的物体。根据所见物体的清晰程度，可将矿物的透明度划分为以下三类。

a. 透明。矿物可以透过绝大部分可见光波，隔着矿物的破碎边缘或薄片可以清晰地看见另一侧的物体。如石英、方解石、萤石等。

b. 半透明。矿物可以透过部分可见光波，隔着矿物的破碎边缘或薄片可以看见另一侧的物体，但轮廓分辨不清。如闪锌矿、辰砂等。

c. 不透明。矿物基本上不能透过可见光波，隔着矿物的破碎边缘或薄片无法看见另一侧的物体。如自然金、石墨、黄铁矿等。

综上所述，矿物的颜色、条痕、光泽和透明度都是自然光作用于矿物时所表现的性质，它们之间的关系见表 2-2。

表 2-2 矿物的颜色、条痕、光泽与透明度的相互关系

颜色	无色或白色	浅色	深色	金属色
条痕	白色	浅色	深色	金属色
光泽	玻璃	金刚	半金属	金属
透明度	透明	半透明		不透明

（2）矿物的力学性质　矿物的力学性质，是指矿物在外力作用下表现出来的各种物理性质，主要有硬度、解理、断口等。

① 硬度。矿物的硬度是指矿物抵抗外力作用（如刻划、压入、研磨等）的能力。确定矿物的硬度一般采用两种计量标准：莫氏硬度和维氏硬度。肉眼鉴定矿物时，一般均采用摩氏硬度，亦称相对硬度，它是一种刻划硬度，是以 10 种具有不同硬度的常见矿物作为标准，按大小顺序排列，构成所谓的莫氏硬度计，见表 2-3。

表 2-3 摩氏硬度计

硬度等级	1	2	3	4	5	6	7	8	9	10
代表矿物	滑石	石膏	方解石	萤石	磷灰石	正长石	石英	黄玉	刚玉	金刚石

野外工作中，常采用指甲（硬度为 2.5±）、铜针（硬度为 3±）、小钢刀（硬度为 5.5±）等即可估计出大多数低于 7 的矿物的硬度。当矿物的硬度介于某两个数值，如 3 和 4 之间时，则可用 3.5 表示。在测定矿物的硬度时，必须选择新鲜面，并尽可能选择矿物的单体。刻划矿物时用力要缓而均匀，力戒刻掘。如有打滑感，表明被测矿物的硬度大于测具；如有阻止感，则硬度小于测具。

② 解理与断口。矿物的解理是矿物的重要鉴定特征之一。它是指矿物在外力打击之下，总是沿一定方向裂开成光滑平面的性质。裂成的光滑平面称为解理面。

根据解理方向数目多少，解理可分为：一向解理，如云母；二向解理，如长石；三向解理，如方解石；四向解理，如萤石。

根据解理产生的难易程度与解理面的光滑程度，可以把解理分为以下五级。

a. 极完全解理。矿物在外力作用下极易裂成薄片，解理面大而光滑平坦（图 2-3）。如云母、石墨等的解理。

b. 完全解理。矿物在外力作用下容易裂成平面（不成薄片），解理面平滑（图 2-4）。如方解石、萤石、方铅矿的解理等。

c. 中等解理。矿物在外力作用下能沿解理方向裂成平面，解理面不太平滑。如普通辉石、普通角闪石的解理。

d. 不完全解理。矿物在外力作用下不易裂成平面，解理面不平整且小。如磷灰石的解理。

e. 极不完全解理。矿物在外力作用下极难裂成平面，其碎块上凹凸不平的断口发育，如石英的贝壳状断口（图 2-5）、黄铁矿的参差状断口、自然铜的锯齿状断口。

解理完全程度是与断口发育程度互为消长的。解理完全时，断口很难出现；解理不完全时，断口容易发生。

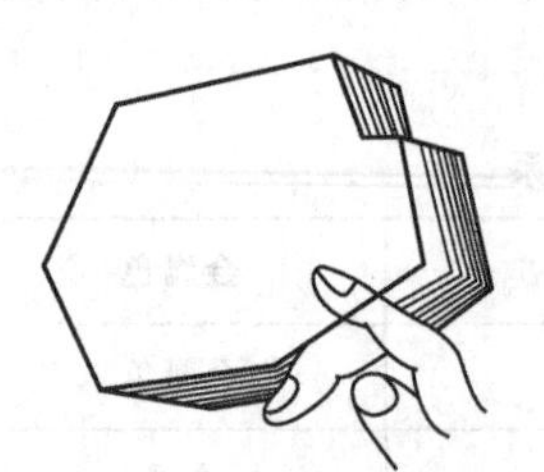
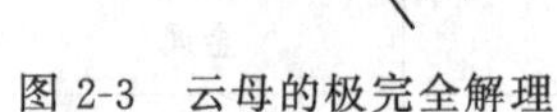

图 2-3　云母的极完全解理

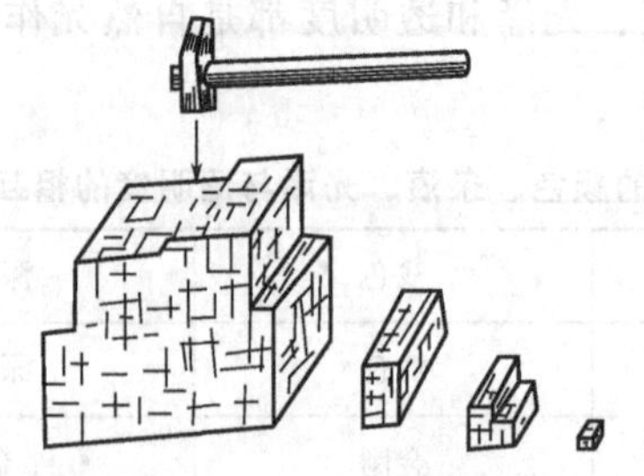

图 2-4　方解石的完全解理

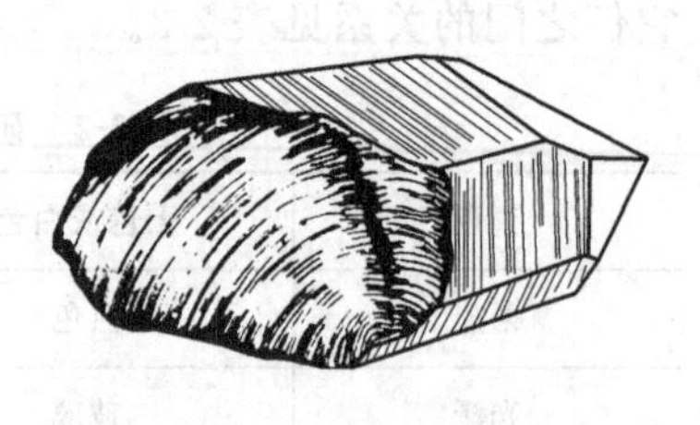

图 2-5　石英的贝壳状断口

（3）矿物的其他性质

① 相对密度。矿物的相对密度是指纯净的单矿物在空气中的质量与4℃时同体积水的质量之比。矿物的相对密度与组成矿物元素的原子量大小和晶体结构紧密程度有关，它是矿物的重要性质之一，可作为鉴定依据。相对密度的测定，常采用手称法。

② 磁性。矿物的磁性是指矿物在外磁场作用下被吸引或排斥的性质。矿物的磁性可以作为某些矿物的鉴定特征。强磁性矿物最常见的是磁铁矿、磁黄铁矿以及自然铁等；无磁性矿物如石英、方解石、萤石等；黑云母、普通角闪石等为弱磁性矿物。

③ 弹性。当矿物受外力作用后发生形变而不断裂，外力取消后可恢复其原来形状的性质，称为弹性。

④ 挠性。当矿物受外力作用能发生形变，但外力取消后不能恢复其原来形状的性质，称为挠性。在矿物中某些层状结构的矿物，如石墨、辉钼矿、绿泥石、水镁石等具有这一性质。

此外，有些矿物的性质，对人的五官有特殊的感觉。如滑石、叶蜡石有滑腻感；硝石有冷感；含砷矿物有蒜臭；石盐有咸味等。矿物的这些特征，也都可用来鉴定矿物。

3. 矿物的化学性质

决定矿物各种性质的最基本因素是矿物的化学成分。由于矿物的化学成分不同，它们的化学性质也不同。因此，可以利用不同的化学反应来鉴别矿物。如方解石加滴稀盐酸后便放出二氧化碳气体，并发出嗞嗞响声。其化学反应式如下。

$$CaCO_3+2HCl \longrightarrow CaCl_2+H_2O+CO_2\uparrow$$

三、常见的造岩矿物

自然界已知矿物有3000余种，最常见的不过200余种。组成岩石的常见矿物，称为造岩矿物，主要造岩矿物只有几十种。现将常见的造岩矿物分别叙述如下。

1. 石英 SiO_2

无色透明的石英称为水晶。石英常为白色，含杂质可呈乳白色、紫色、玫瑰色、烟黑色等；晶形常呈六方柱状（图 2-6），集合体常呈晶簇状、粒状、致密块状（参照图 2-2）。晶面玻璃光泽，断口油脂光泽；无解理，贝壳状断口（图 2-5），莫氏硬度 7，石英是沉积岩中最主要的造岩矿物。

石英用途极为广泛，是国防工业、电子工业及光学仪器的贵重原料，又可作为玻璃原料及磨料。

2. 斜长石　Na［$AlSi_3O_8$］-Ca［$Al_2Si_2O_8$］

斜长石多为白色、浅灰色；玻璃光泽；两组中等解理相交成86°，故名斜长石；解理面上常见到相互平行细的晶面条纹；莫氏硬度 6。晶体常呈板状（图 2-7）。

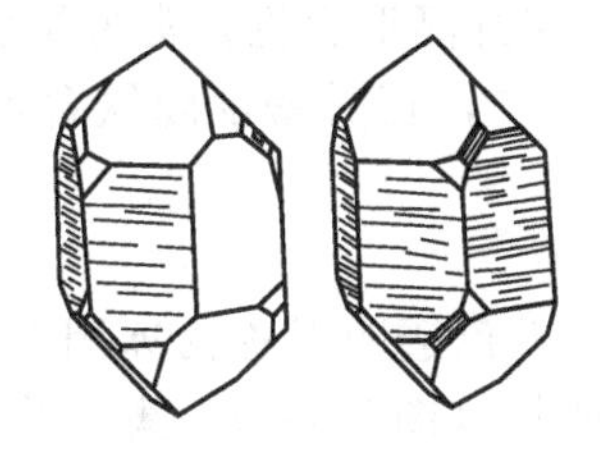

图 2-6 石英的晶形

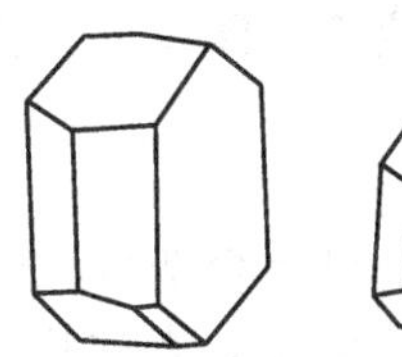
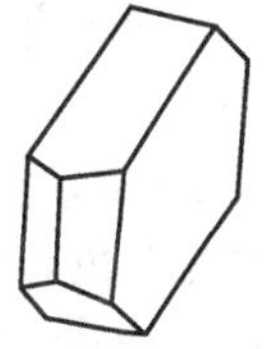

图 2-7 斜长石的晶形

3. 正长石 $K[AlSi_3O_8]$

正长石常为肉红或浅黄色；半透明；玻璃光泽；两组完全解理相交成 90°，故名正长石；莫氏硬度 6。晶体呈短柱状或厚板状（图 2-8）。长石易受风化而转变成高岭石和黏土矿物。

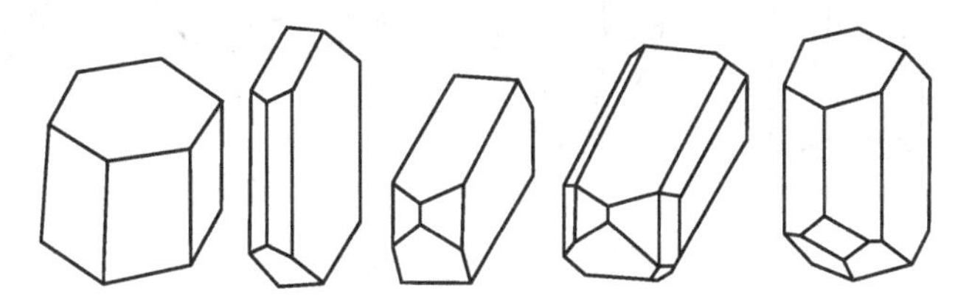

图 2-8 正长石的晶形

长石可作为陶瓷工业的原料，也是农业钾肥的原料。

4. 白云母 $KAl_2[AlSi_3O_{10}](OH)_2$

白云母为白色或浅灰色、浅黄色、浅绿色等；透明或半透明；玻璃光泽，解理面上具珍珠光泽；有一组极完全解理（图 2-3）；莫氏硬度 2～3；薄片具有弹性。常见片状集合体。细小鳞片状的白云母称为绢云母，呈丝绢光泽。白云母不含铁、镁成分，因此比较稳定，是煤系地层岩石中常见的矿物。

白云母具有高度的绝缘和耐热性能，是电器工业上很好的绝缘材料，也是耐火材料。

5. 黑云母 $K(Mg, Fe)_3[AlSi_3O_{10}][OH]_2$

黑云母为黑色，其他特征同白云母。常见片状、鳞片状集合体。黑云母含铁、镁成分多，易风化。在煤系地层岩石中较少见到。

6. 辉石 $Ca(Mg, Fe, Al)[(Si, Al)_2O_6]$

辉石为黑色、绿黑色、褐黑色等；条痕为灰绿色；玻璃光泽；具有两组中等解理，解理夹角为 87°和 93°；莫氏硬度 5～6。晶体常呈短柱状，横断面呈近八边形（图 2-9）。

7. 角闪石 $Ca_2Na(Mg, Fe)_4(Al, Fe)[(Si, Al)_4O_{11}]_2(OH)_2$

角闪石为暗绿至黑色；条痕浅灰色；玻璃光泽；具有两组完全解理，解理夹角 56°和 124°；莫氏硬度 6.0～6.5，相对密度 3～3.5。晶体多呈长柱状，横断面为近菱形的六边形（图 2-10），集合体呈放射状、纤维状。

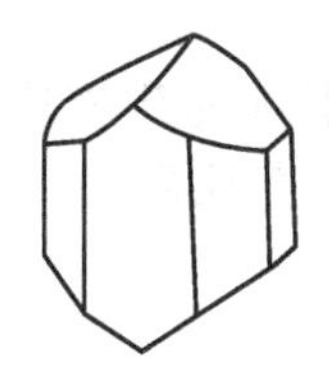
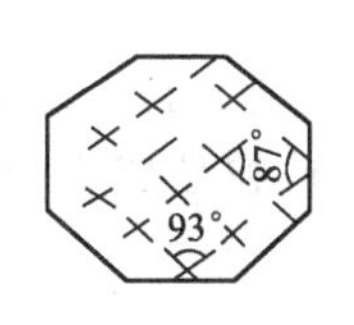

图 2-9 辉石的晶形及横断面

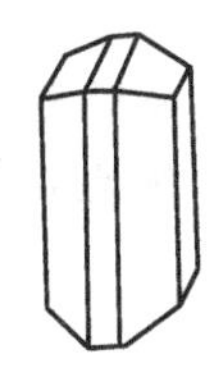
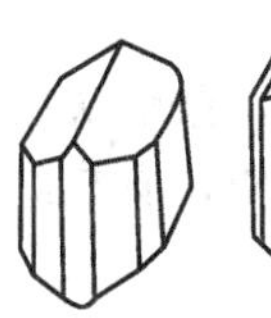

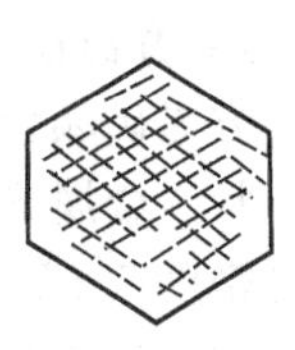

图 2-10 角闪石的晶形及横断面

8. 橄榄石　$(Mg, Fe)[SiO_4]$

橄榄石颜色随含铁量增加由淡黄绿色变为深绿色。完好晶形少见，常为粒状集合体。玻璃光泽，透明，解理不完全，断口贝壳状，莫氏硬度 6～7，相对密度随铁含量的增加而增大，为 3.3～4.3。

9. 方解石　$Ca[CO_3]$

方解石通常为白色，常因含杂质而呈现不同颜色，无色透明者称为冰洲石。玻璃光泽，晶形完好的常见，但晶形复杂，有柱状、板状、菱面体等（图 2-11），集合体常呈晶簇状、粒状、致密块状、鲕状、钟乳状等。有三组完全解理，易沿解理方向裂开成菱面体，莫氏硬度 3，相对密度 2.6～2.9，遇冷稀盐酸剧烈冒泡。

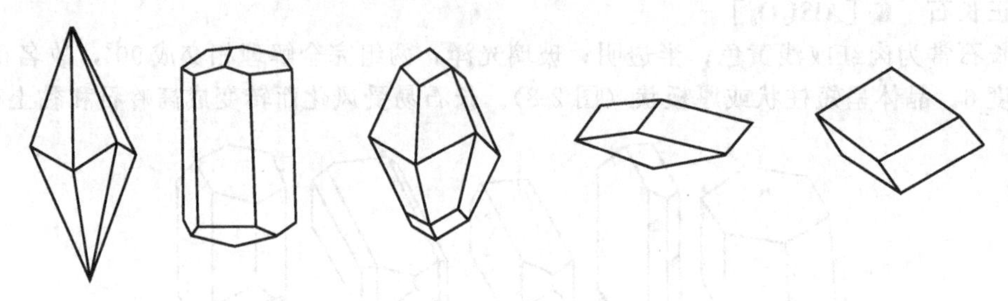

图 2-11　方解石的晶形

方解石可作建筑材料和炼铁溶剂。冰洲石是制造光学仪器的贵重材料。

10. 石膏　$Ca[SO_4]\cdot 2H_2O$

纯石膏无色透明，含杂质时呈灰、黄等色。玻璃光泽，解理面呈珍珠光泽。晶体常为板状（图 2-12），集合体常呈块状、粒状、纤维状。有一组完全解理，解理薄片有挠性。莫氏硬度 2，相对密度 3，闭管中加热可放出水分。

石膏中无色透明的称为透石膏；雪白色、半透明的细晶粒块状体称为雪花石膏；纤维状集合体称为纤维石膏。

石膏主要用于水泥、造纸、医疗、塑像、肥料等方面。

11. 自然金　Au

自然金颜色和条痕均为金黄色。完好的晶形少见，常为不规则粒状或树枝状集合体。强金属光泽，不透明，无解理，莫氏硬度 2.5～3，相对密度 15.6～18.3，强延展性。

自然金为金的最主要矿石。

12. 石墨　C

石墨颜色和条痕均为黑色，易污手。完好的晶形少见，常为鳞片状、土状、块状集合体。金属光泽，不透明，有一组极完全解理，莫氏硬度 1～2，相对密度 2.09～2.23，有滑感。

石墨在工业中用途广泛，用于制造冶金工业上的石墨坩埚、机械工业上的滑润剂、原子工业上作减速剂、铅笔芯、涂料、染料等。

13. 方铅矿　PbS

方铅矿颜色为铅灰色，条痕灰黑色。晶形常呈立方体（图 2-13），集合体常呈致密块状或粒状。金属光泽，不透明，有三组完全解理，沿解理面易破裂成立方体，莫氏硬度 2.5，相对密度 7.5。

方铅矿是最主要的铅矿石。

14. 闪锌矿　ZnS

闪锌矿的颜色随含铁量增加由浅黄色至棕黑色，条痕由白色至褐色。晶形常呈四面体

(图 2-14)，集合体常呈致密块状或粒状。具完全解理，莫氏硬度 3.5～4，相对密度 3.9～4.2。

闪锌矿是最主要的锌矿石。

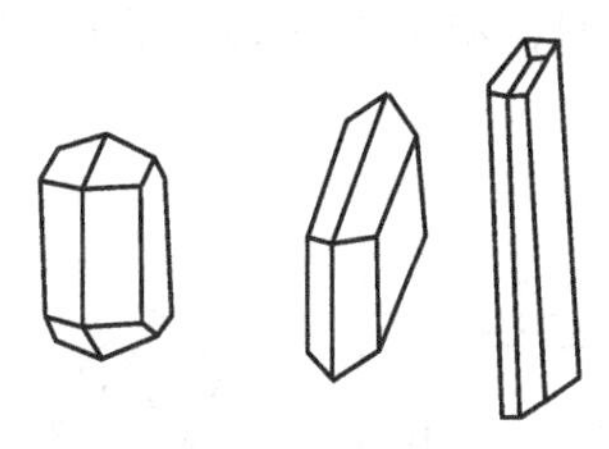

图 2-12　石膏的晶形

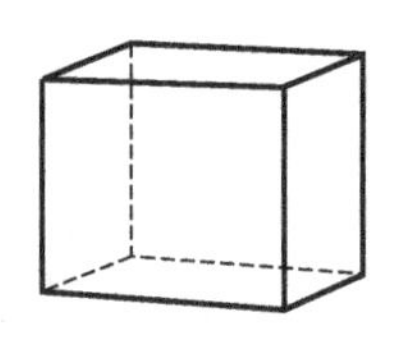
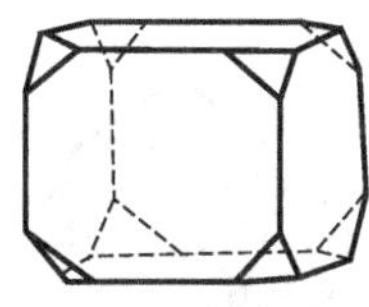
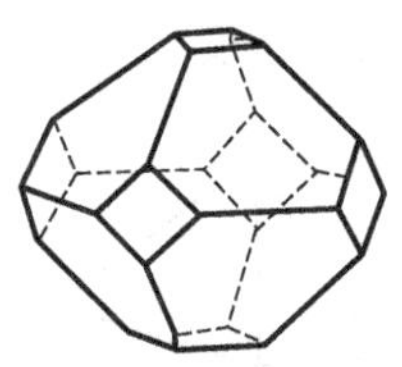

图 2-13　方铅矿的晶形

15. 黄铜矿　$CuFeS_2$

黄铜矿颜色为铜黄色，表面常有蓝色、紫褐色、暗黄色斑状锖色，条痕绿黑色。完好的晶形少见，常呈致密块状或分散粒状集合体。金属光泽，不透明，有不完全解理，莫氏硬度 3.5～4，相对密度 4.1～4.3。

黄铜矿是重要的铜矿石。

16. 黄铁矿　FeS_2

黄铁矿颜色为浅铜黄色，表面常有黄褐色锖色，条痕黑色。晶形常呈立方体、五角十二面体（图 2-15)，集合体常呈致密块状、浸染状和结核状。金属光泽，不透明，无解理，断口参差状，莫氏硬度 6～6.5，相对密度 5.0。

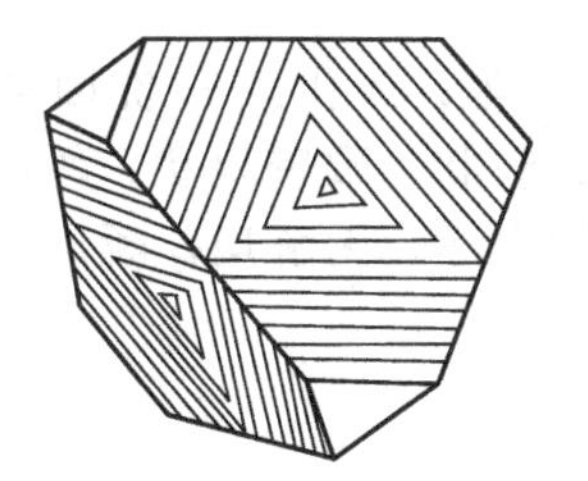

图 2-14　闪锌矿的晶形

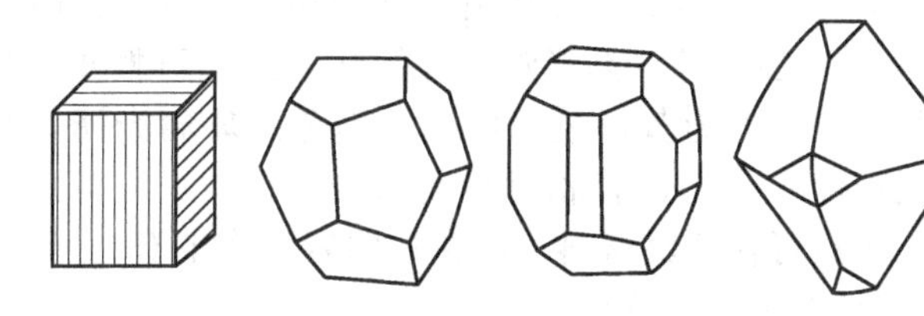

图 2-15　黄铁矿的晶形

黄铁矿是提取硫、制硫酸的主要原料。

17. 赤铁矿　Fe_2O_3

结晶质赤铁矿为铁黑至钢灰色，隐晶质赤铁矿为暗红色，条痕樱红色。完好晶形少见，常呈致密块状、片状、鲕状、豆状、肾状集合体。半金属至土状光泽，不透明，无解理，莫氏硬度 5.5～6.5，相对密度 4.9～5.3，无磁性。

赤铁矿为重要的铁矿石。

18. 磁铁矿　Fe_3O_4

磁铁矿颜色为铁黑色，条痕黑色。晶形常呈八面体和菱形十二面体（图 2-16)，集合体常呈粒状或致密块状。半金属光泽，不透明，无解理，莫氏硬度 5.5～6，相对密度 5～5.5，具强磁性。

磁铁矿是重要的铁矿石。

19. 褐铁矿

褐铁矿颜色为褐至褐黄色，条痕黄褐色。为多矿物的混合物，主要包括纤铁矿（FeOOH)、水纤铁矿（$FeOOH \cdot nH_2O$)、针铁矿（$HFeO_2$)、水针铁矿（$HFeO_2 \cdot nH_2O$）以及一些杂质。常呈结核状、肾状、钟乳状、土状、疏松多孔状。莫氏硬度、相对密度变化较大。

褐铁矿由于含铁量较磁铁矿、赤铁矿低，易于熔化，可作炼铁原料。

20. 萤石 CaF_2

萤石的颜色多样，有无色、蓝色、绿色、紫色、黄色等。晶形常呈立方体、八面体、菱形十二面体（图 2-17），集合体常呈粒状、块状。玻璃光泽，透明，有完全解理，莫氏硬度 4，相对密度 3.18。

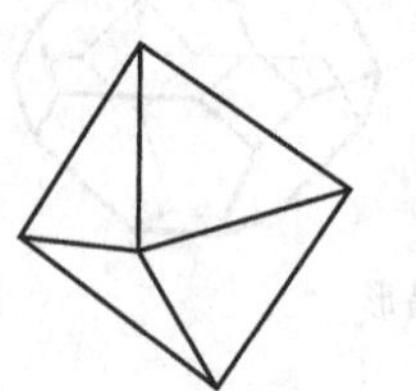
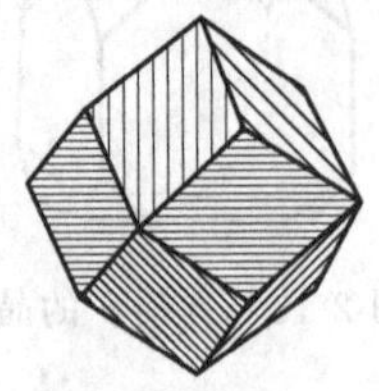

图 2-16　磁铁矿的晶形

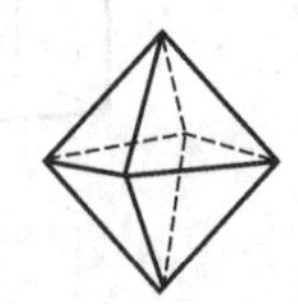
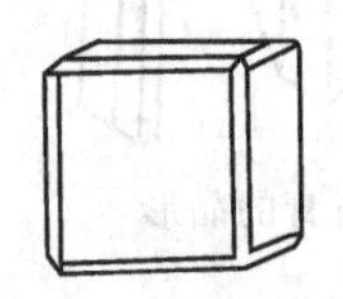
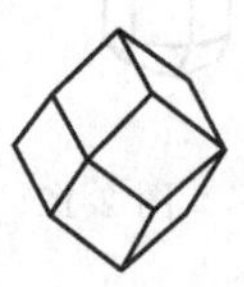

图 2-17　萤石的晶形

萤石广泛地应用于冶金工业、化学工业、玻璃及陶瓷工业、光学仪器等方面。

21. 石盐　NaCl

石盐晶体颜色为无色或白色，但常因含杂质呈现各种色调。晶形常呈立方体，集合体常呈粒状或块状。玻璃光泽，透明，有三组完全解理，莫氏硬度 2～2.5，相对密度 2.1～2.2，易溶于水，有咸味。

石盐为不可缺少的食料和食物防腐剂；用于化工及纺织工业；也可作为提炼金属钠的原料；在电气工业上石盐用于制作发光的充钠蒸气灯泡。

22. 石榴子石　A_3B_2［SiO_4］

化学式中的 A 代表二价阳离子 Mg^{2+}、Fe^{2+}、Mn^{2+}、Ca^{2+} 等；B 代表三价阳离子 Al^{3+}、Fe^{3+}、Cr^{3+} 等。晶形常呈等轴状，酷似石榴子，集合体呈粒状、致密块状。颜色随成分而异，常见的为黄褐色、褐色、黑色。玻璃光泽，断口油脂光泽，无解理，断口贝壳状，莫氏硬度 6.5～7.5，相对密度 3.5～4.2。

石榴子石可作研磨材料，红色透明者可作宝石。

23. 红柱石　Al_2［SiO_4］

红柱石颜色为灰白、褐、肉红色。晶形呈柱状，横断面近正方形（图 2-18），集合体常呈放射状，有“菊花石”之称。玻璃光泽，解理中等至不完全，莫氏硬度 6.5～7.5，相对密度 3.15～3.16。

红柱石可用于制造耐火材料。

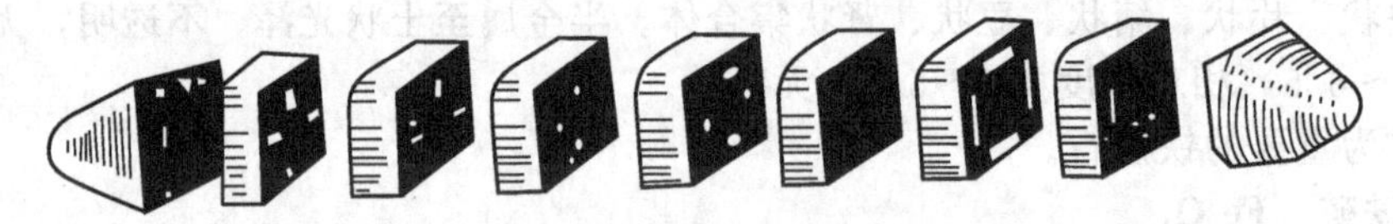

图 2-18　红柱石的横断面

24. 蓝晶石　Al_2［SiO_4］O

蓝晶石颜色为蓝灰色，玻璃光泽，解理面上呈珍珠光泽。晶形呈扁平长柱状（图 2-19）。具完全和中等两组解理。莫氏硬度因方向而异，平行长柱方向莫氏硬度为 4.5，垂直长柱方向莫氏硬度为 6，有二硬石之称，相对密度 3.53～3.65。

蓝晶石可用于制造耐火材料，也可从中提取铝。

25. 白云石　CaMg［CO_3］$_2$

白云石颜色一般为白色，含铁者为灰色、褐色，晶形为菱面体状，晶面常弯曲呈马鞍状（图 2-20）；集合体常呈粒状、致密块状。玻璃光泽，有三组完全解理，解理面常弯曲，莫氏硬度 3.5～4，相对密度 2.85～3.2，遇冷稀盐酸反应微弱。

白云石主要作为冶金方面的耐火材料，炼钢、铁、铁合金的熔剂，在化工方面用来制造钙镁磷肥，粒状化肥、硫酸镁等。

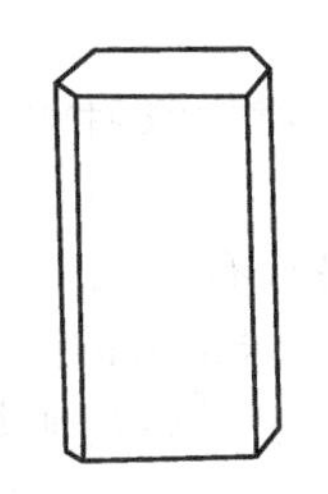

图 2-19　蓝晶石的晶形

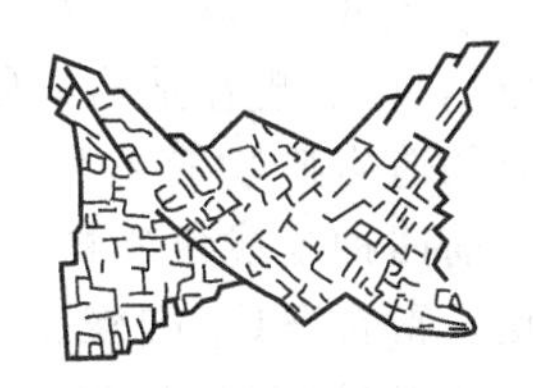

图 2-20　白云石的马鞍状晶体

26. 高岭石　$Al_4[Si_4O_{10}](OH)_8$

质纯者白色，常因含杂质而带各种色调。晶体极细小，在电子显微镜下呈六方形鳞片状，常为疏松鳞片状、致密细粒状、土状集合体。土状光泽，莫氏硬度 2～2.5，相对密度 2.60～2.63，干燥时有吸水性（黏舌），遇潮后有可塑性，其土状块体具粗糙感，易用手捏成粉末。

高岭石是陶瓷工业最主要的原料。

第三节　岩　石

一、岩石的概念

自然界的矿物很少单独存在，它们常常彼此结合或共生为复杂的集合体。一种或一种以上矿物的集合体，称为岩石，如石灰岩是由方解石组成。但大多数的岩石是由几种矿物组成，如花岗岩主要由石英、正长石、黑云母等组成。

二、岩石的分类

由于矿物的种类很多，地质作用的方式和过程又很复杂，因此形成的岩石种类也多，根据它们的成因，岩石可以分为岩浆岩、沉积岩、变质岩三大类。煤矿中，常见的岩石主要为沉积岩。

三、岩石鉴定与描述方法

（一）岩浆岩

1. 岩浆岩的基本特征

岩浆岩的矿物组合、颜色、结构和构造等特征，完全反映了岩浆的化学成分和冷凝时的地质条件。因此，对岩浆岩这些特征进行仔细的观察，有助于了解岩浆岩的种类及形成环境。

（1）岩浆岩的矿物成分和颜色　岩石是由矿物组成的，要认识岩石就必须先认识矿物，并掌握其成分。矿物成分既可反映岩石的化学成分，也可反映岩石的生成条件和成因。因此，矿物成分是岩浆岩分类的基础。

岩浆中的主要化学成分是 SiO_2。SiO_2 含量的多少，影响着岩浆岩的性质和特点。这是由于 SiO_2 含量的多少，可表现在造岩矿物成分及颜色上。

岩浆岩中最主要的造岩矿物有八种：石英、正长石、斜长石、白云母、黑云母、角闪石、辉石和橄榄石。前四种是浅色矿物，后四种是暗色矿物。岩浆岩的颜色决定于浅色矿物和暗色矿物的含量比。富含 SiO_2 的酸性岩浆岩中浅色矿物最多，暗色矿物最少，因此酸性岩浆岩的颜色最浅。在 SiO_2 含量最少的超基性岩和基性岩中，浅色矿物极少或完全没有，基本上是暗色矿物，因此超基性岩和基性岩的颜色最深。

（2）岩浆岩的结构和构造　成分相同的岩浆，在不同的物理化学条件下，可以形成结构、构造截然不同的岩浆岩。因此，研究岩浆岩的结构、构造，有助于了解岩浆岩的形成环境，同时也是岩石鉴定、分类和命名的重要依据。

① 岩浆岩的结构。岩浆岩的结构是指岩石的结晶程度、颗粒的大小、形状特征以及这些组分之间的相互关系所反映的特征。

岩浆岩的结构主要决定于岩石形成时的物理化学条件，诸如岩浆的温度、挥发组分、黏度、冷却速率等因素。岩浆在冷却的过程中，由于矿物熔点不同，结晶析出有一定的顺序，先结晶的矿物自形程度高，后结晶的矿物自形程度低。岩浆侵入地壳深处，岩浆冷却速率缓慢，压力大，挥发组分不易逸散，所以矿物结晶速率缓慢，生长时间长，颗粒比较粗大；反之岩浆喷出地表，岩浆冷却速率快，压力骤然下降，挥发组分大量逸散，就会结晶不全或形成细小的晶体，甚至来不及结晶而形成玻璃质。岩浆岩的结构主要有以下几种。

a. 显晶质结构。矿物颗粒较粗，凭肉眼或借助放大镜能分辨出矿物颗粒的结构。根据主要矿物颗粒的平均直径大小，可以进一步分为粗粒结构（＞5mm）、中粒结构（5～1mm）、细粒结构（1～0.1mm）、微粒结构（＜0.1mm）。

b. 隐晶质结构。矿物颗粒很细，不能用肉眼或放大镜分辨出矿物颗粒，但在显微镜下可以看出矿物晶粒的结构。岩石外貌致密，有蜡状光泽，具瓷状断口。

c. 玻璃质结构。全部由玻璃物质所组成的一种岩石结构。有玻璃光泽，具贝壳状断口。这种结构常见于火山岩中，如黑曜岩。

d. 等粒结构和不等粒结构。等粒结构是指岩石中同种主要矿物颗粒大小大致相等的一种结构，常见于侵入岩中；不等粒结构是指岩石中同种主要矿物颗粒大小不等的一种结构（图 2-21）。

e. 斑状结构和似斑状结构。岩石的组成部分大小相差悬殊，分成截然不同的两组，大的称斑晶，小的称基质。如果基质为隐晶质或玻璃质，则为斑状结构；如果基质为显晶质，则为似斑状结构（图 2-21）。

f. 自形晶结构、半自形晶结构和他形晶结构。自形晶结构的特点是矿物晶粒具有完整的晶面。他形晶结构的特点是矿物晶粒无一完整的晶面。半自形晶结构的特点介于两者之间（图 2-22）。

② 岩浆岩的构造。岩浆岩的构造主要指岩石的组成部分在空间的分布、排列、充填的方式。岩浆岩的构造除与岩浆自身特点有关外，还受岩石形成时的地质因素（构造运动、岩浆的流动等）影响。岩浆岩常见的构造主要有以下几种。

a. 块状构造。岩石的各组成部分均匀无定向分布的一种构造。它是岩浆岩最常见的一种构造。

b. 斑杂构造。岩石的不同部位在结构上和矿物成分上有明显差异，是一种不均匀构造。

这是由岩浆分异作用或同化混染作用造成的。

c. 气孔构造和杏仁构造。岩石中有大量空洞，称为气孔构造。它是火山岩中常见的一种构造，是岩浆溢出地表时，其挥发组分从岩浆中逸散形成大量气泡而留下的。如果孔洞被岩浆期后形成的矿物如石英、方解石等充填，则称为杏仁构造。

d. 枕状构造。在喷出岩层顶面有许多大小不同、形似枕头的扁椭球体堆积在一起，每个岩枕下平上凸（图 2-23)，是海底形成的喷出岩与海水接触迅速冷却、收缩而凝成的。水下溢出的基性喷出岩中枕状构造很常见。

e. 流纹构造。由不同颜色的条纹、拉长的气孔定向排列所显示的一种流动构造。它是熔岩流在流动过程中形成的，多见于酸性喷出岩中（图 2-24)。

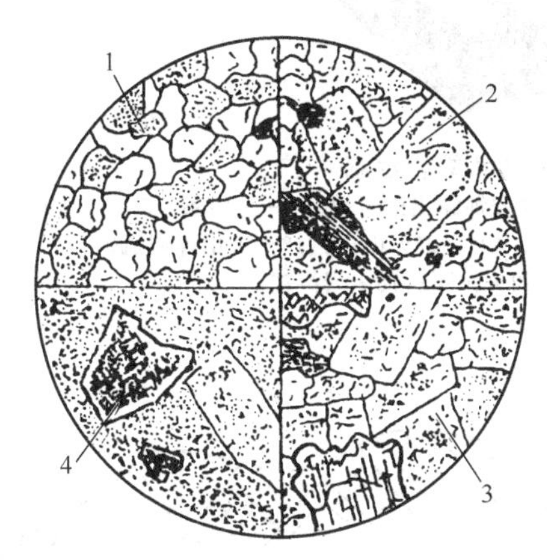

图 2-21　按矿物颗粒相对大小划分的结构

1—等粒结构；2—似斑状结构；3—不等粒结构；4—斑状结构

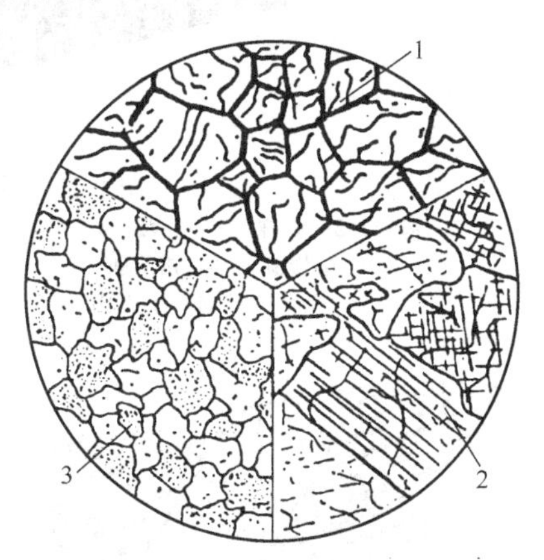

图 2-22　矿物颗粒外形完整程度

1—自形晶；2—半自形晶；3—他形晶

图 2-23　枕状构造

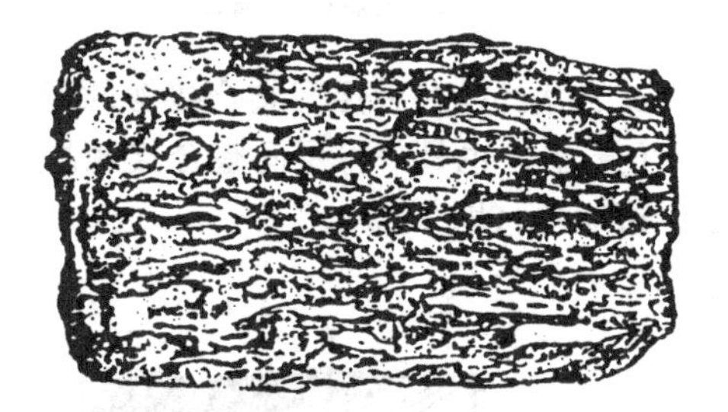
图 2-24　流纹构造

（3）岩浆岩的产状　岩浆岩产状是指岩体的大小、形状、与围岩的接触关系、形成时所处的地质构造环境和距离当时地表的深度等。根据岩浆的活动方式不同，可将岩浆岩的产状分成两大类，即侵入岩的产状和喷出岩的产状。

① 侵入岩的产状。

a. 岩基。规模庞大的侵入岩体，出露面积一般在 $100km^2$ 以上，通常由花岗岩类组成（图 2-25)。

b. 岩株。规模较大的侵入岩体，横剖面上近圆形，纵剖面上呈树干状，与围岩呈较陡直接触（图 2-25)。

c. 岩墙或岩脉。一种较小的侵入体，往往呈墙状或脉状延伸，与围岩层理或片理斜交。岩脉和岩墙在形态上相似，近于直立的板状岩脉称为岩墙（图 2-26)。

d. 岩床。是与层面呈整合接触的板状侵入体，厚度稳定（图 2-27)，面积较大，多系基性岩浆顺层侵入而形成。

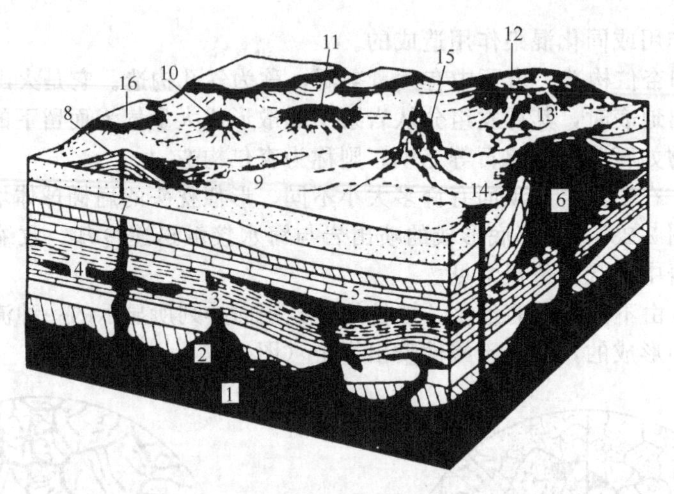

图 2-25　喷出岩与侵入岩产状综合示意

1—基岩；2—岩株；3—岩墙；4—岩床；5—岩盆；6—被侵蚀露出的岩盖；7—火山颈；8—火山锥；9—熔岩流；10—熔岩锥；11—小型破火山口；12—大型破火山口；13—火山碎屑流；14—小火山；15—具有放射状岩墙的火山颈；16—岩溶被

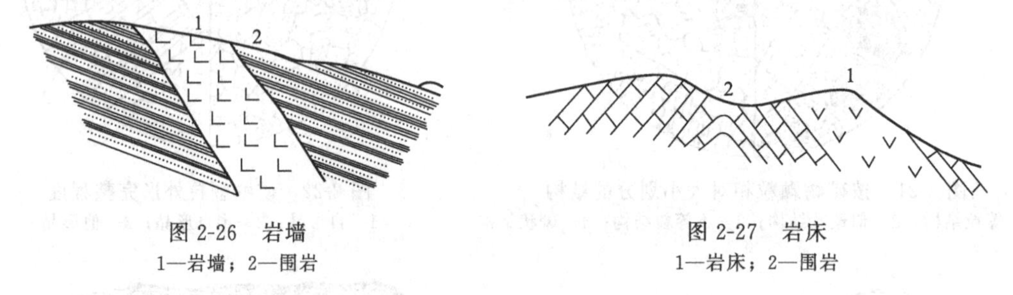

图 2-26　岩墙

1—岩墙；2—围岩

图 2-27　岩床

1—岩床；2—围岩

e. 岩盆。是一种层间整合接触的侵入体，呈中心下凹的盆状（图 2-28）。

f. 岩盖。也是一种层间整合接触的侵入体，与岩盆不同的是底部平坦，顶部拱起，中央厚、边缘薄（图 2-29）。

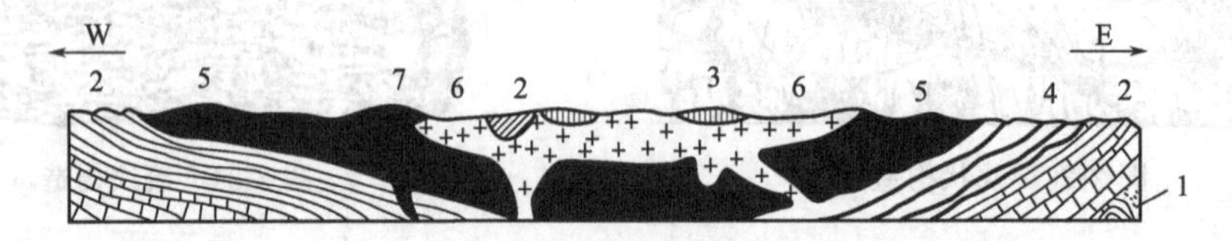

图 2-28　布什维尔德岩盆

1—古老的结晶基底；2—脱兰斯威尔系；3—罗盘格统；4—粗玄武岩床；5—苏长岩；6—花岗岩；7—匹兰特斯盘格火山中心

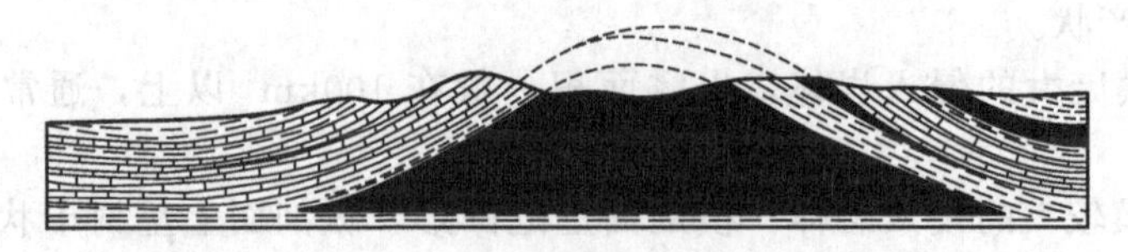

图 2-29　岩盖

② 喷出岩的产状。

a. 火山锥。火山口附近由喷溢出来的熔岩流和火山碎屑物质堆积而成的锥状岩体。

b. 岩钟。火山口溢出的熔岩流黏度较大，不易流动而形成的钟状、穹丘状岩体（图 2-30）。

图 2-30　马达加斯加东面列维昂岛上底岩钟

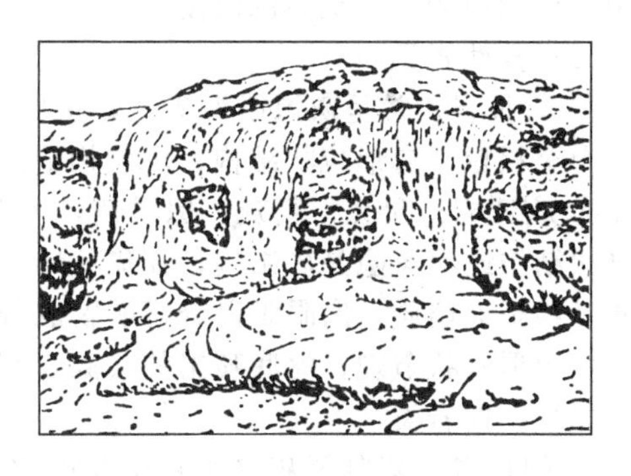

图 2-31　夏威夷群岛基拉韦亚的熔岩瀑布

c. 熔岩流。黏度较小的熔岩流溢出地表，流入低洼狭长河谷地带，形成熔岩流。熔岩流遇到悬崖或陡坎，则形成熔岩瀑布（图 2-31）。

d. 熔岩被。黏度较小的熔岩流溢出地表，沿地面流动，形成面积广大的熔岩被。

2. 岩浆岩的分类

为了便于肉眼鉴定，根据岩浆岩的化学成分、矿物成分、产状和结构的特征，可对岩浆岩进行分类（表 2-4）。

表 2-4　岩浆岩分类简表

岩类		超基性岩	基性岩	中性岩		酸性岩
		橄榄岩	辉长岩-玄武岩	闪长岩-安山岩	正长岩-粗面岩	花岗岩-流纹岩
SiO_2 含量/%		<45	45～52	52～66		>66
浅色矿物	石英含量/%	0	微量	0～20		20～60
	长石含量/%	0～10	10～40	40～70		30～70
	长石性质	无或少量斜长石	斜长石为主	斜长石为主	钾长石为主	钾长石为主
浅色矿物种属及含量		橄榄石、辉石、角闪石为主，含量大于 90%	以辉石为主，可见橄榄石、角闪石、黑云母等，含量小于 90%	以角闪石为主，辉石、黑云母次之，含量 15%～40%		以黑云母为主，角闪石次之，含量小于 15%
深成岩	全晶质、粗或似斑状结构	橄榄岩 辉岩	辉长岩	闪长岩	正长岩	花岗岩
浅成岩	斑状、细粒或隐晶质结构	苦橄玢岩 金伯利岩	辉绿岩	闪长玢岩	正长斑岩	花岗斑岩
喷出岩	隐晶质、斑或玻璃质结构	苦橄岩	玄武岩	安山岩	粗面岩	流纹岩

3. 岩浆岩的主要类型

（1）超基性岩类　橄榄岩。多呈灰黑色、暗绿色或黄绿色，主要由橄榄石组成，含量在 50%以上，其次为辉石及少量角闪石。完全由橄榄石组成的岩石，称为纯橄榄岩。中至粗粒结构，块状构造。产状为深成侵入岩。

（2）基性岩类

① 辉长岩。常呈灰黑或深灰色，主要由辉石和斜长石组成，有时含少量橄榄石、角闪石；中至粗粒半自形粒状结构，块状构造。产状为深成侵入岩。

② 玄武岩。呈黑、褐灰、棕黑色，主要由辉石和斜长石组成，有时含少量橄榄石；多具斑状结构或无斑隐晶质结构，在斑状结构中，斑晶为斜长石、橄榄石和辉石，基质多为隐晶质，甚至玻璃质，肉眼难以分辨矿物成分，普遍发育气孔构造与杏仁构造，厚层玄武岩中常见六边形柱状节理，海底喷出的玄武岩有特殊的枕状构造。产状为喷出岩。

（3）中性岩类

① 闪长岩。灰白至灰绿色，主要由斜长石和角闪石组成，还有少量的辉石、黑云母，有时出现少量的正长石及石英，中至细粒半自形粒状结构，块状构造。产状为深成侵入岩。岩体一般较小。

② 安山岩。颜色较玄武岩浅，常呈红褐色、浅褐色、浅红色、灰绿色等，主要由斜长石和角闪石组成，有时含有少量辉石和黑云母。斑状结构，浅色斑晶为斜长石，暗色斑晶为角闪石、辉石或黑云母，基质多为玻璃质或隐晶质；以块状构造为主，有时具气孔构造。

③ 正长岩。浅灰色、浅肉红色、浅灰红色等，主要由钾长石和中性斜长石组成，含有一定量的角闪石、黑云母、辉石，可有少量石英；中至粗粒半自形粒状结构，也有似斑状结构，以块状构造为主。

（4）酸性岩类

① 花岗岩。肉红色、灰红色、灰白色等，主要由正长石、石英、黑云母组成，有时含有斜长石、角闪石、白云母；中至粗粒半自形粒状结构或似斑状结构，以块状构造为主。产状为深成侵入岩。

② 流纹岩。灰色、灰白色、灰红色、浅紫色等，是一种化学成分上与花岗岩相似的酸性喷出岩；多为斑状结构，也有无斑隐晶质结构和玻璃质结构，斑晶主要是石英和透长石（无色透明的钾长石），基质为肉眼难以分辨的隐晶质与玻璃质；常见流纹构造，也有气孔和杏仁构造。

4. 岩浆岩的描述

（1）岩浆岩描述内容

① 颜色。描述岩浆岩总体颜色要以岩石新颜色为主。如果岩石风化后出现特殊颜色时也要描述。

② 结构。各矿物是全结晶还是半结晶质或玻璃质结构，是粗粒还是中粒或细粒结构。

③ 构造。是块状构造还是气孔状构造或者流纹状构造。气孔的大小、多少、外形及孔中有无充填、充填物成分及矿物排列的方向等。

④ 矿物成分及含量。对肉眼可辨认的矿物名称，分别估计其百分含量。指出主要矿物和次要矿物，以及主要矿物的性质、颗粒大小、形态等特征。

（2）岩浆岩命名方法　在肉眼观察描述的基础上，以颜色、结构、构造及矿物组成特征为依据，参照岩浆岩分类简表（表2-4），确定该岩浆岩的名称。

（3）实例

产地：北京周口店某岩浆岩。

描述：浅灰色，中粒，等粒结构，粒径2～3mm。块状构造。暗色矿物约占25%，浅色矿物约占75%。其中，暗色矿物有角闪石（15%）、黑云母（10%）；浅色矿物有石英（5%）、正长石（15%）和斜长石（50%），其他约5%。

命名：浅灰色中粒等粒石英闪长岩。

（二）沉积岩

1.沉积岩的基本特征

（1）沉积岩的矿物成分　与岩浆岩相比，沉积岩的品种较多，但每种沉积岩含的矿物成分比较简单。这是由于在外力地质作用下，存在着明显的分选作用造成的。岩浆岩中所含的黑云母、角闪石、辉石、橄榄石等不稳定的矿物，在一系列外力地质作用中很难保存，所以在沉积岩中很少出现；而经外力地质作用才能形成的沉积岩又有不同的矿物成分；原岩经机械破坏而成的碎屑颗粒有石英、长石、白云母等矿物以及部分岩石碎屑（岩屑），胶结物有硅质（SiO_2）、钙质（$CaCO_3$）、泥质、铁质等；原岩经强烈风化的矿物主要有高岭石、蒙脱石、水云母等，全部颗粒（包括其它杂质）都在0.05mm以下；由化学沉淀而成的矿物有方解石、白云石、铁和锰的氧化物或氢氧化物、沉积的硅质等；此外，还有火山碎屑沉积形成的火山碎屑岩。

（2）沉积岩的结构　沉积岩的结构是指沉积岩矿物颗粒直径大小、形态及颗粒之间的相互关系。根据沉积岩的成因，将结构分为以下三种。

① 碎屑结构。碎屑结构是指碎屑颗粒被胶结物胶结起来的一种结构。它按颗粒大小又依次分为砾质结构（颗粒直径大于2mm）、砂质结构（颗粒直径2～0.1mm）、粉砂质结构（直径为0.1～0.01mm）。组成这种结构的岩石，其成分可分为两部分：一部分是碎屑颗粒，为矿物或岩石的碎块；另一部分是胶结物，为泥质的、钙质的、硅质的或铁质的等。

碎屑颗粒大小的均匀程度（分选性）及颗粒在搬运中磨圆程度（滚圆度），也是碎屑结构的基本特征之一。分选性是反映搬运碎屑颗粒时介质的运动状况。在浅海环境下形成的碎屑颗粒大小一致，即分选好，这是流水对碎屑长距离搬运的结果。在河流中沉积的碎屑颗粒大小不均，即分选性差，这反映了碎屑物质搬运距离短，颗粒大小未能进行充分分选。碎屑的滚圆度，反映了碎屑经历搬运的路途或时间的长短。碎屑经过长距离搬运，沿途受到摩擦机会多的碎屑棱角被磨掉，其滚圆度就高；若搬运距离近，则滚圆度低。按碎屑的棱角磨损程度，将滚圆度分为：棱角状、次棱角状、次圆状及滚圆状四种（图2-32）。

② 泥质结构。泥质结构是指由颗粒直径小于0.01mm的黏土矿物形成的岩石结构，为黏土岩类岩石的结构。

③ 化学结构。化学结构是化学岩石所具有的结构，常见的有以下四种。

a.鲕状结构及豆状结构。凡直径小于2mm的圆球状鲕粒经胶结而成的沉积岩，其结构称为鲕状结构及豆状结构（图2-33）。鲕粒常有一个核心，其外面被同心层状的矿物质薄壳层所包围。一般认为，鲕粒是在矿物质过饱和而又经常动荡的浅水环境下形成的。鲕粒的矿物成分，常是方解石、赤铁矿、菱铁矿、铝土矿等。在不少于石灰岩、铁质岩及铝质岩中可见到这种结构。直径大于2mm的，形如黄豆状颗粒经胶结而成的沉积岩，称为豆状结构。

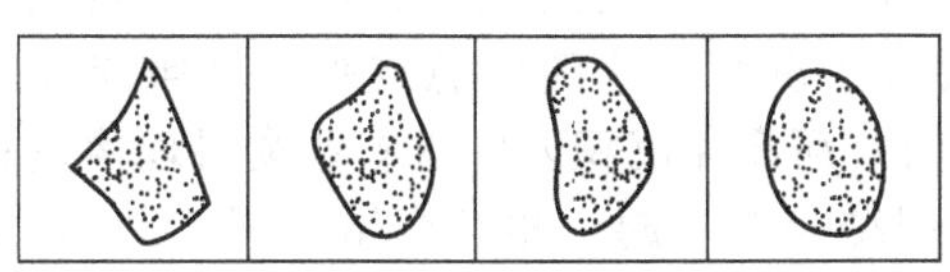

图2-32　碎屑颗粒的形状

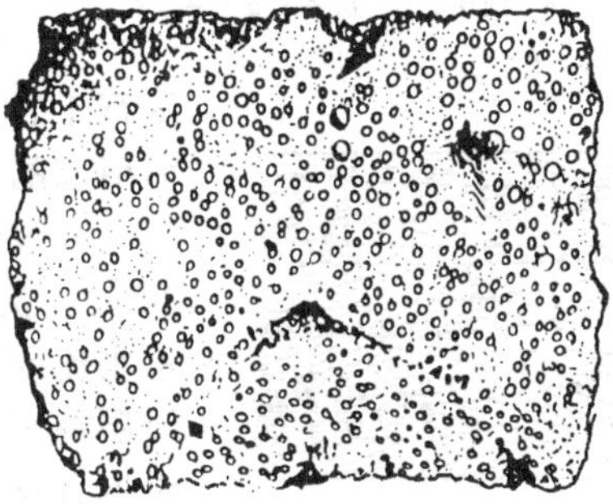

图2-33　鲕状结构的赤铁矿形态

b. 结晶结构。化学沉积物在成岩过程中结晶程度不同，可形成隐晶质、细晶质及粗晶质结构。如石灰岩的细晶质、隐晶质结构及白云岩、石盐的粗晶质结构。

c. 化学沉积碎屑结构。化学沉积物在成岩过程中被破碎成为碎屑，然后又被同类的沉积物胶结而成的结构。如华北上寒武统及奥陶系地层中的竹叶状石灰岩。“竹叶”是一些早先形成的碳酸钙沉积物的砾屑，在剖面上呈扁平的竹叶形状。

d. 生物结构。这种结构是由大量生物遗体组成。在生物化学沉积岩中，常可见到很多保存完好或碎屑的介壳称为生物结构。

(3) 沉积岩的构造　沉积岩构造是指其各个组成部分的空间分布以及它们之间的相互排列关系。最典型的构造标志是层理构造，其次为层面构造。

① 层理构造。层理构造是指岩石的成分、颜色、结构沿垂直方向变化而表现出来的层状构造。层理的类型较复杂，层理的组成单位由小到大为：细层、层系、层系组、岩层等（图 2-34）。

a. 细层。是层理构造的基本组成单位。它在成分上都是比较均匀一致的，厚度常为几毫米或不到 1mm，个别情况下可达几米。

b. 层系。由两个或两个以上在结构、成分、厚度、产状等方面相似的同类细层组成。厚度可由数厘米至十余米。

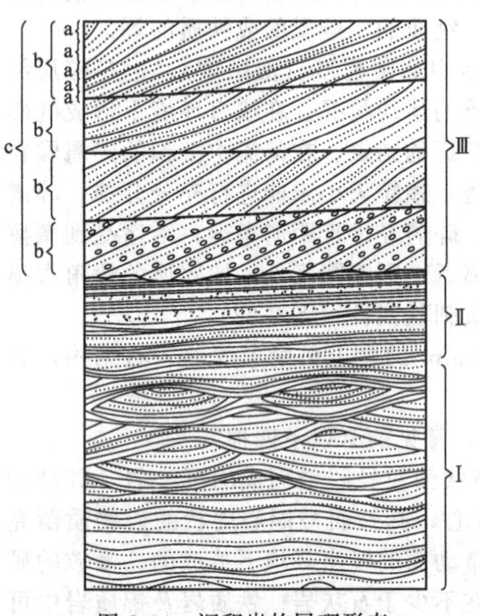

图 2-34　沉积岩的层理形态

Ⅰ—波状层理；Ⅱ—水平层理；Ⅲ—斜层理；
a—细层；b—层系；c—层系组

c. 层系组。两个或两个以上相邻且性质相似的层系可构成一个层系组。例如，由几个相邻的斜层系构成一个斜层系组。

d. 岩层。由一个或几个层系或层系组组成一岩层。

岩层是层理的最大组成单位。岩层的分界面，称为层面。每个岩层上、下层面之间的垂直距离，称为岩层厚度。根据岩层厚度的大小，常可分为以下几种。

巨厚层状：＞1m；
厚层状：1～0.5m；
中厚层状：0.5～0.1m；
薄层状：0.1～0.01m；
微层状：＜0.01m。

根据层理中层理的形态，可分为以下三种基本类型。

a. 水平层理。是指层理面平行岩层面（图 2-34）。

b. 波状层理。是指层理面呈波状，其总的方向平行于岩层层面（图 2-34）。波状层理是由于水介质的波浪运动而引起的。常见于河漫滩及海、湖沿岸的浅水地区的沉积岩中。

c. 斜层理和交错层理。斜层理是指层理面与岩层面斜交（图 2-34），交角大或小反映了沉积时水流的急或缓，其倾向方向表示水流或风的运动方向，河床相沉积岩中常有这类层理构造；交错层理是指几组斜层理结合在一起，相互交错（图 2-35），反映水流方向为不固定的沉积环境。海陆交互沉积岩中常有这类层理。

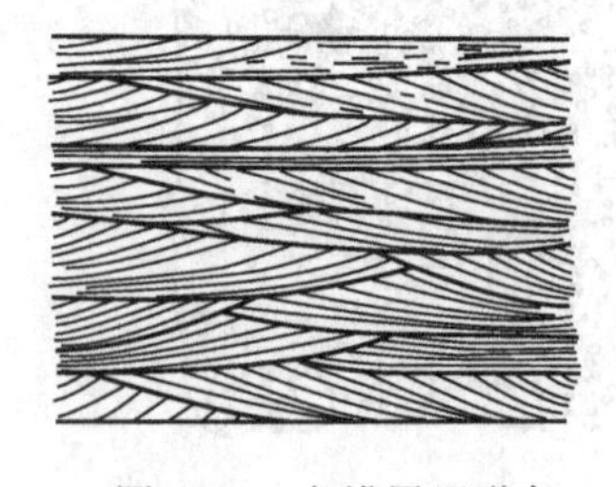

图 2-35　交错层理形态

② 层面构造。沉积岩层面构造主要有波痕（图 2-36）、雨痕、泥裂（图 2-37）、印模（图 2-38）和虫迹等。这些层面构造标志，可帮助人们判断沉积岩生成条件、介质运动的方向和确定地层的上下界等。

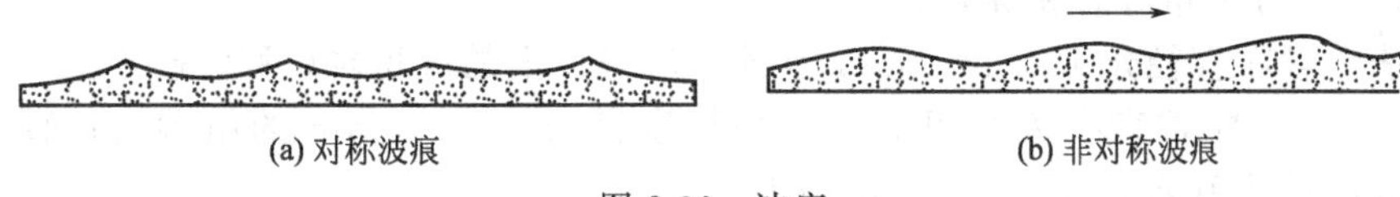

(a) 对称波痕　　(b) 非对称波痕

图 2-36　波痕

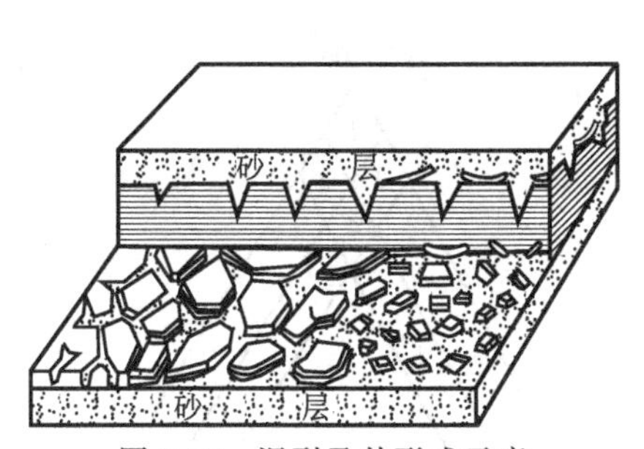

图 2-37　泥裂及其形成示意

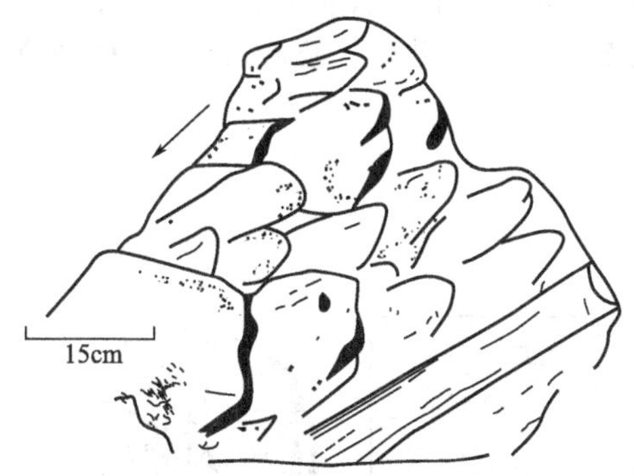

图 2-38　印模（右下角为一条沟模）

2. 沉积岩的颜色

沉积岩的颜色不仅是鉴定岩石的重要特征，而且也反映了岩石的成分、成因和结构。

沉积岩的颜色多种多样，主要取决于组成岩石的矿物成分和胶结物特征。在干燥炎热的氧化环境下，有机质容易分解，Fe 常呈 Fe^{3+} 的形式，形成 Fe_2O_3 或 $Fe(OH)_3$，因而使沉积岩具有红色、褐色等；在温暖潮湿的还原环境下，由于富含有机质，Fe 常呈 Fe^{2+} 的形式，使沉积岩具有绿色、灰色、黑色等，这些是沉积岩的原生颜色。岩石在地表经风化后发生变化的颜色是次生色。此外，岩石表面受潮后，其颜色比干燥状态要深。

3. 沉积岩中的结核和包裹体

结核是指岩石中一种在成分上、结构上与周围岩石有明显区别的矿物集合体，形如椭球状、扁球状等，内部结构可呈同心圆状或放射状（图 2-39）。如煤系中常见的黄铁矿结核、菱铁矿结核等。

包裹体是指夹在岩石中的有棱有角、大小不等的松软岩石的碎块。如煤包裹体等。

4. 常见沉积岩分类

沉积岩多种多样，根据沉积岩成因（沉积作用的性质和环境、沉积物质的来源、成岩作用的方式），结合成分、结构、构造等特征将沉积岩分为三大类：碎屑岩类、黏土岩类、化学岩及生物化学岩类（表 2-5）。

表 2-5　沉积岩分类

岩类	碎屑岩类			黏土岩类	化学岩及生物化学岩类				
结构	碎屑结构			泥质结构 ＜0.01mm	鲕状豆状或生物结构				
	泥质结构 ＞2mm	砂质结构 2～0.1mm	粉砂质结构 0.1～0.01mm						
主要岩石	砾岩	砂岩	粉砂岩	黏土岩	碳酸盐	硅质岩	铁质岩 铝质岩 锰质岩 磷质岩	岩盐	可燃性有机岩
	角砾岩 砾岩	黄土 粉砂岩	黏土 泥岩 页岩	黏土 泥岩 页岩	石灰岩 白云岩 泥灰岩	燧石岩		岩盐 石膏 硬石膏	煤 石油 油页岩

(1) 碎屑岩类　根据沉积碎屑岩中碎屑颗粒直径大小分为：砾岩、砂岩及粉砂岩类。

① 砾岩。组成岩石的碎屑颗粒直径大于2mm，其含量达50%以上，称为砾岩。按颗粒的滚圆度将砾岩分为角砾岩和砾岩。

② 砂岩。颗粒直径介于0.1～2mm碎屑占50%以上的沉积岩，称为砂岩。

a. 砂岩按碎屑颗粒直径大小可分为：颗粒直径为2～0.5mm的粗砂岩；颗粒直径为0.5～0.25mm的中砂岩；0.25～0.1mm的细砂岩。

b. 根据砂岩中碎屑成分含量（以石英、长石、岩屑为主要成分），将砂岩分为四大类（石英砂岩、长石砂岩、硬砂岩、混积砂岩）和九小类，详见图2-40及表2-6。

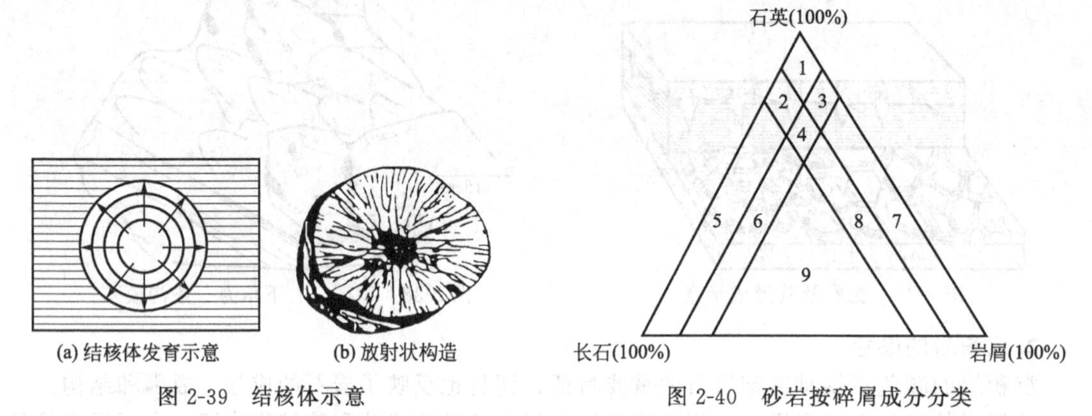

(a) 结核体发育示意　(b) 放射状构造

图2-39　结核体示意

图2-40　砂岩按碎屑成分分类

③ 粉砂岩。由50%以上的等于或小于0.1mm至大于0.01mm的碎屑物质所组成的沉积岩，称为粉砂岩。粉砂岩具有粉砂结构。粉砂岩中颗粒小，肉眼不易分辨它的矿物成分及粒度。

表2-6　砂岩碎屑成分分类

四大类名称	九小类名称		石英含量/%	长石含量/%	岩屑含量/%
石英砂岩	1	石英砂岩	80～100	0～10	0～10
	2	长石质石英砂岩	65～90	10～25	<10
	3	硬砂质石英砂岩	65～90	<10	10～25
	4	长石硬砂质石英砂岩	50～80	10～25	10～25
长石砂岩	5	长石砂岩	0～75	>25	<10
	6	硬砂质长石砂岩	0～65	>25	10～25
硬砂岩	7	硬砂岩	0～75	<10	>25
	8	长石质硬砂岩	0～65	10～25	>25
混积砂岩	9	混积砂岩	<50	25～75	25～75

④ 火山碎屑岩。指含有50%以上的火山碎屑物质所组成的岩石。这些火山碎屑物质是火山喷发时的产物。从成因和成分上看，火山碎屑岩是喷出岩和正常沉积岩之间的过渡产物。常见的火山碎屑岩有以下三种。

a. 火山角砾岩。由直径等于或小于100mm至大于2mm的大小不等的熔岩角砾碎块，经火山灰等物质胶结而成的岩石。其颜色复杂，常呈绿色、紫色、灰色等。

b. 集块岩。火山角砾的直径大于100mm时，称为集块岩。

c.凝灰岩。由直径小于 2mm 的火山碎屑物质和火山灰经压紧、胶结而成。常呈灰白色、灰绿色、浅紫色等。

火山碎屑岩仅分布在古代或近代火山活动地区。我国华北及东北的某些煤田，如抚顺、阜新、北票、广西、大同、下花园等地分布。

(2) 黏土岩类　黏土岩是由 50%以上小于 0.01mm 的黏土矿物组成的沉积岩。它是介于碎屑岩类和化学岩及生物化学岩类之间一类沉积岩。黏土岩占沉积岩总体积的 80%左右，所以是沉积岩中最常见的一类岩石，尤其是煤系和煤层顶底板岩石。

实际工作中，将黏土岩分为泥岩、页岩等。

① 泥岩。是由黏土经固结成岩作用形成的岩石。具厚层状，遇水不变软，可塑性差，无页理构造。

② 页岩。是沿层理面分裂成薄页片性质的黏土。具有明显的页理构造；页岩颜色随成分的不同而改变。按成分可分下列几种。

a.钙质页岩。主要成分为黏土矿物，其中碳酸钙不超过 25%的称为钙质页岩。遇冷稀盐酸起泡。

b.炭质页岩。含大量炭化了的有机质。呈黑色，易污手，页理发育，是煤与页岩之间的过渡岩石，常出现在煤系地层中。

c.黑色页岩。含有较多的有机质及细分散黄铁矿、菱铁矿而显黑色。很少含化石，具页理，外貌似炭质页岩，区别在于它不污手。

d.油页岩。为黑色或棕色的页岩。黏结性强，风化后呈灰白色。有沥青臭味，易燃，一般无炭化植物碎片，不污手。区别于黑色页岩是用小刀刮之可成为刨花状的岩片。油页岩的含油率为 4%～20%，可直接提炼石油。

e.铝质页岩。颜色较浅，常为浅灰色或灰白色，铁质浸染时可呈红褐色调。岩石中 Al_2O_3 含量高时可向铝质岩过渡。

(3) 化学岩及生物化学岩类　从胶体溶液或真溶液中，以化学方式沉淀出来的物质形成的岩石称为化学岩。在生物活动直接或间接参与下，沉淀而成的岩石称为生物化学岩。按物质成分不同，可分为下列几种。

① 石灰岩。主要成分是方解石，无杂质时为灰白色，含杂质时可呈灰色、黑色、淡红色、褐色、黄色等，常为致密块状结晶结构，硬度小于小刀，遇稀冷盐酸起泡。

当含泥质达 50%以上时，则称为泥灰岩。泥灰岩遇稀冷盐酸反应后有泥质残余。

石灰岩是冶金工业、化学工业、建材工业的重要原料。分布广，约占沉积岩总量 20%，在地壳中分布仅次于黏土岩及碎屑岩。

② 白云岩。主要成分为白云石，并常含有少量方解石。灰白色、浅黄色，有时为黑色，常呈粒状结晶结构。区别于石灰岩的是：硬度稍大于石灰岩，且遇稀冷盐酸几乎不反应，但其粉末与稀冷盐酸起反应。

白云岩主要用做冶金工业的耐火材料。

③ 铝质岩。是富含 Al_2O_3 的化学沉积岩。呈致密块状或鲕状、豆状结构。颜色多为灰白色和白色，如含铁时则呈红色、棕色、黄色等。它与黏土岩区别主要在于：铝质岩的密度及硬度较黏土岩大些。黏土岩和铝质岩的化学成分是过渡的，当黏土岩中 $Al_2O_3:SiO_2$ 大于 1 时为铝质岩；在铝质岩中，Al_2O_3 为 40%。$Al_2O_3:SiO_2$ 大于 2.6 的称为铝土矿，是提炼铝的矿石。

④ 铁质岩。它是大量含铁矿物的沉积岩。主要矿物有赤铁矿、黄铁矿、菱铁矿。含铁化合物在 30%以上的沉积岩，即成铁矿。

⑤ 可燃有机岩。由含碳、氢、氧、氮的有机化合物组成的岩石，称为可燃有机岩。主

要有煤、油页岩、石油及天然气等。

⑥ 硅质岩。是富含 SiO_2 达 70%～90%的化学岩，如燧石岩。硅质岩分布较广。

⑦ 锰质岩 是富含锰化合物的沉积岩。主要矿物有硬锰矿等，常具鲕状、肾状结构。当其含锰量达 20%左右时，即成锰矿。

⑧ 磷质岩。含 P_2O_5 在 5%～8%的沉积岩称为磷质岩，也叫磷块岩。其主要矿物有磷灰岩等。当 P_2O_5 含量大于 12%时可作为磷矿石开采。

⑨ 岩盐。由钾、钠、钙、镁的卤化物及硫酸盐所组成的岩石。常见的有岩盐、石膏及硬石膏等。

5. 沉积岩的描述

沉积岩的颜色、结构、构造、矿物组成，含化石、结核及包裹体等特征是沉积岩肉眼观察、描述的主要内容和命名的依据。

(1) 沉积岩观察、描述的内容

① 颜色。重点观察沉积岩石新鲜面上的颜色，突出主体颜色，如红褐色、灰白色等。岩石风化后特殊颜色也要描述。

② 结构。观察矿物颗粒直径大小、形态及颗粒之间相互关系等，确定是碎屑结构还是泥质结构，或者是化学结构及生物化学结构。

③ 构造。观察该沉积岩石层理构造的类型及特征。如水平层理、波状层理、斜层理等，以及泥裂、波痕等层面构造特征。

④ 矿物组成特征。指出主要组成矿物名称及含量百分比；各矿物形态特征，如颗粒大小及均匀程度。对碎屑岩石还应区分出碎屑颗粒和胶结物组成及特征，碎屑的滚圆度等。

⑤ 其他。含生物化石情况，结核及包裹体有无及特征等。

(2) 沉积岩命名方法 在肉眼详细观察的基础上，以颜色、结构、构造及主要组成矿物等为依据，参照沉积岩分类表（表 2-5），对该岩石进行命名。先根据肉眼观察到的结构特征确定出属于碎屑岩类、黏土岩类、化学岩及生物化学岩类中哪一类岩石，作为命名的基本依据，再用该类岩石中更详细的分类依据来命名。例如，某一沉积岩石，它具有碎屑结构，属于碎屑岩类岩石，仔细观察，碎屑颗粒直径为 2～0.5mm，它属于粗砂质结构，可用“粗砂岩”作为基本名称。如果该岩石中主要碎屑物是石英，占 80%以上，且颜色为灰白色，参照表 2-5、表 2-6 砂岩碎屑成分分类，可进一步命名为“灰白色粗粒石英砂岩”。

(3) 实例

[例 1]

产地：陕西韩城某沉积岩石。

描述：灰白色、稍带灰绿色，中粒砂质结构。碎屑成分主要为石英，占 85%以上。石英表面染有氧化铁薄膜。含少量海绿石，有的已风化成黄褐色褐铁矿。硅质胶结。微细层理使海绿石呈条带状分布。

命名：灰白色含海绿石中粒石英砂岩。

[例 2]

产地：河北唐山某沉积岩石。

描述：黄红色，不等粒砂状结构。碎屑成分主要为石英和正长石，含少量白云母碎片，且多沿层理面分布。石英占 60%左右，正长石占 30%左右。碎屑颗粒大小不均，属中粒、粗粒。黏土质和铁质胶结，胶结较紧密。

命名：黄红色黏土质中粗粒长石砂岩。

[例 3]

产地：河北宣化某沉积岩石。

描述：浅肉红色，具有泥质结构，块状构造，断口粗糙，有滑感，黏舌。在水中很容易泡软，并可膨胀到原体积的2～3倍。较疏松，具裂隙。主要矿物成分是蒙脱石（胶岭石）。

命名：浅肉红色蒙脱石黏土岩。

四、变质岩

1. 变质岩的基本特征

（1）变质岩的矿物成分　变质岩的矿物成分既决定于原岩的化学成分，也和形成时的物理化学条件密切相关。所以变质岩的矿物成分比岩浆岩、沉积岩要复杂得多。变质岩中的矿物可分为两类：一类是在岩浆岩、沉积岩中经常出现的矿物，如长石、石英、云母等；另一类是在变质作用下新产生的矿物，如石榴子石、红柱石、蓝晶石、十字石、夕线石、滑石、刚玉等，这些矿物称为特征变质矿物，它们对指示原岩成分和变质作用性质、强度有特殊意义。因此，常把变质特征矿物的出现作为识别变质岩的重要标志。

（2）变质岩的结构和构造

① 变质岩的结构。变质岩的结构是指岩石组分的形状、大小和相互关系，它着重于矿物个体的性质和特征。根据成因，变质岩的结构一般可分为四类：碎裂结构、变晶结构、变余结构、交代结构。

a. 碎裂结构。原岩在应力作用下，当应力不超过岩石或矿物的弹性极限时，便发生弹性变形；如应力超过其强度极限时，则发生破裂和粒化作用，形成各种碎裂结构。

b. 变晶结构。岩石在固体状态下发生重结晶或变晶结晶所形成的结构称为变晶结构。这是变质岩中最常见的结构，与岩浆岩的结构相似。变晶结构按变晶矿物相对大小，可以划分为等粒、不等粒、斑状变晶结构（图2-41）；按变晶矿物粒径大小，可以划分为粗粒（粒径＞3mm）、中粒粒径3～1mm）、细粒（粒径＜1mm）变晶结构；按变晶矿物形态；可以划分为粒状、鳞片状、纤状变晶结构（图2-42）等。变晶结构貌似岩浆岩的结晶结构，但变晶矿物是同时结晶的，不同于岩浆岩中的矿物从熔体中结晶时有先后顺序之分。

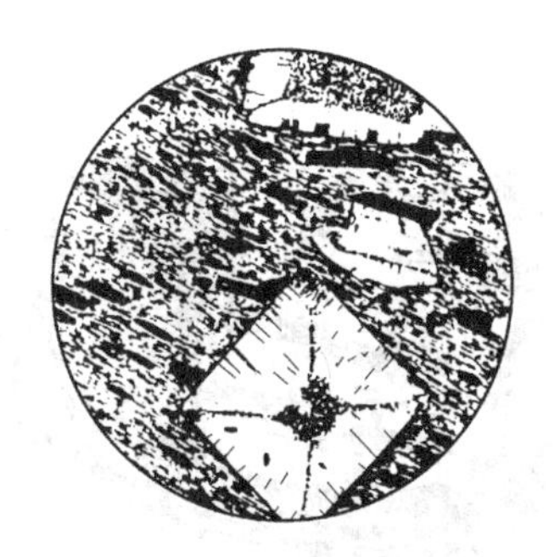

图2-41　斑状变晶结构
空晶石板岩，变斑晶为空晶石；石偏光×23
（据A·哈克尔）

图2-42　纤维变晶结构
阳起石片岩，岩石主要由阳起石组成；
单偏光，d＝5mm

c. 变余结构。原岩在变质作用过程中，由于变质结晶和重结晶作用不彻底，原岩的结构特征被部分残留下来，这时就称为变余结构。如变余碎屑结构、变余斑状结构等。变余结构常见于变质程度较浅的变质岩中，是判断原岩性质的依据之一。

d. 交代结构。发生交代变质作用时，原岩中的矿物被取代、消失，与此同时形成新生矿物。交代作用既可以置换原有矿物，以保持原岩结构的方式进行（如交代假象结构），也可以形成新矿物新结构的方式进行（如交代穿孔结构、交代蠕虫结构）（图2-43）。

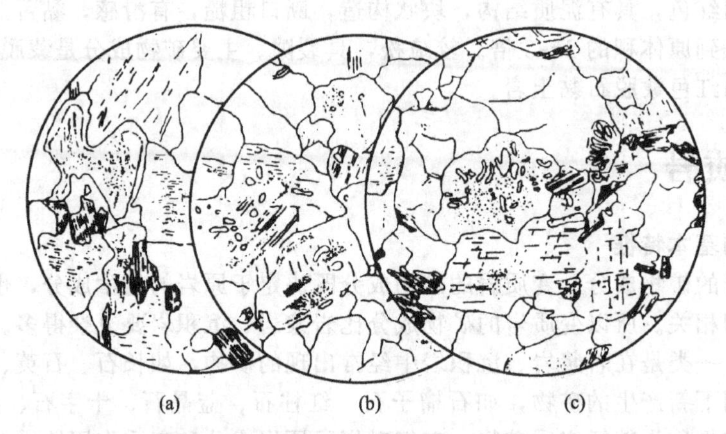

图 2-43　交代结构

(a) 交代净边结构，黑云母钾长石片麻岩，斜长石的边部可见洁净的钠长石边；
(b) 交代穿孔结构，黑云母钾长石片麻岩，钾长石中可见液滴状石英交代；
(c) 交代蠕虫结构，黑云母钾长石片麻岩；单偏光，$d=5\text{mm}$

② 变质岩的构造。变质岩的构造是岩石组分在空间上的排列和分布所反映的岩石构成方式，着重于矿物集合体的空间分布特征。它是识别变质岩的重要标志。根据成因，变质岩的构造可分为两类：变余构造与变成构造。

变余构造是指变质岩中仍不同程度保留了原岩的构造。例如，变余气孔构造、变余流纹构造、变余层理构造、变余波痕构造等。变余构造常见于变质程度较浅的变质岩中，是判断原岩性质的依据之一。

变成构造是指由变质作用形成的构造。常见的变成构造如下所述。

a. 板状构造。岩石在应力作用下，产生一组密集平行的破裂面，称板状构造，又称劈理构造。它伴有轻微的重结晶，但肉眼不能分辨出颗粒，因此劈理面常光滑平整（图 2-44）。

b. 千枚状构造。岩石中各组分基本已重结晶，并呈定向排列，岩石呈薄片状，矿物颗粒细，肉眼不易分辨，片理面上具丝绢光泽（图 2-45）。

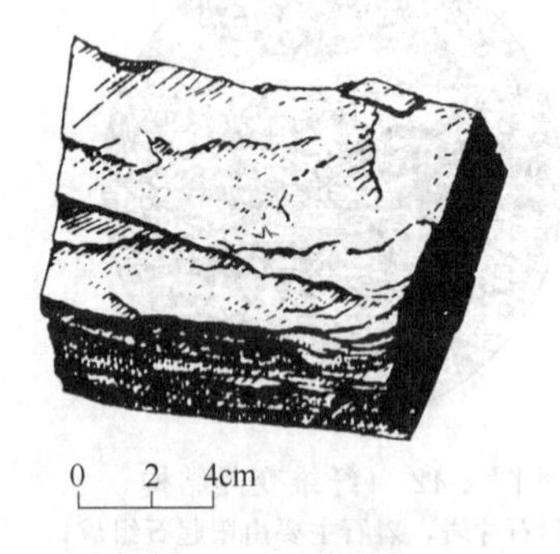

图 2-44　板状构造
（板岩，陕西略阳）

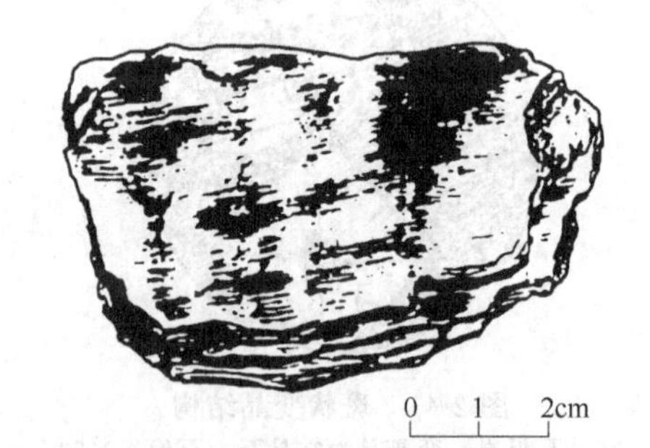

图 2-45　千枚状构造
（千枚岩，北京八宝山）

c. 片状构造。岩石主要由鳞片状、柱状变晶矿物组成，并作定向排列和分布，颗粒稍粗，一般肉眼能分辨颗粒（这是和千枚状构造的主要区别），具有沿片理面劈开成不平整薄片状的特征（图 2-46）。

d. 片麻状构造。岩石中的粒状变晶矿物、鳞片状和柱状变晶矿物相间排列，形成浅色与深色相间的断续条带（图 2-47）。

e. 块状构造。岩石中的矿物成分和结构均匀分布，矿物无定向排列。

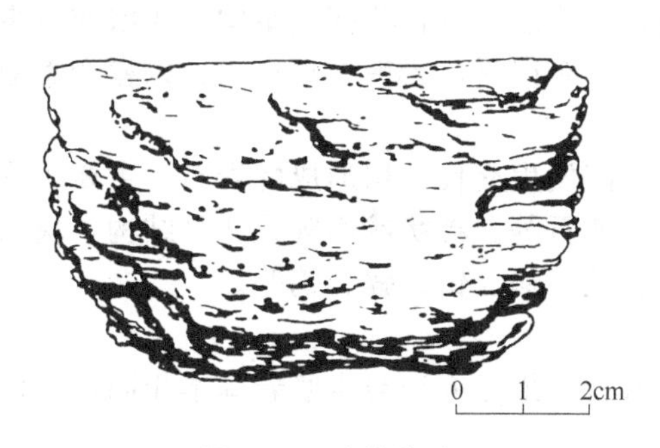

图 2-46　片状构造
（十字石榴石黑云母片岩，四川丹巴）

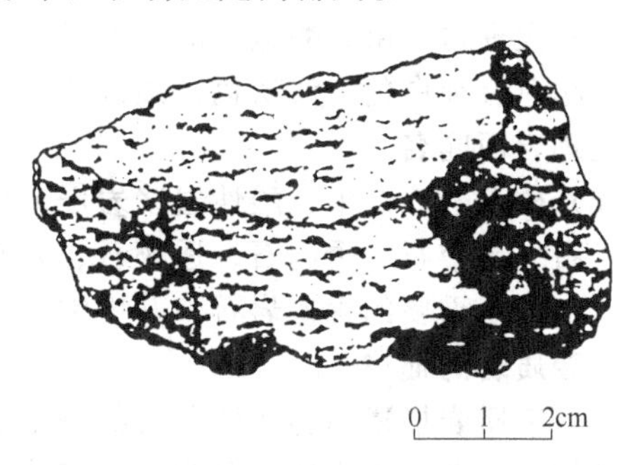

图 2-47　片麻状构造
（黑云母碱性长石片麻岩，四川丹巴）

2. 变质岩的分类

目前，变质岩主要根据变质作用的类型进行分类。一般分为五类：动力变质岩类、热接触变质岩类、区域变质岩类、混合岩类、交代变质岩类（表 2-7）。

表 2-7　变质岩分类简表

动力变质岩类	热接触变质岩类	区域变质岩类	混合岩类	交代变质岩类
		板岩	角砾状混合岩	蛇纹岩
碎裂岩	角岩	千枚岩	条带状混合岩	青磐岩
糜棱岩	大理岩	片岩	肠状混合岩	云英岩
千糜岩	石英岩	片麻岩	混合片麻岩	次生石英岩
		变粒岩	混合花岗岩	夕卡岩

3. 变质岩的常见类型

（1）板岩　具板状构造，是由泥岩、粉砂岩等经轻微变质作用形成的。重结晶作用不明显，主要矿物是石英、绢云母、绿泥石等。隐晶质结构，常具有变余泥状结构和变余层理构造。

（2）千枚岩　具千枚状构造，片理面有丝绢光泽。原岩与板岩相同，但变质程度较板岩高。重结晶程度较高，基本上已全部结晶，主要矿物是绢云母、绿泥石及石英等。隐晶质结构，在岩石的片理面或横断面常见微细皱纹。

（3）片岩　具片状构造，原岩已全部重结晶，主要由片状、柱状及粒状矿物组成。片状、柱状矿物主要是白云母、黑云母、绿泥石、滑石、角闪石、阳起石等，粒状矿物为石榴子石、十字石、石英等。常见鳞片变晶结构、纤状变晶结构、粒状变晶结构及斑状变晶结构。

（4）片麻岩　具片麻状构造，结构较片岩粗，为中-粗粒变晶结构。主要矿物为长石、石英、黑云母、角闪石，其中长石和石英含量超过一半，且长石含量多于石英。片麻岩是泥岩、长石砂岩、中-酸性岩浆岩等经中高级变质作用的产物。

（5）糜棱岩　原岩经过强烈塑性变形作用形成的岩石。岩石由极细的破碎颗粒组成，致密坚硬。主要矿物是石英、长石，也常见呈定向排列的绿泥石、绢云母、滑石、蛇纹石等。糜棱岩往往分布在断裂带两侧。

（6）石英岩　由石英砂岩经热接触变质作用或区域变质作用形成。主要矿物为石英，可出现极少量长石。具粒状变晶结构，块状构造。

（7）大理岩　由碳酸盐类的岩石经过再结晶作用形成。具粒状变晶结构。块状或条带状构造。颜色有纯白色、浅灰色、浅红色等。大理岩分布广泛，云南大理点苍山以盛产美丽花纹的大理岩而闻名。

（8）矽卡岩　是中、酸性岩浆岩侵入碳酸盐岩间发生交代作用形成的岩石。主要矿物是石榴子石、绿帘石、透闪石、透辉石、阳起石、硅灰石等。粒状或不等粒变晶结构，块状构造。矽卡岩是重要的含矿岩石，其中常见的矿产有铁、铜、铅、锌、钨等。

4. 变质岩的描述

（1）变质岩描述内容　变质岩都是全结晶的岩石，描述方法与岩浆岩基本相同，即以颜色、结构、构造、矿物成分等为主要描述内容。

① 颜色。岩石总体颜色。变质岩的颜色多呈灰色、浅灰色或暗灰色。

② 结构。结构描述时应注意矿物颗粒大小（分相对大小和绝对大小）以及肉眼可见矿物的形态及结晶程度等。

③ 构造。矿物颗粒排列情况。无定向排列的属于块状构造，矿物有定向排列的属于片理构造。再仔细观察矿物结晶程度和岩石其他构造特征，确定是千枚状、片状、片麻状、板状中的哪一类。

④ 矿物成分。肉眼可见到的矿物及在放大镜下可见的矿物特征。对粒状变晶结构的岩石，应按矿物含量百分比大小依次描述；对斑状变晶结构的岩石，应分别描述变晶及变基质特征。除描述在岩浆岩和沉积岩石中常见的石英、长石、辉石、角闪石等矿物外，更应注意描述变质矿物，如石榴子石、红柱石等。

⑤ 其他特征。如变质岩断口及断口的光泽特征等。

（2）变质岩命名方法　变质岩命名方法与其他矿物成分、结构、构造及颜色等有直接关系。

命名方法是：先根据变余结构、变晶结构等确定是片麻岩，还是片岩或者是千枚岩、板岩、大理岩、石英岩，再进一步按矿物成分和变质岩构造进行命名。命名时，把含量较少的矿物名称放在前边，含量较多的矿物名称放在后边，最前边加上岩石总体颜色后，即可得出该变质岩的名称。

（3）实例

产地：陕西临潼骊山某变质岩石

描述：灰白色，夹黑色细条带，断口不平坦，具极明显的片麻状构造。矿物颗粒大小均匀，为中粒的等粒变晶结构。矿物成分以灰白色斜长石（50%）及黑云母（20%）为主。

命名：灰白色中粒等粒黑云母斜长石片麻岩。

第三章 地史知识

Chapter 3

第一节 岩层中的地史信息

一、古生物化石

古生物是指仅生存于地质历史时期的生物，通常将1万年前的生物归入古生物。古生物化石是指在地质历史时期形成并赋存于地层中的古生物遗体和古生物遗迹，包括植物、无脊椎动物、脊椎动物等化石及其遗迹化石。

自地球诞生至今，生物的种类千差万别，丰富多彩，但生物的发展不是混乱无序的，而是遵循某些特定的规律，由低级到高级，由简单到复杂，由不完善到完善的发展规律。在地质历史的某一阶段，可能会出现“返祖”现象，也可能会出现“简单化”现象，甚至可能出现“衰退”现象，但这些现象并不是真正的主流发展趋势，会随着时间的发展而遭到淘汰。

古生物化石的研究对地质工作有着重要的意义。古生物出现后，随着古地理环境和气候的变化，生物也是在不断地发展，那些不适应新环境的生物会逐渐被淘汰，适应了新环境的生物就会逐渐繁盛起来，当生物死亡后，若其遗体和遗迹被泥沙较快地掩埋起来，经过复杂的物理和化学变化，有可能形成化石，并保存在地层中；因此，一定的地质历史时期必有一定的生物存在，而且一定类别的古生物只存在于一定地质历史时期和一定的古地理环境，这样，根据古生物化石可以反推地层形成时代，进行地层的划分和对比。这对找矿、勘探资源、确定构造具有重要的意义。

二、地层的层序

沉积岩在形成时，先沉积的在下面，后沉积的在上面，形成了一种自然的顺序，即正常的地层［见图3-1（a）］。这种新老的上下覆盖关系，称为地层的层序律。如果地层因构造运动发生倾斜，但未倒转时，层序律依然适用［见图3-1（b）］。利用这个关系，可以确定地层的相对年代，这对大多数地区来说都是适用的。

但在某些地壳发生强烈运动的地区，这些地方的区域或局部，可能受到褶皱或断裂因素的影响，使正常的地层产状发生转动，甚至倒转，使早期沉积的岩层覆盖在了晚期形成的岩层之上。

当然，在某些区域或地区，由于逆断层的存在，也会使得较老的地层覆盖在较新的地层之上，在这种情况下，必须借助于其他方法，综合分析才能确定地层的关系。

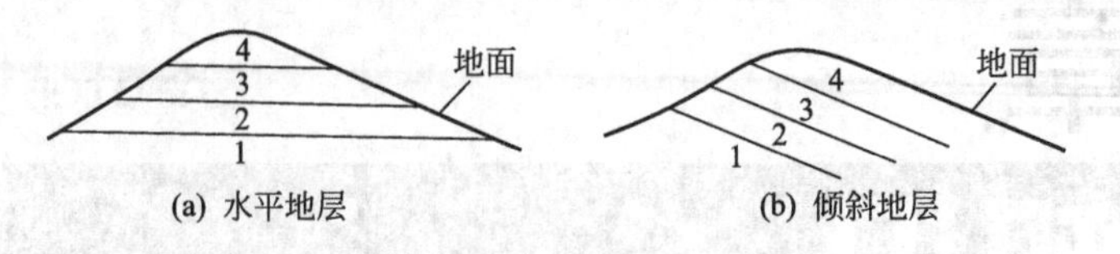

图 3-1 地层
（图中 1、2、3、4 表示从老到新之地层）

三、地层接触关系

某一地质历史时期，地壳连续发生下降，于是该区不断接受沉积，形成了厚厚的沉积层；在另一地质历史时期，地壳上升，于是该区不断遭受剥蚀，表现为缺失这一地质时期的地层；有时，由于地壳强烈地运动，使原来大致呈水平状态的岩层，变成倾斜、直立甚至倒转。将地层接触关系分为：整合接触、假整合（平行不整合）接触和不整合（角度不整合）接触。

1. 整合接触

在地壳长期下降的过程中，沉积物一层层的沉积下来，新老两套地层彼此衔接，产状彼此平行，没有缺失，其岩性特征和古生物特征是递变的，可以反映出地壳的均匀变化［见图 3-2（a）］。

2. 假整合（平行不整合）接触

假整合接触又称为平行不整合接触，新老地层虽然平行一致，但它们之间出现过或长或短的沉积间断，有明显的地层缺失。

平行不整合是地层在上升过程中，没有发生明显褶皱、倾斜，仅露出水平面产生沉积间断、遭受风化剥蚀，然后地壳下降接受沉积，在新、老地层之间就缺失了一些时代的地层。但彼此间却是平行的，从而形成了平行不整合。这一过程可简要表示为：地壳下降接受沉积→上升、沉积中断并遭受剥蚀→地壳下降、再接受沉积，新地层底部常可见底砾岩［见图 3-2（b）］。

3. 不整合（角度不整合）接触

不整合接触又称为角度不整合接触，相邻的新、老两套地层之间不仅有缺失，而且两者之间有一定的角度，这种接触关系叫做角度不整合接触。角度不整合说明，在老地层形成之后，该区域又发生了强烈的构造运动而使地层褶皱隆起，并遭受剥蚀，然后再次下降接受沉积，形成新地层。这一过程可简要表示为：地壳下降→接受沉积→褶皱上升→沉积中断并遭受剥蚀→地壳再下降→接受沉积［见图 3-2（c）］。

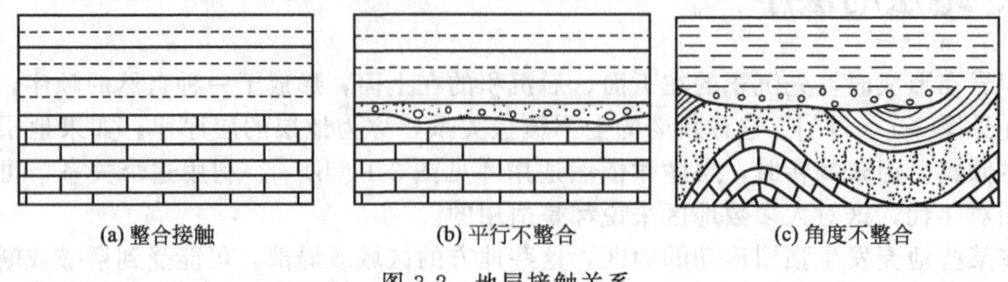

图 3-2 地层接触关系

以上三种关系，尤其是不整合（角度不整合）接触在划分地层方面有十分重要的意义，因为它不仅能够反映地壳运动、海陆变迁、地形升降、古地理环境、古地理气候和古生物的变化，也能指导寻找矿产资源。因此，任何不整合面都是地层划分的重要标志。

四、其他信息

根据沉积物的岩相特征，可以分析还原当时的古气候环境，以我国中生代聚煤期为例：从中生代的晚三叠世开始，气候逐渐转为潮湿，有利于植物生长和煤的聚集。我国西南及南方各省的中生代含煤地层，其时代为晚三叠—早侏罗世，而东北地区中生代的含煤地层时代则属于晚侏罗世—早白垩世，有较明显的自西南向东北逐渐变化的趋势。这表明，中生代的潮湿气候，最先分布在西南部，随着时间的推移，逐渐向东北移动，因此我国东北中生代成煤时期直到晚侏罗世才出现。在潮湿气候向东北移动的同时，干旱气候又逐渐控制了我国大陆，在中、晚侏罗世，四川等地已不适合成煤，而形成了红色砂页岩，这是由于岩层受高价氧化铁、锰等成分侵染而呈红色，是典型的干旱条件下的产物。

第二节 地层的划分与对比

一、地层划分的方法

1. 岩石地层学方法

岩石地层学方法是根据岩性特征来划分的一种方法。岩性特征包括：岩石的颜色、矿物组成、结构、构造、化石种类、岩石组合关系、岩层的横向展布、岩石的变质程度等。

在相同时代和相同的环境下生成的岩层，岩性特征应是相同的；不同时代，不同环境，岩性特征会有所差异，以此差异为基础来划分地层；这种方法只适用在较小的范围内。

2. 生物地层学方法

生物地层学方法又称生物层序律法。地球上出现生物以来，遵循着生物发展的规律，随着环境的改变，有的生物适应了新环境而存活下来，有的不能适应则被淘汰；生物的这种适应具有前进性、不可逆性等特征，本方法以此为基础来展开。

一些演化迅速、地质历程短、地理分布广、数量丰富、易于鉴别的古生物遗体化石称为标准化石；标准化石可以判断地层形成时代，但标准化石并非各地都有，有时候运用会受到限制。

在实际工作中，有时采用综合分析地层中所含生物群的方法，详细研究各门类古生物化石出现的年代、环境、地层，并对地层进行划分。

3. 地层层序律法

根据岩层的层理构造、层面构造等特征来判别岩层顶底板和上下层位，按层序律划分地层的方法。此方法只适用于构造简单，层序正常的地层划分，在一些地质条件复杂的地区，须消除构造、地形等因素带来的影响，再结合其他方法来确定层序。

4. 构造学方法

根据岩层接触关系划分地层的方法。岩层接触关系包括：整合接触、平行不整合接触、角度不整合接触 3 种，是构造运动性质和强烈程度的真实反映；其中，平行不整合接触和角度不整合接触代表着地史上的重大变革，以此为依据划分地层的自然界线。

5. 同位素年龄法

利用矿物和岩石中的放射性元素不稳定性质，产生衰变，释放能量，最终变成稳定的终极元素，从而测定出矿物、岩石形成的确切年龄数值，这些年龄数值称为同位素年龄或绝对年龄。

在自然界中，放射性元素种类很多，但能够用来测定绝对年龄的元素并不多，放射性元素的选择有着严格的条件，以不受外界环境改变的恒定速率缓慢的衰变，^{238}U 就是其中较为典型的代表。

若采得一种含铀和铅的矿物或岩石，精确地测定其中同位素^{238}U 和^{206}Pb 的含量，便可利用下式计算这种矿物或岩石的同位素年龄值：

$$\text{同位素年龄}={}^{206}Pb\ (g)\ \div {}^{238}U\ (g)\ \times 7.4\times 10^{-9}$$

随着这项技术方法的不断改进，测定精度已经有显著提高。矿物、岩石是在地球形成之后产生的，地球的年龄比最古老的岩石的年龄大些，世界上测到最古老岩石的同位素年龄为 41.3 亿年+1.7 亿年，一般认为地球的年龄大约为 46 亿年。

6. 古地磁方法

近年来，随着古地磁学的研究和发展，发现较古老岩石中的磁化方向与现代地磁场的方向不一致，岩石被磁化，是受当时地球磁场的影响，如果地球磁场在某些时候倒转，在那个时期形成的岩石亦具有相同的磁场，可以利用这个理论，再结合同位素年龄资料，来推测和划分地层。岩石磁性全球性的转换方向，在大洋玄武岩及深海沉积中得到了证实，且在洋底岩石年代划分和对比中取得了不错的效果。

7. 地质事件法

地质时期有许多重大的地质事件，这些地质事件在地层中保留了明显的痕迹，可作为地层研究的标志。

如冰川消融，气候变化，火山喷发，大地震，海水进退，高大山脉、裂谷的形成，小行星碰撞等，虽然它们规模大小不一，影响各异，但仍可作为地层划分的重要方法。

二、地层对比的方法

常用的地层对比方法有：岩石地层学方法、生物地层学方法、岩石学方法等，与地层划分的方法有许多相近之处。

在进行地层对比时，首先要根据各个地区地层划分资料，绘制该区域地层柱状图，地层的划分可用上述方法，然后进行综合比较，找出同一地质时期内不同岩层的岩性、厚度、生物面貌等的变化规律，把相同时期的地层界线用虚线连接起来，建立与之相对应的空间关系。

实际工作中，在地层划分与对比之前，首先要在工作区内或邻近区选择地层发育齐全、出露连续、构造简单、层序正常、接触关系清楚、古生物化石丰富的地段进行详细的研究，然后实测地层剖面，建立地层层序，作为该地区的标准地层剖面，在此基础上，开展地层划分和对比工作。

图 3-3 表示了根据岩性、化石和地层层序等特征，划分和对比了甲、乙、丙三地区地层的情况，以及在地层划分和对比的基础上，通过恢复三地区完整的地层形成顺序而建立起来的综合地层柱状图。

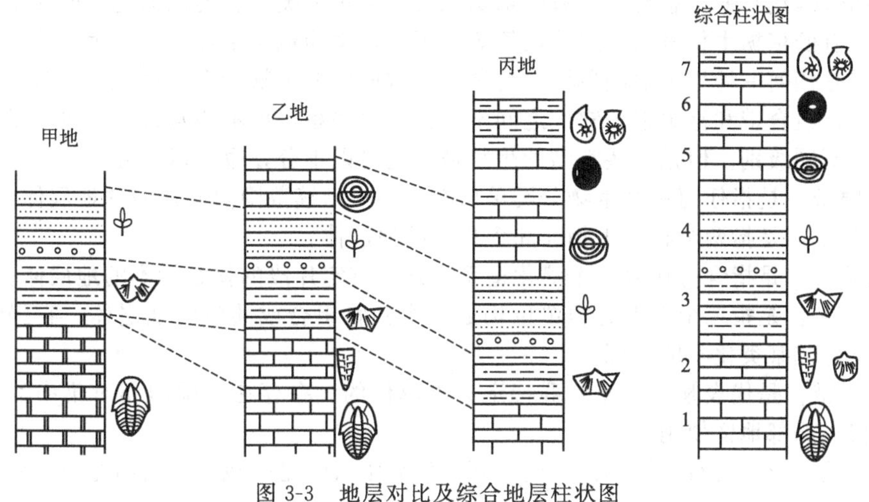

图 3-3　地层对比及综合地层柱状图

第三节 地层单位、地质年代单位及地质年代表

一、地层单位和地质年代单位

1. 地层单位

在整个地质历史时期，地层是由老到新逐次形成的，这就为将地层按它们形成的先后次序进行分段提供了可能，划分不同级别的分层单位，即地层单位。

（1）岩石地层单位　岩石地层单位是主要根据地层的岩性特征而划分的地层单位，它适用于地区性的地层单位，没有严格的时限。由大到小依次为群、组、段、层四级。

① 群：是最高一级的岩石地层单位。群与群之间有明显的沉积间断或不整合接触，多用于前寒武纪或陆相地层的划分。

② 组：是小于群的次一级岩石地层单位。一个组内的岩层，应具有岩性一致性的特点，可以是某类岩石，也可以是几类岩石的组合，是划分岩石地层的基本单位。组一般以地名命名，如太原西山有山西组和太原组。

③ 段：是小于组的次一级岩石地层单位。代表组内岩性均一的一段地层。如华北石炭系太原组自下而上划分为：晋祠段、毛儿沟段和东大窑段。

④ 层：是最低一级的岩石地层单位。具有一定岩性特征并区别于上、下层的单位层，如黏土层、笔石层等。

在实际工作中，组是一个剖面必有的岩石地层单位，而群、段、层则可根据任务需要建立。

（2）生物地层单位　生物地层单位是以地层中所含的化石种类和特征为依据而划分的地层单位；从整体看，埋藏在地层中的化石显示了随地质时间推移的进化演变，而且这种演变在地层记录中是不重复的，因而生物地层单位具有相对地质年龄的价值。

划分生物地层单位的依据是多样的：有的依据化石所属种类，有的依据化石的共生组合关系，有的依据化石的形态特征，有的依据化石的富集情况，有的依据化石所显示的生活习性和方式，有的依据生物进化发展阶段等等，因此，生物地层单位依赖于生物分类方案。

生物带是任何一种生物地层单位的统称，经常使用的生物带有五种类型：延限带、间隔带、谱系带、组合带和富集带。它们之间不存在从属关系，也不相互排斥，更不是代表生物地层单位的不同级别。但是某些类型的生物带，还可以细分，也可以合并。

① 延限带：是指任何一种生物分类单位在其整个延续范围内所代表的地层体。

② 间隔带：是指两个特定生物面间含化石的地层体。

③ 谱系带：是指含有代表一个演化谱系中某一特定片段的化石标本的地层体。

④ 组合带：是指三个以上分类单位构成一个独特组合或共生的地层体，它强调保存在岩层中的全部或某类化石的特征。

⑤ 富集带：是代表某一类或一群特定分类单位的、在存在范围内相对集中的那段地层体，一般仅在局部地区使用。

生物地层单位与岩石地层单位不同，两者的界限有时是一致的，有时是不一致的，可以相互穿越。

2. 年代地层单位和地质年代单位

年代地层单位是指在特定的地质时间间隔内形成的地层，代表一定地质历史时期内形成的全部岩石，它与地质年代单位有紧密的联系。

研究地壳发展的历史，就必须建立地质时代单位，这种以反映各种地质事件发生与年代地层单位相对应的时间，称为地质年代单位。

年代地层单位与地质年代单位对应关系见表 3-1。

表 3-1　年代地层单位与地质年代单位对应表

年代地层单位	地质年代单位
宇(Eonthem)	宙(Eon)
界(Erathem)	代(Era)
系(System)	纪(Period)
统(Series)	世(Epoch)
阶(Stage)	期(Age)
亚阶(Substage)	时(Subage)

(1) 宇（宙）　最大的年代地层单位，代表宙时期内形成的全部地层。根据是否有大量生物出现，分为显生宙和隐生宙，这个时期的地层分别叫做显生宇和隐生宇。

(2) 界（代）　是指在一个代的时间内形成的全部地层。是宇的次一级单位，按照生物演化规律、地层特性等特征，将隐生宙分为太古代和元古代；将显生宙分为古生代、中生代和新生代。

(3) 系（纪）　是指在一个纪的时间内形成的地层。是界的次一级单位。一个界可分为若干个系，如中生界包括三叠系、侏罗系、白垩系。

(4) 统（世）　是小于系的次一级地层单位，一个系可分为两个或三个统。如石炭系可分为上石炭统和下石炭统。

(5) 阶（期）　是一个较小的年代地层单位。

(6) 亚阶（时）　是最小的年代地层单位，代表一个时的时期内形成的全部地层。

较高级别的年代地层单位和与之相适应的地质年代单位，如宇（宙），界（代），系

（纪），统（世）都客观地反映了地质历史发展的过程，具有统一性和世界性，可在世界范围内使用。其余较低级的单位只能在局部使用。

二、地质年代表

根据地球上生物演变及大的地壳运动等阶段性特点，把整个地壳史分成太古代、元古代、古生代、中生代、新生代，每个代又分为一至几个纪（表 3-2）。表 3-2 中列出了每个代的符号及每个纪的符号。从表 3-2 中可以看出，每一个代及纪均有一定特征的动、植物群。按地质年代单位与年代地层单位之间的对应关系，将古生代形成的地层叫古生界；中生代形成的地层叫中生界；以此类推。将三叠纪形成的地层叫三叠系；侏罗纪形成的地层叫侏罗系；以此类推。代与界、纪与系是地质年代单位与年代地层单位两种不同的概念，但它们的代表符号是一样的。如石炭纪的符号是 C，相对应的年代地层单位石炭系的符号也是 C。

一般每个纪又分为三个世，但震旦纪、石炭纪、白垩纪、第三纪分五个世。它们的名称是在纪的名称前面冠以“早”、“中”、“晚”，符号是在纪的代表符号右下角分别加“1”、“2”、“3”。如侏罗纪的三个世按时间先后分别为早侏罗世（J_1）、中侏罗世（J_2）、晚侏罗世（J_3）。每个世又分为早期、中期和晚期，其符号是在世的符号右上角分别加“1”、“2”、“3”。如早侏罗世早期，应写为 J_1^1；中期则写为 J_1^2；晚期写为 J_3^1。

地层单位系统又分为统，它的名称是在系名称前面分别加“下”、“中”、“上”。如侏罗系的三个统，按沉积先后顺序分为下侏罗统（J_1）、中侏罗统（J_2）、上侏罗统（J_3）。每个统又分为下、中、上，其符号的书写与世的早期、中期、晚期相同。

表 3-2　地质年代表

宙	代	纪	世	距今年龄/Ma	构造运动	植物	动物	我国地史主要特点
显生宙 PH	新生代 C_Z	第四纪 Q	全新世 Qh		喜马拉雅运动	被子植物大量繁殖	人类出现和发展	地壳运动强烈，黄土形成
			更新世 Qp					
		新近纪 N	上新世 N_2	2.6				植物茂盛，为重要成煤时期
			中新世 N_1					
		古近纪 E	渐新世 E_3	23.3			哺乳动物和鸟类繁盛	
			始新世 E_2					
			古新世 E_1					
	中生代 M_Z	白垩纪 K	晚白垩世 K_2	67	燕山运动	被子植物	爬行动物繁盛时代	地壳运动、岩浆活动频繁
			早白垩世 K_1					
		侏罗纪 J	晚侏罗世 J_3	137				除西藏、台湾外，其他地区上升为陆地
			中侏罗世 J_2					
			早侏罗世 J_1					
		三叠纪 T	晚三叠世 T_3	195	印支运动	裸子植物大量繁殖		华北为陆地，华南为浅海
			中三叠世 T_2					
			早三叠世 T_1					

续表

宙	代		纪	世	距今年龄/Ma	构造运动	植物	动物	我国地史主要特点
显生宙 PH	古生代 P_Z	晚古生代	二叠纪 P	晚二叠世 P_3	230	海西运动	裸子植物	两栖类繁盛	植物茂盛，为重要成煤时期
				中二叠世 P_2					
				早二叠世 P_1					
			石炭纪 C	晚石炭世 C_2	280				
				早石炭世 C_1					
			泥盆纪 D	晚泥盆世 D_3	350		孢子植物大量繁殖	鱼类繁盛	华北遭受风化剥蚀，华南为浅海
				中泥盆世 D_2					
				早泥盆世 D_1					
		早古生代	志留纪 S	顶志留世 S_4	405	加里东运动	裸蕨植物珊瑚笔石发育		华北为陆地，华南为浅海
				晚志留世 S_3					
				中志留世 S_2					
				早志留世 S_1					
			奥陶纪 O	晚奥陶世 O_3	440				海水广布，中奥陶世后，华北上升为陆
				中奥陶世 O_2					
				早奥陶世 O_1					
			寒武纪€	晚寒武世€$_3$	500		海藻大量繁殖	无脊椎动物	浅海广布，三叶虫极盛
				中寒武世€$_2$					
				早寒武世€$_1$					
元古宙 PT	晚远古代 Pt_3		震旦纪 Z	晚震旦世 Z_2	600	吕梁运动	藻类，原始细菌	裸露无脊椎动物出现	岩石变质程度很深
				早震旦世 Z_1					
			南华纪 Nh						
			青白口纪 Qb						
	中元古代 Pt_2		蓟县纪 Jx						
			长城纪 Ch						
	早元古代 Pt_1		滹沱纪 Ht		1800				
太古宙 AR	新太古代 Ar_3				2500	鞍山运动 阜平运动		生命现象开始出现	
	中太古代 Ar_2								
	古太古代 Ar_1								
	始太古代 Ar_0				4600				

注：表中震旦纪、南华纪、青白口纪、蓟县纪、长城纪、滹沱纪只限于国内使用。

三、地壳发展简史

地壳的发展历史可以分为两个阶段，即显生宙和隐生宙；显生宙是以地球上有大量生命体的出现为标志，隐生宙虽然无大量生命体存在，但是在这一阶段，地球经过长时间发展，为生命体的孕育和繁殖准备了必要的条件。隐生宙包括太古宙和元古宙（隐生宙的提法已趋向不用），显生宙包括古生代、中生代和新生代。

1. 太古宙

太古宙是地壳最早的发展阶段，大约始于距今 40 亿年至距今 25 亿年，延续了约 15 亿年。

太古宙时，地壳的稳固性差，地壳运动、岩浆活动频繁，致使太古宙地层强烈褶皱，我国的太古宙都是由深度变质的且强烈褶皱的变质岩系（如片麻岩、片岩等）构成，并普遍发育了岩浆侵入岩。

太古宙是地球上生物开始孕育和萌发的最初时期，距今 40 亿年前后，在原始海洋中形成了碳氢化合物，在合适的环境中，形成了具有新陈代谢功能的蛋白质，然后再逐步发展成为原始的有机体，但这些最初的生命物质，都是一些形体微小，构造简单的低等菌藻，经过长时间的变质作用，很难保存为化石。

我国的太古宙变质岩系，主要分布在昆仑山—秦岭—大别山一线以北的华北地区和塔里木地区，其中华北北部及中部发育最厚，厚度可超过万米。

在太古界，世界各地均发现有铁、铜、镍、铬、金等矿产，其中以铁矿最为重要，我国的鞍山市铁矿就产于此地层当中。

太古宙后期，距今 25 亿年前后，发生了一次广泛而强烈的地壳运动，使太古界发生强烈褶皱和变质，与上覆地层呈不整合接触关系，这次运动在我国称为鞍山运动。

在太古宙，地层逐渐增厚，分布面积逐渐扩张，变质作用强烈，使地壳进一步固结，形成了华北板块的雏形——华北陆核。

2. 元古宙

元古宙是继太古宙之后的另一个较为古老的地壳发展阶段，始于距今 25 亿年，结束于 6 亿年，延续时间约 19 亿年，这一时期的地壳运动、岩浆活动和变质作用仍很强烈，但相对太古宙地层变质程度较浅。根据地壳运动、岩石的变质程度和生物演化特征，将元古宙又分为早元古代、中元古代和晚元古代。

早元古代距今 25 亿～18 亿年，这一地史时期内的许多特征与太古宙相似，地壳运动、岩浆活动、变质作用都很强烈。在早元古代后期，我国许多地区都发生了强烈的地壳运动，称为吕梁运动。

吕梁运动后，我国北方地区逐渐转变为稳定的地块或地台，地壳运动、岩浆活动、变质作用都大为减弱，而在南方地区，地壳运动、岩浆活动仍很频繁。

在中、晚元古代，以藻类空前繁盛为特征，且这一时期发生了大规模的海侵，沉积了一套较厚的以碳酸盐岩为主的浅海相地层，这套地层在世界各地广泛分布；这一时期形成了重要的铁、锰、磷矿产资源。

总之，太古宙和元古宙是最古老的地质时代，延续时间很长，约占整个地壳发展史的 5/6 以上，虽然在这一时期，地层中保存的化石不多，但为生物体大量繁殖创造了必要的条件。

3. 古生代

古生代是地球上第一个大量出现生物的时代，开始于距今 6 亿年，一直延续到距今 2.3 亿年，由于当时的生物和现在的生物有很大不同，大多数生物已经灭绝，所以命名为古生代。根据地壳运动和生物演化特征，古生代可分为早古生代和晚古生代。

（1）早古生代　早古生代始于距今 6 亿年至 4 亿年，这个时代发生的地壳运动称为加里东运动。早古生代以海生无脊椎动物繁盛为特征，并保存为化石。早古生代分为：寒武纪、奥陶纪和志留纪。

① 寒武纪。寒武纪是古生代的第一个纪，始于距今 6 亿年，结束于距今 5 亿年。“寒武”来源于英国威尔士的寒武山脉。

寒武纪时，地壳运动相对平静，只有升降运动，无明显的褶皱运动，我国的寒武系为海相沉积。寒武纪的三叶虫最为繁盛，种类多、特征显著、易形成化石，成为寒武纪的典型代表。最早的三叶虫发现于早寒武统底部含小壳化石层位之上，其祖先应在寒武纪之前就已经存在，但尚未发现有任何化石记录。早寒武世主要是小尾型的 Redlichia Cossman（莱德利基三叶虫）（见图 3-4），其主要特征是头大、尾小、眼叶大（多呈新月形）、胸节多；到了中寒武世，耸棒三叶虫和褶颊三叶虫两目的属种显著增加。此外，还有少量的腕足类动物，以无铰纲为主，多为几丁质壳，如 Lingulella（小舌形贝）、Obolella（小圆货贝）等。

② 奥陶纪。奥陶纪始于距今 5 亿年至 4.4 亿年，“奥陶”来源于英国威尔士的一个民族的名称。

我国奥陶纪时的地壳运动仍以沉降为主，除胶东、辽东等少数地区外，大都被海水淹没，成为我国地史上海侵最广泛的一个时期，到中奥陶世末，地壳运动以上升为主。我国的奥陶系分布广泛，与下伏地层呈整合接触关系。

奥陶纪时，气候温暖，海生无脊椎动物快速发展，此时的三叶虫，除由寒武纪延续下来的褶颊三叶虫目的分子外，还出现了一些新类型，如 Nankinolithus Lu（三瘤三叶虫）（见图 3-5）和前颊类的小达尔曼虫等。皱壁珊瑚以小型单体珊瑚为主，大多没有鳞板，扭心珊瑚和柱珊瑚两亚目都有代表，数量不多。此时，是笔石的繁盛时期，早期主要是树形笔石，有的底栖固着生活，如 Acanthograptus Sencer（刺笔石）（见图 3-6），有的营浮游生活而全球分布，如 Dictyonema（网格笔石）；到中晚期，正笔石类大量繁盛，如 Dichograptus（均分笔石）、Tetragraptus（四笔石）、Nemagraptus（丝笔石）（见图 3-7）等。头足类中的鹦鹉螺逐渐繁盛起来，身体巨大，有的可达 5m，壳口直径 30cm 以上，是当时海洋中凶猛的食肉动物，如 Armenoceras（阿门角石）（见图 3-8）、Lituites（喇叭角石）、Sinoceras（震旦角石）（见图 3-9）等。

图 3-4　Redlichia Cossman 莱德利基三叶虫

图 3-5　Nankinolithus Lu 三瘤三叶虫

图 3-6 Acanthograptus Sencer 刺笔石

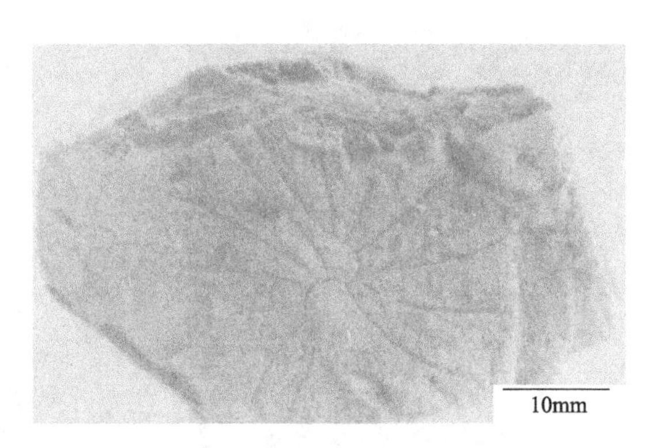

图 3-7 Nemagraptus（丝笔石）

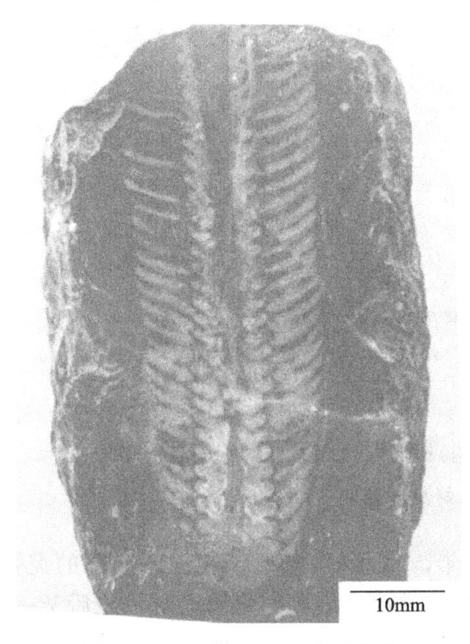

图 3-8 Armenoceras 阿门角石

图 3-9 Sinoceras 震旦角石

③ 志留纪　志留纪始于距今 4.4 亿年至 4.05 亿年，持续约 0.35 亿年。“志留”来源于英国威尔士一个古代部落居住的地名。

志留纪时，我国华北及东北部分地区继续为陆地，遭受侵蚀，华南地区仍被海水覆盖，在志留纪末期，地壳活动频繁，使地层发生了强烈的隆起，褶皱；此时三叶虫大为衰退，以前颊类为主，主要代表有早期的 Encrinuroides（似彗星虫）和中期的 Coronocephalus（王冠虫）（见图 3-10）。正笔石类比较重要，如 Monograptus（单笔石）（见图 3-11）等，是志留系和泥盆系分界的重要化石。珊瑚类得到飞跃发展，成为地史上第一个全球性繁盛期，如 Favosites（蜂巢珊瑚）（见图 3-12）。头足类中的鹦鹉螺衰退明显，但仍有重要代表，如 Sichuanoceras（四川角石）是我国中志留世的重要化石。

志留纪晚期，陆生裸蕨植物开始在滨海低地、沼泽地区逐渐繁盛，这种植物还没有叶子和根，只有假根，茎枝裸露，主要代表为 Zosterophyllum（工蕨）。

（2）晚古生代　晚古生代始于距今 4.05 亿～2.3 亿年，这个时代发生的地壳运动称为海西运动，是一个地壳运动强烈、古地理环境发生急剧变化的时代，脊椎动物和陆生动物逐渐繁盛起来，晚古生代包括：泥盆纪、石炭纪和二叠纪。

图 3-10　Coronocephalus 王冠虫

图 3-11　Monograptus 单笔石

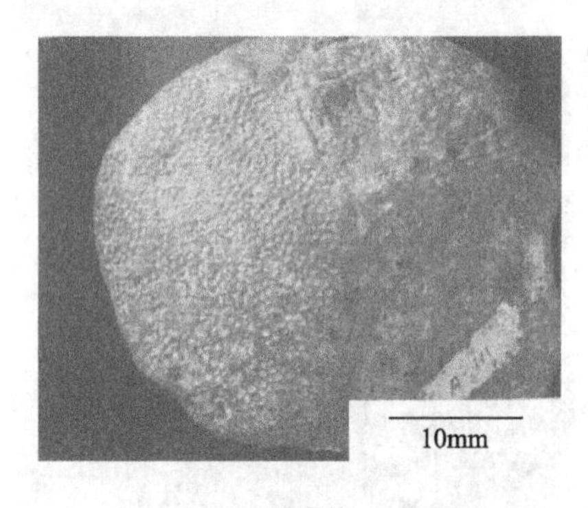

(a) 实体

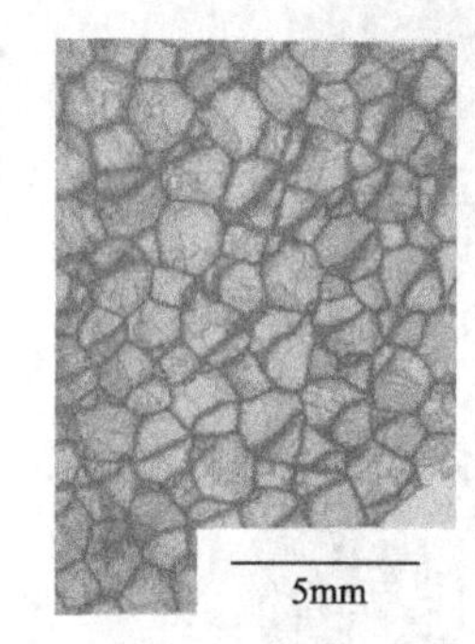

(b) 横切面

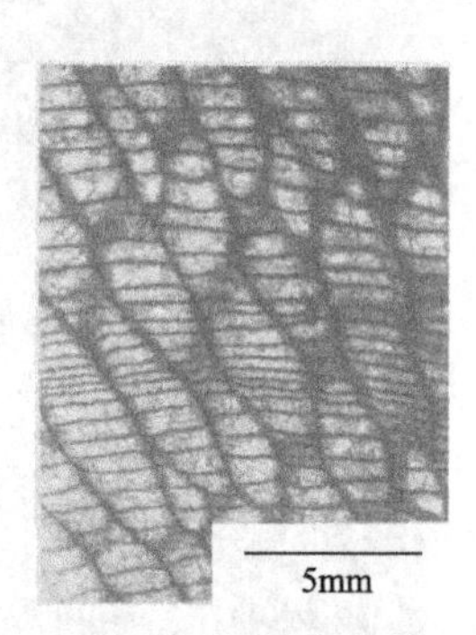

(c) 纵切面

图 3-12　Favosites 蜂巢珊瑚

① 泥盆纪　泥盆纪始于距今 4.05 亿～3.5 亿年，“泥盆”来源于英国西南部的泥盆郡。泥盆纪时，我国的陆地面积大为扩展。泥盆纪是腕足类动物继奥陶纪繁盛时代之后又一次重大发展时期，这时有铰纲各目全部出现，Cyrtospirifer（弓石燕）（见图 3-13）趋于极盛，小嘴贝目此时空前繁盛。珊瑚中的四射珊瑚逐渐昌盛起来，表现在属种繁多、构造多样，在中、晚泥盆世，常形成珊瑚礁，主要代表有：Calceola（拖鞋珊瑚），Hexagonaria（六方珊瑚）（见图 3-14）。菊石类最早见于此时，以具棱菊石型缝合线的棱菊石类尤为重要，形成泥盆纪至早二叠世世界性标准化石和地层的分阶化石，如产于我国湖南的 Manticoceras（尖棱菊石）（见图 3-15）。

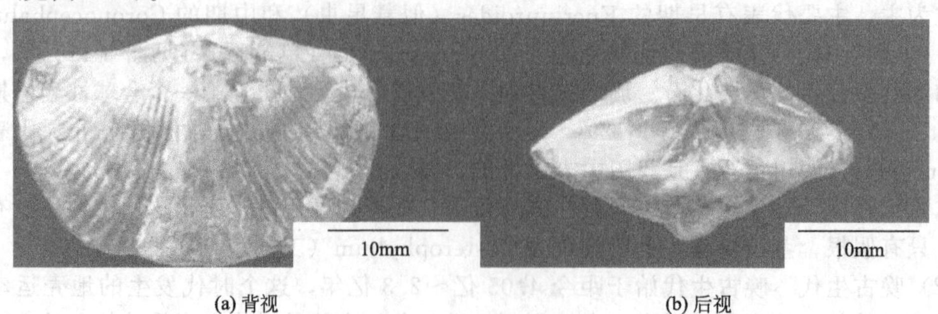

(a) 背视　　(b) 后视

图 3-13　Cyrtospirifer 弓石燕

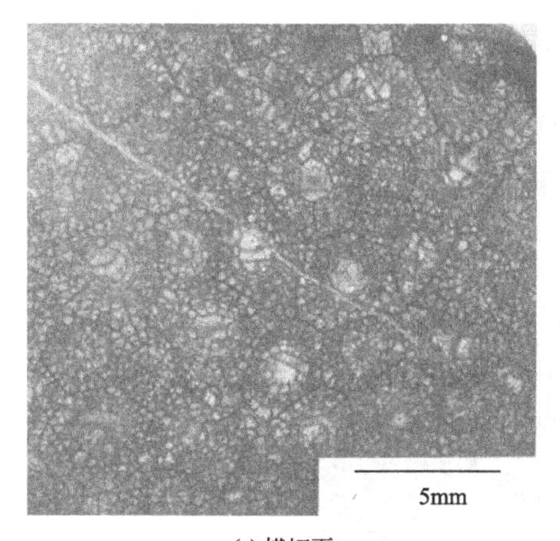

(a) 横切面

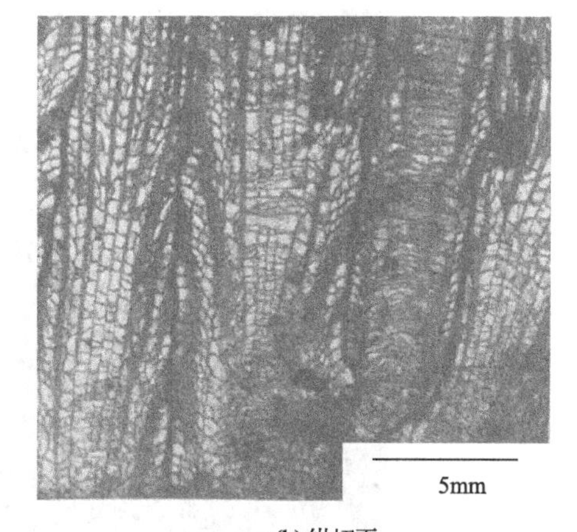

(b) 纵切面

图 3-14 Hexagonaria 六方珊瑚

脊椎动物中的鱼类大量繁殖，所以，泥盆纪又称为“鱼类时代”，早泥盆世的鱼类以无颌类为主，中晚泥盆世以盾皮鱼类中的节颈目及胴甲目为主，如我国常见的多鳃类。泥盆纪后期，由于气候变干，水域面积变小，环境已不适宜鱼类的生存，此时，鱼类的一个分支不断地适应环境，鳃退化了，肺逐渐发达起来，最后形成了两栖类，这是动物征服陆地过程中迈出的巨大一步，是生物进化史的重大变革事件。

早泥盆世晚期至中泥盆世，开始逐渐出现根、茎、叶分化明显的原始石松类，如 Protolepidodendron（原始鳞木），多数为草本植物，部分是灌木。晚泥盆世，裸蕨类灭绝，除原始石松类仍繁盛外，还有真蕨类，如 Archaeopteris（古蕨）和原始裸子植物，乔木植物占据优势，已形成小规模森林。说明植物界适应陆地环境的能力增强了。

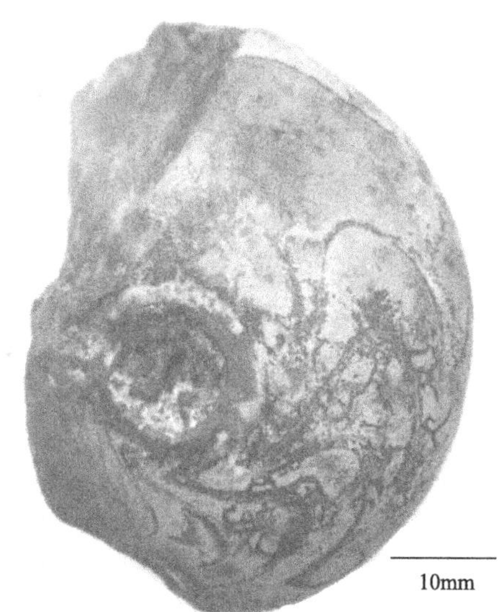

图 3-15 Manticoceras 尖棱菊石

泥盆纪时，我国的南方地区为浅海相碳酸盐岩及碎屑岩类沉积，华北地区泥盆系缺失，西北地区为浅海相砂页岩沉积。

② 石炭纪　石炭纪始于距今 3.5 亿年，结束于 2.8 亿年，持续 0.7 亿年。“石炭”来源于本时间段内盛产煤炭资源。

石炭纪时地壳运动较为活跃。早石炭世，华北、东北南部为陆地，华南地壳下降，开始海侵；到中晚石炭世，华北、东北南部地区海水进退频繁，华南海侵范围进一步扩大。

石炭纪时，海生无脊椎动物仍占有重要地位，从晚石炭世起，虫䗴类突发性迅速兴起，成为重要的标准化石。晚石炭世早期的虫䗴，一般个体较小，旋壁为三或四层式，以 Fusulinella（小纺锤虫䗴）、Fusulina（纺锤虫䗴）（见图 3-16）、Qzawainella（小泽虫䗴）（见图 3-17）为代表，晚石炭世虫䗴个体较大，旋壁出现蜂巢层，以 Triticites（麦粒虫䗴）为代表。石炭纪晚期，原始爬行类开始出现，这是脊椎动物演化史上又一次飞跃，其标志是通过陆生羊膜卵的方式在陆上繁殖后代，以北美发现的 Hylonomus（林蜥）（见图 3-18）为代表。

两栖类占据了统治地位，此时，气候温暖湿润，陆生植物进一步繁盛，并逐渐占据内陆腹地，以石松、节蕨、真蕨（见图 3-19）、种子蕨和松柏类科达纲为主的植物形成大片的森林，为煤层的形成提供了丰富的物质来源。

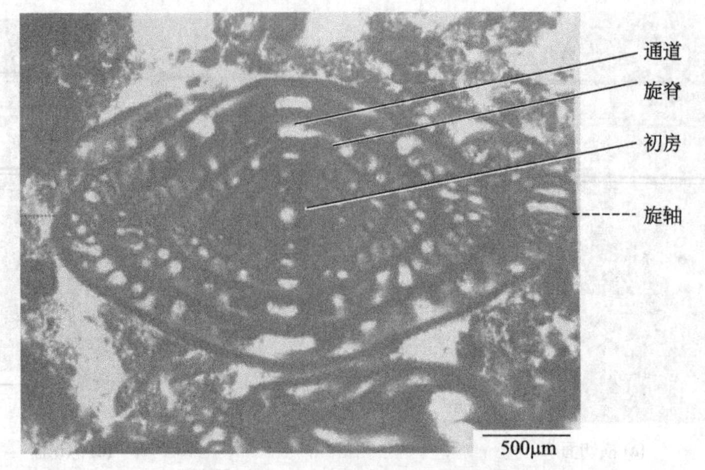

图 3-16 Fusulina 纺锤虫䗴

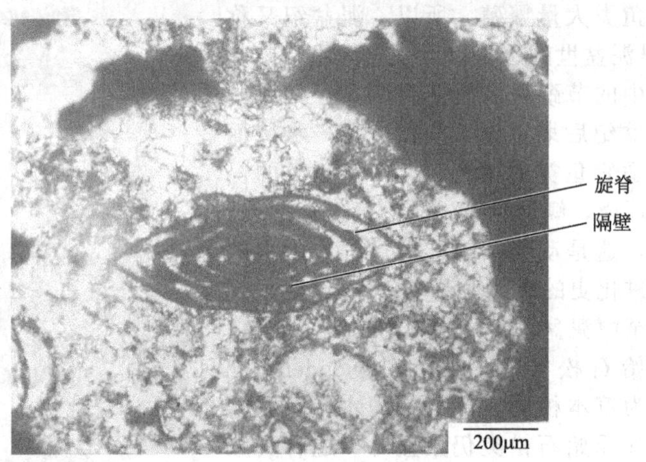

图 3-17 Qzawainella 小泽虫䗴

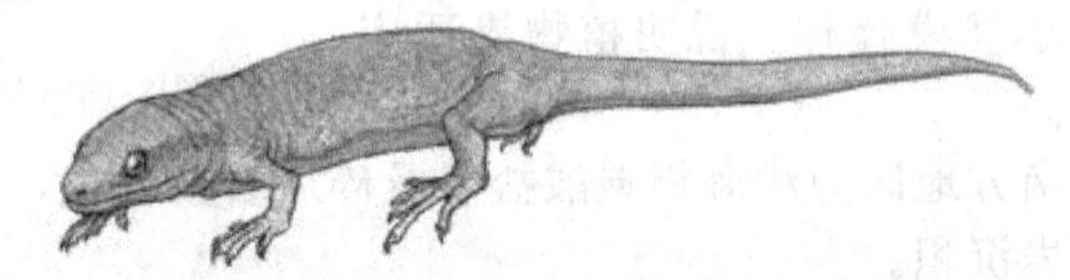

图 3-18 Hylonomus（林蜥）模拟图

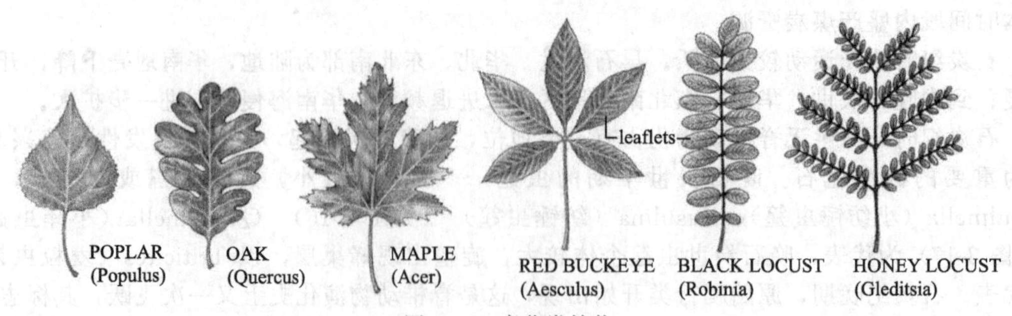

图 3-19 真蕨类植物

我国的石炭系在华北、东北南部地区缺失下石炭统，华南地区的下石炭统为海陆交互沉积。

③ 二叠纪。二叠纪是古生代的最后一个纪，始于距今 2.8 亿～2.3 亿年，“二叠”取名于德国南部发育了一套二分性明显的地层。

二叠纪的地壳活动仍十分活跃，华南早二叠世仍为广阔的浅海，西北受海西运动的影响，大都褶皱隆起，同时伴有岩浆活动，地球表面的自然地理环境发生了巨大的改变，形成了许多山脉和陆地，海域面积缩小。

在二叠纪初期，腕足类又迎来了一个繁盛时期，Lingula（舌形贝）（见图 3-20）较为典型，到二叠纪末，腕足类开始大衰退，从此以后，腕足类大大减少延续到现在。中二叠世晚期虫䗴类演化达到鼎盛期，以壳体大，旋向沟或拟旋脊、列孔发育为重要特征，主要代表有 Neoschwagerina（新希瓦格虫䗴）（见图 3-21）。三叶虫、笔石、虫䗴在二叠纪末全部灭绝。

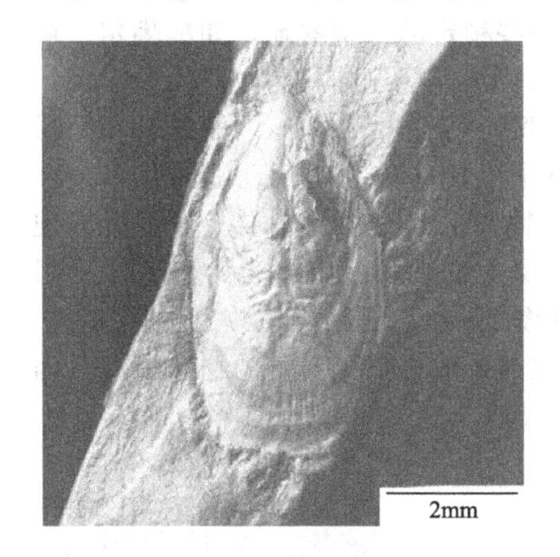

图 3-20　Lingula 舌形贝

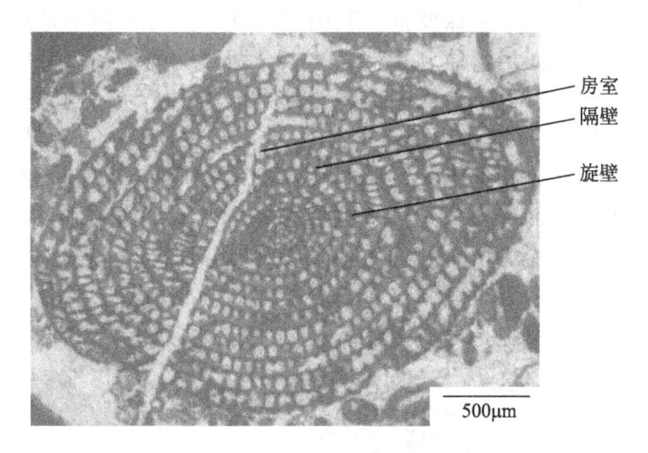

图 3-21　Neoschwagerina 新希瓦格虫䗴

二叠纪早期，仍以高大的石松、节蕨、松柏类科达纲及真蕨、种子蕨类（见图 3-22）为主；二叠纪晚期，裸子植物占据主导地位，松柏类和苏铁类十分繁盛，我国华南地区发现的 Ullmannia（鳞杉）可为代表，显示当时的植物群面貌。

我国的二叠系出露广泛，华北及东北南部地区为陆相沉积；华南以海相沉积为主，下统主要是浅海相碳酸盐岩沉积，上统为海陆交互相沉积。

图 3-22　种子蕨类

4. 中生代

中生代是继古生代之后的一个地史发展阶段，是地球上生物演化达到中等阶段的时代。中生代始于距今 2.3 亿年，结束于 0.67 亿年，持续大约 1.6 亿年。

中生代是一个地壳运动、岩浆活动频繁的时代，我国南部成为陆地，结束了南海北陆的局面。中生代包括：三叠纪、侏罗纪和白垩纪。

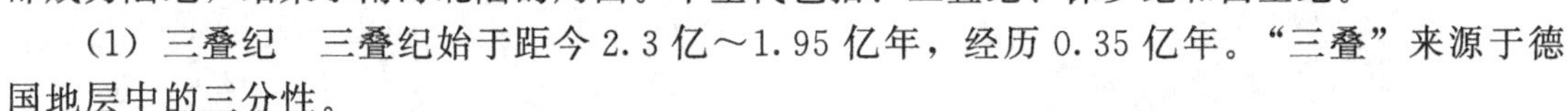

（1）三叠纪　三叠纪始于距今 2.3 亿～1.95 亿年，经历 0.35 亿年。“三叠”来源于德国地层中的三分性。

在早、中三叠世，我国大体以昆仑-古秦岭-古大别山一线为界，形成了“南海北陆”格局；在晚三叠世，地壳活动强烈（称为印支运动），致使华南海水退去，南方大部也成为陆地，陆地与华北相连。三叠纪的地层分布广泛，华北主要是内陆湖盆相沉积，岩性以紫红及杂色砂岩、页岩为主；华南下、中三叠统以浅海相碳酸盐岩沉积为主，上统以海陆交互相为主。

三叠纪时，无脊椎动物中的菊石在晚古生代衰减后再度繁盛，是这一时期重要的海相地层化石标本，如菊石类的 Protrachyceras（前粗菊石）（见图 3-23）和 Ceratites（齿菊石）（见图 3-24）等。脊椎动物中的爬行类迅速发展起来，晚期还出现了哺乳类；植物以裸子植物的苏铁、银杏、松柏为主导。

在我国的中三叠世，气候干旱，形成了丰富的岩盐和石膏等矿产；从晚三叠世开始，气候变得潮湿，有利于植物的生长和煤的聚集。

(2) 侏罗纪　侏罗纪始于距今1.95亿年，结束于1.37亿年，持续了大约0.58亿年。“侏罗”来源于法国与瑞士交界的侏罗山系。

侏罗纪时，我国受印支运动的影响，除西藏和台湾少数地区外，大多已隆起为陆地，基本结束了南海北陆的局面，同时，古昆仑—古秦岭横亘大陆东西，成为大陆南北气候的分界岭；在中、晚侏罗世，我国东部继续上升，西部地区为一些稳定的大型盆地，如准噶尔、塔里木、四川盆地，造就了“东升西降”的格局。我国的侏罗纪地层以陆相为主。

侏罗纪时，无脊椎动物的菊石类和双壳类繁盛，如双壳类Lamprotula（丽蚌）（见图3-25），脊椎动物爬行类占据海、陆、空各生态领域，故中生代又称为爬行动物时代，最典型的代表就是恐龙（见图3-26），在中生代末完全绝迹。特别引人注意的是在晚侏罗世发现了原始的鸟类，最早是在德国南部上侏罗统潟湖沉积岩层中发现的，定名为始祖鸟（见图3-27）。侏罗纪的裸子植物极为繁盛，如苏铁类植物（见图3-28）、松柏类植物（见图3-29）等，由于当时气候湿润，裸子植物形成茂密的森林，为煤的形成提供了丰富的物质来源，因此，侏罗纪是地史上继石炭-二叠纪之后的又一个重要聚煤期。

图3-23　Protrachyceras 前粗菊石

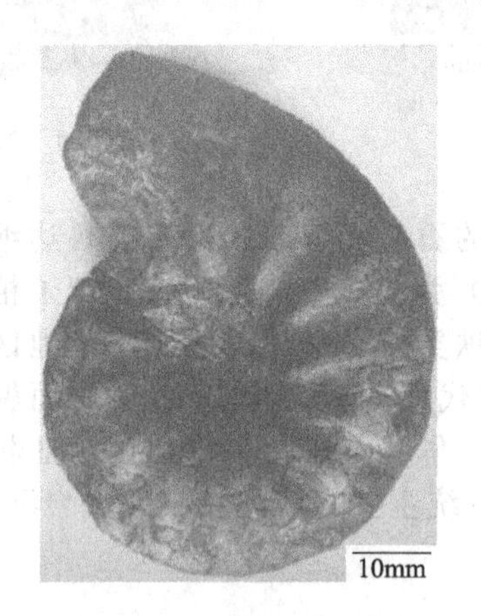

图3-24　Ceratites 齿菊石

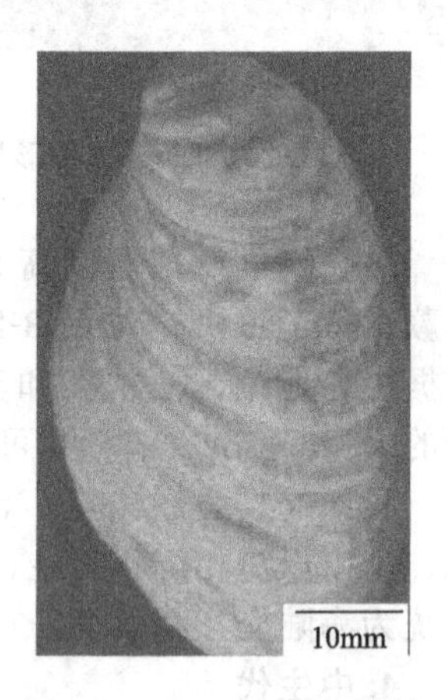

图3-25　Lamprotula 丽蚌

图3-26　恐龙模拟图

图3-27　始祖鸟

图 3-28　苏铁类植物

图 3-29　松柏类植物

（3）白垩纪　白垩纪始于距今 1.37 亿～0.67 亿年，持续了大约 0.7 亿年。“白垩”来源于英吉利海峡北岸，这一时代地层中有海相白色细粒的有孔虫灰岩，拉丁语名叫 Creta，译为白垩。

白垩纪是中生代的最后一个纪，在我国的东部地区发生了燕山运动，地壳运动、岩浆活动强烈，松辽、华北等地大幅度沉降，形成新的沉积盆地；东南沿海地区形成了一些小型断陷盆地，西部地区受燕山运动影响微弱；燕山运动奠定了我国大地构造轮廓和古地理形式基础。我国的白垩系以陆相沉积为主，东部的一些盆地沉积厚度可达数千米，成为我国重要的产油、产气层；西部的大型盆地主要含有石膏层和岩盐层。

白垩纪时，无脊椎动物以菊石和双壳类为主，如双壳类 Anadara（粗饰蚶）（见图 3-30），脊椎动物以恐龙为主，植物仍以裸子植物为主导。在其末期，大量生物突然死亡，恐龙、菊石、箭石全部灭绝，珊瑚、海百合、双壳类、有孔虫等门类的许多科或属绝灭。这是显生宙以来生物史上的一大灾变事件。

(a) 外视

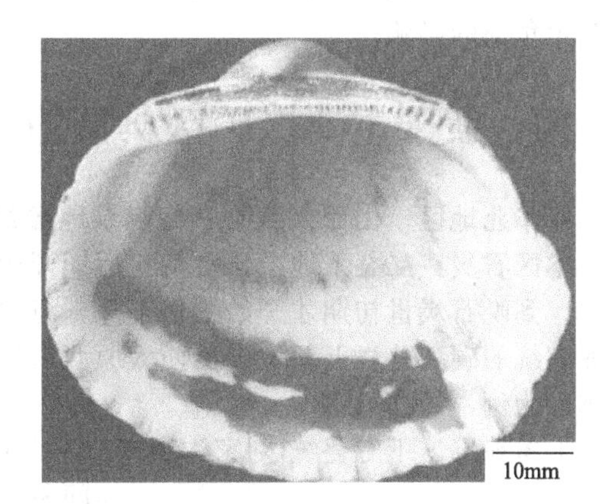

(b) 内视

图 3-30　Anadara 粗饰蚶

5. 新生代

新生代意思是“新的生命”的时代，是地球演化最新的一个阶段。始于距今 0.67 亿年，一直持续到现在。

新生代发生了喜马拉雅运动，使整个古地中海先后发生了强烈褶皱，出现了地球上最年轻的山脉——喜马拉雅山。新生代以被子植物和哺乳动物繁盛为特征，包括古近纪、新近纪和第四纪。

（1）古近纪　古近纪始于距今0.67亿～0.23亿年，持续了大约0.44亿年。我国古近纪的海陆分布和白垩纪末期相似。在古近纪末期，发生了喜马拉雅运动，各大陆发生断裂，形成许多凹陷盆地。古近系以陆相为主，海相沉积仅限于喜马拉雅山、塔里木盆地西缘、台湾局部地区，与白垩系呈不整合接触。

被子植物出现于早白垩世晚期，到古近纪极度繁盛，此时的被子植物以乔木为主，植物丰盛为成煤的发生奠定了基础。无论是种类和数量都较中生代有了大幅增加，这也给哺乳动物的发展创造了必要的条件，从白垩纪开始出现的哺乳动物，在古近纪快速发展，不过大多是一些古老的种类。

（2）新近纪　新近纪始于距今0.23亿年，结束于距今0.026亿年。新近纪海陆分布轮廓已和现代相似。我国除去台湾、海南岛及沿海个别地区还有海水覆盖，全国大部分都已为陆地。新近纪后期，太平洋向西侵入大陆，形成日本海、东海、南海和黄海等，大约到了第四纪才形成渤海。

新近纪植物基本上由现生属组成，并有大量现生种。无脊椎动物有大量现生属种，古近纪特别繁盛的海生货币虫类全部灭绝，双壳类继续繁衍；哺乳动物都已和现代相似。

（3）第四纪　第四纪始于距今0.026亿年，一直持续到现在。是时间最短的一个纪。第四纪沉积物在大陆上分布极广，除去裸露的山坡外，几乎到处是第四纪沉积物，第四纪沉积物的特点是：大多数未固结，呈松散状态，沉积类型复杂；中国的第四系主要是陆相沉积。

第四纪的生物面貌与现代生物面貌基本相同，人类的出现是第四纪生物演化史上最突出的特点，具有划时代的意义。

从以上的介绍来看，万事万物都是有规律的发展，遵循着从低级到高级，从简单到复杂的变化过程，地球诞生46亿年以来，从来没有像今天这样，人们把地球装饰得绚丽多彩，人类改造地球的速度加快了，但是应遵循规律，不能毫无节制地掠取，这样就会对地球的发展产生负面的影响。

四、我国主要煤矿区典型地层剖面

1.华北地区　山西太原C-P纪煤系地层剖面（标准剖面）

本区石炭—二叠系地层自奥陶纪后期开始，一直处于隆起并遭受缓慢剥蚀，地面已准平原化。到晚石炭世初期才开始缓慢下降，海水入侵，普遍接受海陆交互相沉积，直接覆盖于下奥陶统的碳酸盐岩上。位于山西太原西山的资料研究较为详尽，是公认的标准剖面，现以此剖面为例，简介如下。

上覆地层　下三叠统 刘家沟组（T_1）。

························间断························

上二叠统　孙家沟组：灰紫、灰白色长石砂岩与紫红、灰紫色泥岩互层，夹淡水泥灰岩条带及石膏条带，未见化石。

约150m

上—中二叠统　上石盒子组：紫红、黄绿、杂色砂岩、泥岩，燧石层夹少量薄煤层和泥灰岩。下部含铁锰质岩和铝土页岩，含丰富的植物化石 *Pecopteris*（栉蕨）、*Lobatannularia*（卵形瓣轮叶）、*Haianensis*（瓣轮叶、见图3-31）等。

约220m

中二叠统　下石盒子组：黄绿、灰绿色中粗粒砂岩、页岩为主，夹黄绿色页岩，顶部有两层染色具鲕粒状结构的铝土质页岩，下部有黑色页岩及不规则煤层，底部有灰绿色具交错层理中粒长石石英砂岩和石英砂岩；含植物化石 *Cathaysiopteris*（羊齿）、*Tingia*（齿叶）、*Callipteris conferta*（密美羊齿）等。

约 170m

··························间断··························

中—下二叠统　山西组：深灰黑色页岩、砂岩和可采煤层互层夹钙质页岩；富含植物化石 *Emplectopteris*（织羊齿）、*Taeniopteris*（羊齿）、*Callipterdium*（丽羊齿）等，自上而下分为两段。

下石村段：主要为细碎屑岩与煤层互层。

北岔沟段：灰白色粗粒石英杂砂岩夹长石石英杂砂岩与细碎屑岩（泥岩、粉砂岩）的互层，其间有几个主要可采煤层。

30～80m

··························间断··························

上石炭—下二叠统　太原组

东大窑段：下部为灰色中粗粒石英砂岩，中部为黑色粉砂质泥岩夹煤层，上部为灰岩；含植物化石 *Neuropteris brongniart*（脉羊齿，见图 3-32），*Pseudovata*（假蛋形脉羊齿）等。

约 35m

毛儿沟段：底部为灰色中细粒石英砂岩，向上为砂质泥岩、页岩夹煤层（自下而上为庙沟灰岩、毛儿沟灰岩、斜道灰岩），庙沟灰岩中富含化石 *Psedeschwagerina*（蜓），*Sphaeroschwagerina*（希瓦格蜓）等。

约 44m

晋祠段：下部为灰白色粗粒石英砂岩夹页岩，上部以深灰、黑灰色页岩夹 3～4 层煤层和灰岩，可采煤层位于上部或顶部。灰岩夹层富含虫筳类和腕足类等，砂页岩中含植物化石。

约 24m

上石炭统　本溪组：砂岩、页岩夹薄层海相灰岩组成，或夹有薄煤层。灰岩中含虫筳、牙形石等。底部为含铁的紫色页岩，常形成鸡窝状不规则的由褐铁矿或赤铁矿组成的铁矿层（山西式铁矿），其上即为富集成豆状、鲕状铝土矿（G 层铝土矿）。G 层铝土矿顶板黑色页岩中产植物化石等化石。

40～50m

··························间断··························

下伏地层　下奥陶统　碳酸盐岩，顶部为起伏不平的灰黄色风化灰岩。

由上述剖面可知，华北地区自下奥陶世以后，经历了长期风化剥蚀的准平原化作用，在古风化壳上面堆积了含有不规则团块状褐铁矿或赤铁矿层的松散黏土，即山西式铁矿。向上，铁质减少，铝质增多，逐渐出现具有鲕状或豆状结构的铝土矿层，即 G 型铝土矿。“山西式铁矿”和“G 型铝土矿”代表了海侵开始的滨海沉积环境。

山西组向上出现了一套复杂的陆相沉积，下石盒子组到上石盒子组地层颜色由灰绿渐变为紫红，表明早期仍为沼泽相沉积，气候温暖潮湿，中晚期过渡为河湖相碎屑沉积，气候变干。

太原组为一套典型的海陆交互相含煤地层，划分出了 3 个岩性段，表明了三次海水进退的过程。北部地层以陆相为主，旋回数目少，但厚度大；中部以过渡相为主，旋回数目较多；南部以浅海相为主。太原组岩性主要为砂质岩、泥质岩、石灰岩和煤层。早二叠世太原组毛儿沟段和东大窑段继承了晚石炭世晚期的沉积环境，仍为海陆相交互沉积。

本溪组岩性、厚度变化呈现规律性。辽宁太子河流域本溪一带，本溪组厚度达160～300m，其海相灰岩有5、6层，并含有可采煤层。河北唐山厚约80m，只含海相灰岩3层，薄煤2层；至山东中、西部厚40～65m，不含可采煤层；至山西太原，厚度减至50m以下，仅含海相灰岩1层，也不含煤层；由此可以证明，中石炭世时，华北具有东北低西南高的地形。

图 3-31　瓣轮叶 *Lobatannularia haianensis*

图 3-32　脉羊齿 *Neuropteris brongniart*

2. 西北地区　新疆J纪煤系地层剖面

在西北地区，侏罗纪地层主要发育在准噶尔盆地、吐鲁番-哈密盆地和伊利盆地。现以准噶尔盆地为例说明本区地层分布情况。

上覆地层：下白垩统 清水河组（K_1）。

上侏罗统　喀拉扎组：为红色粗粒碎屑岩系，以灰黄绿色中至粗粒长石砂岩为主，夹紫红色粉砂岩，底部为钙泥质长石砂岩。未见化石。

1～800m

齐古组：上部为紫红色泥岩、砂质泥岩与砂岩不等互层；中部为紫红色泥岩局部含砂质，下部为紫红色、少量灰绿色泥岩、砂质泥岩夹灰绿色、褐色砂岩及粉红色薄层凝灰质砂岩；中部砂岩含介形虫：*Darwinula*（介形类）等。

约680m

图 3-33　锥叶蕨 *Coniopteris brongniart*

中侏罗统　头屯河组：上部为灰绿色、褐色和紫色泥岩、砂质泥岩夹灰绿色薄层细砂岩；中部为灰绿色、紫红色、灰白色、黑灰色和肝红色组成的杂色中厚泥岩、砂质泥岩夹灰绿色薄层钙质胶结石英岩及透镜状砂砾岩，有五层动物化石，以瓣鳃类为主；底部为紫褐色、灰绿色泥岩，砂质泥岩多集中于上、下部呈多条带状，含植物化石：*Coniopteris brongniart*（锥叶蕨，见图3-33）等。

约650m

西山窑组：上部为浅灰绿色中厚层中粒砂岩与泥岩的不均匀互层。砂岩组分以石英为主，中部为浅灰色薄层中粒砂岩与灰绿色泥质砂岩和泥岩不等互层，夹煤层及炭质页岩，砂岩组分以石英为主，有时含云母；含植物化石：*Coniopteris hymenophylloides*（膜蕨型锥叶蕨）等。下部为灰色、灰绿色石英砂岩、泥岩、炭质页岩及煤的互层。

约 980m

下侏罗统　三工河组：绿色湖相碎屑沉积，含灰绿色砂岩、泥岩夹菱铁矿。灰绿色中至细粒砂岩、粉砂岩与灰绿色、深灰色泥岩不等互层。上部砂岩含砾石、夹炭质页岩及煤线。泥岩中含植物化石：*Ginkgoites sibiricus* Heer（银杏），*Desmiophyllum*（科达树）等。底部为一层灰黄色中粒砂岩。

约 700m

八道湾组：河流沼泽相含煤沉积，分为三层，下部为灰绿色、深灰色砂岩、砂质泥岩、页岩互层，含煤三层；中部为灰绿色砂岩、砂质页岩和页岩，含煤三层；上部为灰绿色、深灰色厚层砂岩、页岩，含煤三层。

约 660m

……………………间断……………………

下伏地层：上三叠统 郝家沟组（T_3）。

侏罗纪起，中国大陆主体已处于陆地环境，本区侏罗系极为发育，厚度大，连续沉积，尤其是中统头屯河组、西山窑组是我国重要的含煤地层，其规模仅次于石炭—二叠纪，中统上部则逐渐变为红色沉积，是由于气候逐渐变干，热化明显的结果，植物不太茂盛。

八道湾组的生物属种少，数量也少。而三工河组的生物则大量繁盛，说明从八道湾组起，生物由少到多，逐渐繁盛起来了。

3. 华北地区　T 纪煤系地层剖面

我国三叠纪地层分布广泛，各门类化石丰富，古生代后期的褶皱运动和地壳上升，形成了大致以昆仑—秦岭—大别山一线为界的南海北陆的古地理格局。在北方，形成了一系列大小不等的内陆河湖盆地，其中大型的河湖盆地有鄂尔多斯盆地、准噶尔盆地、塔里木盆地等。其中，鄂尔多斯盆地陆相三叠系发育良好，研究程度较高，可作为三叠系的标准剖面。

上覆地层　下侏罗统 鄜县组（J_1）。

……………………间断……………………

上三叠统　瓦窑堡组：黄绿色、灰黑色泥岩与灰色、深灰色砂岩、粉砂岩互层，夹煤层和煤线，含植物化石：*Danaeopsis*（类丹蕨），*Neocalamites*（新芦木）等，以及介形虫、双壳类。

约 220m

永坪组：灰绿、黄绿色中细粒砂岩、粉砂岩、泥岩互层。富含植物 *Danaeopsis*（拟丹尼蕨属），*Cladophlebis*（支脉蕨）及双壳类。

约 100m

中三叠统　铜川组：下部为黄绿、灰绿、肉红色砂岩，上部为黑色页岩及粉砂质泥岩互层，顶部夹多层油页岩。产植物 *Neocalamites*（新芦木），*Danaeopsis*（拟丹尼蕨属）及叶肢介、鱼等化石。

约 600m

二马营组：下部为灰绿色细砂岩，夹粉砂质泥岩；上部为浅灰、浅红色砂岩与暗紫红色粉砂质泥岩互层。含有植物：*Neocalamites*（新芦木），*Danaeopsis*（拟丹尼蕨属）及介形虫。

约 550m

下三叠统　和尚沟组：以紫红色、棕红色泥岩、粉砂质泥岩为主，富含钙质结核。

约 250m

刘家沟组：为紫红色砂岩、泥岩且砂岩多具交错层理，含有脊椎动物化石：

Capitosaurids（头龙类）和 *Fugusuchus*（府谷鳄）等。

约 600m

下伏地层　上二叠统 孙家沟组（P_3）。

本区下统及中统下部岩性以红色砂岩、泥岩为主，说明当时的气候干旱炎热；中统上部及上统以黄绿色、深灰色砂岩、泥岩为主，含煤层及富含植物、鱼及介形虫化石，说明气候逐渐趋向潮湿，是一套以湖相为主的沉积。

本区的地层具有明显的旋回性，自下而上可划分出三个沉积旋回：刘家沟组——和尚沟组，二马营组——铜川组，永坪组——瓦窑堡组。每个沉积旋回下部多是较粗碎屑沉积，上部逐渐变细，显示盆地差异性升降由下到上逐渐变小，且地形高差逐渐变小。

4. 西南地区　P 纪煤系地层剖面

西南板块二叠纪时遭受了晚古生代最大的海侵，与华北板块的大陆面貌形成鲜明的对比，呈现出"南海北陆"的新格局。

扬子分区的二叠系研究较为详细，现以黔中（贵阳龙里）剖面为例，简介如下。

上覆地层　下三叠统 瑞坪组（T_1）。

……………………间断……………………

上二叠统　大隆组：灰色、黄灰色燧石层、硅质页岩或硅质灰岩为主，常夹页岩，含菊石 *Pseudotirolites sun*（假提罗菊石，见图 3-34）等。

0～10m

长兴组：灰、深灰色中至厚层状燧石灰岩，有时夹页岩及薄煤层，含 *Palaeo fusulina*（古纺锤）等化石。

约 120m

龙潭组：灰黑色页岩、砂岩及燧石灰岩互层，底部是凝灰质砂岩，含 *Leptodus*（腕足类），植物 *Gigantopteris*（大羽羊齿）等。

约 350m

……………………平行不整合……………………

中二叠统　茅口组：浅灰色及白色中厚层状至块状灰岩，含燧石结核及白云质斑块，含化石 *Neoschwagerina*（蜓类）、*Waagenophyllum*（珊瑚）等。

约 200m

栖霞组：深灰、灰黑色厚层状灰岩，含多层燧石结核，层间常夹炭质页岩，含化石 *Hayasakaia*（早坂珊瑚）、*Wentzellophyllum*（似文采尔珊瑚）等。

约 160m

……………………平行不整合……………………

梁山组：石英砂岩、页岩，局部夹薄煤层，顶部有时夹灰岩透镜体，底部夹铝土岩。含 *Pecopteris*（栉羊齿）、*Sphenophyllum*（弱楔叶）、*Lepidodendron sternberg*（鳞木，见图 3-35）等化石。

16～64m

……………………间断……………………

下二叠统　马平组：上段　浅灰、灰白色中厚层灰岩，夹白云岩斑块或灰质白云岩，局部含燧石团块和结核，含 *Staffella*（斯氏虫），*Annularia sternberg*（轮叶，见图 3-36）等化石。

中段　浅灰、灰白色厚层块状灰岩，中上部含葛万藻灰结核，局部夹白云岩、白云质灰岩。

3～257m

……………………间断……………………

下伏地层　上石炭统 马平组下部（C_3）。

由上述剖面可知，二叠纪初期发生的海侵，是石炭纪末期海侵的继续。在栖霞期，海侵明显扩大，栖霞灰岩分布广泛，岩相、厚度比较稳定。茅口期的海侵范围与栖霞期相似，但规模有所缩小，岩相也不如前期稳定。在黔贵一带，茅口灰岩厚度一般在500m以上，向东至湘中，灰岩厚度一减再减（仅有几十米厚），再向东，陆地抬升，陆源碎屑物质供应充足，致使古陆两侧的浙西、闽西一带发育了滨海碎屑含煤沉积，继续向东至台湾，茅口期主要由片岩、伟晶岩及基性火山碎屑岩组成。茅口期末，华南地区普遍抬升，海退并出现沉积间断，使上下地层之间的接触关系为平行不整合。

在上二叠世末期，开始碳酸盐沉积，代表了新的小规模海侵，随后出现仅含浮游菊石等化石的硅质岩。整个上二叠统，组成了一个二级层序，长兴组与大隆组在空间上可呈横向相变关系。

图3-34　假提罗菊石 *Pseudotirolites sun*

图3-35　鳞木 *Lepidodendron sternberg*

图3-36　轮叶 *Annularia sternberg*

第四章 Chapter 4
煤矿常见的主要地质构造

地质构造是地壳运动的产物。原始沉积岩层在地壳运动引起的地应力作用下，发生形变或变位，形成褶皱和断裂等构造形迹，称为地质构造。地质构造是地壳中常见的地质现象，是影响煤矿生产的主要地质因素。

岩层在地壳中的空间位置和产出状态，称为岩层的产状。现在地表出露的岩层，绝大多数都是经历了构造变动之后所表现的形式。这些岩层最初沉积成岩时的产状称为岩层的原始产状。在比较广阔而平坦沉积盆地（如海洋、湖泊）中形成的岩层，其原始产状大都是水平或近于水平的。岩层形成之后，在地壳运动的影响下，其原始产状将程度不同地发生改变，有的近于水平，有的变成倾斜甚至直立。在构造运动强烈地区，岩层还会倒转（图 4-1）。

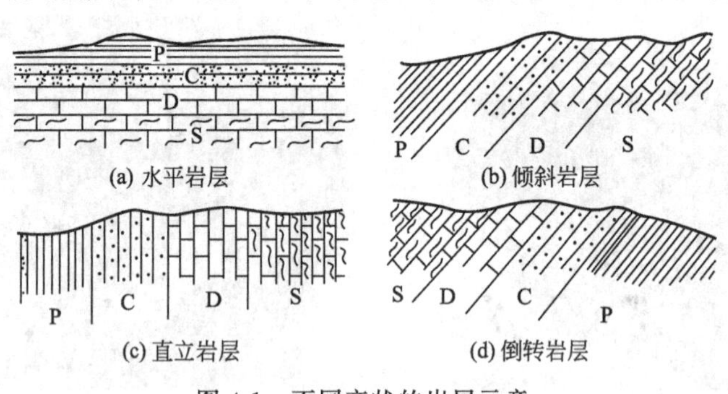

图 4-1　不同产状的岩层示意
P，C，D，S—地层代号

第一节 单斜构造

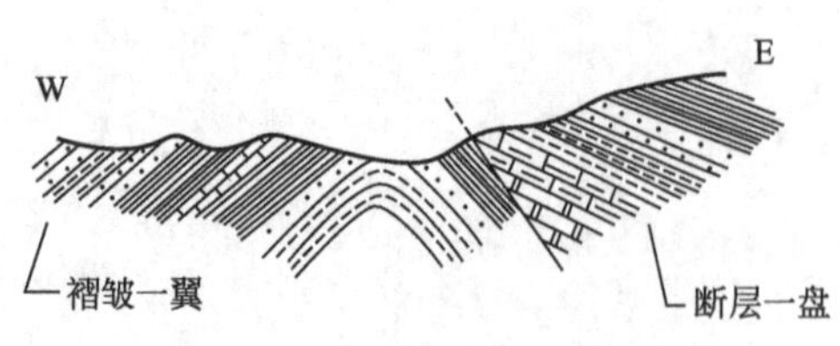

图 4-2　倾斜岩层——褶皱的一翼或断层的一盘

原来呈水平产状的岩层，在地壳运动或岩浆活动的影响下产状发生变动，从而使岩层层面与水平面间呈现出一定的交角，于是便形成倾斜岩层，岩层面倾斜是层状岩层中最常见的一种产状形态。实际上倾斜岩层往往是某构造的一部分，如为褶皱的一翼或断层的一盘（图 4-2），或者是地壳不均匀抬升或下降引起的区域性倾斜。一个地区内的一系列岩层向同一方向倾斜，其倾角也大致相同，则称为单斜岩层或单斜构造。观测倾斜岩层的产状及其出露分布特征是野外填绘地质图和研究地质构造的一项经常要做的基础工作。

一、岩层的产状要素

岩层的产状要素就是确定岩层在地壳中的空间位置的几何要素。通常用岩层面的走向、倾向和倾角来表示（图 4-3）。

1. 走向

走向表示岩层在空间中的水平延伸方向。岩层面与水平面的交线称为走向线（图 4-3 中的 AOB）。走向线两端所指的方向，即走向线与地球子午线的夹角为岩层的走向。两者相差 180°，通常以其 NE 或 NW 端的方位来表示。

2. 倾向

倾向表示岩层的倾斜方向，倾斜平面上与走向线相垂直的直线称为倾斜线（图 4-3 中的 ON）。倾斜线的水平投影线称为倾向线（图 4-3 中的 ON'），倾向线所指的方向即为倾向。岩层倾向有真倾向和视倾向之分。垂直于走向线所引的层面倾斜线，其水平投影线所指岩层下倾方向为真倾向；不垂直于走向线所引的层面倾斜线，其水平投影线所指岩层下倾方向为视倾向。视倾向有无数个，而真倾向只有一个方向，且与走向垂直。

3. 倾角

倾角表示岩层的倾斜程度，它是岩层层面与水平面的夹角（图 4-3 中的 α 角）。由于倾向有真倾向、视倾向之分，因此，倾角亦有真倾角和视倾角。真倾角是指在真倾向方向上层面与水平面的夹角；视倾角则是指视倾向方向上层面与水平面的夹角。视倾角有无数个，真倾角只有一个，而且恒大于视倾角（如图 4-4 所示）。真倾角与视倾角之间有如下的关系。

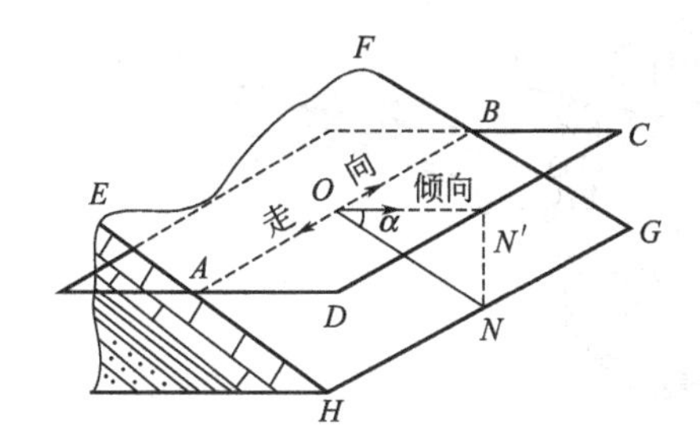

图 4-3 岩层产状要素

AOB—走向线；ON—倾斜线；ON'—倾向线的水平投影，箭头方向为倾角；α—倾角

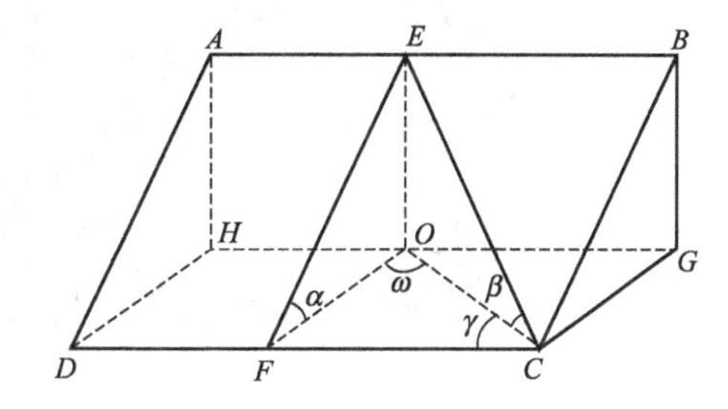

图 4-4 真倾角与视倾角的关系

α—真倾角；β—视倾角；ω—真倾向与视倾向之间的夹角；γ—视倾向与岩层走向之间的夹角

在$\triangle EOC$ 中，$\angle EOC=90°$，则 $\tan\beta=\dfrac{EO}{OC}$

在$\triangle EOF$ 中，$\angle EOF=90°$，则 $\tan\alpha=\dfrac{EO}{OF}$

在$\triangle OFC$ 中，$\angle OFC=90°$，则 $\cos\omega=\dfrac{OF}{OC}$

因为 $\tan\alpha\cos\omega=\dfrac{EO}{OF}\times\dfrac{OF}{OC}=\dfrac{EO}{OC}=\tan\beta$

所以 $\tan\beta=\tan\alpha\cos\omega$

同理　　$\tan\beta=\tan\alpha\sin\gamma$

从上述关系式表明，视倾向越接近真倾向时，其倾角值也越大而接近或等于真倾角值；

视倾向偏离真倾向越远，即越靠近岩层走向，则其视倾角越小，以至趋近零。

在实际工作中，经常涉及真倾角和视倾角的换算问题。例如，沿较陡煤层作伪斜上山时，要确定伪斜上山的起点位置和方向，即可根据煤层的真倾角和伪斜上山的设计坡度角计算出真倾向与伪斜上山之间的夹角。在斜交岩层走向的剖面图上，则应绘制相应剖面方向的视倾角。关于真倾角和视倾角的换算还可直接查阅倾角换算表。

二、岩层产状的测定和表示方法

1. 地质罗盘

地质罗盘是地质工作者经常使用的一种轻便仪器。在野外或煤矿井下，常用地质罗盘测定方向和测量岩层及煤层的产状要素。地质罗盘的构造如图 4-5 所示。

地质罗盘的主要部件是磁针和倾斜仪。磁针静止时所指的方向为磁南和磁北，常与地理上的南、北方向不一致，它们之间有一个偏离角，称为磁偏角。各地区的磁偏角不同，需根据当地的磁偏角进行校正。如我国西部地区磁偏角偏东，校正时应加上磁偏角度数。底盘是一个平面，当水准气泡居中时，底盘处于水平位置。底盘长边 AB 直线是一条水平线。AB 水平线与磁北的夹角，称为磁方位角，它可用磁孔针在方位角刻度盘上所指的刻度值来表示。磁针可用来测定岩层的走向和倾向。方位角刻度盘装在底盘上，上面刻有度数，以北为 0°开始，以逆时针方向一周为 360°。在底盘上还刻有 E（90）、S（180）、W（270）、N（360）。方位角的读法是以磁针所指的方向与罗盘北线所夹的角为方位角。倾斜仪是用来测量岩层倾角或巷道坡度角的。

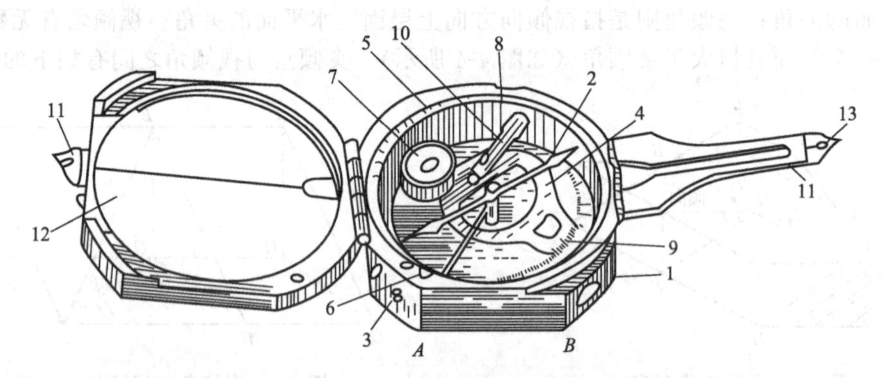

图 4-5　地质罗盘构造

1—底盘；2—磁针；3—圆盘校正螺钉；4—倾斜仪；5—圆盘；
6—磁针制动器及倾斜仪制动器；7—水准气泡；8—方位角刻度；9—倾斜角刻度；
10—倾斜仪上水准气泡；11—折叠式瞄准器；12—玻璃镜；13—观测孔

2. 岩层产状要素的测定方法

（1）直接测定法

① 选择岩层面。测定岩层产状，首先要选择具有代表性的岩层面，即该层面能代表周围一定范围内的岩层产状。

② 测定岩层走向。将罗盘的长边紧贴岩层面，并使罗盘上的水准气泡居中，这时磁北（或南）针所指该盘上的刻度，即为岩层的走向［图 4-6（a）］。

③ 测定岩层的倾向。将罗盘的短边紧贴岩层面，并使罗盘北（N）端指向岩层倾斜方向，当罗盘水平且磁针静止后，磁北针所指的刻度即是岩层的倾向［图 4-6（b）］。岩层走向与倾向相互垂直，两者的读数相差 90°。

④ 测定岩层倾角。将罗盘长边顺倾斜线方向紧贴层面，直立罗盘，调节制动器，使倾斜仪水准气泡居中，倾斜仪指针所指的度数即是岩层的倾角［图 4-6（c）］。

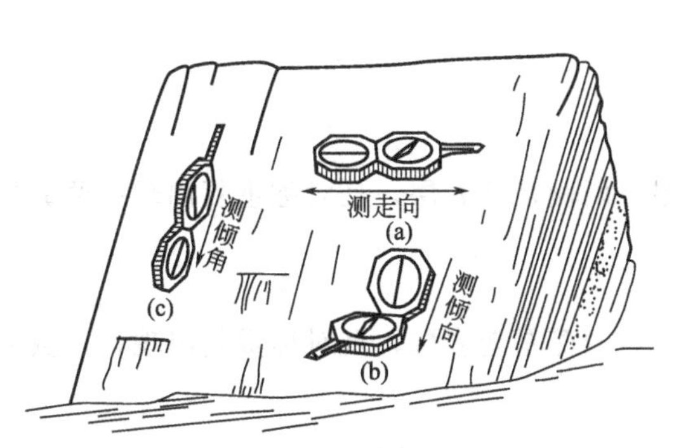

图 4-6　地质罗盘测量产状示意

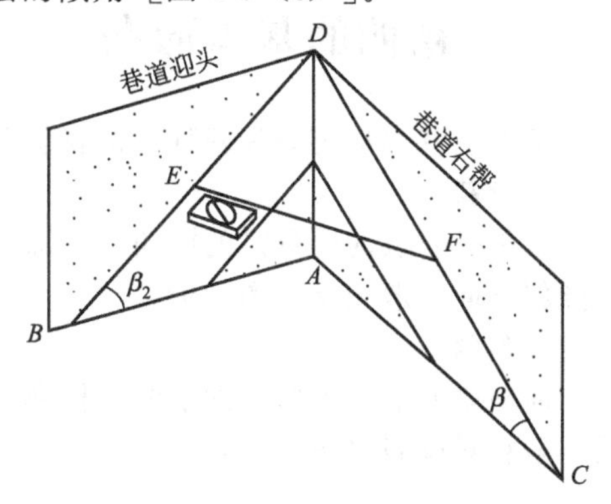

图 4-7　巷道中测量产状方法示意

（2）间接测定法　矿井下找不到理想的层面时，可采用间接方法测定岩层产状要素。如图 4-7 所示，BD、CD 为巷道中同一岩层的上层面，在该面上找出相同标高的两点 EF，用测绳连接 EF，再用罗盘测量出测绳的方向，即为岩层的走向。岩层的倾向是利用岩层的走向，并根据岩层实际的倾斜方向求出。倾角 α 可利用下式计算得出：

$$\tan\alpha=\frac{\tan\beta_2}{\cos\omega}$$

式中　β_2——巷道迎头方向岩层的视倾角，用罗盘直接测得，(°)；

ω——巷道迎头岩壁方向与岩层倾向之间的夹角，(°)。

3. 岩层产状的表示方法

岩层的产状要素可用文字和符号两种方法表示。由于地质罗盘上方位标记有用象限角的，也有用 360°的方位角的，因此文字表示方法也有两种。

（1）方位角表示法　一般只测记倾向和倾角。如 SW205°∠25°（也可书写为 205°∠25°），前面是倾向方位角，后面指倾角，即倾向为西南 205°，倾角为 25°。

（2）象限角表示法　以北和南的方向作为 0°，一般测记走向、倾角和倾向象限。如 N65°W/25°SW，即走向为北偏西 65°，倾角为 25°，向南西倾斜；又如 N30°E/27°SE，即走向北偏东 30°，倾向南东，倾角 27°。

在地质图上，岩层产状要素是用符号来表示。常用符号如下：

┬ 30°长线表示走向，短线表示倾向，数字表示倾角。长、短线必须按实际方位画在图上；

┼岩层产状是水平的；

┼岩层直立，箭头指向新岩层；

⊥ 70°岩层倒转，箭头指向倒转后的倾向，即指向老地层，数字是倾角度数。

岩层产状要素的符号和书写方式，在国内外的地质书刊和地质图上，并不完全相同，参阅文献资料时应予以注意。

第二节 褶皱构造

当岩层在水平方向挤压力的作用下，发生塑性变形而形成波状弯曲，这种形态称为褶皱构造。褶皱构造中岩层的一个弯曲，称为褶曲（图 4-8）。它是褶皱构造的基本单位。

一、褶曲的基本形态

褶曲的基本形态分为两种，即背斜和向斜。

1. 背斜

背斜是岩层向上弯拱的褶曲，核部是老岩层，两侧是新岩层，且对称重复出现，两翼岩层倾斜方向一般相反（图 4-9）。

2. 向斜

向斜是岩层向下弯拱的褶曲，核部是新岩层，两侧是老岩层，且对称重复出现，两翼岩层一般相对倾斜（图 4-9）。

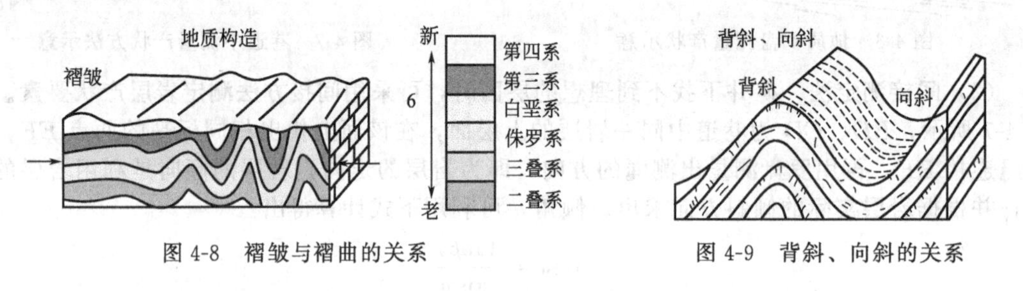

图 4-8　褶皱与褶曲的关系　　图 4-9　背斜、向斜的关系

二、褶曲要素

描述褶曲的基本组成部分在空间的形态和特征及其相互关系的几何要素，称为褶曲要素（图 4-10）。褶曲要素主要有下列几种。

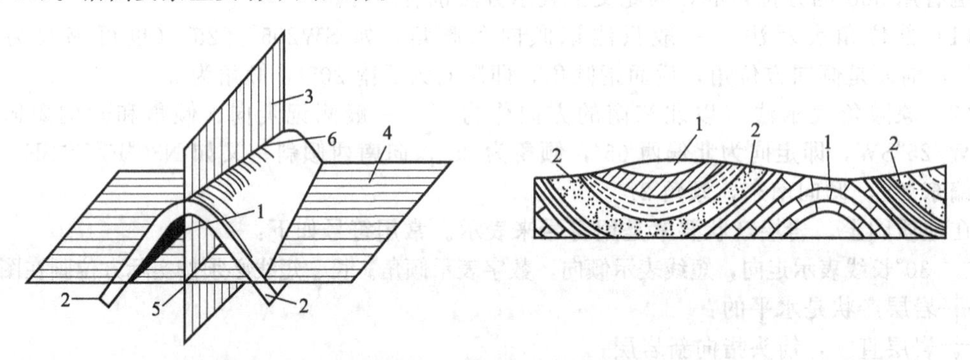

图 4-10　褶曲要素示意

1—核部；2—翼部；3—轴面；4—水平面；5—轴线；6—枢纽

1. 核部

褶曲的中心部位为核部。背斜核部是老岩层，向斜核部为新岩层。

2. 翼部

褶曲核部两侧的岩层为翼部。背斜两翼较核部岩层新；向斜两翼较核部岩层老。相邻背斜和向斜之间的一个翼为两者所共有。

3. 翼角

褶曲两翼岩层与水平面的夹角，即翼部岩层的倾角。

4. 转折端

褶曲从一翼过渡到另一翼的转折部位，称为转折端。

5. 轴面

通过褶曲核部、平分褶曲两翼的假想面，称为轴面。轴面可以是平面或曲面，也可以是直立的、倾斜的甚至是水平的。

6. 轴线和轴迹

褶曲轴面与水平面的交线，称为轴线。轴线的方向表示褶曲的延伸方向。轴线的长度表示褶曲的延伸长度。轴面与地表面的交线称为轴迹。只有在轴面直立和地面水平的情况下，轴迹和轴线重合为一条线。

7. 枢纽

枢纽指褶曲中同一岩层面与轴面的交线。其产状可以是水平的、倾斜的，也可是波状起伏的甚至是直立的。枢纽主要是用来表示褶曲在延伸方向上产状的变化。

三、褶曲的分类

褶曲构造的形态是多种多样的。为了真实地描述褶曲在自然界的形态，常根据横剖面、纵剖面及平面上的形态对其进行分类。

1. 横剖面上的形态分类

（1）直立褶曲　褶曲的轴面直立，两翼岩层倾向相反，翼角近于相等［图 4-11（a）］。

（2）倾斜褶曲　褶曲的轴面倾斜，两翼岩层倾向相反，翼角不等［图 4-11（b）］。

（3）倒转褶曲　褶曲的轴面倾斜，两翼岩层倾向相同，翼角不一定相等，地层层序一翼正常，另一翼倒转［图 4-11（c）］。

（4）平卧褶曲　轴面水平或近于水平，两翼岩层产状也近于水平，其中一翼地层层序正常，另一翼地层层序发生倒转［图 4-11（d）］。

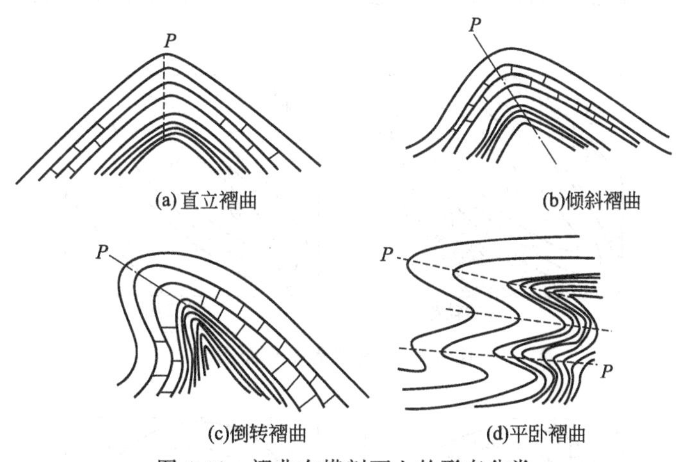

图 4-11　褶曲在横剖面上的形态分类

2. 纵剖面上的形态分类

（1）水平褶曲　褶曲在水平面上延伸，枢纽水平或近于水平，如图 4-12（a）所示。水平褶曲在地形地质图上的表现为：两翼岩层对称重复出现，并且平行延伸（图 4-13）。如果褶曲核部为老地层，越向两侧岩层越新，则褶曲为背斜，反之则为向斜。

（2）倾伏褶曲　褶曲的枢纽是倾伏的，即褶曲向一定方向倾伏至消失［图 4-12（b）］。倾伏褶曲在地形地质图上的表现为：两翼岩层对称重复出现，但是，彼此不平行，且逐渐转折会合。当一套倾伏背斜和倾伏向斜连续出现时，其他地质界线呈“之”字形弯曲（图 4-14）。

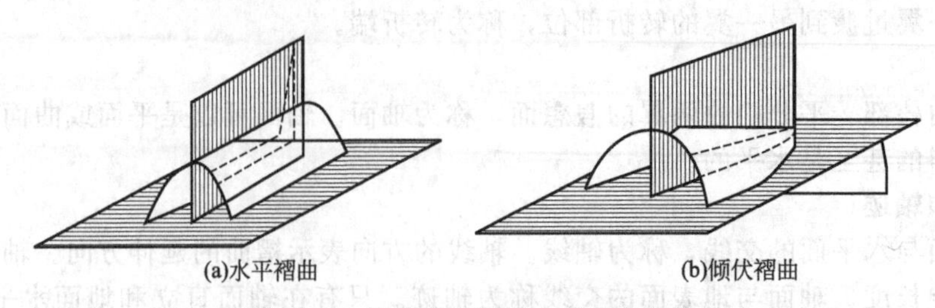

图 4-12 褶曲在纵剖面上的形态分类

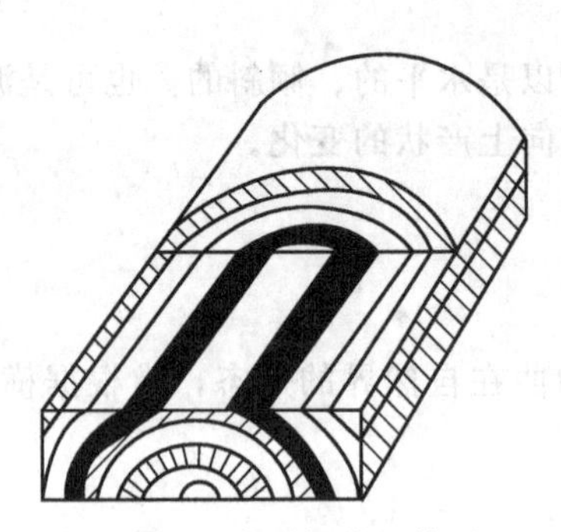

图 4-13 水平褶曲立体图

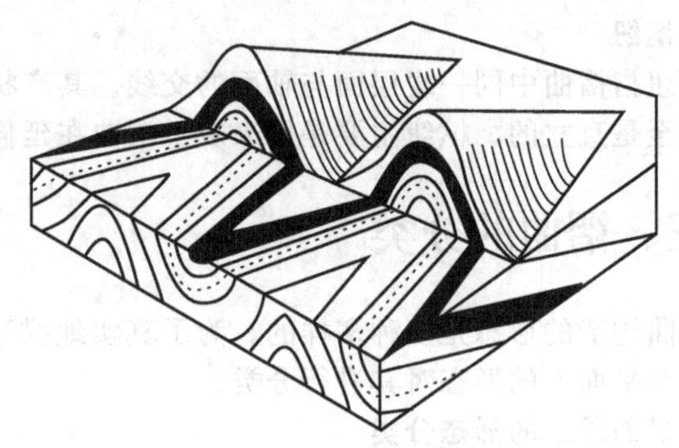

图 4-14 倾伏褶曲立体图

3. 平面上的形态分类

（1）线形褶曲 褶曲在平面上延伸很远，长与宽之比大于 10∶1。

（2）短轴褶曲 褶曲向两端延伸不远即倾伏，长与宽之比为（10～3）∶1，可分为短轴背斜和短轴向斜（图 4-15）。

（3）穹窿和构造盆地 褶曲的长与宽之比小于 3∶1，背斜称为穹窿；向斜称为构造盆地（图 4-16）。

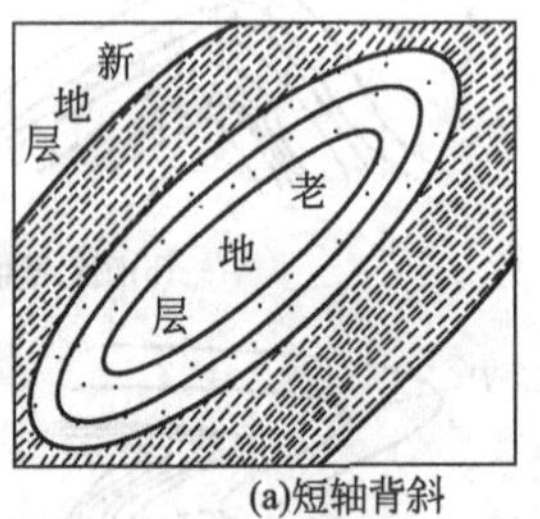

(a)短轴背斜

(b)短轴向斜

图 4-15 短轴褶曲平面图

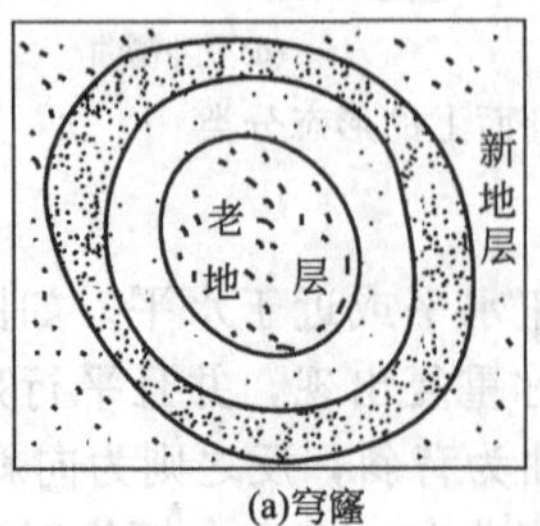

(a)穹窿

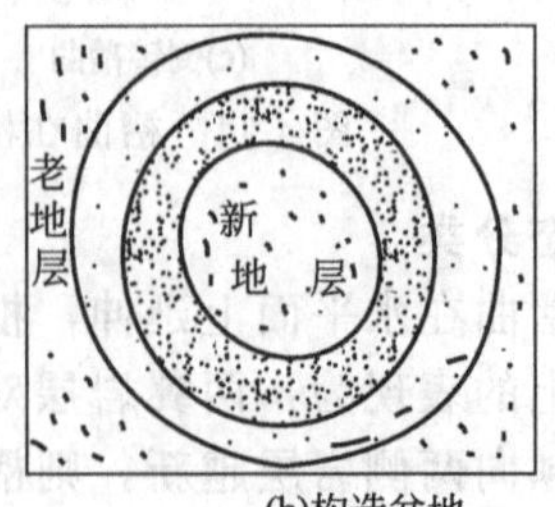

(b)构造盆地

图 4-16 穹窿和构造盆地平面图

四、褶皱构造的野外识别

一般来说，新老岩层对称重复出现是褶皱构造存在的基本表现形式。但是在野外，由于地形的切割，水平岩层和单斜岩层也会形成这种现象。在水平岩层地区，其出露特点是：最老岩层总是在地形最低的地方出露，最新的岩层总是在地形最高的地方出露。在单斜岩层地区，其出露特点为：岩层露头地弯曲变化及新老岩层的对称出露，严格受地形特征的控制，且岩层露头的延伸方向和地层的走向垂直和斜交。在褶皱构造地区，新老岩层呈条带状对称出现，且与地形起伏无关，岩层出露的延伸方向和地层走向一致。因此，在野外识别褶皱构造时，必须结合地形起伏特点和岩层产状特点综合分析，才能得出正确的结论。而在地形上，常常会出现背斜成谷、向斜成山的特殊地形（图 4-17）。

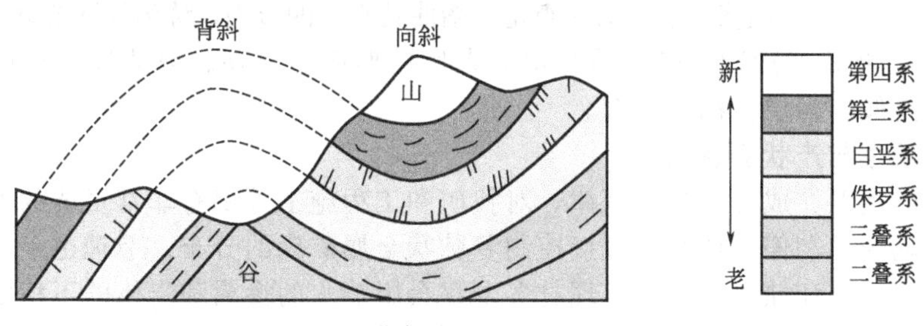

图 4-17　背斜成谷、向斜成山地形

第三节 断裂构造

岩层受力后产生变形，当应力达到或超过岩层的强度极限时，岩层的连续完整性遭到破坏，在岩层一定部位和一定方向上产生破裂，即形成断裂构造。根据岩层破裂面两侧岩块有无明显位移，可将断裂构造分为节理和断层。

一、节理

岩层断裂后，两侧岩块未发生显著位移的断裂构造称为节理，又叫裂隙。节理的破裂面称为节理面。它的形态可以是平直的，也可以是弯曲的。节理面的产状有直立的、倾斜的或水平的。运用地质罗盘可以测定其走向、倾向和倾角。节理在岩层中总是成群出现，表现为一定的组合规律。通常，把同一时期形成的、具有同一力学性质且相互平行或大致平行的一组节理，称为节理组。把同时期具有成因联系的两个或两个以上的节理组称为节理系。节理的规模大小不等，小者数厘米，大者几十米甚至更长。

1. 节理的分类

（1）节理的成因分类

① 原生节理。指沉积岩在形成过程中，沉积物脱水和压缩后所生成的节理，如泥裂及煤层中的内生裂隙等。它们的分布有一定的局限性。

② 次生节理。指岩层形成后生成的节理。根据力的来源和作用性质不同，又可分为构

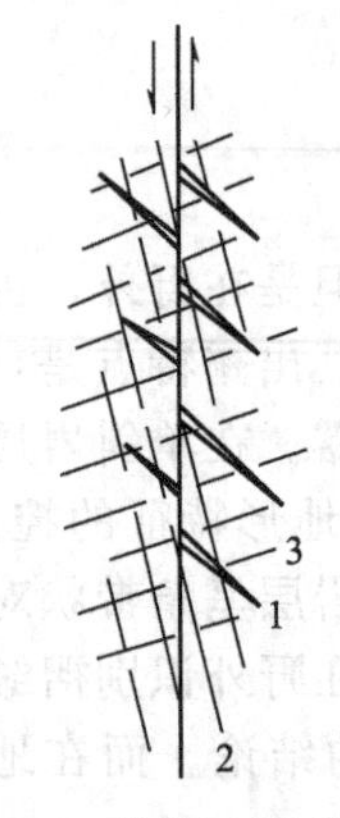

图 4-18　断层两旁的节理
1—张节理；2，3—剪节理

造节理和非构造节理。

构造节理是岩层遭受地应力作用而形成的节理。这种节理的形成和分布有一定的规律性。它与褶曲和断层有密切的关系（图4-18、图 4-19）。

非构造节理是外力地质作用或人为因素形成的节理。如风化作用、滑坡、爆破以及煤层采空后地压造成的节理等。这种节理一般规模不大，分布也不规则。

（2）节理的力学性质分类

① 张节理。指构造运动产生的张应力作用而形成的节理。常分布在背斜的转折端、穹窿的顶部、褶曲枢纽的急剧倾伏部位。与褶曲有关的张节理常见的有两组，一组是与褶曲轴垂直的节理，称为横张节理；另一组是与褶曲轴平行的节理，称为纵张节理（图 4-19）。

② 剪节理。指构造运动所产生的剪切应力作用形成的节理。剪节理分布广泛，不论是水平岩层，还是倾斜岩层，都较发育。

2. 节理的观察与产状测量统计

研究节理的类型、成因及分布规律，对找矿和工程施工等都有非常重要的意义。节理常作为矿液的流动通道和停积场所，直接控制着脉状金属矿床的分布。节理也是石油、天然气和地下水的运移通道和储聚场所。节理过多发育会影响水的渗漏和岩体的不稳定，给水库和大坝、大型建筑及煤矿井下生产带来隐患。

（1）节理的野外观测　研究节理应根据所研究的目的，选择适当的构造部位，建立节理观测点，进行节理统计；在统计节理时，要选定一定的面积（几平方米至几十平方米），节理观测点要选择在节理发育有代表性的地区，并且岩层要有良好的出露条件。

由于构造节理和非构造节理的成因不同，因此，在观测时要分清构造节理和非构造节理；不同的构造部位其所受力特征是不同的，在观测节理时，还要依据所处的构造部位，了解不同厚度的岩层、不同岩性的岩层中节理发育的不同。

在不同构造应力作用下，会产生不同组别、不同性质的节理。因此，在观测过程中，要分清有几组节理的存在，要防止将同一组节理误认为是不同组节理，同时也不能把不同组节理当做同一组节理；对每一组节理都要进行认真地观测、统计；在对节理记录时，除记录其产状要素外，还要记录下节理的长度、宽度、充填物、擦痕特征等。

（2）资料的室内整理　在野外搜集到的大量的原始节理资料，回到室内要进行及时整理，对于同一观测点上的资料，应按照同组、同期、同性质的节理分别进行整理。在选定的观测面积内，对所观测到的节理进行整理分类。当把全部资料整理完毕后，再根据研究的要求和目的，编制出相应的综合图件。目前常用的综合图件为节理走向玫瑰花图（图 4-20）。

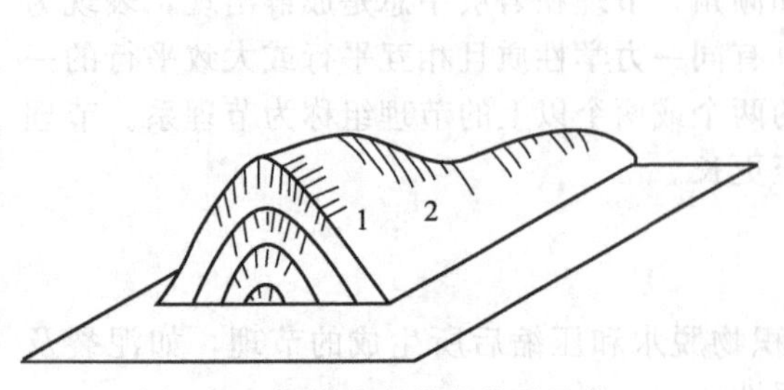

图 4-19　褶皱产生的张节理示意
1—纵张节理；2—横张节理

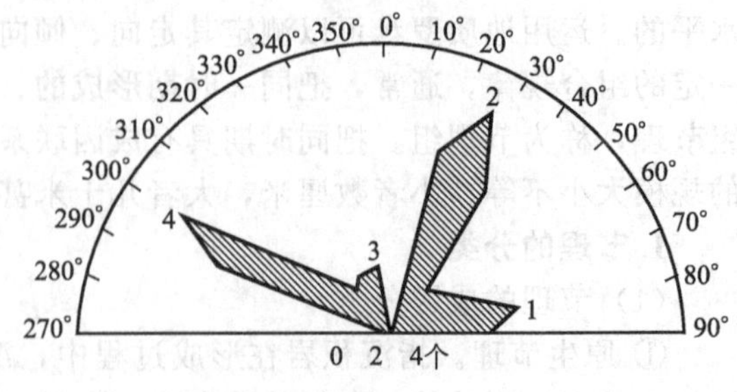

图 4-20　节理走向玫瑰花图

节理走向玫瑰花图是根据测量所得到的节理产状编制而成的。首先，将测量所得的节理产状资料，按节理走向方位角的大小依次排列，按每10°一组进行分组，并统计出每组节理数目和该组的平均走向。按一定的比例（即一定长度的线段代表一定数目的节理）取适当长度为半径，画一个半圆，标明其方向；按每组平均方位为方向，节理数目为长度，从圆心出发，在圆内画射线，再把每条射线的端点连接起来。如果相邻组别节理数目为零，应将折线连到圆心，再从圆心连接下一个组别的端点。最后，就会在半圆内构成一个花瓣似的图案，即可形象地表明，在某一方向上节理发育，某一方向上节理不发育甚至无节理。

根据节理走向玫瑰花图，再结合其他地质资料，就可以进一步分析有关地质构造。

二、断层

岩层在地壳运动产生的地质应力的作用下会发生变形，而当应力超过组成地壳岩石的强度极限时，岩石就会发生断裂；岩层发生断裂后，在应力的继续作用下，断裂面两侧的岩块就会沿断裂面发生相对位移，这种断裂构造称为断层（图4-21）。断层是地壳中普遍存在的一种地质构造，其形态和类型很多，大小不一，它对矿井的建设、开采、水文地质工作等都有很大的影响。

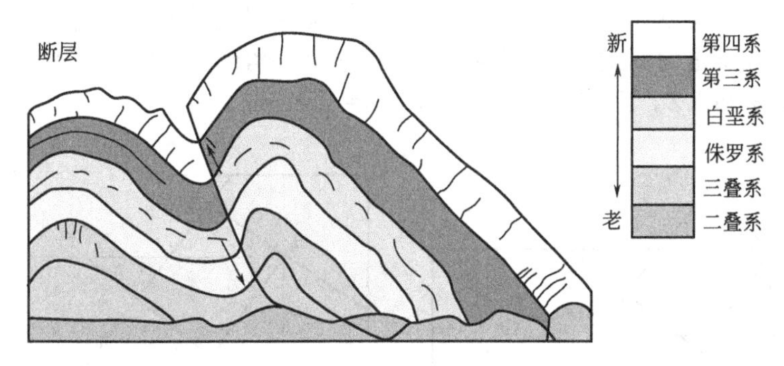

图4-21　断层示意

1. 断层要素

为了描述断层的空间形态和性质，将断层的各个基本组成部分冠以一定的名称。这些断层的基本组成部分，称为断层要素（图4-22）。

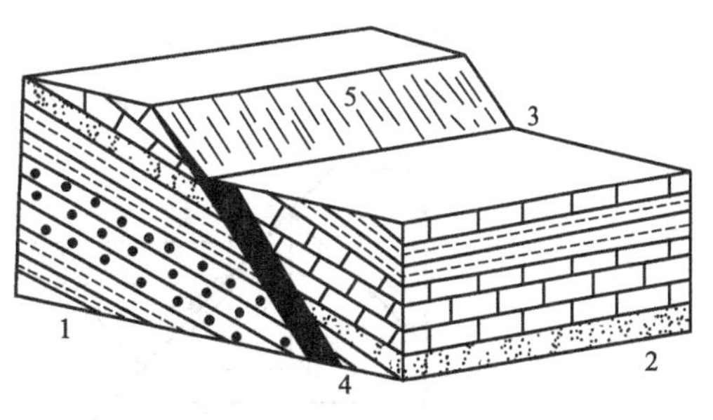

图4-22　断层要素示意
1—下盘；2—上盘；3—断层线；
4—断层带；5—断层面

（1）断层面　断层的破裂面称为断层面。断层面的形态有平直的，也有舒缓波状的，断层面的产状有直立的，也有倾斜的。断层面可以用走向、倾向和倾角三要素来表示。有的断层找不到一个完整的断层面，而是一个断层破碎带。破碎带的宽度一般为数十厘米至数十米。

（2）断盘　断层面两侧相对位移的岩块称为断盘。相对上升的岩块称为上升盘；相对下降的岩块称为下降盘。当断层面倾斜时，位于断层面上方的岩块称为上盘；位于断层面下方的岩块称为下盘。当断层面直立时，则无上、下盘之分，可根据断盘所处的方位来命名，如断层走向南北，位于断层西侧的称为西盘，东侧的称为东盘。

（3）断层线　断层面与地面的交线称为断层线。若地面平坦，断层线的方向代表断层的走向。若地面起伏不平，断层在地表的出露线就不能反映断层的延伸方向。断层线有时呈直线，有时呈曲线，主要取决于断层面的形状及地形起伏情况。

断层面与煤层面的交线称为断煤交线。断层面与上盘煤层面的交线，称为上盘断煤交线，与下盘煤层面的交线称为下盘断煤交线。

(4) 断距　断距是指被错断岩层在两盘上的对应层之间的相对距离。在不同方位的剖面上，断距值是不同的，下面仅将垂直于岩层走向和垂直于断层走向的剖面上的各种断距分述如下。

在垂直于被错断岩层走向的剖面上可测得的断距如下所述。

地层断距：指断层两盘上同一岩层面被错开的垂直距离［图 4-23 (a) 中的 ho］。

铅直地层断距：指断层两盘上同一岩层面被错开的铅直距离［图 4-23 (a) 中的 hg］。

水平地层断距：指断层两盘上同一岩层面被错开的水平距离［图 4-23 (a) 中的 hf］。

这三种断距之间的关系，可用下述公式表示：

$$ho = hg\cos\alpha$$

$$ho = hf\sin\alpha$$

在垂直于断层走向的剖面上，也可测得与垂直于岩层走向剖面上相当的各种断距，即图 4-23 (b) 中的 $h'o'$、$h'g'$、$h'f'$。

在矿山开采中，为设计竖井和平巷的长度，还常常采用落差和平错这类断距术语。如图 4-24，在垂直煤层走向的剖面上，ΔXYZ 为一直角三角形，XY 为落差，YZ 为平错。如果已知煤层倾角 α 和 XZ，则 $XY = XZ\cos\alpha$，$YZ = XZ\sin\alpha$。

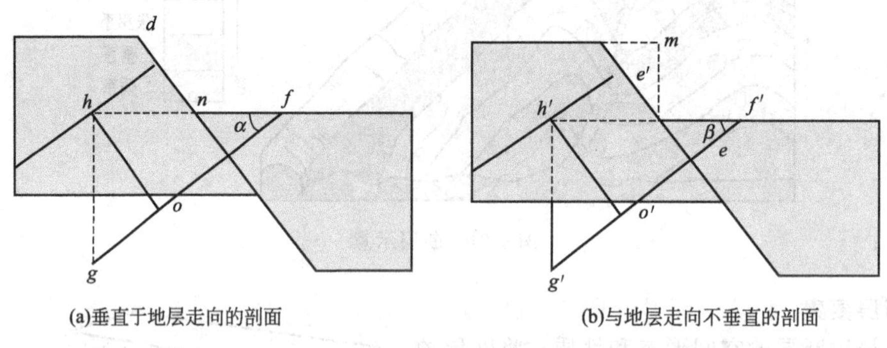

图 4-23　各种地层断距示意

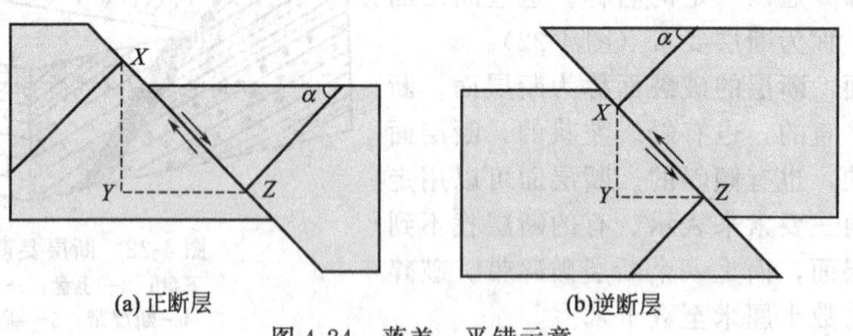

图 4-24　落差、平错示意

XY— 落差；YZ—平错

2. 断层分类

(1) 根据断层两盘相对位移方向分类

① 正断层。上盘相对下降、下盘相对上升的断层称为正断层［图 4-25 (a) ］。

② 逆断层。上盘相对上升、下盘相对下降的断层称为逆断层［图 4-25 (b) ］。

通常又将断层面的倾角大于 45°的逆断层称为冲断层；断层面倾角在 25°～45°之间的逆

断层称为逆掩断层；断层面倾角小于25°的逆断层称为辗掩断层。

③ 平移断层。两盘岩块沿断层面作水平方向相对移动的断层称为平移断层［图4-25（c）］。

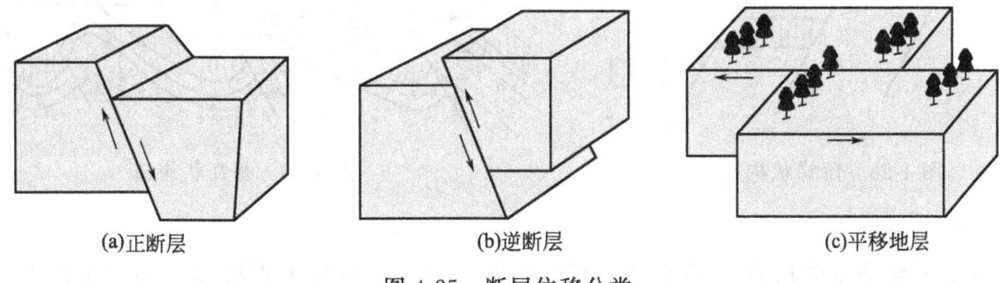

图 4-25　断层位移分类

（2）根据断层走向与岩层走向关系分类

① 走向断层。断层走向与岩层走向平行或基本平行称为走向断层［图4-26（a）］。

② 倾向断层。断层走向与岩层走向垂直或基本垂直称为倾向断层［图4-26（b）］。

③ 斜交断层。断层走向与岩层走向斜交称为斜交断层［图4-26（c）］。

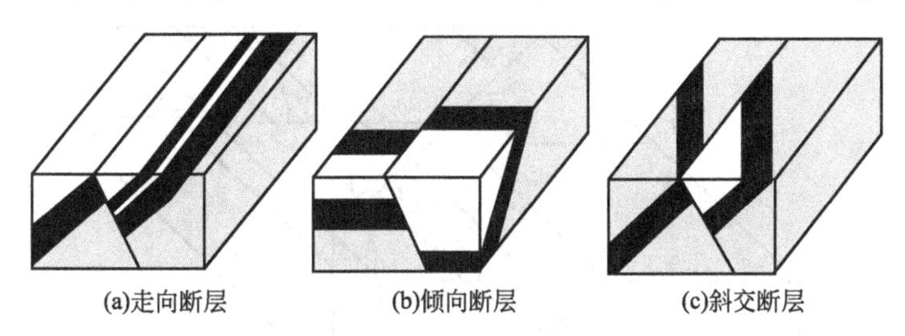

图 4-26　断层几何关系分类

3. 断层的组合形式

凡同时期在相同性质力的作用下形成许多断层，这些断层以一定的规律或组合形式出现。主要有以下几种。

（1）地垒和地堑　地堑是指两条以上的走向大致平行、具有共同的下降盘的断层组合形式［图4-27（a）］。

地垒是指两条以上的走向大致平行、具有共同的上升盘的断层组合形式［图4-27（b）］。地堑和地垒一般是由正断层组成，但也可以由逆断层组成。

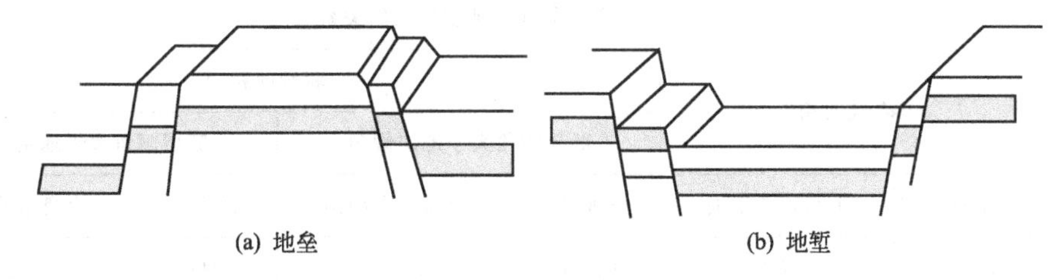

图 4-27　地垒和地堑

（2）阶梯状构造　阶梯状构造是由数条产状大致相同的正断层组成。从剖面上看，各个断层的上盘向同一方向依次下降，使岩层或煤层成阶梯状（图4-28）。

（3）叠瓦状构造　叠瓦状构造是由数条产状大致相同的逆断层组成，其上盘均向同一方向依次逆冲形成（图4-29）。

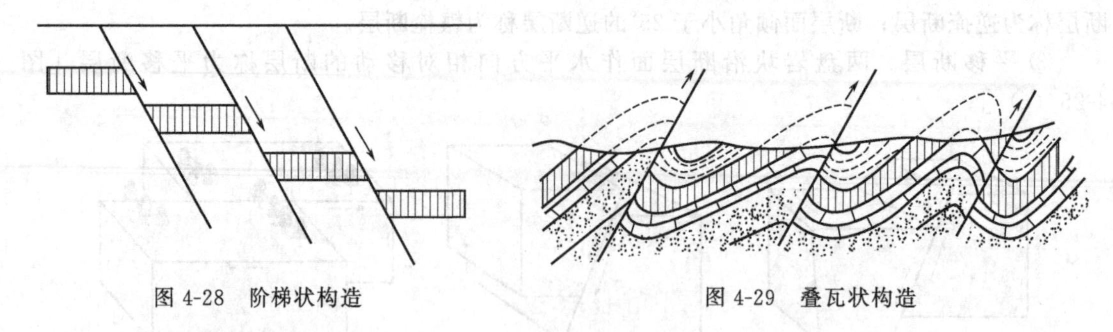

图 4-28　阶梯状构造　　　　图 4-29　叠瓦状构造

4. 断层的识别

断层标志是确定断层存在的依据。断层的标志很多，可分为直接标志和间接标志，归纳起来主要有以下几个方面。

(1) 岩（煤）层不连续　在野外或井下发现煤、岩层突然中断或错开，并与其他岩层相接触，这是断层存在的直接标志。例如，在沿煤层掘进的巷道迎头，突然遇到了半煤岩或顶板岩层，说明有断层存在（图 4-30）。

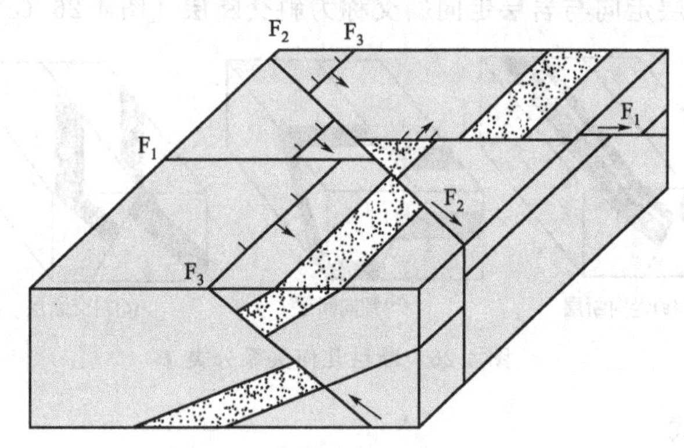

图 4-30　断层造成岩层的不连续

(2) 岩（煤）层的重复与缺失　一般走向正断层或逆断层可造成煤、岩层的重复或缺失（图 4-31）。由于断层位移类型不同，断层与岩层的倾向、倾角不同，会造成六种基本的重复和缺失情况［表 4-1 与图 4-31 中的（a），（b），（c），（d），（e），（f）是相互对应的］。

表 4-1　走向断层造成地层的重复与缺失

<table>
<tr><th rowspan="4">断层位移类型</th><th colspan="6">断层倾向与地层倾向的关系</th></tr>
<tr><th colspan="2" rowspan="2">二者倾向相反</th><th colspan="4">二者倾向相同</th></tr>
<tr><th colspan="2">断层倾角大于地层倾角</th><th colspan="2">断层倾角大于地层倾角</th></tr>
<tr><th>地面上</th><th>上盘直孔剖面</th><th>地面上</th><th>上盘直孔剖面</th><th>地面上</th><th>上盘直孔剖面</th></tr>
<tr><td rowspan="2">正断层
逆断层</td><td>重复(a)</td><td>缺失(a)</td><td>缺失(b)</td><td>缺失(b)</td><td>重复(c)</td><td>重复(c)</td></tr>
<tr><td>缺失(b)</td><td>重复(d)</td><td>重复(e)</td><td>重复(e)</td><td>缺失(f)</td><td>缺失(f)</td></tr>
</table>

(3) 断层面（断层破碎带）存在构造特征

① 断层面的擦痕与阶步。断层面两侧的岩块在发生相对位移时，由于互相摩擦而会在断层面上留下一种细密的、平行排列的条纹，其中一端粗而深，另一端细而浅，称为擦痕（图 4-32）。用手抚摸时感觉有光滑感，相反方向抚摸时有粗糙感，感觉光滑的方向与对盘岩

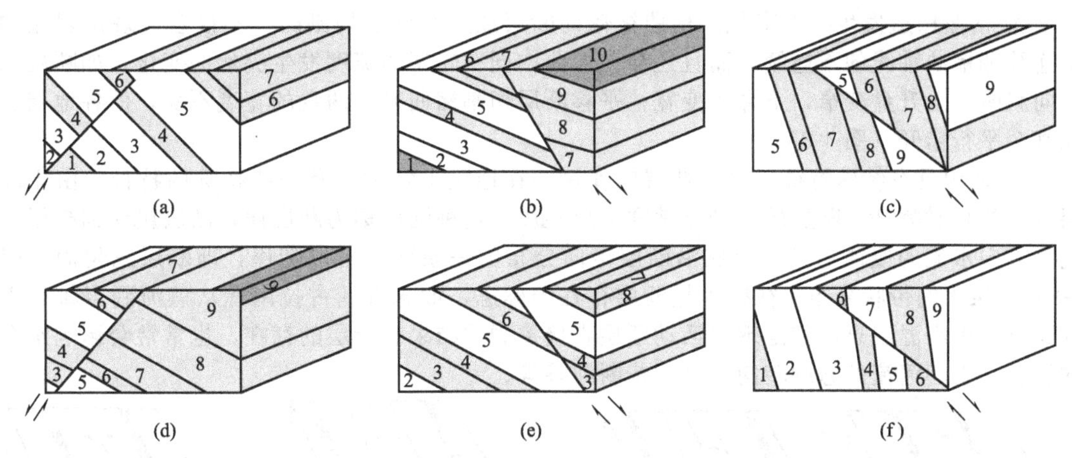

图 4-31 走向断层造成地层的重复与缺失

块相对移动的方向一致。因此，擦痕不仅是判断断层存在的一个标志，而且还能判断两盘岩块相对移动的方向，根据擦痕，可以寻找断失的另一翼岩（煤）层。

图 4-32 断层面上的擦痕

阶步是发育在断层面上的一种小陡坎，其高度一般不超过数毫米，延伸方向大致与擦痕的延伸方向垂直（图 4-32）。阶步是断层两盘滑动过程中一次停顿间歇或局部阻力差异而形成的，小陡坎指向断层对盘相对滑动方向。

有些断层，由于强烈的摩擦滑动，会形成一种光滑如镜的磨光面，称为摩擦镜面，它也是断层存在的很好的标志之一。

② 断层角砾岩和断层泥。在断层两盘的岩块发生相对移动时，由于岩石受到强大的挤压作用而破碎成大小不等的带棱角的岩石碎块，这些岩石碎块经过后期的充填、胶结，形成了新的岩石，称为断层角砾岩［图 4-33（a）］。如果这些破碎的岩石被研磨得很细，碎屑颗粒的直径小于 0.02mm，则叫做断层泥［图 4-33（b）］。不论是断层角砾岩还是断层泥，它们都是岩层错动时形成的产物，也是断层存在的很好的标志。

③ 派生构造。由于断层两盘在错动时的摩擦作用，在断层面两侧的岩层会由于拖动而出现弯曲，称为牵引褶曲（图 4-34）。

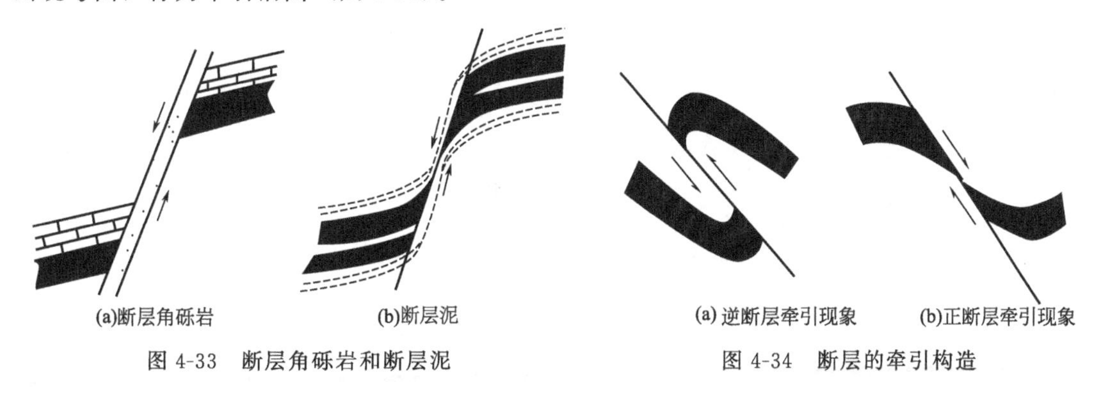

图 4-33 断层角砾岩和断层泥

图 4-34 断层的牵引构造

④ 褶曲构造发生突然变化。褶曲被倾向断层或斜交断层切割时，不仅会表现出岩层的不连续和褶曲轴线的不连续，而且还会使褶曲中同一岩层的宽度发生突然的变化。如断层切割向斜时，上升盘变窄，下降盘变宽；平移断层切割褶曲时，两盘的宽度不变，但各地层界线都会平行错开（图 4-35）。

⑤ 地貌具有特殊特征。由于断层的作用，在地貌上常常会有一些特殊的特征。由于断层两盘的相对滑动，断层的上升盘常常形成陡崖，这种陡崖称为断层崖；断层崖受到与崖面垂直方向水流的侵蚀切割，形成沿断层走向分布的一系列三角形陡崖，即断层三角面（图 4-36）。泉水的带状分布，往往也是断层存在的标志，如念青塘古拉南麓从黑河到当雄一带散布着一串高温温泉，就是现代活动断层直接控制的结果。断层的存在，也常常会影响水系的发育，引起河流的急剧转向，甚至错断河谷等。

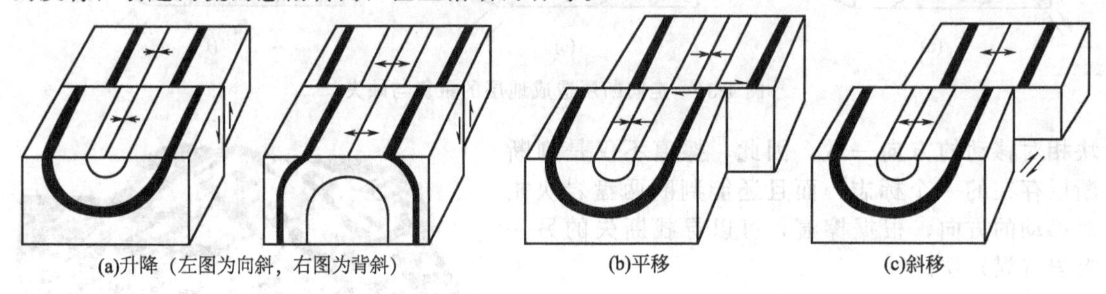

图 4-35　断层造成的褶曲宽窄的变化

图 4-36　正断层造成的断层三角地形

第五章 煤与煤层及煤系

Chapter 5

第一节 煤的形成

一、成煤物质

我国的煤矿开采历史悠久，但对煤是怎样形成这一问题的认识，是在随着科学技术发展，尤其是发明显微镜以后，通过把煤磨成薄片放在显微镜下观察，可以清楚看到煤中还保留着一些植物的原始组织，如细胞结构、孢子、角质层等，有时还可以清楚看到植物生长的年轮及由断裂的树干变成的化石，而且，人们在煤矿开采过程中常常可以见到煤层的顶底板岩层中有树根、树叶、树皮碎片等化石。这些研究与发现证明，煤是由植物转变而来的。

植物是成煤的原始物质。植物分为低等植物和高等植物。低等植物主要是由单细胞和多细胞构成的丝状和叶片状植物体，最大特点是没有根、茎、叶等器官的分化，构造比较简单，多数生活在水中，如：菌类和藻类；高等植物的最大特点是有根、茎、叶等器官的分化，如：苔藓植物、蕨类植物、裸子植物、被子植物等，除苔藓植物外，其他植物常能形成高大乔木，具有粗壮的茎和根。

按成煤原始物质不同可将煤分为腐泥煤、腐植煤、腐植腐泥煤、残植煤。由低等植物形成的煤称为腐泥煤。如元古代一直到早泥盆世，是菌藻类低等植物时代，形成了以低等植物为成煤原始物质的腐泥煤，如藻煤、胶泥煤，油页岩是一种含矿物质高的腐泥煤。由高等植物形成的煤称为腐植煤，因其含有大量的腐植酸而得名。腐植煤中以角质层、树脂、孢子、花粉等稳定组分为主的称残植煤。成煤的原始物质中，既有高等植物，也有低等植物的为腐植腐泥煤，如烛煤。在自然界中，腐植煤占绝大多数，目前开采的也主要是腐植煤，所以本章主要介绍腐植煤。

二、成煤条件

煤的形成并不是偶然的，它是在地史演化过程中，地球上出现植物后由植物遗体转化而来，但并不是所有的植物遗体均能转变成煤，还必须有气候、地理和地壳运动条件的配合，即煤的形成必须具备植物条件、气候条件、地理条件、地壳运动条件。自然界煤的分布无论从时间上和空间上的不均衡都是这四个条件影响的结果。

1. 植物条件

植物是成煤的原始物质，没有植物的生长繁盛，就不可能形成具有经济价值的煤。从地球上生物演化的历史来看，虽然震旦纪前就已经出现了生物，但是煤主要是在最近数亿年内植物大量繁殖之后形成的。因此，植物的大量繁殖是形成煤的基本条件。震旦纪至早泥盆世为低等植物菌藻类发育，这个时代有石煤形成。志留纪末出现陆生高等植物，而植物的大量繁殖是从石炭纪开始，特别是石炭纪～二叠纪、侏罗纪～白垩纪及古近纪，植物生长繁茂，种类繁多，森林广布，对成煤十分有利。伴随植物界的飞跃，出现了地史上重要的聚煤期，即石炭～二叠纪聚煤期，侏罗～白垩纪聚煤期及古近纪聚煤期。上述三大聚煤期在我国均有聚煤作用发生。

2. 气候条件

温暖、潮湿的气候条件是成煤的最有利的条件之一。寒冷气候条件下温度低，植物生长慢；高温气候条件下，虽然植物生长快，但又促使植物遗体快速分解破坏了泥炭的大量堆积，因此温度过高或过低都不利于成煤，最有利的应该是温暖、潮湿的气候条件。

泥炭的积累速度不仅与温度有关，还与沼泽覆水程度有关，而沼泽的覆水程度与湿度有关，当年降水量大于年蒸发量时，才有可能发生成煤作用。

一般认为温度与湿度比较，湿度对成煤更为重要，无论是热带、温带或寒带，只要有足够的湿度都有可能形成沼泽环境，都有可能发生成煤作用。

3. 地理条件

地理条件指的是成煤场所。形成分布面积较广的煤层，必须要有适宜植物广泛分布和大量繁殖、又能使植物遗体得以保存的自然地理环境。自然界中，只有沼泽等具备这种条件。因此，形成煤必须有适于发育大面积沼泽化的自然地理环境。

沼泽是地表土壤充分湿润、季节性或长期性积水的洼地。一般滨海的广阔平原、内陆湖泊、泻湖海湾、山间或内陆盆地、宽广河谷的河漫滩、河口三角洲平原等，受地壳升降、海水进退的影响，容易发育成大片沼泽的滨海平原。

4. 地壳运动条件

据研究，成煤作用与地壳沉降息息相关。形成具有工业价值的厚煤层，需要有很厚的泥炭层，而泥炭层的堆积和保存与地壳的升降运动有关。首先泥炭层的堆积，要求地壳不断缓慢地沉降，其次，泥炭层的保存也需要地壳大幅度地快速沉降，在泥炭层之上很快沉积顶板岩层，最后经过煤的变质作用，泥炭层才能转变为煤层。

当地壳沉降的速度与植物遗体堆积的速度大致平衡时，会形成较厚的泥炭层，且这种平衡持续的时间越长，形成的泥炭层就越厚；地壳下沉过快，沼泽地水深就会加大，逐渐转变成湖泊，使得成煤作用中止；地壳下沉过慢，植物遗体堆积相对加快，沼泽地地形增高，水量逐渐减少，沼泽环境转变为其他不利植物繁盛的环境，也就不利于成煤作用的进行。

此外，为使一个地区能形成较多的煤层，又要求地壳在总的沉降过程中发生多次小型升降或间歇性沉降。因此，形成煤要求地壳运动总的趋势是不断地缓慢沉降。在地壳缓慢沉降过程中，同一地区，如果其沉降的幅度不同，会造成煤层厚度的变化，出现分叉、变薄、尖灭现象。

地壳运动同样也对气候条件起到控制作用。一次剧烈的地壳运动发生后，常引起地形强烈地分化，形成的高耸山脉对温度和湿度都有极大的影响。如横亘我国中部的秦岭、大巴山，阻挡了来自南方的暖流，成为长江流域温暖潮湿的亚热带与北方比较干燥的温带气候的天然分界。

综上所述，植物、气候、地理、地壳运动都是成煤的必要条件，缺一不可，同时具备四个条件的时间越长，就越有利于形成具有工业价值的煤层。其中地壳运动是主导因素，起控制作用，它在地域上可以影响到一定范围内的海进海退和海岸线的迁移，影响地理景观的变化；在局部可以影响聚煤盆地的微地貌和水文条件，同时控制了沉积与补偿的关系和沉积厚度以及含煤性的变化。

三、成煤过程

煤是由植物经过漫长的极其复杂的生物化学、物理化学转变而成的。从植物遗体堆积到转变为煤的一系列演变过程称为成煤作用。腐植煤成煤作用过程大致分为两个阶段：第一阶段为泥炭化阶段；第二阶段为煤化阶段。见图 5-1。

在第一阶段，高等植物遗体经泥炭化作用形成泥炭，低等植物及浮游生物遗体经腐泥化作用形成腐泥；在第二阶段，泥炭经煤成岩作用转变为褐煤，褐煤经煤变质作用变为烟煤和无烟煤，腐泥转变为腐泥煤。

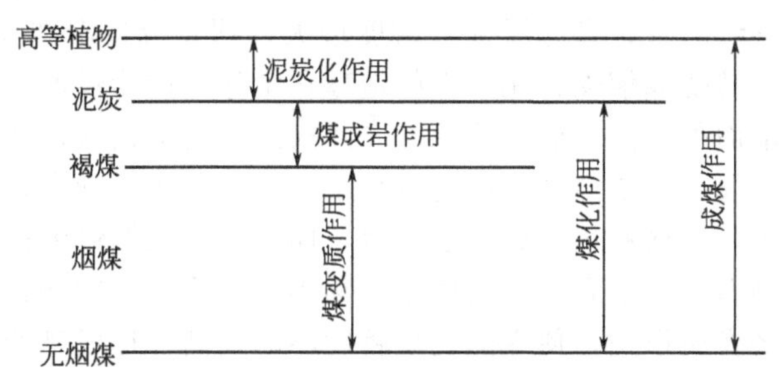

图 5-1　成煤作用阶段划分示意

1. 泥炭化阶段

（1）腐泥化作用　低等植物和浮游生物遗体在湖沼、泻湖和海湾等还原环境中转变为腐泥的生物化学作用称为腐泥化作用。

在海湾、泻湖、湖泊及积水较深的沼泽中，水流较平静。低等植物——主要是水中浮游生物如蓝藻绿藻和软体生物繁殖很快，死亡后遗体沉入水底在缺氧的还原环境中，通过厌氧细菌的作用，低等植物中的蛋白质、糖类化合物、脂肪等物质经分解和化合等一系列复杂的生物化学作用，形成一种含水很多的棉絮状胶体物质，这种物质与泥沙混合就形成了腐泥。腐泥的外观呈黄褐色或黑褐色。较软，含水较多可达 70%，是一种粥状流动的或冻胶淤泥状的物质，可做肥料，晒干做燃料用。

（2）泥炭化作用　高等植物遗体，在泥炭沼泽中经受复杂的生物化学和物理变化，转变成泥炭的过程称为泥炭化作用。

在内陆，河流、湖泊由于冲积、淤积而沼泽化，如我国川西北的若尔盖地区就是一望无际的现代草木泥炭沼泽；在近海地区，海水容易入侵，海退后随着漫长的时间推移，形成了广阔的沼泽，如海南、三亚、福建、台湾和广西沿海的红树林等。在泥炭化作用过程中，植物遗体内的有机质如木质素、纤维素、蛋白质等成分，在表层喜氧细菌作用下，经过氧化分解和水解作用后，可转化为化学性质活泼的简单化合物。随着覆水程度的增加，使得正在分解的植物遗体与大气隔绝，分解作用减弱，在厌氧细菌参与下，发生了分解产物之间的合成作用和分解产物与未分解的植物残体之间又不断发生的一系列复杂的生物化学作用，逐渐合成新的产物——腐植酸、沥青质。这种新物质与尚未分解的植物遗体，以及由地表流水携入的泥沙混合在一起，形成了泥炭。可见，与植物相比，泥炭在化学成分上已经发生了质的变化。

泥炭一般呈黄褐色或黑褐色。无光泽，质地疏松。泥炭风干后可做燃料，也可用做化工原料；因泥炭中含大量的腐植酸及氮、磷、钾等元素，所以也可做肥料。

2. 煤化阶段

泥炭或腐泥转变为褐煤、烟煤、无烟煤、超无烟煤的物理化学变化称为煤化作用。煤化作用包括两个连续的阶段，即成岩作用阶段和变质作用阶段。

(1) 成岩作用阶段　泥炭形成后，由于地壳运动的影响，使其沉降到地壳较深处，在上覆泥沙等沉积物的压力作用下，泥炭逐渐被压紧、脱水、固结，趋于致密。同时，泥炭中有机质的分子结构和化学成分也发生一定变化，其中碳含量增加、氢氧含量减少，腐植酸含量降低。泥炭转变为褐煤，这一过程为成岩作用。腐泥形成后，经成岩作用，转变为腐泥煤。

褐煤因褐色得名，色泽较暗，埋藏较浅。可做化工原料和燃料。我国内蒙古东部科尔沁草原的霍林河露天煤矿就是开采优质褐煤，储量达百亿吨。

(2) 变质作用阶段　褐煤形成后，当地壳继续下降，使其沉降到地壳更深处，在温度和压力的作用下，褐煤内部的分子结构、物理性质、化学性质等方面发生重大变化，碳含量进一步增加，氢氧含量继续减少，光泽增强，密度增大，挥发分逐渐减少，腐植酸完全消失，促使煤质变化，由褐煤转变成烟煤、无烟煤的地球化学作用称为煤的变质作用。

烟煤因燃烧时冒烟而得名。一般为黑色，光泽较强，密度稍大，随着温度、压力的增大形成不同变质程度的烟煤。如果温度、压力继续增大将转化成无烟煤，无烟煤因燃烧时无烟而得名，较烟煤硬度大，呈钢灰色，有极强的似金属光泽。无烟煤继续变质转化为石墨，石墨继续变质转化为金刚石，石墨和金刚石属于矿物类，性质完全改变，不属于煤的范畴。

腐泥煤形成后，经变质作用，使煤的变质程度不断提高，形成高变质的腐泥煤。

第二节 煤的组成与性质

一、煤岩成分和煤岩类型

1. 宏观煤岩成分

煤是一种可燃有机岩石。腐植煤成分并不均匀，由很多不同颜色和不同光泽的条带组成，也就是由丝炭、镜煤、暗煤、亮煤四种成分组成，这四种成分称为宏观煤岩成分。

(1) 丝炭　颜色灰黑，形如木炭，具有明显的纤维状结构和丝绢光泽，所以称为丝炭。丝炭疏松多孔，硬度小，脆度大，易染指。

丝炭的挥发分产率和氢含量低，没有黏结性。因空隙度大，吸氧性强，极易发生氧化和自燃。性脆易碎，易形成煤尘。丝炭在煤层中多呈1～2mm厚的扁平透镜体沿层理面断续分布，分布广，但数量不多，一般不单独成层。

(2) 镜煤　煤中颜色最黑，光泽最强，光亮如镜，所以称为镜煤。镜煤结构均一，以贝壳状断口和垂直内生裂隙发育为特征。镜煤脆度仅次于丝炭，易破碎成棱角状的小块。

镜煤的挥发分产率和氢含量高，黏结性也强，中变质的镜煤是炼焦的最好配料。镜煤在煤层中不易形成独立的分层，常呈透镜体状和带状散布于亮煤中，或呈细线理状散布于暗煤中，与其他煤岩成分界线明显。

（3）暗煤　颜色灰黑，光泽暗淡，所以称为暗煤。致密坚硬，相对密度较大，韧性也大，一般层理不清晰，有时为粒状结构，断面粗糙。暗煤的成分相当复杂，含矿物质也较多，对煤质影响较大。暗煤在煤层中占的比例较大，可以形成较厚的分层或单独成层。

（4）亮煤　颜色灰黑，光泽较强，虽不如镜煤，但仍很明亮，所以称为亮煤。亮煤较脆，易碎，内生裂隙较发育，相对密度较小，均一程度不如镜煤。亮煤的物理、化学、工艺性能介于镜煤和暗煤之间。亮煤在煤层中占的比例较大，也可以形成较厚的分层或呈较大的凸镜体出现，或单独成层。

2. 宏观煤岩类型

在实际工作中通常根据煤的平均光泽强度、宏观煤岩成分的数量比例和组合情况，划分出四种宏观煤岩类型，即光亮型煤、半亮型煤、半暗型煤、暗淡型煤。

（1）光亮型煤　由镜煤和亮煤组成，光泽很强。条带状结构不明显，常具贝壳状断口，内生裂隙发育，脆度较大，易碎，黏结性强。中变质的光亮型煤是最好的冶金用煤。

（2）半亮型煤　以亮煤为主（约占 50%），由镜煤、亮煤、暗煤组成，也可能夹有丝炭。半亮型煤的光泽强度仅次于光亮型煤，其最大特点是条带状结构明显，一般由较光亮和较暗淡的条带互层而显示出半亮的平均光泽。半亮型煤的内生裂隙发育，常具有阶梯状断口，为最常见的宏观煤岩类型。中变质的半亮型煤黏结性也较好。

（3）半暗型煤　由暗煤、亮煤组成，但以暗煤为主（约占 50%），有时也可见呈线理状或透镜体状的镜煤和丝炭。半暗型煤的光泽较暗，硬度、韧性、相对密度均较大，内生裂隙不发育，断口参差不齐。

（4）主要由暗煤组成，有时也夹有少量的镜煤和丝炭。暗淡型煤的光泽十分微弱，结构致密，不显层理，块状构造，质地坚硬，内生裂隙不发育，断口常呈参差状，韧性大，相对密度大。暗淡型煤矿物质含量高，因而煤质较差。

在实际工作中划分四种宏观煤岩类型时，要注意只有变质程度相同的煤才能相互比较和划分不同类型，划分的最小厚度一般为 3～10cm。

二、煤的化学成分

1. 煤的元素组成

煤是一种非均质体，它的化学组成十分复杂，但归纳起来可分为有机质和无机质两大类。有机质是煤的主体，是煤炭加工利用的对象，煤的许多用途主要是由煤中有机质的性质决定的。煤中的有机质主要由 C、H、O、N、S 五种元素组成，其中又以 C、H、O 为主，其总和占有机质的 95%以上。无机质包括矿物质及水分，当然其中也含有少量的 C、H、O、S 等元素，它们绝大多数是煤中的有害成分，对煤的加工利用有一定的影响。

（1）碳（C）　煤中有机质的主要成分，也是煤燃烧过程中产生热量的重要元素，每 1kg 纯碳完全燃烧时能放出 34.107MJ 的热量。煤中碳含量越多，煤的发热量越高。煤中碳含量随煤的变质程度的加深而增加（表 5-1）。

表 5-1　煤中碳、氢、氧、氮四种元素组成的质量分数

元素名称	煤中的质量分数/%									
	腐泥煤	泥炭	褐煤	长焰煤	气煤	肥煤	焦煤	瘦煤	贫煤	无烟煤
C_{daf}	75～80	50～60	60～77	74～80	79～85	80～89	87～89	87～91	88～92	90
H_{daf}	>6	6			5.0～6.4		4.8～5.5	4.4～5.0	2.4～4.6	

续表

元素名称	煤中的质量分数/%									
	腐泥煤	泥炭	褐煤	长焰煤	气煤	肥煤	焦煤	瘦煤	贫煤	无烟煤
N_{daf}	0.5～5.7	0.6～4.0	0.2～2.5	0.7～1.8	1～1.7	1～1.6	1～1.5	0.9～1.4	0.7～1.8	0.3～1.5
O_{daf}		40～30	30～15	16～9	12～8	7～3.7	5.4～3	4.7～3.1	2.5～1	3.7～1

注：根据平均煤样分析结果。

(2) 氢 (H)　煤中有机质的第二个主要成分，也是煤燃烧过程中产生热量的主要元素，每1kg氢完全燃烧时能产生143.248MJ的热量，为碳元素的4.2倍。氢含量与成煤原始物质有关，腐泥煤的氢含量比腐植煤高，腐泥煤的氢含量一般在6%以上，有的高达11%，这是因为形成腐泥煤的低等植物富含氢元素的缘故，而腐植煤的氢含量一般在0.8%～6.5%。从表5-1中可以看出，氢含量随着变质程度的加深而减少，但在烟煤系列中，以低变质阶段的气煤氢含量最高，一般都在6%左右。

(3) 氧 (O)　氧是煤中不可燃的元素，但它可以助燃。氧在煤的有机质中以各种官能团的形式存在。在煤化作用阶段，由于温度的影响，产生脱CO_2和脱水作用，因此煤中氧含量随煤化程度的加深而减少，但其波动范围很大（表5-1）。从褐煤、长焰煤、气煤到肥煤，氧含量下降显著；从焦煤、瘦煤、贫煤到无烟煤，氧含量的下降幅度较小。煤氧化时，氧含量会增高。

(4) 氮 (N)　煤的有机质中氮的含量比较少，它主要来自成煤植物中的蛋白质，也有一部分可能是成煤过程中细菌活动的产物。腐植煤中氮含量低而变化小，通常波动在0.5%～2%；腐泥煤氮含量高而波动大，为0.5%～5.7%。在煤中氮与碳结合得很牢固，煤化作用对其影响不大，一般随煤化程度加深而略趋于减少（表5-1），但其规律性不甚明显。在高温加工中，氮转化为氨 (NH_3) 以及其他氮的化合物。

(5) 硫 (S)　煤中的硫分为无机硫和有机硫 (S_o)。煤中的无机硫又分为硫化物硫 (S_p) 和硫酸盐硫 (S_s) 两种，硫化物硫亦称黄铁矿硫，因为煤中硫主要是以黄铁矿的形式存在，其他硫化物硫含量较低；有机硫是成煤植物本身含有的硫，以及在成煤过程中转化到有机物中的硫。一般把煤中硫的总和称为全硫 (S_t)。据煤的干燥基全硫含量St.d (%) 将煤分为五级 (GB/T 15224.2—2010)：特低硫煤、低硫煤、中硫煤、中高硫煤、高硫分煤（表5-2）。

表5-2　煤炭资源评价硫分分级

级别名称	代号	干燥基全硫分($S_{t.d}$)范围/%
特低硫煤	SLS	≤0.50
低硫煤	LS	0.51～1.00
中硫煤	MS	1.01～2.00
中高硫煤	MHS	2.01～3.00
高硫煤	HS	>3.00

硫是煤中有害元素之一，在燃烧、气化、焦化等工业利用途径中都会造成不同程度的危害。煤燃烧时，煤中的硫转化成二氧化硫而导致设备腐蚀、锅炉结渣和大气污染；煤炭气化中，硫氧化物会混入煤气中从而降低煤气质量；炼焦时如果硫超标，会使钢铁热脆成为废品；在煤的储存过程中，特别是FeS_2含量多的煤，易氧化使煤堆温度升高而自燃。但煤中的硫也是一种重要的化工原料，可用来制造硫酸等。

（6）磷（P）　磷也是煤中有害元素之一。煤中的磷主要是以无机磷化物的形态存在，但也存在微量的有机磷。磷在煤中的含量一般低于0.1%，最高也不高于1%，虽然磷在煤中含量极低，但其危害却很大。炼焦时磷几乎都转入焦炭中，从而使钢材具有冷脆性。

（7）其他元素　煤中还存在许多稀有元素及放射性元素，如锗（Ge）、镓（Ga）、铀（U）、钒（V）、砷（As）、氯（Cl）等。

2. 煤的无机组分

煤的无机组分是指煤中的水分和矿物质。煤中的水分在后面工业分析中介绍，煤中矿物质分为内在矿物质和外在矿物质。煤中常见的矿物质包括黏土矿物、方解石、黄铁矿、石英及其他硫酸盐、氯化物和氟化物等微量成分。

煤中矿物质来源有三：一是“原生矿物质”，是成煤植物本身所含的矿物质，其含量一般不超过1%～2%；二是“次生矿物质”，是成煤过程中泥炭沼泽液中的矿物质与成煤植物遗体混在一起成煤而留在煤中的，一般不高，但变化较大；三是“外来矿物质”，属于煤矿开采和加工处理中混入的矿物质。

内在矿物质所形成的灰分叫内在灰分，内在灰分只能用化学的方法才能将其从煤中分离出去。外在矿物质形成的灰分叫外在灰分，外在灰分可用洗选的方法将其从煤中分离出去。

3. 煤的物理性质

（1）颜色和条痕　煤的颜色是指煤的自然色彩，条痕色是指粉末的颜色。腐植煤的颜色随煤化程度的增高而变化（表5-3）。一般从褐煤、烟煤到无烟煤，其颜色从棕褐、褐黑、深黑到灰黑色、钢灰色。因此可根据颜色鉴定褐煤、烟煤、无烟煤。煤中的矿物质可使煤的颜色变浅，水分增加会使煤的颜色加深。

表5-3　腐植煤光泽、颜色、条痕对比

<table>
<tr><th>煤化程度</th><th>光泽</th><th>颜色</th><th>条痕</th></tr>
<tr><td>褐煤</td><td>无光泽或暗淡沥青光泽</td><td>褐色、深褐色、黑褐色</td><td>浅棕色、深棕色</td></tr>
<tr><td>长焰煤</td><td>沥青光泽</td><td>黑色，带褐</td><td>深棕色</td></tr>
<tr><td>气煤</td><td>强沥青光泽、弱玻璃光泽</td><td rowspan="4">黑色</td><td>棕黑色</td></tr>
<tr><td>肥煤</td><td>玻璃光泽</td><td rowspan="2">黑色，带棕</td></tr>
<tr><td>焦煤</td><td rowspan="2">强玻璃光泽</td></tr>
<tr><td>瘦煤</td><td rowspan="2">黑色</td></tr>
<tr><td>贫煤</td><td>金刚光泽</td><td>黑色，有时带灰</td></tr>
<tr><td>无烟煤</td><td>似金属光泽</td><td>灰黑色，带古铜色，钢灰色</td><td>灰黑色</td></tr>
</table>

（2）煤的光泽　煤的光泽指煤新鲜面的反光能力。腐植煤随煤化程度的增高，光泽增强（表5-3），但煤岩成分不同，其光泽增强程度不同。一般暗煤的光泽变化不明显，而镜煤、较纯净的亮煤变化显著，所以在确定煤化程度时，必须以镜煤或较纯净的亮煤作为依据。

（3）煤的密度　煤的密度是指单位体积煤的质量，单位为g/cm^3。煤的密度取决于煤岩成分、煤化程度及煤中所含矿物杂质的成分及含量。一般暗煤密度较大，亮煤次之，镜煤最小。煤化程度高的煤，其密度越大；煤中矿物含量越高，其密度越大。

按煤的利用方式不同，煤的密度可分为煤的真密度、煤的视密度、煤的相对密度。

煤的真密度（曾称真比重）是指20℃时，单位体积（不包括煤内部的孔隙）煤的质量，以g/cm^3表示。

煤的视密度（曾称容重或体重）是指20℃时，单位体积（包括煤内部的孔隙）煤的质量，以 g/cm^3 表示，是煤层储量计算的重要参数。一般褐煤的视密度为 $1.05\sim1.20g/cm^3$；烟煤的视密度为 $1.20\sim1.40g/cm^3$；无烟煤的视密度为 $1.35\sim1.80g/cm^3$。

煤的相对密度是指煤的密度与同温度水的密度之比值。因煤的真密度、视密度之分而对应把煤的相对密度分为真相对密度和视相对密度。

(4) 煤的硬度　煤的硬度是指煤抵抗外来机械作用的能力。按莫氏硬度计，一般煤的硬度介于1～4。褐煤和焦煤硬度最小，为2～2.5；无烟煤硬度最大，接近4。同一煤化程度的煤，暗煤比亮煤、镜煤硬度大。

(5) 煤的脆度　煤的脆度是指煤在外力作用下突然断裂的难易程度，一般肥煤、焦煤和瘦煤的脆度最大，无烟煤脆度最小，低变质的煤脆度也小。宏观煤岩成分中丝炭脆度最大，镜煤次之，暗煤最小。

(6) 煤的裂隙　煤的裂隙是指在成煤过程中，煤受到自然界各种应力的影响所造成的裂开现象。按成因分为煤的内生裂隙和外生裂隙。

煤的内生裂隙是在煤化作用过程中，受到温度、压力的影响，煤内部结构变化，体积均匀收缩产生内张力而形成的。内生裂隙面较为平滑，一般垂直层理面，且常呈两组同等发育。内生裂隙在中变质煤中最为发育，而褐煤、无烟煤中较为少见。在相同变质程度的煤中，镜煤、亮煤内也常见内生裂隙。

煤的外生裂隙是在煤形成之后，受构造应力作用产生的。它可以出现在煤层的任何部位，常常同时切穿几个煤岩成分或煤分层，一般与煤层层理面斜交，裂隙面上常有滑动痕迹，有时还见充填物。

(7) 煤的导电性　煤的导电性是指煤传导电流的能力。一般褐煤电阻率低；中变质的烟煤是电的不良导体；贫煤、瘦煤电阻率较低，尤其是无烟煤电阻率急剧减小，为电的良导体。

第三节 煤质分析指标

一、煤的元素分析指标

煤的元素分析是指构成煤有机组分的五种元素碳、氢、氧、氮、硫的测定。从实际角度讲，有的将其定义为煤完全燃烧的气体产物中碳和氢的测定，煤中氮、硫和灰分的测定以及氧的计算。

1. 煤中碳氢测定

碳和氢是煤中的主要生热元素，在热电生产中，根据煤中碳氢含量来推算燃烧设备的理论燃烧温度和进行锅炉燃烧中的热平衡计算；在气化工业中，用来计算气化过程的物料平衡；煤中碳和氢与煤的其他性质有关，可以用来推算其他指标，如发热量以及核对其他指标的测定结果。

国家标准GB/T 476—2008规定的煤中碳氢测定方法有重量法（包括三节炉法和二节炉法）及电量-重量法。

重量法测定原理是用一定量的煤样在氧气流中燃烧，生成的水和二氧化碳分别用吸水剂和二氧化碳吸收剂吸收，由吸收剂的增量计算煤中碳和氢的质量分数。煤样中的硫和氯对碳测定的干扰在三节炉中用铬酸铅和银丝卷消除，在二节炉中用高锰酸银热解产物消除。氮对碳的测定干扰用粒状二氧化锰消除。测定结果用以下公式计算。

① 一般分析试验煤样的碳和氢含量按式（5-1）和式（5-2）计算：

$$C_{ad}=\frac{0.2729m_1}{m}\times 100\% \tag{5-1}$$

$$H_{ad}=\left(\frac{0.1119(m_2-m_3)}{m}-0.1119M_{ad}\right)\times 100\% \tag{5-2}$$

式中 C_{ad}——一般分析试验煤样碳含量，%；
H_{ad}——一般分析试验煤样氢含量，%；
M_{ad}——一般分析试验煤样水分含量，%；
m——一般分析试验煤样质量，g；
m_1——二氧化碳吸收管增量，g；
m_2——吸水管增量，g；
m_3——氢空白值，g；
0.2729——二氧化碳折算成碳的系数；
0.1119——水折算成氢的系数。

② 一般分析煤样有机碳（需要时）按式（5-3）计算：

$$C_{o,ad}=\left(\frac{0.2729m_1}{m}-0.2729(CO_2)_{ad}\right)\times 100\% \tag{5-3}$$

式中 $(CO_2)_{ad}$——一般分析试验煤样碳酸盐二氧化碳含量，%。

电量-重量法测定原理是用一定量的煤样在氧气流中燃烧，生成的水和五氧化二磷反应生成偏磷酸，电解偏磷酸，根据电解消耗的电量，计算煤中的氢含量。生成的二氧化碳用二氧化碳吸收剂吸收，由吸收剂的增量，计算煤中碳的含量。燃烧生成的硫氧化物和氯用高锰酸银热解产物除去，氮氧化物用粒状二氧化锰除去，以消除其对碳测定的干扰。测定结果用以下公式计算：

$$H_{ad}=\left(\frac{1.0079Q}{96500m}-0.1119M_{ad}\right)\times 100\% \tag{5-4}$$

式中 H_{ad}——一般分析试验煤样的氢含量，%；
Q——电解偏磷酸消耗的电量，C；
m——一般分析试验煤样质量，g；
M_{ad}——一般分析试验煤样水分，%；
1.0079——氢的摩尔质量，g/mol；
96500——法拉第电解常数，C/mol；
0.1119——水折算成氢的系数。

2. 煤中氮及其测定

称取一定量的空气干燥煤样，加入混合催化剂和硫酸，加热分解，氮转化为硫酸氢铵。加入过量的氢氧化钠溶液，把氨蒸出并吸收在硼酸溶液中，用硫酸标准溶液滴定。根据用去的硫酸量计算煤中氮的含量。

空气干燥煤样的氮按式（5-5）计算：

$$N_{ad}=\frac{0.014c(V_1-V_2)}{m}\times 100\% \tag{5-5}$$

式中 N_{ad}——一般分析试验煤样中氮的质量分数，%；

c——标准硫酸溶液浓度，mol/L；

V_1——煤样测定消耗的标准硫酸溶液体积，mL；

V_2——空白测定消耗的标准硫酸溶液体积，mL；

m——煤样的质量，g；

0.014——氮的毫摩尔质量，g/mmol。

3. 氧的计算

氧的含量按式（5-6）计算：

$$O_{ad}=100-C_{ad}-H_{ad}-N_{ad}-S_{t.ad}-M_{ad}-A_{ad} \tag{5-6}$$

当空气中干燥煤样中二氧化碳含量大于2%时，则按式（5-7）计算：

$$O_{ad}=100-C_{ad}-H_{ad}-N_{ad}-S_{t.ad}-M_{ad}-A_{ad}-(CO_2)_{ad} \tag{5-7}$$

式中　O_{ad}——空气中干燥煤样的氧含量，%；

C_{ad}——空气中干燥煤样的碳含量，%；

H_{ad}——空气中干燥煤样的氧含量，%；

N_{ad}——空气中干燥煤样的氮含量，%；

$S_{t.ad}$——空气中干燥煤样的全硫含量，%；

M_{ad}——空气中干燥煤样的水分含量，%；

A_{ad}——空气中干燥煤样的灰分产率，%；

$(CO_2)_{ad}$——空气中干燥煤样的碳酸盐二氧化碳含量，%。

4. 煤中硫的测定

煤中全硫的艾士卡法、库仑滴定法和高温燃烧中和法等。下面以库仑滴定法为例介绍硫的测定方法。

库仑滴定法是煤样在高温和催化剂存在下，于空气流中燃烧分解，煤中硫生成硫氧化物，其中二氧化硫并被碘化钾溶液吸收，以电解碘化钾溶液所产生的碘进行滴定，由电解所消耗的电量计算煤中全硫的含量。当库仑积分器最终显示数为硫的毫克数时，全硫含量按式（5-8）计算：

$$S_{t.ad}=\frac{m_1}{m}\times 100\% \tag{5-8}$$

式中　$S_{t.ad}$——一般分析煤样的全硫含量，%；

m_1——库仑测硫仪积分器显示的硫质量，mg；

m——煤样质量，mg。

二、煤的工业分析指标

为了便于学习，先将有关煤质符号列入表5-4中。其中各种“基”是表示化验结果以什么状态下的煤样为基础而得出的，其组成关系如图5-2所示。

表5-4　煤质分析常用基准

新名称	符号	定义	用途
收到基	ar	以收到状态的煤为基准	用于销售煤物料平衡、热平衡及热效率计算等
空气干燥基	ad	以空气湿度达到平衡状态的煤为基准	多为试验室分析工作的基础
干燥基	d	以假想无水状态的煤为基准	主要用于比较煤的质量，用于计算煤的灰分、硫分含量等
干燥无灰基	daf	以假想无水、无灰状态的煤为基准	主要用于了解和研究煤中的有机质

续表

新名称	符号	定义	用途
干燥无矿物质基	dmmf	以假想无水、无矿物质状态的煤为基准	主要用于高硫煤的有机质研究

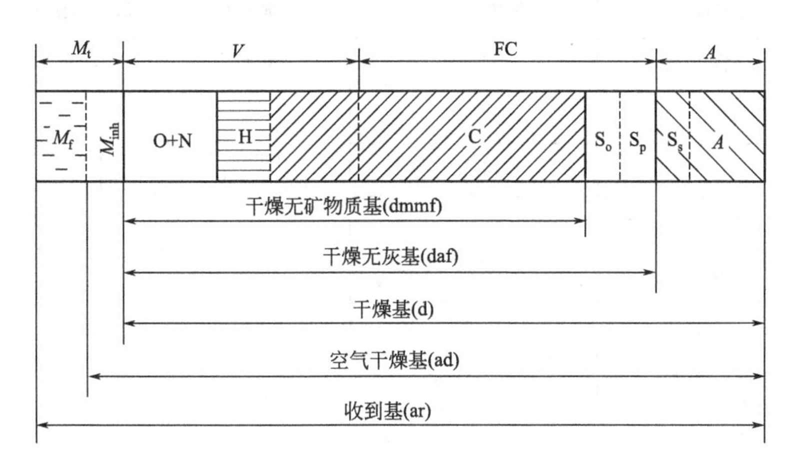

图 5-2 各种基准的组成关系示意

煤的工业分析又叫技术分析或实用分析，它是评价煤质的基本依据，包括测定煤的水分、灰分、挥发分和计算固定碳等。

(1) 水分 (M) 煤含有水分，煤中水是非可燃成分，其含量的多少与煤的变质程度及外界条件等有关，水分随变质程度而变化，泥炭中水分最大，可达 40%～50%；褐煤次之，在 10%～40%；烟煤含量较低，一般为 1%～8%；无烟煤则又有增加的趋势，这是因为无烟煤中的孔隙增加的原因。

煤中水分按其结合状态可分为化合水和游离水两大类。化合水（又称结晶水）是以化合的方式与煤中矿物质呈结合状态的水，它是矿物晶格的一部分，如硫酸钙 ($CaSO_4 \cdot 2H_2O$)；游离水是以物理吸附或附着方式与煤结合的水。游离水于常压下在 105～110℃ 的温度下经过短时间干燥即可全部蒸发；而结晶水通常要在 200℃、有的甚至要在 500℃ 以上才能析出。

煤的工业分析测定的是游离水。游离水按其赋存状态又可分为外在水分 (M_f) 和内在水分 (M_{inh})。外在水分是附着在煤的表面或非毛细孔空穴中的水，空气中干燥时很容易蒸发；内在水分是煤的内部小毛细内的水分。在实际测定中，外在水分是煤样达到空气干燥状态时失去的水分；内在水分是煤样空气干燥状态时保留的水分。内在水分与外在水分之和称为全水分 (M_t)。

煤中的水分会增加运输成本、降低煤的发热量；储存时，它可使煤碎裂，并加快氧化。但有时水分又变为有利，如可作为加氢液化和加氢气化的供氢体。

煤中水分的测定标准方法有间接重量法和容量法（甲苯或二甲苯蒸馏法），但由于后者要使用有害液体而且操作麻烦，现在已被淘汰。间接重量法测定水分的基本原理是，将已知质量的煤样置于一定温度下的空气或氮气干燥箱中或微波干燥箱中，干燥到质量恒定，根据煤样干燥后的质量损失，计算煤的水分。

GB/T 211—2007 规定了全水分测定的三种方法，提要见表 5-5。

表 5-5　煤中全水分测定方法提要

<table>
<tr><td rowspan="2">方法提要</td><td colspan="2">方法 A,两步法</td><td colspan="2">方法 B,一步法</td><td rowspan="2">方法 C</td></tr>
<tr><td>方法 A_1</td><td>方法 A_2</td><td>方法 B_1</td><td>方法 B_2</td></tr>
<tr><td>适用范围</td><td>全部煤种</td><td>烟煤、无烟煤</td><td>全部煤种</td><td>烟煤、无烟煤</td><td>褐煤、烟煤</td></tr>
<tr><td>测定气氛</td><td>空气和氮气</td><td>空气</td><td>氮气</td><td>空气</td><td>空气</td></tr>
<tr><td rowspan="3">外在水分测定</td><td>13mm</td><td>13mm</td><td rowspan="3">6mm
105～110℃</td><td rowspan="3">6mm 或 13mm
105～110℃</td><td rowspan="3">6mm</td></tr>
<tr><td>空气</td><td>空气</td></tr>
<tr><td>40℃</td><td>40℃</td></tr>
<tr><td rowspan="3">内在水分测定</td><td>3mm</td><td>3mm</td><td rowspan="3"></td><td rowspan="3"></td><td rowspan="3"></td></tr>
<tr><td>氮气</td><td>空气</td></tr>
<tr><td>105～110℃</td><td>105～110℃</td></tr>
<tr><td rowspan="3">全水计算</td><td colspan="2">$M_f=\frac{m_1}{m}\times 100$</td><td rowspan="3"></td><td rowspan="3"></td><td rowspan="3"></td></tr>
<tr><td colspan="2">$M_{inh}=\frac{m_3}{m_2}\times 100$</td></tr>
<tr><td colspan="2">$M_t=M_f+\frac{100-M_f}{100}M_{inh}$</td></tr>
</table>

注：M_t——煤样的全水分，%；
M_f——煤样的外在水分，%；
M_{inh}——煤样的内在水分，%；
m——粒度 13mm 的煤样质量，g；
m_1——空气干燥后煤样质量损失，g；
m_2——粒度 3mm 的煤样质量，g；
m_3——空气干燥后煤样质量损失，g。

(2) 灰分（A）　煤的灰分是指煤中所有可燃物完全燃烧，煤中矿物质在一定温度下发生一系列分解、化合等复杂反应后剩下的残留物，所以称灰分产率更为确切些。灰分通常比原物质含量要少，因此根据灰分，用适当公式校正后可近似地算出矿物质含量。

煤炭资源评价灰分按表 5-6 分级（GB/T 15224.1—2010）。

表 5-6　煤炭资源评价灰分分级

级别名称	代号	灰分范围 A_d/%
特低灰煤	SLA	≤10.00
低灰煤	LA	10.01～20.00
中灰煤	MA	20.01～30.00
中高灰煤	MHA	30.01～40.00
高灰分煤	HA	40.01～50.00

灰分测定：将装有煤样的灰皿由炉外逐渐送入预先加热至（815±10)℃的马弗炉中灰化并灼烧至质量恒定。以残留物的质量占煤样质量的质量分数作为煤样的灰分。

空气干燥煤样的灰分按式（5-9）计算：

$$A_{ad}=\frac{m_1}{m}\times 100\% \tag{5-9}$$

式中 A_{ad}——空气干燥煤样灰分，%；

m——空气干燥煤样的质量，g；

m_1——灼烧后残留物的质量，g。

灰分是煤中的有害物质，灰分越高，煤的质量越差。灰分降低发热量，增加运输成本，增多出渣量，降低焦炭质量；但煤灰渣也可作为一种资源开发利用。如将煤灰渣用作部分建材的原料；往煤的液态渣里喷入磷矿石，制成复合磷肥；可从煤灰中提取聚合铝、氧化铝及其他稀有元素等。灰分通常比原矿物质含量要少，因此根据灰分，用适当公式校正后可近似地算出矿物质含量。

（3）挥发分（V） 煤样在规定条件下，隔绝空气加热，煤中的有机质和一部分矿物质就会分解成气体和液体（蒸气状态）逸出，用逸出物减去煤中的水分即为挥发分。煤的挥发分主要由水分、碳氢氧化物和碳氢化合物（以 CH_4 为主）组成，但煤中物理吸附水（包括内在水和外在水）和矿物质 CO_2 不属于挥发分之列。

挥发分在一定程度上反映了煤中有机质的性质、煤的变质程度，因此它是目前我国煤炭分类的第一指标。根据挥发分可判断煤的变质程度。一般泥炭的挥发分可高达 70%，褐煤为 40%～60%，烟煤为 10%～50%，无烟煤小于 10%。

挥发分测定：称取一定量的一般分析试验煤样，放在带盖的瓷坩埚中，在（900±10）℃下，隔绝空气加热 7min。以减少的质量占煤样质量的百分数，减去该煤样的水分含量作为煤样的挥发分。干燥煤样的挥发分按式（5-10）计算：

$$V_{ad}=\left(\frac{m_1}{m}-M_{ad}\right)\times 100 \tag{5-10}$$

式中 V_{ad}——空气干燥煤样的挥发分，%；

m——空气干燥煤样的质量，g；

m_1——煤加热后减少的质量，g；

M_{ad}——空气干燥煤样水分，%。

（4）固定碳（FC） 测定挥发分时，剩下的不挥发物质称为焦渣，焦渣减去灰分即为固定碳。所以，固定碳指煤在隔绝空气的高温加热条件下，煤中有机质分解的残余物（图 5-2）。

固定碳是煤炭分类、燃烧和焦化中的一项重要指标，煤的固定碳随变质程度增加而增加（见表 5-7）。

表 5-7 各种煤的固定碳含量

煤种	褐煤	烟煤	无烟煤
FC_{daf}/%	≤60	50～90	>90

空气干燥固定碳按式（5-11）计算：

$$FC_{ad}=100-(M_{ad}+A_{ad}+V_{ad}) \tag{5-11}$$

式中 FC_{ad}——空气干燥基固定碳，%；

M_{ad}——空气干燥煤样的水分，%；

A_{ad}——空气干燥基灰分，%；

V_{ad}——空气干燥基挥发分，%。

三、煤的工艺性质指标

1. 煤的黏结性

煤的黏结性是煤粒（一般直径小于0.2mm）在隔绝空气受热后，能否粘结其本身或惰性物质（即无黏结能力的物质）成焦块的性质。煤的结焦性是煤粒隔绝空气受热后，能否生成优质焦炭（即焦炭的强度和块度等性能符合冶金焦的要求）的性质。煤的黏结性强是煤的结焦性好的必要条件。即结焦性好的煤，其黏结性必然好；但黏结性好的煤，其结焦性不一定好。

煤的黏结性和结焦性与煤的变质程度、煤岩成分、煤的氧化程度及煤中矿物质含量有密切关系。褐煤、无烟煤几乎没有黏结性，中变质的肥煤和焦煤的黏结性最好。亮煤和镜煤的黏结性比丝炭、暗煤强。煤被氧化后，其黏结性减弱，有的甚至完全消失；煤中矿物质过高，其黏结性变差。

煤的黏结性是评价炼焦用煤的主要指标，也是评价低温干馏用煤、气化用煤和动力用煤的指标之一。

我国煤炭分类国家标准对烟煤采用黏结性指数（$G_{R.L}$或简计为G）、胶质层厚度（Y）及奥-阿膨胀度（b）三个指标进行细分类。煤的结焦性是炼焦用煤不可缺少的重要工艺性质，但对低温干馏、气化或燃烧用煤等工业，则要求煤的黏结性越低越好，有的甚至不需要黏结性。

（1）黏结指数（$G_{R.L}$或简记为G）　将1g煤样与5g标准无烟煤混合均匀，快速加热，所得焦炭在特制的转鼓中转磨，以测定焦炭的耐磨强度。这种方法的实质是用测得的焦炭耐磨强度指数表示煤样胶质体黏结惰性物质的能力。G值越大，表示煤的黏结性越强。

（2）胶质层最大厚度（Y）　煤样放置密闭的胶质层测定仪中，以一定的升温速率加热，煤中有机质开始分解、软化，形成半胶层、胶质层和未软化的煤样层三个部分，直到持续加热至一定温度重新固结成焦炭为止，期间连续用探针测得胶质层的最大厚度（Y）。在这个过程中，煤的黏结性越强，其Y值也就越大。因此，Y值的大小，可以反映煤的黏结性强弱。

（3）奥-阿膨胀度（b）　将煤样按规定方法制成煤笔，放在一根标准口径的管子（膨胀管）内，其上放置一根能在管内自由滑动的钢杆（膨胀杆）。将上述装置放在专用电炉内，以3℃/min的升温速率进行加热，记录膨胀杆的位移曲线，以位移曲线的最大距离占煤笔原始长度的百分数表示煤样膨胀度（b）的大小。煤的性质不同，其膨胀的高低、快慢也不同。因此，b值不仅能反映烟煤胶质体的量，而且能反映胶质体的质，它能全面反映烟煤的黏结性。b值越大，煤的结焦性越强。

煤的结焦性是炼焦用煤不可缺少的重要工艺性质。但对低温干馏、气化或燃烧用煤等工业，则要求煤的黏结性越低越好，有的甚至不需要黏结性。

2. 煤的发热量（Q）

煤的发热量是指单位质量的煤完全燃烧时所产生的热值，常用J/g（焦耳/克）、kJ/kg（千焦耳/千克）或MJ/kg（兆焦耳/千克）表示。

煤的发热量用弹筒热量计测定。其测定方法是：将1g煤样放在热量计的弹筒内，充入$(253\sim304)\times10^4$Pa压力的氧气，然后点火使煤完全燃烧，煤燃烧放出的热量使弹筒周围的水温升高，依据水温变化计算出煤的发热量，这样测得的发热量称为弹筒发热量。由于煤在燃烧时，煤中的氮和硫分别转化为硝酸和硫酸的化学反应是放热反应，所以，测得的发热量值偏高些。从弹筒发热量中扣除酸的生成热，称为高位发热量（Q_{gr}）；当煤在炉内燃烧时，煤中的水分及氢燃烧生成的水，均由液态转变成水蒸气逸出，从而吸收一定热量（汽化热），从高位发热量中减去水的汽化热，即为低位发热量（Q_{net}），这是煤在燃烧时基本可以利用的热量。

煤的发热量不仅是燃料煤品质的主要参数，也是煤质研究的重要依据。煤的发热量随煤变质程度的加深而呈有规律的变化，因此，根据煤的发热量可估计煤的类别，在中国、美国及国际上许多国家的煤炭分类中，常作为煤炭分类的指标之一，表 5-8 为煤炭发热量分级（GB/T 15224.3—2010）。

表 5-8　煤炭发热量分级

序号	级别名称	代号	发热量($Q_{gr,d}$)范围/(MJ/kg)
1	特高发热量煤	SHQ	＞30.90
2	高发热量煤	HQ	27.21～30.90
3	中高发热量煤	MHQ	24.31～27.20
4	中发热量煤	MQ	21.31～24.30
5	中低发热量煤	MLQ	16.71～21.30
6	低发热量煤	LQ	≤16.70

第四节 煤炭分类及用途

一、煤的分类

1. 煤的成因分类

按照煤的成因把煤分为四类，即腐植煤、残植煤、腐植腐泥煤和腐泥煤。其中以腐植煤在地球上的比例最多，约占全部煤的 95%以上。各类煤的基本特性如下所述。

（1）腐植煤　腐植煤是高等植物死亡后，其残骸堆积在泥炭沼泽中，经过泥炭化作用和煤化作用而形成的煤。通过显微镜下鉴定可以了解到腐植煤的成煤原始物质为高等植物中的纤维素、半纤维素和木质素等的主要成分。地球上真正由高等植物形成的腐植煤由泥盆纪开始。世界的煤炭资源中有 95%以上为腐植煤。腐植煤依煤化程度不同有褐煤、烟煤和无烟煤之分。

（2）腐植煤泥煤　腐植腐泥煤是以古代低等植物和高等植物一起作为原始成煤物质而形成的煤。它是一种介于腐泥煤与腐植煤之间的过渡型煤，这一类煤包括烛煤和煤精。烛煤易燃，发出明亮的火焰，像蜡烛一样，故名烛煤，呈黑色或褐色，韧性较大，贝壳状断口，致密块状，在显微镜下常见较多的小孢子和黄色或橙黄色的腐泥基质。其氢含量、焦油率和挥发分较高；煤精色黑、质轻、韧性大，呈致密块状，常作为雕琢工艺美术品的原料。

（3）残植煤　残植煤主要是由古代高等植物死亡后，其残骸中的树皮、蜡、树脂、孢子、花粉等对化学物质比较稳定的一些组分经过生物化学、物理和物理化学作用后形成的煤。残植煤常呈薄层或透镜体夹在腐植煤中，或与其呈逐渐过渡形式，有角质残植煤、树皮残植煤、孢子残植煤和树脂残植煤等种类，其特点是挥发分、氢含量、焦油产率等都比相同煤化度的腐植煤高。我国云南禄劝泥盆纪地层中的角质残植煤、江西的乐平和浙江长广晚二叠世地层中的树皮残植煤、山西大同煤中含有少量孢子残植煤等都属于残植煤。

（4）腐泥煤　由古代菌藻类低等植物和浮游生物死亡后，经过腐泥化作用和煤化作用转变而成的煤。腐泥煤在自然界很少，它常以薄层状或透镜状夹于腐植煤中。腐泥煤的挥发分高，如相当于褐煤阶段的腐泥煤的挥发分（干燥无灰基）常高达 80%～95%，而由腐植煤形成的褐煤的挥发分一般只有 40%～65%。

腐泥煤的主要特点是呈灰黑色，结构较均一，致密块状，硬度和韧性都较大，同时光泽暗淡，具贝壳状断口，且氢含量高、焦油产率也高。这一类煤包括了藻煤、胶泥煤和藻烛煤。

2. 煤的工业分类

我国煤炭资源丰富，煤种齐全。为了合理利用煤炭资源，特制定了煤炭分类国家标准（GB 5751—2009）（表 5-9）。为了方便计算机使用，该标准还采用数码编号表示煤种。数码编号的十位数表示挥发分的多少，数码越小，挥发分越少。数码编号的个位数对烟煤表示黏结性，数码越小，黏结性越差；对无烟煤和褐煤则表示煤化程度，数码越小，煤化程度越高。

二、煤的基本特征及主要用途

1. 褐煤（HM）

褐煤是煤化程度最低的、没有变质的煤，分年轻褐煤和老褐煤两小类。无黏结性是褐煤的重要特征。颜色为褐色，也有的呈褐黑或黑色，但条痕均为褐色，故称褐煤。光泽暗淡、密度小、发热量低、水分和挥发分高、化学反应性强、热稳定性差，含有不同数量的腐植酸，放在空气中易风化。一般作为电厂燃料使用，也可作为造气或加氢液化原料。

2. 长焰煤（CY）

长焰煤是烟煤中变质程度最低、挥发分最高的非炼焦烟煤。颜色为褐黑色，条痕为深棕色，沥青光泽。因燃烧时能发出长长的火焰而得名。多作为电厂、工业窑炉燃料或气化的原料。

3. 不黏煤（BN）

在成煤初期已受到相当强度氧化作用的从低变质到中等变质程度的非炼焦用烟煤，加热时基本不产生胶质体。煤的水分大，纯煤发热量仅高于一般褐煤，含氧量偏高（多在 10% 以上）。主要作为气化、动力及民用燃料。由于这类煤的灰熔融性温度低，最好与其他煤配烧，可充分利用其低灰、低硫、收到基低位发热量较高的优点。

表 5-9　中国煤炭分类简表

类别	符号	数码	分类指标						
			V_{daf}	$G_{R.I}$	Y/mm	b/%	P_M/%	H_{daf}	$Q_{gr.maf}$/(MJ/kg)
无烟煤一号	WY1	01	0～3.5					0～2.0	
无烟煤二号	WY2	02	>3.5～6.5					>2.0～3.0	
无烟煤三号	WY3	03	>6.5～10.0					>3.0	

续表

类别	符号	数码	分类指标						
			V_{daf}	$G_{R.L}$	Y/mm	b/%	P_M/%	H_{daf}	$Q_{gr.maf}$/(MJ/kg)
贫煤	PM	11	>10.0～20.0	≤5					
贫瘦煤	PS	12	>10.0～20.0	>5～20					
瘦煤	SM	13	>10.0～20.0	>20～50					
		14	>10.0～20.0	>50～65					
焦煤	JM	24 15,25	>20.0～28.0 >10.0～28.0	>50～65 >65	≤25.0	≤150			
1/3焦煤	1/3JM	35	>28.0～37.0	>65	≤25.0	(≤220)			
肥煤	FM	16,26	>10.0～28.0	>85	>25.0	>150			
		36	>28.0～37.0	>85	>25.0	>220			
气肥煤	QF	46	>37.0	>85	>25.0	(>220)			
气煤	QM	34 43,44,45	>28.0～37.0 >37.0	>50～65 >35	≤25.0	(≤220)			
1/2中黏煤	1/2ZN	23,33	>20.0～37.0	>30～50					
弱黏煤	RN	22,32	>20.0～37.0	>5～30					
不黏煤	BN	21,31	>20.0～37.0	≤5					
长焰煤	CY	41 42	>37.0	≤5 >5～35			>50		
褐煤一号	HM1	51	>37.0				≤30		—
褐煤二号	HM2	52					>30～50		≤24

注：1. 当黏结指数 $G_{R.L}$>85 时，用 Y 和 b 来区分肥煤、气肥煤与其他煤类，Y>25.00mm 时，根据 V_{daf} 的大小可划分为肥煤和气肥煤，当 Y≤25.0mm 时，则根据 V_{daf} 的大小可划分为焦煤、1/3 焦煤或气煤。

按 b 值来划分煤类时，当并列作为分类指标。当 V_{daf}≤28.0%时，b>150%的为肥煤；当 V_{daf}>28.0%时，b>220%的为肥煤或气肥煤。

如按 b 值和 Y 值划分的类别有矛盾时，以 Y 值划分的类别为准。

2. 对 V_{daf}>37.0%、$G_{R.L}$≤5 的煤，再以透光率 P_M 来区分长焰煤和褐煤。

3. 对 V_{daf}>37.0%，P_M>30%～50%的煤，再测恒湿无灰基高位发热量 $Q_{gr.maf}$，如 $Q_{gr.maf}$>24MJ/kg 应划分为长焰煤，否则为褐煤。

4. 弱黏煤（RN）

弱黏煤为黏结性较弱的从低变质到中等变质程度的非炼焦用烟煤。加热时产生胶质体较少；炼焦时有的只能结成强度很差的小块焦，有的只凝结成碎屑焦，粉焦率高，所以一般都用作气化原料和动力燃料。

5. 1/2 中黏煤（1/2ZN）

中黏煤为低变质烟煤，中高挥发分，受热后形成的胶质体较少，其黏结性介于气煤和弱黏煤之间，因而也是一种过渡煤。单独炼焦时的焦炭强度差，粉焦率高，故作为配煤炼焦的原料，也可作为气化和动力用煤。

6. 气煤（QM）

气煤属低变质程度、高挥发分的烟煤。颜色为黑色，条痕为棕黑色，弱玻璃至强沥青光泽。结焦性较强，加热时能产生大量的气体和焦油，所以叫气煤。单独结焦时产生的焦炭多呈细长条而易碎，并有较多的纵裂纹，其抗碎强度和耐磨强度均低于其他炼焦煤，多为配煤炼焦用，也可作为制造煤气的良好原料。

7. 气肥煤（QF）

气肥煤是一种挥发分和角质层厚度值均很高的强黏结性炼焦煤。结焦性能高于气煤而低于肥煤，胶质体虽多但较稀薄，单独炼焦时能产生大量的气体及液体化学产品，不能生成强度高的焦炭。最适合于高温干馏制造煤气，也可作为炼焦配煤以提高化学产品产率。

8. 1/3 焦煤（1/3JM）

1/3 焦煤是介于焦煤、肥煤和气煤之间的过渡煤，具有中等偏高挥发分的较强黏结性的炼焦煤。单独炼焦能产生熔融性能良好、强度较高的焦炭；作炼焦配煤使用时，其配比量可在较宽的范围内波动而获得强度较高的焦炭。它是良好的炼焦配煤中的基础煤。

9. 肥煤（FM）

肥煤为中等煤化程度的烟煤。颜色为深黑色，条痕为黑带棕色，玻璃光泽。挥发分中至高，强黏结性，能产生大量的胶质体，所以叫肥煤。单独炼焦时能获得熔融性好、强度高的焦炭，但焦炭有较多的横裂纹，焦根部分有蜂焦，耐磨强度比焦煤炼出的焦炭差。肥煤是炼焦配煤中的重要原料。

10. 焦煤（JM）

焦煤为中等煤化程度的烟煤。颜色为深黑色，条痕为黑带棕色，强玻璃光泽。挥发分稍低，中等至强黏结性，是一种优质的炼焦用煤，受热后能产生热稳定性很高的胶质体。单独炼焦能得到块度大、裂纹少、抗碎强度和耐磨强度都很高的优质焦炭，所以叫焦煤。但单独炼焦时，膨胀压力大，推焦困难。一般作为配煤炼焦使用较好。

11. 瘦煤（SM）

瘦煤为煤化程度较高的烟煤。颜色、条痕均为黑色，强玻璃光泽，挥发分低，黏结性中等，能产生相当数量的胶质体，单独炼焦时能得到块度大、裂纹少、抗碎强度好但耐磨强度较差的焦炭，因此，作为炼焦配煤效果较好，还可作为动力燃料。

12. 贫瘦煤（PS）

贫瘦煤为黏结性较弱的高变质、低挥发分烟煤，结焦性比典型瘦煤差；在炼焦配煤中加入一定比例的贫瘦煤，能起到瘦化剂作用，也可用于发电、民用及锅炉燃料。

13. 贫煤（PM）

贫煤为变质程度最高、挥发分最低的烟煤。颜色为灰黑色，条痕为黑色，强玻璃光泽或金刚光泽。燃烧时火焰短，但热值较高，耐烧，一般不黏结或微弱黏结，加热时不产生胶质体，不结焦，故称为贫煤。贫煤主要作为动力用煤或民用煤。单独炼焦时，产生的粉焦多，耐磨强度差。

14. 无烟煤（WY）

无烟煤为煤化程度最高的煤。颜色为钢灰色，条痕为深黑至灰黑色，光泽较强，类似金属光泽，固定碳高、挥发分低、无黏结性、燃点高，火力耐久。硬度和密度在煤中最大。无烟煤是良好的民用燃料，也可作为化工原料，某些低硫、低灰的无烟煤还可以用来制作电极等。

三、煤的综合利用

根据前面内容可以了解到一些煤的用途，其实煤的用途除应用于动力燃烧、液化、气化等外，还有很多不同用途，见图 5-3。

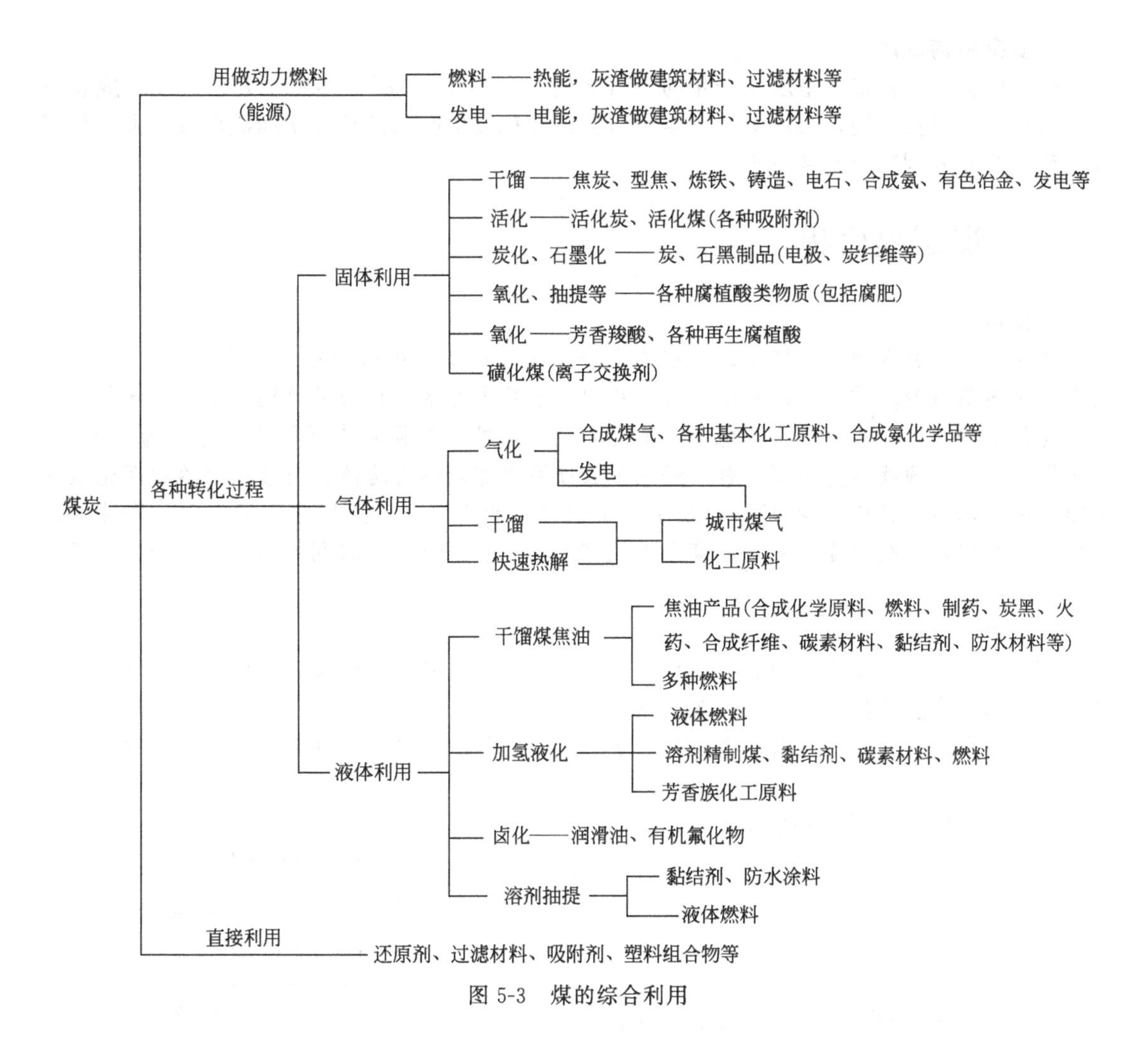

图 5-3　煤的综合利用

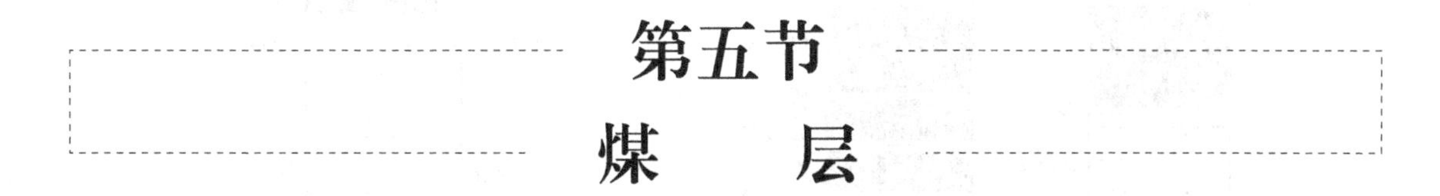

第五节 煤　　层

煤和其他岩层一样，一般呈层状分布，不同的煤层其结构、厚度及稳定性等有所不同。煤层中的夹石层指煤层中的岩石夹层俗称夹矸。主要为黏土岩、炭质泥岩或粉砂岩，有时为石灰岩、硅质岩、油页岩、细砂岩或砾岩。

一、煤层结构

煤层结构指煤层中有无稳定的夹石层（夹矸）的情况。一般分为两种类型（图 5-4）。

1. 简单结构煤层

煤层不含稳定的呈层状分布的岩石夹层，但有时也含有呈透镜体或结核状分布的矿物质。一般厚度小的煤层往往结构简单，说明煤层形成时沼泽中植物遗体堆积是连续的。

2. 复杂结构煤层

煤层中常夹有稳定的呈层状分布的岩石夹层，少则1～2层，多则十几层。反映成煤时地壳沉降速度时快时慢，沼泽中植物堆积与泥沙堆积发生间歇甚至多次间歇所致。夹石层厚度一般从几厘米到数十厘米不等。

二、煤层顶底板

1. 顶板

煤层的顶板有伪顶、直接顶、基本顶之分。伪顶是指直接覆盖在煤层之上的薄层岩层。岩性多为炭质页或炭质泥岩，厚度一般为几厘米至几十厘米，它极易垮塌，常随采随落；直接顶是位于伪顶之上或直接位于煤层之上的岩层。岩性多为粉砂岩或泥岩，厚度为1～2m，随采煤回柱后一般能自行垮落，有的经人工放顶后也比较容易垮落，直接顶垮落后都充填在采空区内；基本顶又称"老顶"，是位于直接顶之上或直接位于煤层之上的岩层。岩性多为砂岩或石灰岩，一般厚度较大，强度也大。基本顶一般采煤后长时期内不易自行垮塌，只发生缓慢下沉。

2. 底板

煤层的底板分为直接底和老底两种。直接底是指煤层之下与煤层直接接触的岩层，它往往是当初沼泽中生长植物的土壤，富含根须化石，所以又称根土岩。岩性以炭质泥岩最常见，厚度不大，常为几十厘米；老底是位于直接底之下的岩层，岩性多为粉砂岩或砂岩，厚度较大。

煤层的顶底板如图5-5所示。

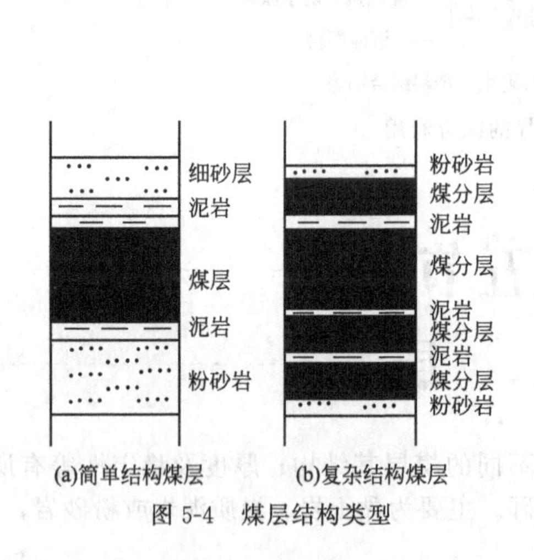

图5-4 煤层结构类型

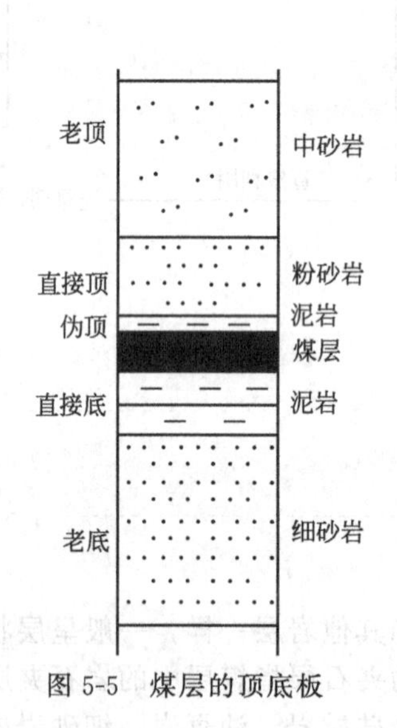

图5-5 煤层的顶底板

三、煤层厚度

煤层厚度是指煤层顶板面到底板面之间的垂直距离。对复杂结构的煤层有总厚度和有益厚度之分。总厚度是煤层顶面与底面之间全部煤分层与岩石夹层厚度之和；有益厚度是指煤层顶面与底面之间各煤分层厚度之和。最低可采厚度是指在现有技术经济条件下可以开采的煤层最小厚度。根据我国有关部门规定，一般地区地下开采的煤层最低可采厚度标准见表5-10；露天开采煤层的最低可采厚度为0.5m；缺煤地区地下开采的煤层最低可采厚度分别比一般地区相应标准低 0.1m 即可。

表 5-10　一般地区煤层最低可采厚度标准（地下开采）　单位：m

煤　种	煤层倾角		
	<25°	25°～45°	>45°
炼焦用煤	0.6	0.5	0.4
非炼焦用煤	0.7	0.6	0.5
褐煤	0.8	0.7	0.6

四、煤层分类

1. 按倾角分类

煤　层	露天开采	地下开采
近水平煤层	<5°	<8°
缓倾斜煤层	5°～10°	8°～25°
中斜煤层	10°～45°	25°～45°
急倾斜煤层	>45°	>45°

2. 按厚度分类

煤　层	露天开采	地下开采
薄煤层	<3.5m	<1.3m
中厚煤层	3.5～10m	1.3～3.5m
厚煤层	>10m	3.5～8.0m
特厚煤层		>8.0m

3. 按煤层稳定性分类

（1）稳定煤层　煤层厚度变化很小，规律明显，结构简单至较简单，全区可采或基本可采。

（2）较稳定煤层　煤层厚度有一定变化，但规律较明显，结构简单至复杂，全区可采或大部分可采，可采区内煤厚变化不大。

（3）不稳定煤层　煤层厚度变化较大，无明显规律，结构复杂至极复杂。

（4）极不稳定煤层　煤层厚度变化极大，分布不连续，对比困难。

第六节 含煤岩系及煤田

一、含煤岩系及其类型

1. 含煤煤系的概念

含煤煤系是指在一定地质时期连续沉积形成的一套含有煤层并具有成因联系的沉积岩

系，简称煤系，也称含煤沉积、含煤建造、含煤地层等。煤系常按形成时代来命名，如华北的石炭二叠纪煤系、台湾的古近纪煤系等；也可用煤系发育良好、研究较早的地区命名，如华南的龙潭煤系或乐平煤系。因此，同一地质时代形成的煤系在不同地区常有不同的地区性名称。煤系不是区域性的地层单位，其界线不一定是等时性界面，有的煤系界线是跨地质时代的。

煤系最大的特点是含有煤层，不同地区由于成煤条件的差异，煤系中的煤层层数、厚度各不相同，其含煤情况可用含煤系数和可采含煤系数两个指标来衡量煤的丰富程度和可利用程度。含煤系数即煤系中所有煤层厚度之和与煤系总厚度的百分比；可采含煤系数是指煤系中各可采煤层厚度之和与煤系总厚度的百分比。

查明煤系的特征对煤矿建设和生产具有非常重要的意义。煤层层数、厚度、层间距离、倾角等是合理选择开拓方案和采煤方法的重要依据；煤层顶底板岩性、厚度和力学性质是合理选择巷道支护和顶底板管理的依据；了解煤系岩石的岩性、强度和含水性等，对确定巷道层位和施工方法有重要意义；熟悉煤系的岩层组合特征，特别是掌握标志层特征，是掘进工程中的层位确定、煤层对比以及判断断层性质和断距、寻找断失煤层的基础。因此，煤系的查明程度，直接影响煤矿建设和生产工作能否顺利进行。

2. 煤系的类型

在不同的古地理环境中形成的煤系具有不同的特征。根据煤系形成时古地理环境的不同可将煤系分为近海型煤系和内陆型煤系两种类型（图 5-6）。

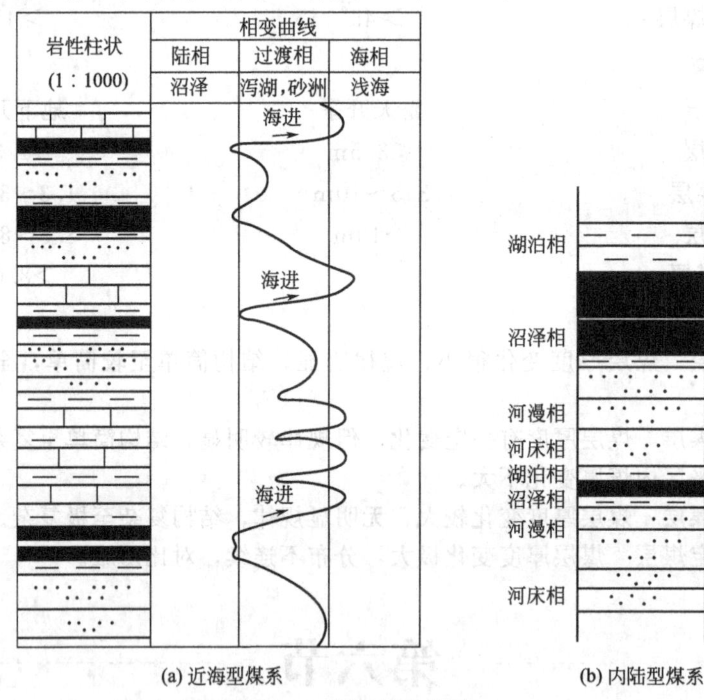

图 5-6　煤层结构类型

（1）近海型煤系　近海型煤系亦称海陆过渡相含煤煤系。这类煤系形成于近海地区，沉积区一般为滨海平原、滨海三角洲平原、潟湖、海湾和浅海等。这些地区范围广阔、地形较为平坦、距离剥蚀区远，受海水进退影响大。随着地壳升降有时被海水淹没成为浅海，有时海水退出成为陆地，发育大片沼泽。因此，煤系中既有海相沉积岩层，又有陆相沉积岩层。

近海型煤系的主要特点如下。

① 煤系由陆相、过渡相和海相岩层组成，岩层中常含有动、植物化石。

② 煤系分布面积较广，岩性、岩相变化不大，标志层较多，煤岩层易于对比。

③ 煤系中碎屑沉积物成分比较单一，分选性和磨圆度较好，粒度通常较细。

④ 煤系中煤层厚度较小，但层数较多，多为薄煤层或中厚煤层。煤层较稳定，厚度变化不大，煤层结构较简单，所含夹石层数不多；煤层中常含黄铁矿结核，因此含硫量较高。

⑤ 煤系旋回结构明显，岩性自下而上由粗变细，岩相则由陆相到海相。旋回结构是指在地层垂直剖面上一套岩性或共生相多次有规律的交替。

我国晚古生代煤系一般均为近海型煤系，如华北石炭二叠纪煤系和华南晚二叠世煤系等均为近海型煤系。

(2) 内陆型煤系　内陆型煤系又称为陆相含煤煤系，这种煤系形成于大陆地区，其沉积区一般为内陆盆地、内陆山间盆地等。这些地区面积较小，周围地形起伏较大，距侵蚀区较近，煤系全部由陆相沉积物组成。

内陆型煤系的特点如下：

① 煤系全部由陆相沉积岩层组成，岩层中常含有植物化石。

② 煤系分布面积较小，岩性、岩相变化较大，煤岩层不易对比。

③ 煤系中碎屑沉积岩物的分选性和磨圆度较差，粒度通常较粗，成分比较复杂。

④ 煤系中煤层层数少、厚度较大，多为中厚煤层，有时为厚煤层。煤层不稳定、厚度变化较大，分叉、尖灭现象相当普遍；煤层结构较复杂，夹石层数较多，煤的灰分高、含硫量较低。

⑤ 煤系旋回结构不很明显。

我国中生代煤系一般为内陆型煤系，如华北大同、北京和东北北票等地的早中侏罗世煤系等均属于内陆型煤系。

二、煤田、聚煤期

1. 煤田的概念

煤田，是指在同一地质历史发展过程中形成的、虽经过后期改造，但基本上连续分布的广大含煤区域。煤田的面积可由数十平方千米至数千平方千米，储量可由数千万吨至数百亿吨。煤田内由于后期构造而分割的一些单独部分或独立存在的面积和储量均很小的煤盆地，称为煤产地。煤产地的面积仅为数平方千米至数十平方千米，储量仅十万吨至数亿吨。

为了开采方便，煤田或煤产地一般划分为若干矿区开发，一个矿区再划分为若干井田开采。小型煤产地也可作为一个井田开采。

2. 聚煤期

聚煤期是指地质历史中有煤炭资源形成的地质时期。地史上聚煤作用的形成受多种因素控制，因此，各个时期的成煤作用强弱是不均衡的。我国成煤作用较强的三个时期是：石炭—二叠纪、三叠—侏罗纪、古近纪—新近纪。

第七节 我国主要的聚煤区概述

聚煤区是指在地质历史时期中有聚煤作用发生，且其中煤田、含煤区的形成条件具有一定的共性，其边界和大地构造基本吻合的广大地区。

中国幅员辽阔，受古大地构造控制和不同地区成煤条件的差异性影响，从而出现成煤的分区现象。根据成煤时代、煤系特点和煤田分布，将我国煤田分布划分为6个大区，即华北石炭二叠纪聚煤区、华南二叠纪聚煤区、西北侏罗纪聚煤区、东北侏罗白垩纪聚煤区、滇藏中生代和新生代聚煤区、台湾新近纪聚煤区。

一、华北石炭二叠纪聚煤区

华北石炭二叠纪聚煤区是我国最重要的聚煤区，煤炭资源量约占全国总量的53%，全国石炭二叠纪煤炭资源量的85%在该区内。其范围为贺兰山构造带以东，秦岭构造带以北，阴山构造带以南的广大地区，包括山西、山东、河南全部，甘肃、宁夏东部，内蒙古、辽宁、吉林南部，陕西、河北大部，以及苏北、皖北。

华北聚煤区主要是石炭二叠纪煤系分布最广，储量最多，其次为晚三叠世和早、中侏罗世煤系，古近纪和新近纪煤系仅有零星分布。

石炭二叠纪煤系属于近海型煤系，由上石炭统本溪组、太原组、下二叠统山西组和下石盒子组组成。由于地壳运动、古地理环境等方面的差异，华北石炭二叠纪煤系主要含煤层位在时间上和空间上有明显的迁移现象，即在北部（带）主要煤层位于煤系下部的太原组；在中部（带）主要煤层位于煤系中部的山西组，在南部（带）主要煤层位于煤系上部的下石盒子组。该区石炭二叠纪煤系以太行山东麓的焦作煤田和沁水煤田的无烟煤和高变质烟煤带为中心，向四周煤的变质程度逐渐降低。东至冀东、鲁西，南至淮南、平顶山，北至晋北、内蒙古，均出现低变质烟煤或中、低变质烟煤；晋西到贺兰山则为中高变质烟煤。

华北聚煤区的中生代煤系均属内陆型煤系。聚煤时期包括晚三叠世和早、中侏罗世，聚煤作用仅发生在燕山运动形成的一些内陆盆地中。晚三叠世煤系主要分布于鄂尔多斯盆地，称为延长群，其中部分地区煤系顶部含可采薄煤层。此外，在豫西、辽宁凌源等地也有分布，但一般无可采煤层。早、中侏罗世为本区第二个重要成煤时期。煤系主要分布于鄂尔多斯盆地和北部的山阴、燕山一带，如鄂尔多斯盆地的延安组、内蒙古石拐子煤田的五当沟组、山西大同—宁武煤田的大同组和北京京西煤田的窑坡组等，含煤性好，可采煤层多且厚度大。此外，在豫西、山东淄博、辽宁田师傅等地也有零星分布。中生代煤大多为低变质的长焰煤和气煤，只有少数地区如山东坊子、北京京西和宁夏汝箕沟等地属于无烟煤。

古近纪和新近纪煤系在本区仅有零星分布，如山东临朐、昌乐、黄县一带和河北的燕辽地区、山西繁峙等地。一般均为褐煤，少量为长焰煤。

二、华南二叠纪聚煤区

华南二叠纪聚煤区，北起秦岭、伏牛山、大别山，南至南海诸岛，西至龙门山、大雪山、哀牢山，东至东海。包括江西、浙江、福建、广东、广西、贵州、湖南、湖北大部、海南，四川、云南、江苏的大部分地区，陕西、安徽的南部地区。

华南聚煤区煤炭资源较为丰富，储量约占全国总储量的6%。该区成煤时代较多，震旦纪到第四纪均有聚煤作用发生，但以晚二叠世聚煤作用为最强，晚三叠世次之，古近纪和新近纪有的地区如云南昭通、小龙潭等有巨厚煤层，第四纪在西部云、贵地区和东南沿海地带有泥炭层堆积。

三、西北侏罗纪聚煤区

该区位于贺兰山—六盘山一线以西，昆仑山—秦岭一线以北的广大地区，包括新疆全部，甘肃大部，青海北部，宁夏和内蒙古西部。该聚煤区主要是早、中侏罗世煤系，其次为石炭纪煤系，还有二叠纪煤系、三叠白垩纪煤系及古近纪、新近纪煤系，以早、中侏罗世成煤作用最强，尤其是新疆境内含煤性最好。该区煤炭资源量巨大，约占全国总量的1/3，居全国第二位。

早、中侏罗世煤系，在新疆、准格尔盆地北缘和布克赛尔县、福海县一带为褐煤；准格尔盆地南缘的精河、乌鲁木齐一线，塔里木盆地北缘的轮台、吐鲁番、哈密一线及南缘的叶城、和田一线为低变质烟煤；塔里木盆地北缘的温宿、拜城、库车一线等地为中变质烟煤。高变质烟煤较少，仅分布于青海江仓、热水一带；青海大柴旦及甘肃九条岭等地产无烟煤。

四、东北侏罗白垩纪聚煤区

该区位于阴山构造带以北，包括内蒙古东部、黑龙江全部、吉林大部和辽宁北部的广大地区。东北聚煤区主要为晚侏罗世到早白垩世煤系，其次为古近纪、新近纪煤系。该区煤炭资源约占全国煤炭总资源的8%。

东北聚煤区中生代以来，由于燕山运动的影响，形成了一系列的巨型沉降带和隆起带，在这些沉降带和隆起带的次级坳陷和断陷盆地中，沉积了本区最主要的晚侏罗世—早白垩世煤系，其主要含煤地层有吉林红旗组、黑龙江穆棱组、城子河组等。该区晚侏罗世—早白垩世煤类齐全，在扎赉诺尔、伊敏、霍林河、元宝山为褐煤；大兴安岭东部的扎赉特旗、白城子及扎鲁特旗为中高变质烟煤和无烟煤；辽宁阜新、北票一代为低中变质烟煤；黑龙江鹤岗、双鸭山、鸡西等地以低中变质烟煤为主，也有高变质烟煤；吉林营城、蛟河、辽源等地以低变质烟煤为主。

新生代古近纪煤系在本区分布广泛，如辽宁抚顺煤田的抚顺组、吉林舒兰煤田的舒兰组和珲春煤田的珲春组、黑龙江依兰煤田的依兰组等，其含煤性较好，大多有厚及巨厚煤层存在；新近纪分布面积较小，含煤性差，仅含薄煤层，有的煤层可采或局部可采。

五、滇藏中生代和新生代聚煤区

该区又称滇藏聚煤区，位于喜马拉雅山以北、昆仑山系以南，龙门山—大雪山—哀牢山一线以西，包括西藏全部、青海南部、川西和滇西地区。该区主要聚煤时代为三叠纪、侏罗纪、白垩纪和古近纪、新近纪煤系，还有石炭纪、二叠纪煤系。煤层多以薄煤层为主，少数为中厚煤层，川西古近纪煤系中有巨厚煤层。煤质方面，晚古生代为高变质烟煤和无烟煤；中生代以中、高变质烟煤为主，也有无烟煤；古近纪以低变质烟煤为主，还有褐煤。该区煤炭资源贫乏，约占全国总量的0.1%。

六、台湾新近纪聚煤区

该区包括台湾岛、澎湖列岛等70多个大小岛屿。

台湾聚煤区主要是新近纪煤系。含煤地层为中新统野柳群、瑞芳群和三峡群，其中的三套含煤层位分别为木山组、石底组和南庄组，以石底组含煤性最好。各组所含煤层均为薄煤层，厚0.2～0.6m，发育好的可达1.0m。煤质主要为低变质烟煤和褐煤。

第六章 Chapter 6
影响煤矿生产的地质因素及开采对策

随着煤炭开采机械化程度的提高，对影响煤矿生产的主要地质因素的分析研究日益显得重要。在煤炭开发的过程中，影响煤矿生产有诸多地质因素。其中，有些地质因素的影响具有普遍性，如地质构造、煤层厚度变化、煤层顶底板条件等；有些地质因素其影响对某些矿井具有特殊性，如岩浆侵入煤层、岩溶陷落、矿井水及煤层自燃等。随着开采深度的不断增加，瓦斯、地热、地压对煤矿生产的影响越来越严重，并成为目前深部开采的重要影响因素。

第一节 煤层厚度变化对开采的影响及对策

煤层厚度变化是影响煤矿生产的主要地质因素之一，煤层发生分叉、变薄、尖灭等厚度变化，直接影响煤矿正常生产。

一、煤层的观测、探测及预测

对煤层进行观测，是地质工作者获取煤层结构、厚度及其变化、煤质、顶底板岩性、煤层产状等地质资料的重要手段。

1. 煤层的观测内容

（1）煤层结构　要查明煤层的各个分层和夹石层的层数、厚度、稳定性、岩性、夹石层形态及其与煤层的接触关系。对于煤层中的包裹体、结核，也要注意观测其成分、形态、大小以及分布情况。

（2）煤层厚度　实测煤层总厚度及各分层厚度，仔细观测煤层厚度变化及其地质特征，掌握变化规律。

（3）煤层顶底板　观测顶底板岩层的岩石性质、厚度、与煤层的接触关系，顶底板裂隙的发育程度，以及岩石的坚硬性、稳定性、可塑性和膨胀性等。

（4）煤层煤质　观测煤的颜色、光泽、裂隙、硬度及脆度等物理性质。根据宏观煤岩成分和煤岩类型，判断煤的变质程度，采取煤样，化验测定煤的化学组成与工艺性质。根据宏观煤岩成分和煤岩类型，判断煤的变质程度，采取煤样，化验测定煤的化学组成与工艺性质。

(5) 煤层含水性　主要观测煤层出水情况。一般分干燥（无水）、潮湿（滴水）、出水（淋水）、含水（涌水）四种类型。

(6) 煤层形态　观测煤层层位的连续性、厚度变化情况、可采面积与不可采面积的比例，确定煤层形态。

(7) 煤层产状　实测煤层的走向、倾向、倾角。观测煤层产状的变化情况，掌握变化规律。

2. 煤层的观测方法

对煤层的观测通常是结合井巷地质编录同时进行的，只有当煤层厚度发生增厚、变薄、夹石层或层数增多，以及出现煤层分叉、尖灭时，需到现场实地观测，常用的观测方法如下所述。

① 用井巷观测基线测制煤层剖面，或以一定间距的煤层柱状、迎头素描及底板标高控制煤层结构和构造形态，并测量各个变化点的煤层产状（图 6-1）。

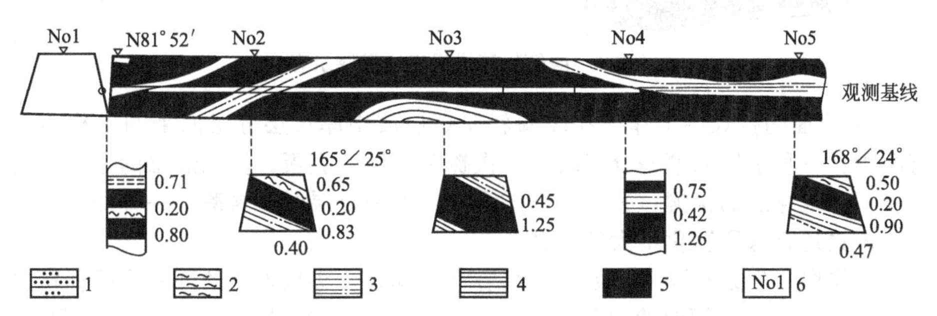

图 6-1　利用基线观测煤层结构与构造

1—砂岩；2—泥质岩；3—砂质泥岩；4—页岩；5—煤层；6—观测点号

② 利用井巷与钻孔的揭露来测量煤层厚度。一般测量真厚度，只有观测条件受到限制、无法测得真厚度时，才测量煤层视厚度，然后换算出真厚度。对于煤层出现的增厚、变薄、分叉、尖灭、断失、褶皱等，应根据其位置及影响范围绘制平面草图，并作反映变化特征的细部素描图。

③ 煤层观测点的间距，应根据实际情况确定。若结构复杂、厚度变化大，且有可能影响正常采掘的煤层，则观测点密度大。若结构简单、厚度较稳定、对采掘影响不大的煤层，则观测点密度较小（表 6-1）。

表 6-1　煤层观测点间距

煤层稳定性	稳定煤层	较稳定煤层	不稳定煤层	极不稳定煤层
观测间距/m	50～100	25～50	10～25	<10

④ 以沉积岩的一般观测方法来鉴定煤层顶底板岩石的岩性。

⑤ 煤岩分层描述的观测点应为新鲜的连续剖面。层位稳定、厚度大于 2cm 的夹石层必须单独分出。根据煤层的光亮程度和结构特征，划分出各分层的煤岩类型。分层的厚度取决于煤层厚度和研究目的。有特殊意义的标志层或煤岩类型要单独分层。

⑥ 将上述观测内容填绘到采掘平面图等有关图件上，便于分析、归纳和研究。

3. 煤层厚度变化的探测及预测

在开采厚煤层的矿井和煤层厚度变化较大的采区，需要根据煤层厚度选择采煤方法，确定分层回采方案。所以，必须对煤层厚度进行探测和预测，减少厚度变化对生产的影响。

（1）煤层厚度的探测

① 掘进煤层巷道的探煤厚工作。在能够揭露煤层全厚的薄煤层及部分中厚煤层的巷道中，可用皮尺垂直煤层顶、底板直接测量煤层真厚度。

在只能揭露部分厚煤层及部分中厚煤层的巷道中，须用钻探或巷探方法探测煤层全厚。其中，在缓倾斜煤层沿顶板掘进的分层巷道中，常用电煤钻探测底煤厚度；在沿底板掘进的分层巷道中，常利用联络巷及反眼分段丈量煤层厚度（图 6-2）。在急倾斜厚煤层中，以煤门为主丈量煤层厚度，煤门之间用电煤钻探测煤厚。探煤点间距一般为 10～20m，当两点间距煤厚变化超过 0.5m 时，需补点控制。

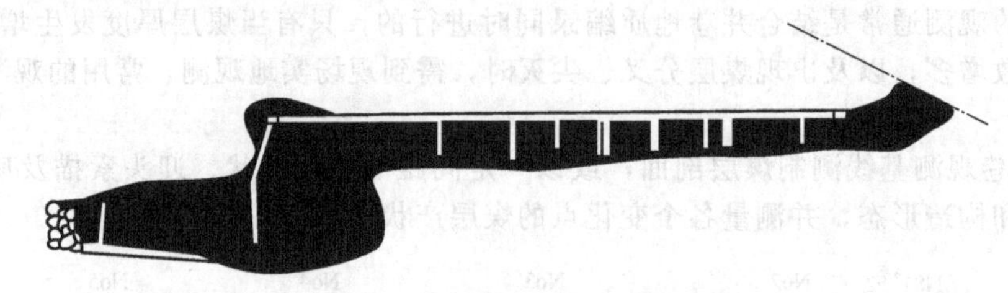

图 6-2　缓倾斜厚煤层探测煤厚示意

② 回采工作面的探煤厚工作。在缓倾斜厚煤层或中厚煤层分层回采的工作面中，探煤厚方式有两种：一种是回采第一分层时，一次探到煤层的底板，控制煤层的全部厚度，这种方式适宜极不稳定煤层的探测；另一种方式是回采上一分层时，探测下一分层煤厚度，按顺序进行，此方式适宜煤厚变化不大的矿井。

工作面探煤厚工作是每隔一周或十天结合产量验收、丈量采高的同时进行。探煤点沿走向的间距一般约 15m，沿倾向的间距一般 5～10m，前后两次的探煤点沿倾斜交叉布置。

（2）煤层厚度变化的预测　当煤层厚度变化对矿井开拓、开采产生较大影响时，地质部门需提出煤层厚度变化的预测资料，为新开拓区的设计提供依据。预测煤层厚度变化的方法如下所述。

① 全面了解情况。要全面了解本矿井所属煤田成煤时期的古地理环境、古构造特征；煤系的原始沉积特征、后期构造变动特征，以及含煤性的变化情况。作出煤厚变化对生产影响程度的初步估价，阐述开展预测工作的地质价值与经济效果，然后提出计划，进行工作。

② 搜集基础资料。预测工作要取得预测结果，关键在于基础资料的完备程度。基础资料包括：钻孔柱状图、井下钻探和巷探资料，煤层地质编录资料及煤层的顶底板、结构、厚度、煤质资料。此外，各种地质平面图、煤层底板等高线图、综合柱状图及构造纲要图也是重要的基础资料。

③ 井下观测判断。在井下编录工作中，要详细研究观测点的煤厚变化特征，测绘细部素描，逐一分析比较，辨认成因标志，鉴别不同成因的相似特征。

④ 整理分析资料。根据基础资料和井下实测煤厚变化资料，整理出各种供分析使用的图件，如煤系岩性岩相柱状图、煤层底板岩性岩相分布图、煤系等厚线图、煤层底板等高线图、煤层等厚线图等。

⑤ 编制预测图件。根据以上资料的分析研究，结合井下实测资料，可确定引起煤厚变化的地质原因，同时需编制相应的预测图件。如通过编制煤层顶板岩相分布图来预测新开拓区煤厚变化；编制古河床分布图，预测煤层冲蚀变薄带的位置；编制构造引起煤层变薄带分布图，预测不可采区段的位置；编制煤厚分带图，预测回采分区的厚度变化。

二、煤层厚度变化的处理和对策

通过煤层厚度变化的观测、探测及预测，基本掌握了煤厚变化规律，在此基础上制定正确的采掘方案，妥善处理煤厚变化，减少煤厚变化对生产的影响。

1. 巷道掘进中煤厚变化的处理

（1）煤层分叉、尖灭的处理　若煤层分叉后上分层稳定可采，而下分层变薄或尖灭，则巷道应紧靠煤层顶板掘进，这样可避免巷道进入不可采煤分层，成为废巷。若煤分层分叉后下分层稳定可采，而上分层变薄或尖灭，则巷道应紧靠煤层底板掘进。

若煤层分叉后上、下分层全部可采，则先采上分层，后采下分层。

（2）煤层变薄带的处理　在采区上山的掘进中，若遇到煤层变薄带，应根据变薄带的范围大小，分别采取巷道直穿、停止掘进或者另开巷道的处理方法。一般变薄带范围不大，且采面有煤可采时，巷道采用破顶或卧底方法直接穿过变薄带。当主要运输巷遇到煤层局部变薄或尖灭时，可按原设计施工，穿过变薄带或尖灭带。

2. 回采中煤厚变化的处理

若煤层变薄带或无煤区范围较小时，可采用直接推过的方法处理（图 6-3）。若煤层变薄带或无煤区范围较大时，可采用绕过的方法处理（图 6-4）。

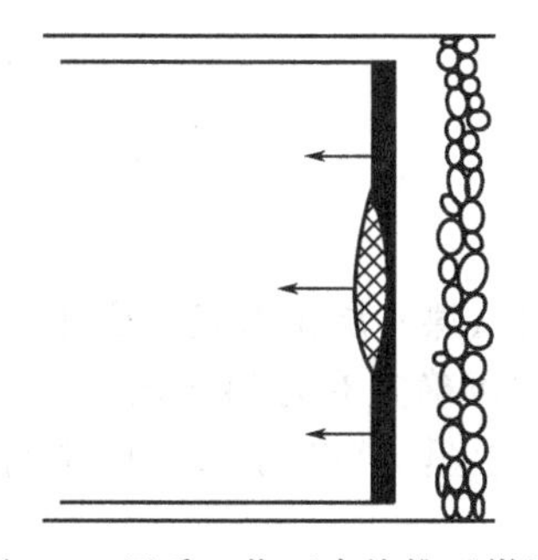

图 6-3　回采工作面直接推过煤层

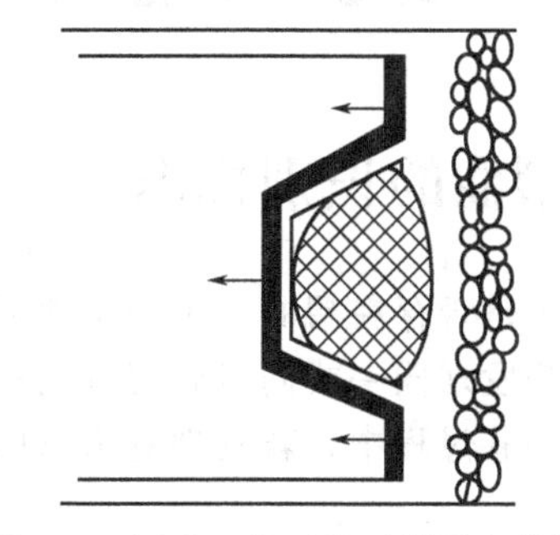

图 6-4　回采工作面绕过煤层变薄带

第二节 煤层产状对开采的影响及对策

根据岩、煤层的产状特点，选择适宜的采煤方法及巷道布置形式，可简化生产条件，有利于安全生产。

1. 影响采煤方法的选择

当煤层呈缓倾斜和倾斜状态时，对于薄及中厚煤层一般采用单一走向长壁式采煤方法，有条件的矿井可采用对拉工作面；对于厚煤层一般采用倾斜分层下行陷落走向长壁式采煤方法。当煤层倾角小于 12°且条件适合时，可采用上行的倾斜长壁采煤法。当煤层呈倾斜状态时，在煤层厚度为 1.5～6m，倾角大于 55°，且煤层比较稳定的条件下，可选用伪倾斜柔性掩护支架采煤法。当煤层不适宜掩护支架开采时，厚度 2m 以下的煤层可采用倒台阶采煤法，2m 以上的煤层采用斜切分层、水平分层采煤法。

2. 影响运输设备的选择

采取上（下）山巷道多沿煤层倾向布置。当运煤上山小于15°时，可铺设挂式胶带输送机；当倾角大于15°、小于25°时，可铺设刮板输送机；倾角大于25°时，可用搪瓷溜槽溜煤。自溜上山的自流坡度为30°～35°。

对于轨道上山，当上山坡度小于10°时，可采用无极绳运输；上山坡度为6°～25°时，可采用单滚筒绞车运输。

需要指出，有的矿区煤层倾角较陡，运输设备的选择受到限制，为了满足运输上的要求，常沿煤层做伪倾斜上山。这时需要确定所设计的伪倾斜上山煤层倾向的夹角 ω，即由公式 $\tan\beta=\tan\alpha\cos\omega$（$\alpha$ 为煤层真倾角，β 为伪倾斜上山的设计坡度角）计算出 ω 角，它是确定伪斜上山的起点位置和方向的依据。

对垂直岩、煤层走向方向，应尽量布置石门等穿层巷道，这样既可增加巷道的稳定性，又有利于巷道施工和维护。

第三节 褶皱构造对开采的影响及对策

一、褶曲的识别标志

识别井下是否存在褶曲，主要是依据地层层序和岩（煤）层是否发生变化。在石门等穿层巷道中，若发现同一或同组岩层倾向相背或相向，即可确定有背斜或向斜存在（图 6-5）。在掘进煤层平巷过程中，若发现巷道弯曲，巷道在平面上呈“U”字形，也说明有褶曲存在(图 6-6)。

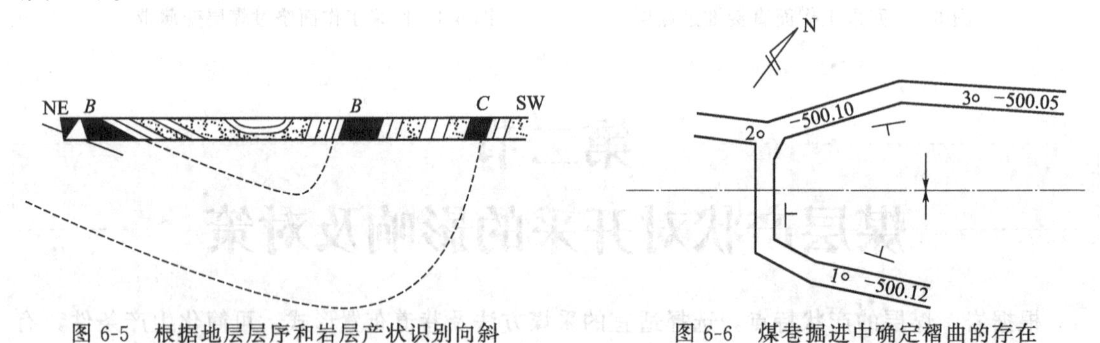

图 6-5　根据地层层序和岩层产状识别向斜

图 6-6　煤巷掘进中确定褶曲的存在

二、褶曲的观测与研究

1. 褶曲的观测

① 对在巷道中能看到全貌的小褶曲，应系统观测褶曲轴的位置、方向、产状。对中型褶曲，在一条巷道中不能观测到全貌时，应准确鉴定观测点处的煤层，岩层层位及其顶底面顺序、岩层产状、煤厚变化，以及与其伴生的次一级小构造等，然后将所观测到的资料投绘到平面图和剖面图上，在图上综合分析，确定褶曲轴的位置和其延展方向。

② 观测描述褶曲两翼的岩层产状、褶曲宽度和幅度，以及褶曲的延展变化和向深部的延伸趋势。

2. 褶曲的探测

在褶曲发育地区，划分采区、布置巷道都要考虑褶曲枢纽的位置和方向。对于下水平或下部新开拓的煤层，可利用上部开采过程中揭露出的褶曲资料及勘探资料，根据褶曲的延伸趋势加以推测，确定褶曲枢纽的位置和方向。对于不对称褶曲，不同煤层中的褶曲枢纽在平面上的投影位置不同，此时需要在查明轴面产状的基础上，结合煤层间距，确定褶曲枢纽的位置和方向。但这种推测常不能作为指导生产的依据，所以一般在充分利用自己揭露各种资料的基础上，通过编绘图纸，综合分析，确定褶曲的类型及规模之后，对尚未控制或控制不够的褶曲枢纽、两翼产状等，常常用巷探或井下钻探的方法予以查明。

（1）背斜枢纽的探测　在采用沿背斜两翼布置工作面的方案时，应先施工背斜两侧工作面的运输巷，然后掘开切眼和材料上山，以揭露和控制背斜枢纽的位置和方向，然后由开切眼向材料上山沿背斜枢纽方向挂线掘进（图 6-7），这样既可控制背斜枢纽，又完成了回采准备工作。

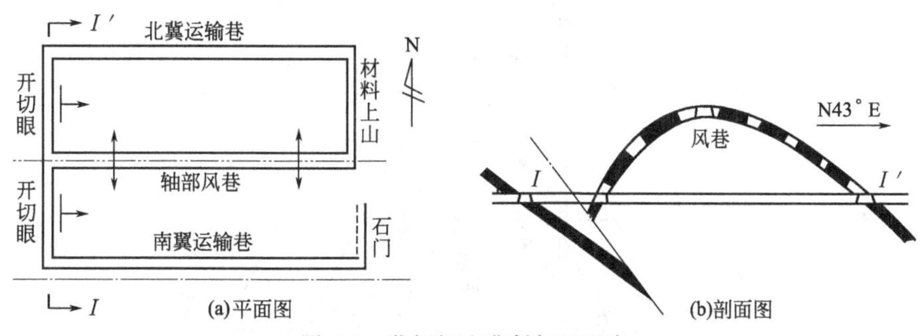

图 6-7　巷探探查背斜枢纽示意

（2）向斜枢纽的探测　一般多采用由下水平石门向上部煤层的向斜槽部掘立眼的方法（图 6-8），这样既可探清向斜枢纽的确切位置，又可作为回采的溜煤眼。

（3）褶曲形态特征的探测　当石门揭露的资料不足以控制褶曲的基本形态或下部延伸水平的褶曲面貌尚未查清时，就需要在石门巷道的相应位置向预测的枢纽部位和翼部布置钻孔（图 6-9），予以查明。

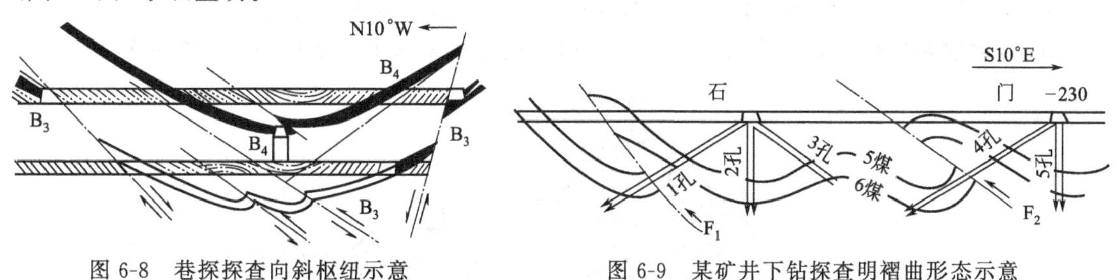

图 6-8　巷探探查向斜枢纽示意　　　　图 6-9　某矿井下钻探查明褶曲形态示意

3. 褶曲对煤矿生产的影响及处理方法

在矿井设计和生产过程中，当褶曲构造未破坏煤层的连续完整性，但它使开采条件复杂化时，对褶曲构造要进行妥善处理，减少其对生产的影响。

（1）大型褶曲　大型褶曲主要指影响井田划分和整个矿井开拓系统的褶曲。这类褶曲在地质勘探结束时均已查明，是矿井设计考虑的主要问题。

① 大型褶曲对煤矿生产的影响。向斜枢纽部位应力常有增大现象，必须加强支护，否则易发生垮落事故。有瓦斯突出的矿井，向斜枢纽部位是瓦斯突出的危险区；在强大的瓦斯

压力和顶板压力作用下，易发生瓦斯突出事故。如四川南桐煤田开发过程中，王家坝向斜枢纽处瓦斯先后突出 79 次，八面山向斜枢纽附近瓦斯突出 60 次。

② 煤矿生产中对大型褶曲的处理有以下两种方法。

a. 褶曲枢纽作为井田边界。有些宽缓的大型背斜，两翼煤层相距较远，若划归一个井田，较难形成统一的生产系统，使运输、通风、排水等方面都不经济，这种情况下，最好以褶曲枢纽为界将两翼分别划归两个井田开采。

有些大型向斜，枢纽部位煤层埋藏较深，开采困难，这种情况下常以枢纽作为井田边界，两翼分别由两个井田开采。

b. 褶曲枢纽是矿井开拓系统布置的依据。某些情况下，大型褶曲枢纽可作为矿井开拓系统布置的依据。如果是背斜，就要把总回风巷布置在背斜枢纽附近，形成背斜两翼的独立采区系统（图 6-10）；如果是向斜，则把总运输巷布置在向斜枢纽附近，形成以向斜为集中运输的两个独立采区系统。

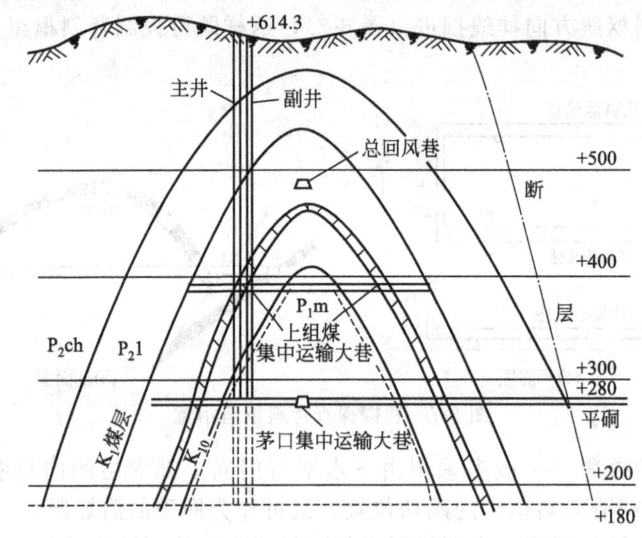

图 6-10　总回风巷布置在背斜枢纽附近示意

（2）中型褶曲　井田范围内的中型褶曲常为大型褶曲的次一级构造，它对整个井田的开拓布置影响不大，是采区布置必须考虑的因素。对其处理有以下三种方法。

① 以褶曲枢纽作为采区中心，沿枢纽倾伏方向布置采区上、下山巷道（图 6-11）。

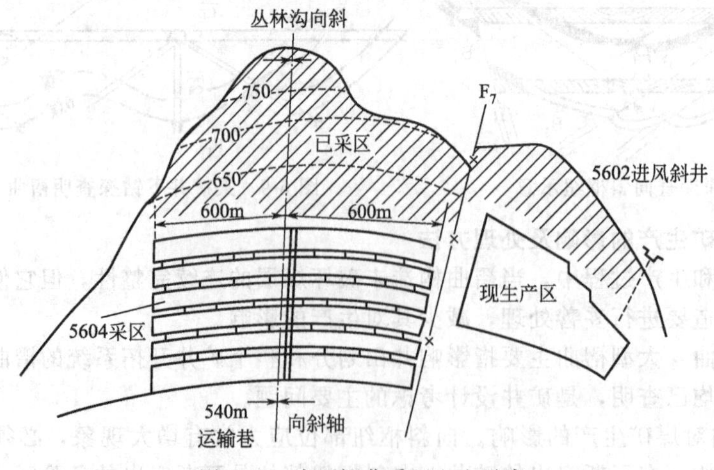

图 6-11　中型褶曲采区上山示意

② 当褶曲较紧闭或枢纽部位断裂较发育时，常以褶曲作为采区边界（图 6-12）。

③ 当褶曲较宽缓、断裂不发育时，工作面可直接推过褶曲枢纽（图 6-13）。

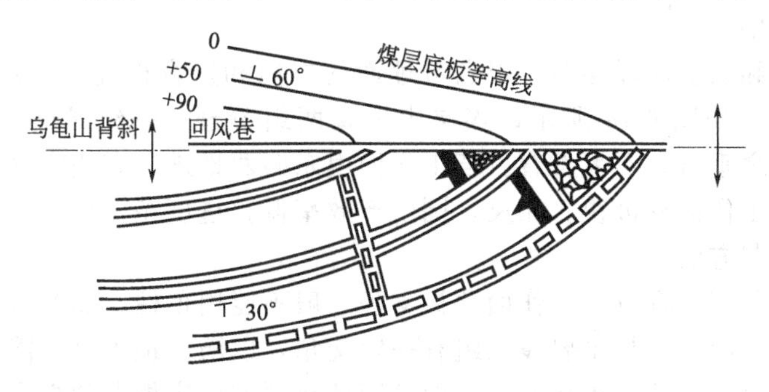

图 6-12　以背斜枢纽作为采区边界示意

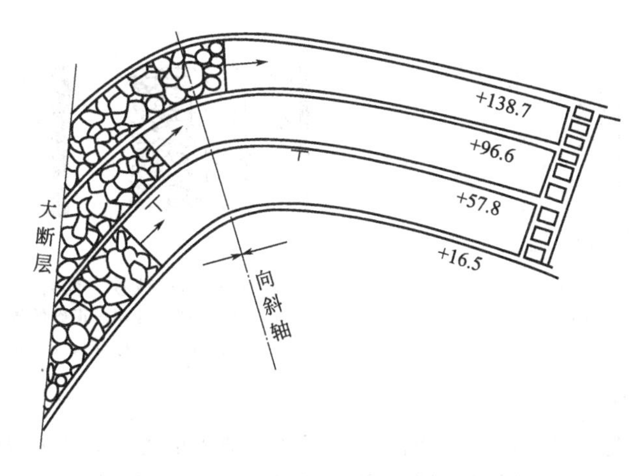

图 6-13　工作面直接推过向斜枢纽示意

（3）小型褶曲　工作面准备过程中，在巷道掘进中遇到的小褶曲，其处理方法如下。

① 小褶曲发育地区，煤层受构造挤压常出现增厚、变薄，甚至不可采，使工作面无法推过，需另掘开切眼。

② 小褶曲发育地区，沿煤层掘进的风巷、工作面运输巷弯曲时，除采用弯曲输送机或对巷道进行改造取直外，还可以采用下段风巷超前掘进的方法，待风巷查明小褶曲后，再一次掘成上段工作面运输巷，避免人力、物力的浪费。

第四节 断裂构造对开采的影响及对策

一、节理（裂隙）对煤矿生产的影响及对策

1. 影响钻眼爆破效果

当岩石中节理发育时，炮眼方向如与主要节理组平行，不仅容易卡钎子（尤其是用

"一"字形钻头)，而且在爆破时沿裂隙面漏气，爆破效果大大降低。因此，炮眼方向应尽量垂直主要节理面布置。

2. 影响开采效率

在回采高变质和低变质煤层时，根据节理面的方向和发育程度，合理布置回采工作面，可以提高生产效率。如图 6-14 所示，煤层中发育两组节理，一组倾向西，倾角 50°～55°，较发育；另一组与之垂直，不太发育。若工作面由东向西推进，煤块容易顺发育的节理面采落，生产效率高，工作面推进快；相反，则生产效率低，进度慢。

3. 影响顶板控制方法

煤层顶板岩石节理发育时，工作面顶板支护一般不能用顶柱，而要采用顶梁并且顶梁不能平行主要裂隙组方向，应与主要裂隙组有一定交角，以防止顶板沿裂隙面冒落。当煤层倾角小、顶板裂隙发育时，放顶距离要小，而且回柱放顶方向应根据顶板主要裂隙组方向确定(图 6-15)。

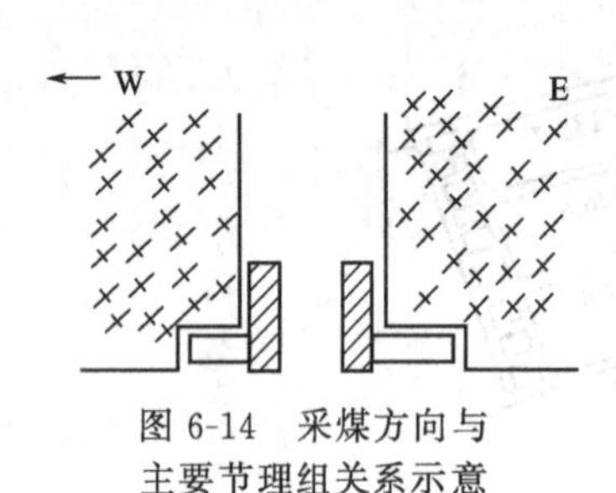

图 6-14　采煤方向与主要节理组关系示意

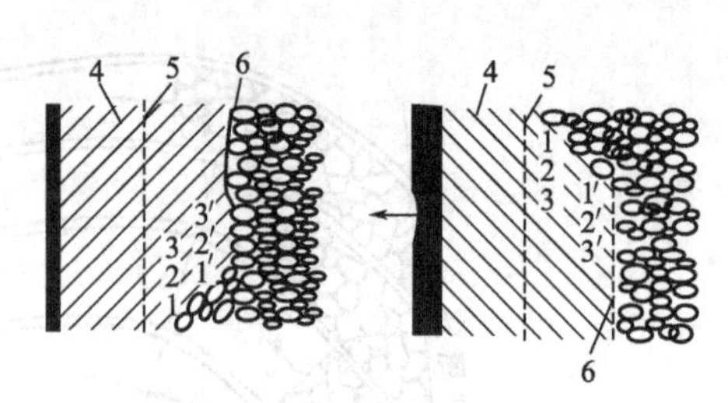

图 6-15　工作面回柱放顶方向与主要节理组关系示意
1-1′，2-2′，3-3′—正确的放顶方向；
4—顶板岩层主要节理组方向；5—新支架；6—老支架

4. 影响工作面布置

当煤层顶板节理发育时，回采工作面布置要考虑节理的方向，以利于顶板支护。如果工作面平行主要裂隙组方向，容易发生冒顶事故。因此，工作面布置最好与主要节理组方向有一定交角或接近垂直。

5. 对其他方面的影响

节理发育的地段，是地下水和矿井瓦斯的良好通道。如果工作面采前要进行瓦斯抽放，一般应使回采准备巷道与主要节理组方向成一定角度。为保证回采的安全，应在采前查明节理的发育程度及其与水源的导通情况。

二、断层对煤矿生产的影响

断层破坏了煤层的连续性和完整性，对煤矿生产造成了很大影响。断层规模不同，对生产的影响程度不同。目前，对断层规模等级的划分标准尚不统一。根据煤矿工作实践，建议采用下列划分标准：落差大于 50m 为特大型断层；落差 20～50m 为大型断层；落差 5～20m 为中型断层；落差小于 5m 为小型断层。断层对煤矿生产的影响主要表现在以下 7 个方面。

1. 影响井田划分

断层是井田划分的主要依据之一。在井田划分时，若井田内存在着大断层，必然会增加岩石巷道掘进量，并给掘进、运输、巷道维护、矿井水和矿井瓦斯防治等带来困难。

2. 影响井田开拓方式

若井田内存在大型断层，煤层必然被截割成若干不连续的块段，断层附近煤层倾角加大，井田内煤层产状变化复杂，开拓方式的选择受到限制。

3. 影响采区和工作面布置

井田内中型、小型断层的存在，会给回采、运输、顶板管理和正规作业循环等造成困难，使煤矿生产水平划分、采区划分和工作面布置受到不同程度的影响。

4. 影响安全生产

由于断层带岩石破碎，岩石强度降低，容易聚集瓦斯，导通地表水和地下水，引发矿井突水、瓦斯突出和坍塌冒顶事故。

5. 增加煤炭损失量

断层两侧需留有一定宽度的断层煤柱，形成煤炭损失。断层越多，则断层煤柱损失量就越大。

6. 增加巷道掘进量

在巷道掘进中遇到断层，可能会引起生产设计方案调整和寻找断失煤层，导致巷道掘进量增加，甚至会形成大量废巷。

7. 影响煤矿综合经济效益

煤层内断层的破坏程度是与煤矿劳动生产率，以及吨煤成本、千吨掘进率、煤炭损失率和机械化开采水平等有着密切的关系，直接影响着煤矿生产的经济效益。

三、煤矿生产中断层的研究

1. 断层的判断

断层的出现不是孤立的，常在断层附近的煤层、岩层中伴生一些与正常情况不同的地质现象，这些现象预示前方可能有断层存在，应做好过断层的准备工作。在断层出现前，可能遇到的征兆主要有以下几种现象。

① 煤层、岩层的产状发生显著的变化时，可能有断层存在。

② 煤层厚度发生变化，煤层顶底板出现不平行现象时，可能有断层存在。

③ 掘进巷道中经常出现明显的小褶曲（如开滦唐山煤矿），或煤层常发生强烈揉皱，以及滑面增多或变为鳞片状碎煤（如淄博龙泉矿）等现象时，可能有断层存在。

④ 煤层和其顶底板中的裂隙显著增加，并有一定的规律性时，可能有断层存在。

⑤ 在大断层附近常伴生一系列小断层，这些小断层是判断大断层的重要标志。

⑥ 在高瓦斯的矿井，在巷道中瓦斯涌出量常有明显变化地段，可能有断层存在。如焦作焦西矿掘进巷道时，遇断层前后瓦斯涌出量出现驼峰现象（图 6-16）。利用这一规律，也可预见掘进前方有断层存在。

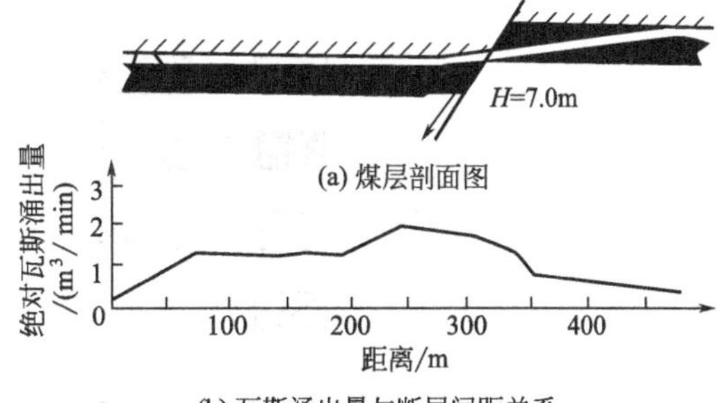

图 6-16 断层附近瓦斯涌出量增大（焦西矿）

⑦ 充水性强的矿井，当巷道接近断层时，常出现滴水、淋水以至涌水的现象，可能有断层存在。

在实际工作中，应根据上述各种征兆，再结合矿井的具体地质条件和已采掘地段断层资料，进行综合分析，使判断更符合实际。

2. 断层的观测

（1）确定断层位置 在井下从已知测点用皮尺丈量距离，以确定断层的位置。对于落差较大的断层，往往出现数个断裂面，要找出主要断裂面的确切位置并把测量结果绘在巷道平面图或剖面图上（图 6-17）。

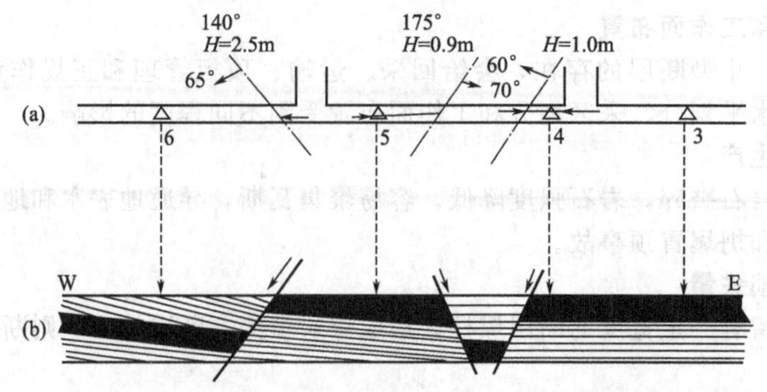

图 6-17　在巷道平面图和剖面图上加注数字记录断层示意

(a) 平面图；(b) 剖面图

（2）观察断层面特征　观察内容包括：断层面的产状（是平坦的、粗糙不平的，还是舒缓波状的）；断层面擦痕特征；断层破碎带的宽度及其变化；破碎带充填物特征（是断层角砾岩、糜棱岩，还是断层泥）；充填物的成分、大小、排列及胶结情况。

（3）观察断层的伴生派生构造　对断层上下两盘的煤岩层产状、厚度变化、牵引现象、羽状节理、帚状构造等进行观察，为确定断层性质和寻找断失煤层取得依据。

（4）确定断层性质及断层力学性质　在上述观察基础上，结合矿井构造规律，确定断层性质，同时还应确定断层面的力学性质（是压性面、张性面，还是扭裂面等）。

（5）测量断层面产状　可在断层面上用罗盘直接测量，还可从巷道两帮断层面同标高两点拉皮尺，用罗盘测皮尺方位，得到断层面走向。断层面倾角可以直接测量真倾角，也可测量断层在巷道方向上的视倾角，然后换算出真倾角。

（6）确定断层的落差　落差系指断层两盘同一层面断失点之间的标高差。除测量落差之外，还要测量地层断距。当断距较大时，根据断层两盘煤岩层层位对比并结合地层柱状图，可推算出地层断距（图 6-18）。

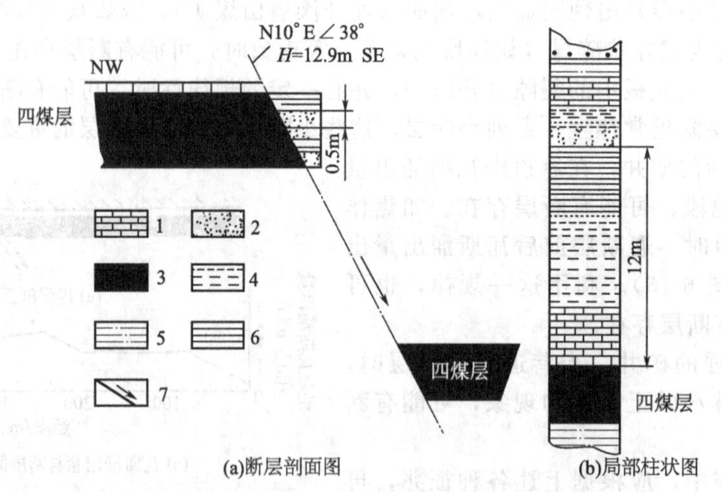

图 6-18　利用标志层判断断层性质和落差示意

1—石灰岩；2—砂岩；3—煤层；4—砂岩、页岩互层；5—粉砂岩；6—泥岩；7—断层错动方向

3. 断层的探测（断失煤层的寻找）

在掘进过程中遇到落差较大的断层时，常不能看到另一盘的煤层，由此需寻找断失煤层。因此，确定断层性质和断距已成为正确决定巷道掘进方向的重要问题。目前，煤矿中判断断层性质和确定断距的方法主要有以下 5 种。

（1）层位对比法　根据巷道揭露的断层两盘煤岩层层位，寻找断失煤层位置。如图 6-18 所示的河北井陉三矿四号煤层，掘煤巷时遇一断层，断层对盘揭露一层白色细砂岩，其层位是位于 4 号煤顶部 12m 的标志层。根据层位对比，确定该断层为上盘下降之正断层，地层断距 12.9m，断失煤层在巷道下方。

在开采多煤层的矿井时，由于断层常把不同煤层错接在一起，掘煤巷时断层不易识别，容易漏掉断层。此时，要特别注意掌握各煤层的煤岩特征和顶底板岩性，准确鉴定巷道的掘进层位。

（2）伴、派生构造判断法　断层附近常伴生派生一些小型或微型构造，在成因上与断层有联系，在分布上与断层相伴随。它们既可作为断层存在的标志，又可作为判断断层性质、推测断失煤层位置的依据。主要伴生派生构造有：牵引褶曲、断层擦痕、伴生小断层、断层面上的煤线（导脉）、羽状裂隙和帚状构造等。

（3）规律类推法　随着矿井地质资料的积累，对矿区出现的断层得到某些规律性认识，并据此指导断失煤层的寻找。如在河南焦作矿区、内蒙古扎赉诺尔矿区，从开采至今没有发现过逆断层，所揭露的断层均为正断层。据此规律，只要查明断层面的倾向，就可指明断失煤层的寻找方向。又如河北峰峰矿区，绝大多数为正断层，只有 NE30°方向才出现过倾角较缓的逆断层。因此，只要查明断层走向，就可以确定断层性质和断失煤层的方向。

（4）作图分析法　充分利用各种矿图（包括矿井地质剖面图、水平地质切面图、煤层底板等高线图等），将新揭露的断层位置点投绘在图上，根据断层产状进行上下左右对比连接。如与已查明的某条断层产状近似一致、特征相同，并能自然连接，就认为新断层是已知断层的延续，由此推断新断层的性质和规模。

（5）生产勘探法　生产勘探的手段主要有钻探和巷探；此外，还有物探手段。一般在断层性质已经确定，生产上又需要掘进过断层的巷道时，可采用巷探。当断层性质及断距均不明确，生产上又需要先查明断层再确定巷道掘进方向时，可采用钻探。钻探原则上是采用井下钻探，可以选用水平、倾斜、铅直和扇形群孔等方式达到勘探目的。

四、断层对煤矿生产的影响及处理方法

断层影响煤矿安全生产，造成煤炭储量损失，降低机械化使用。为了减少断层对生产的影响，必须根据断层的规模、类型及生产部门的意图，对断层进行妥善处理。断层的处理涉及两方面内容：一方面是针对不同类型的断层进行合理的工程设计布置；另一方面是对掘进、回采过程中遇到的断层，按照生产部门的意图改变巷道的方向、坡度或调整开采方式，使回采工作面通过断层。

1. 开拓设计阶段对断层的处理

（1）断层是确定井田和采区边界的依据　凡是井田内遇到落差大于 50m 的特大型断层时，应以该大型断层作为井田边界。如河北峰峰矿区井田划分（图 6-19）多以大断层为界。

划分采区时，也应以断层作为采区边界，但采区的走向长度应尽量与正常采区走向长度近似。一般当两条断层之间的煤层走向长度大于 800～1000m 时，可以这两条断层为界，划为一个采区，用双翼上山方案进行开采［图 6-20（a）］；当断层落差大于 20m，断层之间走向长度在 400～500m 时，以断层为界划分采区，用单翼上山方案开采［图 6-20（b）］。

（2）井筒位置的选择　一般立井井筒要布置在倾角较大的大断层下盘，距断层 30～50m 以外的位置（图 6-21）。

对于倾角小的断层，立井井筒无法避开断层时，只能在井筒施工过程中采取必要的安全措施，选择煤层层数少的地点穿过断层，且井底车场的位置要避开断层带。斜井井筒也要以

同样的原则处理。

(3) 运输大巷的布置　运输大巷是需布置在较坚硬的岩层中，且尽量少改变方向。但在断层错动处，断层上盘、下盘的煤岩层位移较大，甚至与另一盘的含水层相遇，因此必须考虑巷道的改道问题。如图6-22所示，AB组运输大巷北翼与中央石门接近时，有一条F_{13}断层落差较大，其下盘为太原组石灰岩含水层。为防止水患，在距灰岩30m处向北改变巷道方向，穿过断层后，再沿原来位置掘进，与石门连通。这样不但解决了巷道的改向问题，也缩短了中央石门的长度。同样，BC组运输大巷遇断层F_{15}后也需要改变方向，以避开煤层，使大巷布置在坚硬的岩层之中。

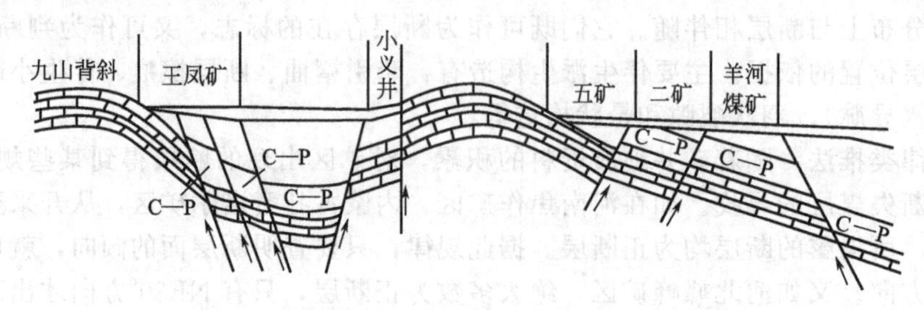

图6-19　峰峰矿区的构造形态及井田划分示意

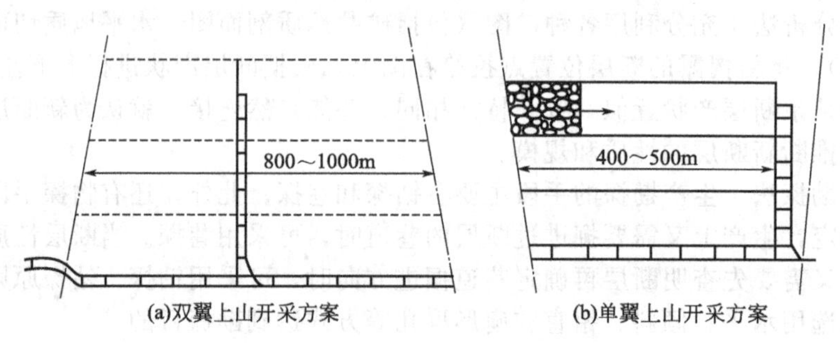

图6-20　断层区上山开采方案示意图

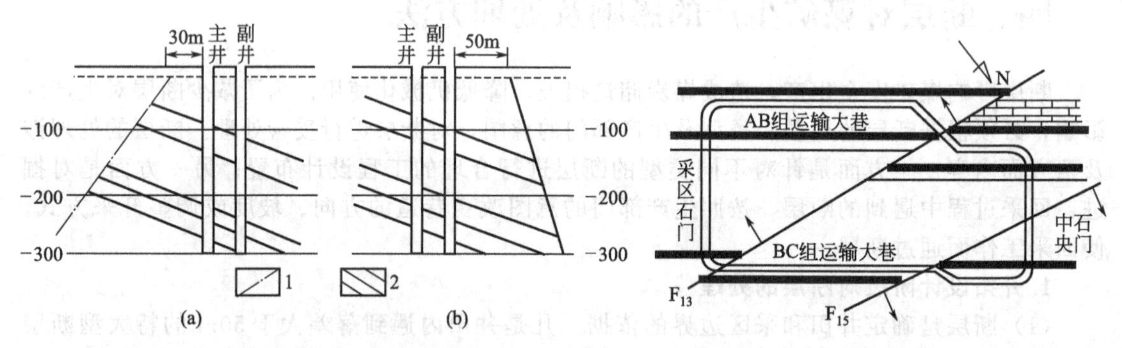

图6-21　根据断层特点选择井筒位置

(a) 断层与煤层倾向相反，倾角大于60°，立井距断层30m；

(b) 断层与煤层倾向相同，倾角大于60°，副井距断层50m

1—断层；2—煤层

图6-22　运输大巷遇断层的转弯情况

(4) 回采工作面的划分　划分回采工作面时，应充分考虑已查明的断层，尽可能将断层留在工作面与工作面间的煤柱当中，避免断层对回采造成影响。

被断层切割破坏的地区，要综合考虑断层的位置、落差、被切割块段的大小和形态，以及已有的生产系统等因素来划分开采块段，要尽可能地将较大断层留在各块段之间的煤柱当中。

2. 巷道掘进阶段对断层的处理

（1）平巷过断层　主要有斜穿煤层顶、底板过断层和顺断层面过断层两种方式。

斜穿煤层顶、底板过断层是指煤层平巷遇断层后，不改变巷道坡度，而是改变巷道方向穿过断层的一种施工方法。如图 6-23（a）所示，为煤层平巷在断层上盘破顶改向穿过断层。如图 6-23（b）所示，为煤层穿过断层后，在断层下盘破底改向进入煤层。选择破顶或破底时，应考虑岩性是否有利于施工、距离短及尽量少丢三角煤等因素。

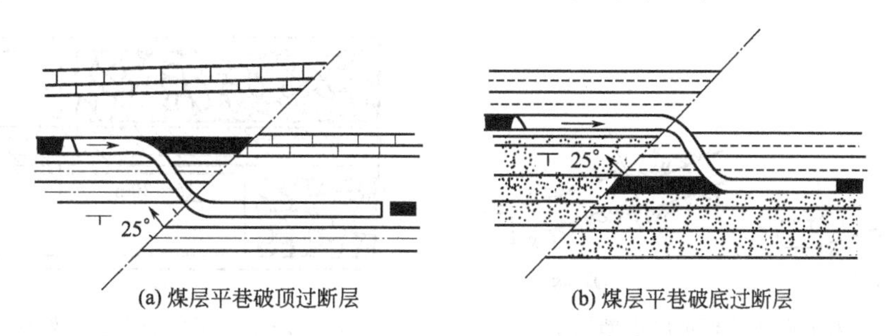

图 6-23　斜穿煤层顶底板过断层示意

顺断层面过断层是指平巷遇断层后，沿断层带掘进进入另一盘煤层的施工方法（图 6-24）。这种方法适用于断层带的岩石压力不大，且无瓦斯及水的威胁。

（2）斜巷过断层　当断层落差较小时，可根据断失盘为上升盘或下降盘，采取挑顶卧底或者挑底卧顶相结合的方式过断层（图 6-25）。

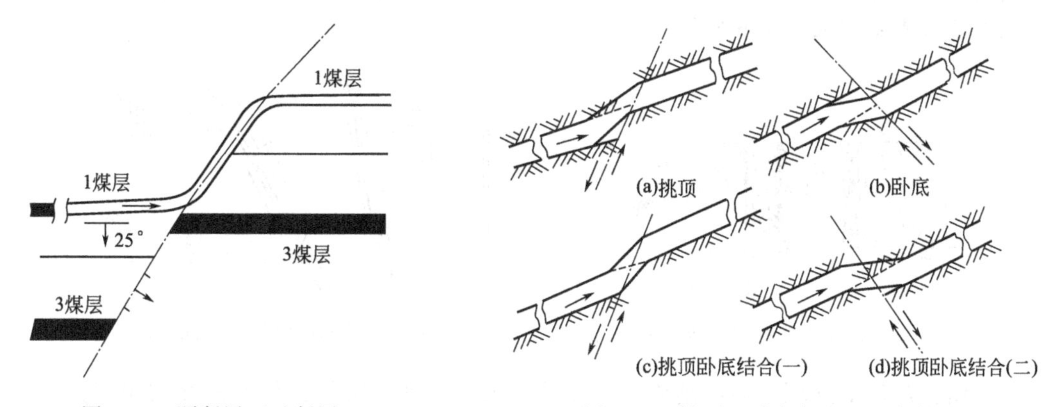

图 6-24　顺断层面过断层

图 6-25　挑顶、卧底方法通过小断层

当断层落差较大时，为防止丢煤和少掘岩巷，可采用石门、反眼、立眼等方式进入另一盘煤层（图 6-26）。

3. 回采阶段对断层的处理

使用短壁采煤法的回采工作面，具有煤房范围小，采掘合一，工作面推进灵活，支护简单等特点，若遇断层比较容易处理，且处理方法较灵活。长壁工作面遇断层后，对回采的影响较大，需采取正确的处理方法。

（1）走向断层的处理　当断层落差小于煤厚时，一般采取强行通过的方法。当断层倾向与工

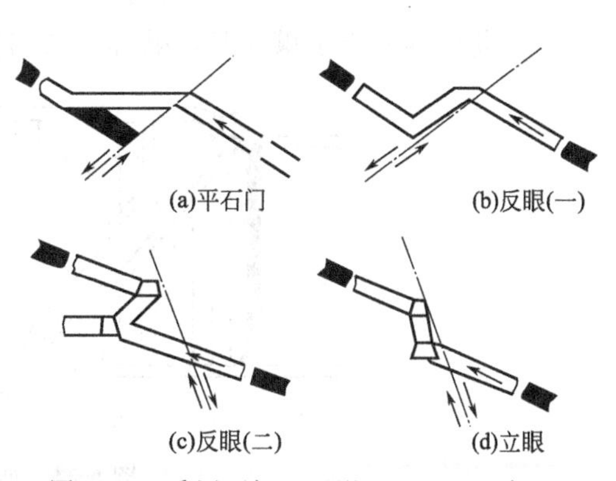

图 6-26　采用石门、反眼、立眼通过断层

作面运输方向相同时，采用破顶方式通过；当断层倾向与工作面运输方向相反时，采用卧底方式通过（图 6-27）。尽量做到安全、处理量小，又要使上、下盘的坡度变化平缓。

当落差大于煤厚或采高时，在断层的上、下盘煤层中开掘中间顺槽，分成两个工作面回采，上段工作面的煤由中间顺槽运出（图 6-28）。若断层不在工作面中部，而是临近运输巷时，可采用缩短工作面长度的方法处理。若断层延伸不长，可沿走向在其两侧掘超前巷，并每隔数米用联络巷连通。

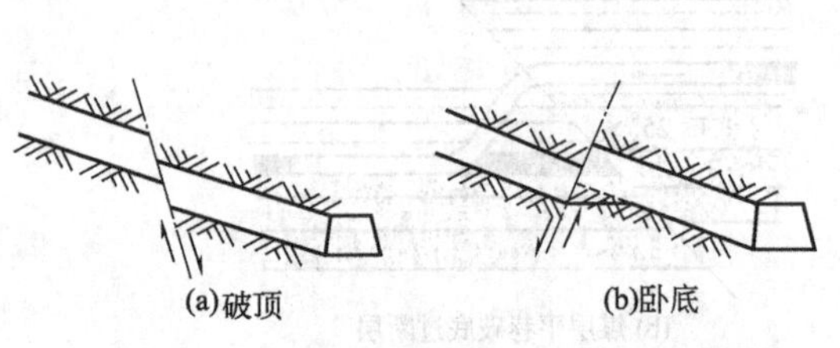

图 6-27　回采工作面处理走向小断层示意

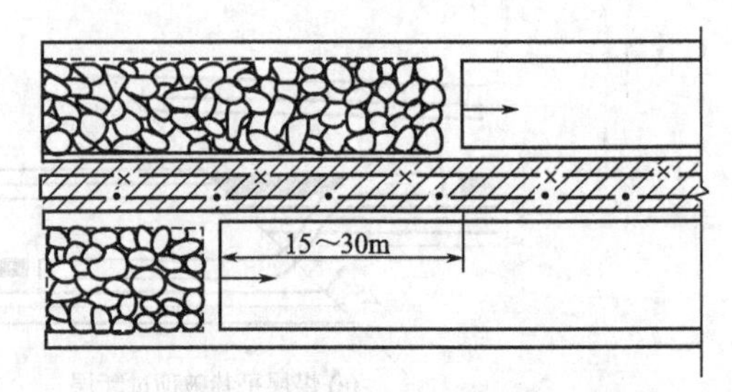

图 6-28　双工作面布置法处理走向断层

（2）倾向断层的处理　当断层落差小于煤厚时，采用平推硬过的方法，即通过破顶或卧底直接采到另一盘煤层。使用时，可提前调斜工作面，使断层与工作面斜交，交角以 25°左右为宜，以减少工作面每次推过断层的长度［图 6-29（a）］。对于爆破工作面，也可以采用分段开洞法，过断层后，连通各洞口重新回采［图 6-29（b）］。

当落差大于煤厚或采用另掘切眼的方法处理。即工作面推进到断层处停止回采，从另一盘开掘切割眼重新回采（图 6-30）。

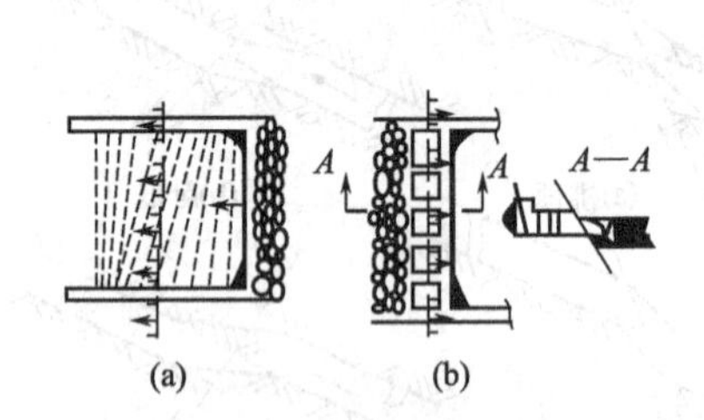

图 6-29　回采工作面过倾向断层

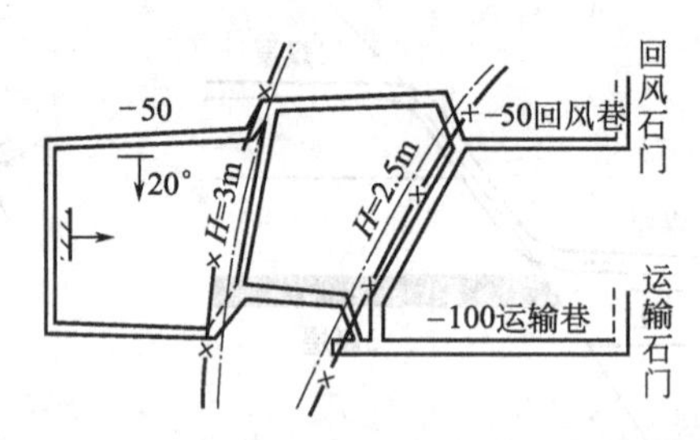

图 6-30　另掘切眼处理倾向断层

（3）斜交断层的处理　断层落差大于煤厚或采高，且断层与工作面斜交的角度为 25°～45°时，工作面按真倾斜沿走向推进，工作面的缩短部分留设通道，作为安全出口［图 6-31（a）］；若斜交角度小于 25°，可以调斜工作面，重掘开切眼［图 6-31（b）］。

当断层落差小于煤厚时，处理方法与倾向断层相似。

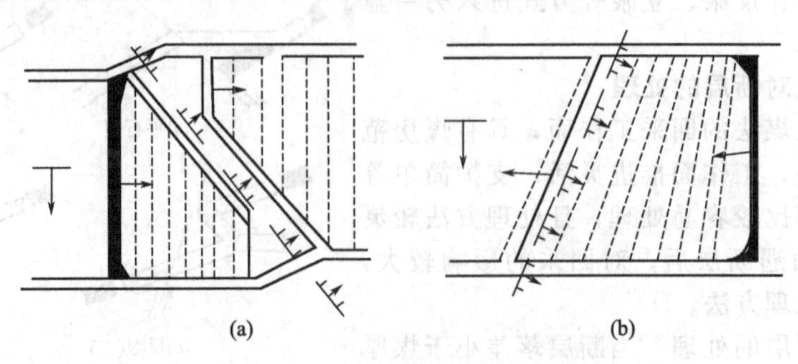

图 6-31　回采工作面过斜交断层

第五节 岩浆侵入体对煤层的破坏及开采对策

煤矿生产过程中常见到岩浆侵入体，它可导致煤层的破坏和煤的变质，是影响和危害煤矿生产和建设的地质因素之一。在有岩浆侵入的矿井中，查明煤系地层中岩浆侵入体的侵入特征和分布规律，是矿井地质工作的重要内容。

一、岩浆侵入煤层的观测与研究

1. 岩浆侵入体的一般特征

（1）岩浆侵入体的产状　生产矿井中发现的岩浆侵入体主要有以下两种产状。

① 岩墙。岩墙是切穿煤层及其顶底板岩层的墙状侵入体（图 6-32）。岩墙在平面上呈带状分布，宽度由几十厘米至几米，有时达几十米，长度不一。岩墙往往成组出现，彼此方向大致相同，并与主断裂线的走向一致。

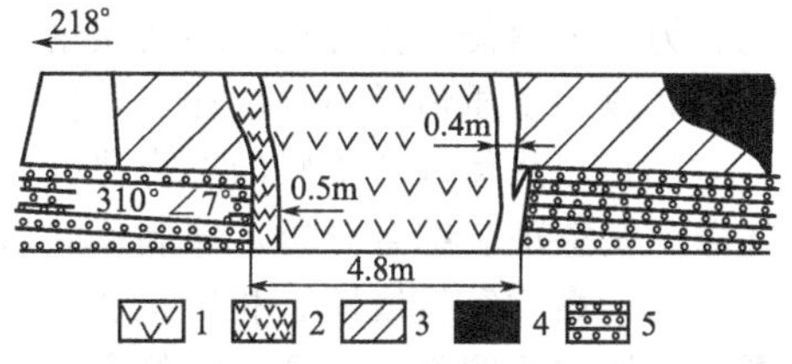

图 6-32　山东淄博奎山矿 7042 顺槽岩墙素描图
1—辉绿岩；2—微晶辉绿岩；3—天然焦；4—煤层；5—细砂岩

② 岩床。岩床是沿煤层层面方向侵入的层状侵入体。岩床既可沿煤层的顶板或底板侵入，也可沿煤层中间侵入或吞蚀整个煤层。岩床的整个形态多种多样，大致可分为层状、似层状、树枝状、串珠状和扁豆状。

（2）岩浆侵入体煤系的规律

① 沿断裂侵入。断裂构造为岩浆活动提供了通道，且控制着岩浆侵入体的分布。一般张性和张扭性断裂开启程度好，侧压较小，有利于岩浆活动。所以，煤田或井田内断裂构造发育的区域，岩浆侵入体较发育。

② 向煤层侵入。岩层和煤层相比较，岩层的化学稳定性较好、硬度大，而煤层化学稳定性较差、硬度小，所以岩浆极易沿煤层侵入。

③ 向压力低处侵入。观察发现，岩浆沿断裂侵入单斜煤层后，并不在煤层中均匀扩散，岩浆岩总是在上山方向分布面积大，下山方向分布面积小。原因是上山方向煤层埋藏浅，压力低，易侵入。

在相同地质条件下，厚煤层中岩浆岩体的分布面积大，薄煤层中岩体分布面积小。这是因为煤层与岩石相比，煤层相对较松软，所以岩浆易侵入。

（3）岩浆侵入煤层引起的变质作用　当岩浆成分、侵入规模、产状、侵入位置不同时，煤层产生的变质程度也不同。岩墙与煤层的接触范围小，对煤层的影响也小，常使岩墙两侧数米范围内的煤层变质。岩床沿煤层侵入，与煤层的接触范围大，对煤层的影响也大。当岩浆沿煤层顶板侵入时，产生的变质带较窄；沿煤层底板侵入时，产生的变质带较宽；沿煤层中间侵入时，侵入体上部和下部煤层均发生变质，影响最大。

侵入体的规模、厚度直接影响煤的变质程度。一般岩体越大，变质程度越深。

基性岩浆的二氧化硅含量低、黏度小、易流动，影响范围大，但变质程度较低。酸性岩浆的二氧化硅含量高、黏稠，不易流动，影响范围小，但变质程度较高。

2. 岩浆侵入体的观测与预测

对揭露出的岩浆侵入体进行观测，可以获得侵入体岩性、产状、厚度、破坏程度、分布情况等资料进行命名。必要时，需采集标本进行镜下鉴定。

(1) 岩浆侵入体的观测　对在井下所有揭露岩浆侵入体的地点，都应进行详细的观测和素描。观测的内容有以下 4 个方面。

① 岩浆侵入体的颜色、矿物成分、结构、构造特征及名称。

② 岩浆侵入体的产状、延展范围。

③ 岩浆侵入体与断裂构造的关系。

④ 煤层被破坏情况，包括岩浆侵入体与煤层的接触关系、天然焦宽度，以及煤的变质程度等。

(2) 岩浆侵入体的探测　由于侵入体形状变化多端，为指导采掘工作的顺利进行，在岩浆侵入体分布区要专门布置一些探巷和钻孔来探明侵入体的分布范围。

当岩浆侵入厚煤层时，在掘进巷道的同时，每隔一定距离应探测一次侵入体和煤层的厚度变化，得到从顶板到底板完整的煤岩柱状，最后编制剖面图，反映煤层、岩体的分布情况。为了查明侵入体附近的煤变质情况，应加强取样化验工作。一般根据岩浆侵入体的形态特征和煤的变质情况布置取样点，同时还可以根据煤变质的规律变化预测侵入体的分布。

(3) 岩浆侵入体资料的综合研究　对揭露岩浆侵入体的钻孔、巷道及取样化验等资料，加以系统整理和综合分析，编制反映岩浆侵入体分布和煤层变质情况的综合图件，如侵入体分布图、煤质等值线图、相应的剖面图、素描图等，然后提出侵入体分布及煤层煤质预测图。利用这些图件，结合必要的文字说明，就能够为合理的采掘工程布置提供依据，为巷道掘进和找煤指出方向。

二、岩浆侵入体对煤矿生产的影响及处理方法

1. 岩浆侵入体对煤矿生产的影响

岩浆侵入体严重影响着煤矿生产，主要是：岩浆侵入煤层后，将吞食破坏煤层，减少煤炭的可采储量；受接触变质的影响，煤的灰分增高、挥发分降低、黏结性遭到破坏，煤质变差，降低煤的工业价值；煤层被分割成若干块段，给采区布置、工作面布置及巷道掘进带来困难。

2. 采掘工作中对岩浆侵入体的处理方法

在掘进过程中，如采区运输、回风和上、下山等掘进的巷道中遇到岩墙时，一般按原设计直接穿过；回采过程中遇到岩墙时，可根据岩墙的大小和分布情况加以解决。若岩墙沿倾向或斜交采区分布时，回采至岩体后要另开切眼，继续回采（图 6-33）；若较大的岩墙沿走向分布时，可把一个工作面分成上、下两段分别回采（图 6-34）。

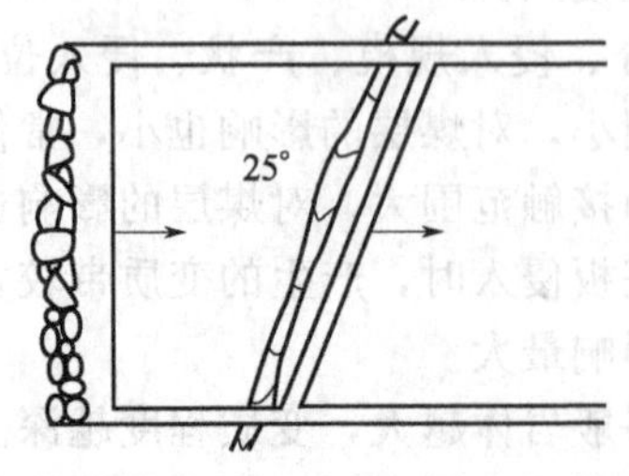

图 6-33　回采工作面斜交岩墙的处理

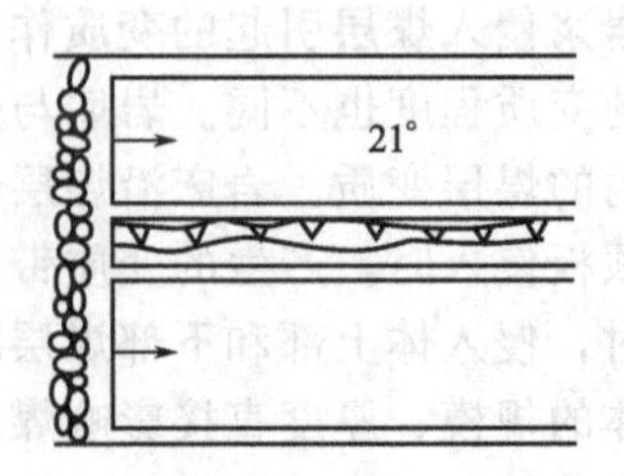

图 6-34　回采工作面遇走向岩墙的处理

对岩床的处理，要根据其分布范围来决定采掘方案。在未搞清岩浆侵入体分布范围以前，要慎重进行采掘工作，以免造成废巷，大大降低生产效率。

第六节 岩溶陷落柱对开采的影响及对策

岩溶陷落柱是指煤层下伏可溶岩层，经地下水溶蚀形成的溶洞，在上覆岩层重力作用下产生塌陷，形成筒状或似锥状柱体，简称陷落柱，俗称“矸子窝”或“无炭柱”。陷落柱在我国华北石炭二叠纪聚煤区中普遍分布，其中以山西、河北最为发育。其他在山东的新汶、枣庄及陶庄，河北开滦，江苏徐州，安徽淮北，河南鹤壁，陕西铜川等均有发现。从山西省各大煤田来看，阳泉矿区分布最广，在开采的 $99km^2$ 的面积内，共发现陷落柱 450 多个。

一、陷落柱的成因

1. 岩溶发育的地质条件

岩溶是形成陷落柱的先决条件。岩溶发育需具备的条件有以下 4 个。

① 含煤岩系或下伏地层中含有可溶性岩层，特别是含有石膏层。

② 含煤区域内发育有断裂构造等良好的地下水通道。

③ 地下水源丰富，且具有溶蚀强的各种酸根，如二氧化碳等。

④ 有强径流和流畅的排泄区，具有良好的地下水动力条件。

2. 岩溶陷落柱的形成

岩溶形成以后，上覆岩层失去支撑，稳定性遭到破坏，在重力作用下，上覆岩层发生塌陷，直到形成自然平衡拱，塌陷暂时停止。由于地下水继续活动，岩溶不断扩展，上覆岩层再次失去平衡而陷落。周而复始，形成了陷落数米、数十米甚至数百米的岩溶陷落柱。

二、陷落柱的一般特征

1. 陷落柱的形态特征

陷落柱的形态特征是指陷落柱的三度空间形状。现从以下 4 个方面来描述陷落柱的形态特征。

(1) 陷落柱的平面形态　陷落柱的平面形态是指陷落柱与地面、水平切面或煤层面的交面形态。一般呈椭圆形，也可呈圆形、长条形和不规则形等。图 6-35 为山西阳泉三矿揭露的几种陷落柱的平面形态。描述陷落柱的平面形态常用长轴长度和短轴长度的比值，且长轴往往具有一定的方向性。

(2) 陷落柱的剖面形态　陷落柱的剖面形态是指沿陷落柱中心轴切剖的陷落柱形态。如果陷落柱穿过松软岩层（如第四纪冲积层），可呈现上大下小的漏斗状，柱面与水平面夹角为 40°～50° [图 6-36 (a)]；如果陷落柱穿过岩性均一的坚硬岩层（如砂岩、砂砾岩、石灰岩等），则呈现上小下大的锥形，锥面与水平面夹角为 60°～80° [图 6-36 (b)]；如果陷落柱穿过软硬相间不均一的岩层，则呈不规则形态，但总体上呈一锥形柱状 [图 6-36 (c)]。

(3) 陷落柱的高度　陷落柱的高度是指从溶洞底到塌陷顶的垂直距离。陷落柱的高度与溶洞的大小、地下水排泄条件、岩层的物理力学性质，以及裂隙的发育程度有关，一般可由几十米到一二百米，但也有高达数百米的巨型陷落柱和仅几米的小型坍塌。

（4）陷落柱的中心轴　陷落柱的中心轴是指陷落柱各平面中心点的连线（图 6-37），通常中心轴垂直于所穿过的岩层层面。由于陷落柱穿过的各岩层的产状、岩石性质和裂隙发育程度常有变化，因此中心轴大多不是直立的，而是歪斜的。掌握中心轴的倾伏向、倾伏角及变化规律，对于准确预测下部煤层及下部水平陷落柱的平面位置非常重要。

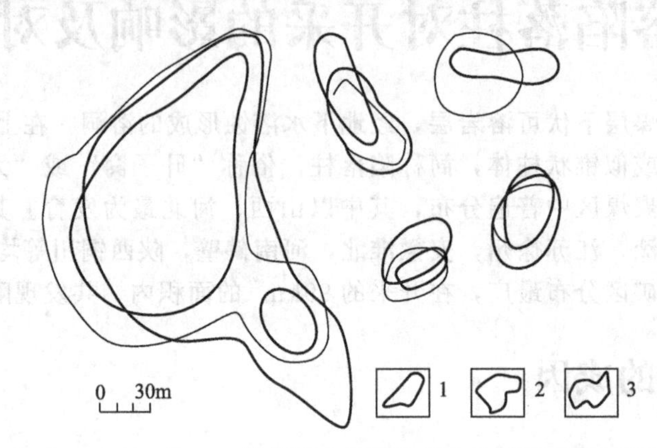

图 6-35　阳泉三矿在 3 号、12 号煤层中揭露陷落柱的剖面形态及大小对照示意
1—3 号煤层实见陷落柱；2—12 号煤层实见陷落柱；3—15 号煤层实见陷落柱

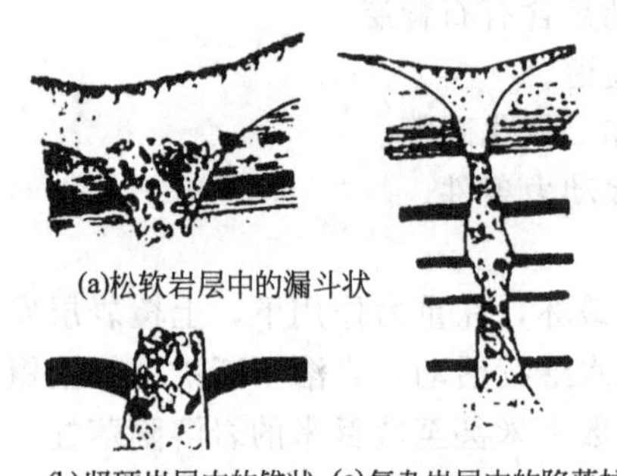

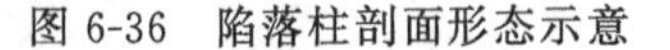

图 6-36　陷落柱剖面形态示意

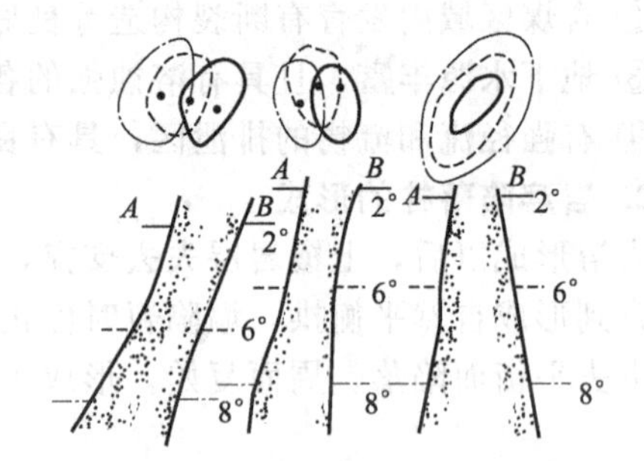

图 6-37　陷落柱中心轴变化示意

2. 陷落柱的地表出露特征

陷落柱出露地表时，被塌陷的岩体与周围正常岩层的岩性、层位、产状都不相同，同时该处在地貌上呈现各种奇异现象。

陷落柱在地表可呈现以下几种形态特征。

（1）盆状塌陷　陷落柱出露地表后，常呈现盆状凹陷。凹陷内的岩层层序遭到破坏，大小岩体杂乱堆积。凹陷外的岩层层序正常，裂隙比较发育，岩层产状稍有变化，均向凹陷中心倾斜。盆状塌陷区常被黄土覆盖。

（2）丘状凸起　陷落柱出露地表后，地貌上呈现丘形凸起，甚至为高山顶。岩层出露明显，岩性为砂岩，陷落柱中心乱石堆积，柱中倒着坚硬的砂岩块，沿其周围地层向中心倾斜，在正常地层接触面上，具有滑面及擦痕，以及磨碎的粉末状岩粉，遇水成为软泥。这种特征在山西的晋城、阳泉矿区常见。如晋城矿区凤凰山矿 2303 工作面，三采区大巷、1110 巷、东煤层大巷揭露的陷落柱地表特征为丘状凸起，地貌上为高山顶。这是由于陷落柱形成后地壳上升，地层出露，煤层上覆地层石盒子组和石千峰组砂岩碎块因坚硬、耐风化而造成的。

（3）柱状破碎带　在沟谷两侧或道路两旁的天然或人工剖面上，常可见到一些柱状破碎带，此即是陷落柱在地表的出露。如在山西西山矿区、汾西矿区常见到陷落柱柱状破碎带。

（4）特殊地貌形态　在黄土覆盖区，陷落柱常使表层黄土出现圆形陷坑或弧形阶梯状裂缝，裂缝窄的仅几厘米，宽的可达几米。此外，陷落柱还可引起地表黄土层产生滑坡现象。

3. 陷落柱的井下特征

（1）陷落柱的柱面特征　陷落柱的柱面是指陷落柱与周围正常岩层的接触面。它受岩层的岩石性质和结构构造的控制。岩性均一的坚硬岩层，柱面多呈直立的平面；松软岩层与坚硬岩层互层，柱面多呈凹凸不平的锯齿状曲面，软岩层凹入，硬岩层凸出［图 6-38（a）］；上部岩层松软多水，裂隙发育，下部岩层坚硬完整，柱面也可呈滑坡状曲面［图 6-38（b）］。柱面与巷道顶面或底面的交线常为一弧线，根据弧线的曲率和方向变化可判断陷落柱的形状、大小和相遇部位。如果弧线的曲率大，则陷落柱小，曲率小则陷落柱大；如果巷道沿陷落柱长轴穿过，则两侧弧线强烈内凹，沿短轴穿过则两侧弧线较平直；如果巷道穿过陷落柱边部，则两侧交线一长一短，长的一帮指向陷落柱中心，沿陷落柱中部穿过则两侧交线近似相等。根据上述情况，结合长轴方向和长短轴比值，就可推测出陷落柱的平面形态（图 6-39）。

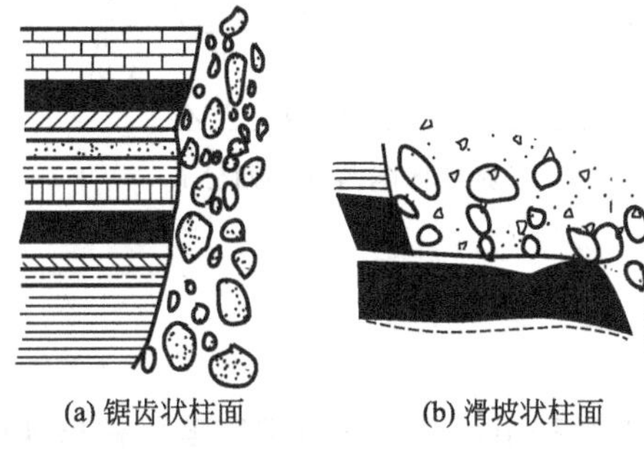
(a) 锯齿状柱面　(b) 滑坡状柱面

图 6-38　陷落柱柱面特征

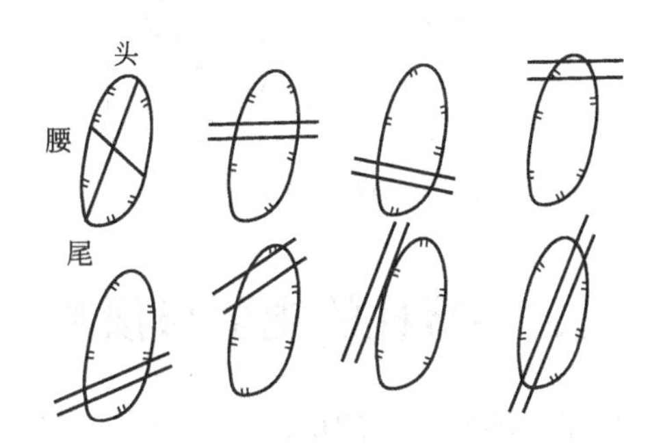

图 6-39　根据巷道与陷落柱面交线确定柱体形状大小和相对部位

（2）陷落柱的柱体组成特征　陷落柱由塌落岩块堆积组合而成。与周围正常岩层相比，塌落岩块层位较新，并具有大小悬殊、棱角明显、形状各异、混杂堆积，以及常为松软岩屑、煤屑和粉粒充填黏结等特点。陷落柱中塌落岩块胶结的好坏，与陷落柱形成的早晚、地下水的活动情况、塌落岩层的岩石性质等有关。早期陷落柱一般均已胶结，晚期的则混杂黏合，胶结较差，比较松散；有地下水长期活动的陷落柱，塌落岩块表面及其间隙常有铁质、碳酸钙质或高岭土等矿物质沉淀，连同煤粉和岩屑组成的软泥，把岩块黏结起来。

4. 陷落柱的分布特征

陷落柱的平面分布不均一，具有明显的分区性和分带性。陷落柱的形成与岩溶地下水活动的强烈程度有关，矿区内的各个井田的水文地质条件存在差异，因此陷落柱的形成在时间和空间上均有差别，其数量和规模都表现出明显的分区性。由图 6-40 可看出，阳泉矿区南部的马郡头井田和五矿陷落柱最发育；北部的三矿和四矿较发育；最北的固庄矿、荫营矿和中部的二矿和大阳泉矿不发育。

构造裂隙是地下水的良好通道，为形成溶洞的重要条件。因此岩溶陷落柱常沿构造断裂带、褶曲轴，特别是断层交汇处呈串珠状密集分布，表现出明显的分带性。例如，江苏徐州大黄山矿陷落柱沿主向斜轴呈带状分布；晋城矿区的陷落柱靠近晋获断裂带附近沿北东方向呈串珠状展布（图 6-41），均与该区地下水集中径流带关系密切。

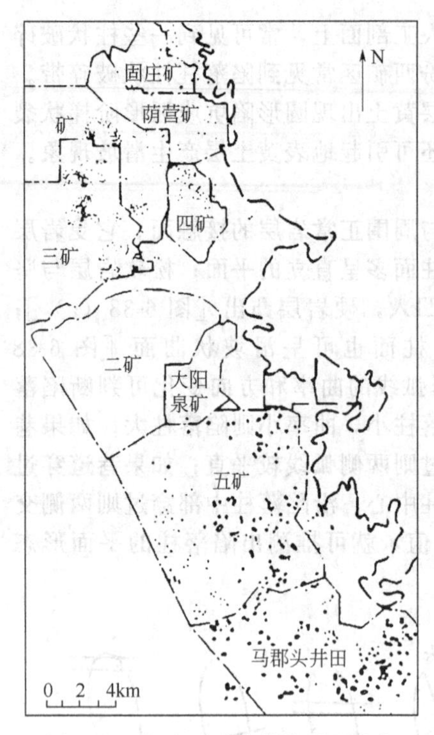

图 6-40　阳泉矿区陷落柱平面分布

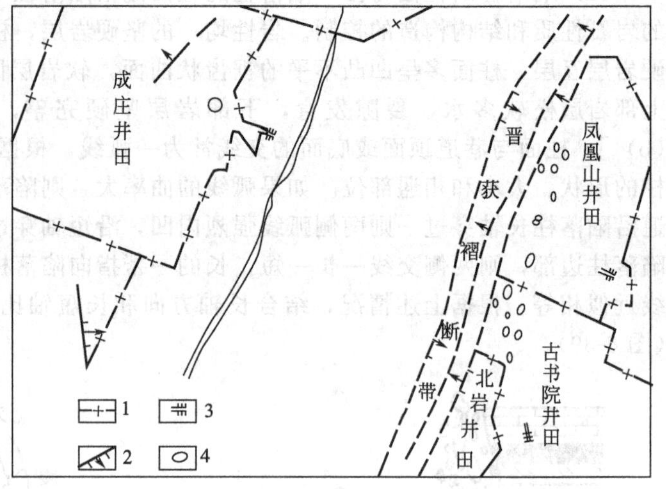

图 6-41　晋城矿区陷落柱平面分布

三、陷落柱的观测与预测

位于陷落柱发育的矿区，在采掘工程设计和施工过程中，必须注重观察陷落柱出现前的预兆，加强对陷落柱的观测与探测。

1. 井下陷落柱出现前的征兆

（1）煤岩层产状发生变化　在陷落柱塌陷过程中，由于牵引作用使煤层、岩层产状向陷落中心倾斜，倾角变化一般在 4°～6°，个别可达 10°以上，影响范围一般为 15～20m，个别可达 30m 以上。

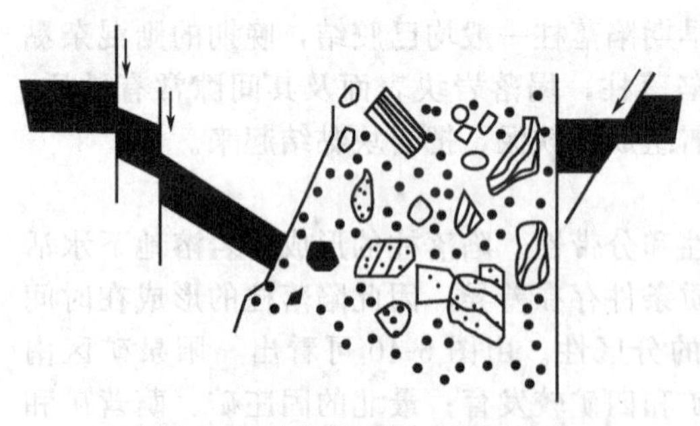

图 6-42　陷落柱周围小断层示意

（2）裂隙和小断层增多　在陷落柱塌陷过程中，由于重力或真空吸蚀作用的影响，在陷落柱的周围煤岩层中产生大量的张性裂隙和小型正断层（图 6-42）。这些断裂面走向平行柱面的切线方向，倾角较陡，倾向陷落柱中心，断层落差很小，均在 0.5m 以内，多呈顶断底不断的形式。在裂隙中，常见黏土、碳酸钙和氧化铁等充填物。断裂在脆性岩层内比较发育，在柔性岩石中裂隙较少。

（3）煤的氧化现象　陷落柱附近的煤层由于地下水的作用，煤易发生风氧化。风氧化煤光泽暗淡，灰分增高，强度降低，严重者呈粉末状。煤的风氧化程度和影响范围与陷落柱大小、裂隙发育程度、距地面的深度和地下水的活动情况等有关。

（4）煤层中挤入破碎岩块　在临近陷落柱的煤层中，因局部煤质松软，陷落岩块常嵌入煤层。挤入煤内的岩块棱角分明，但并未引起煤层层理和顶、底板的异常变化。

(5) 涌水量增大　陷落柱既可积聚地下水，又是连接含水层的良好通道。在陷落柱发育的矿井内，采掘前方出现淋水水量增大，往往是临近充水陷落柱的先兆，要引起特别重视。不同地区陷落柱的充水特征差异很大，有的干燥无水，有的储水而不导水，有的既储水又导水。

2. 陷落柱的观测与预测

(1) 地表观测与调查　在陷落柱发育地区，应进行矿区地面调查。对盆状塌陷坑、丘状突起区、柱状破碎带等特殊地貌现象需进行细致观测、描述、记录异常区的位置、形状、大小，岩层产状变化，岩层破碎情况，以及岩块堆积方式等，最终确定陷落柱的存在。

根据陷落柱的地表位置、形状、大小，可预测该陷落柱在井下不同煤层中的展布情况。首先是根据柱体中心轴垂直岩层面的规律预测陷落柱中心的位置，然后根据陷落柱露出地表的形态、大小，本地区陷落柱的剖面形态、柱面倾角，地表至煤层的间距等，预测陷落柱在各煤层中的位置、形状及大小。

(2) 井下观测与研究　采掘过程中揭露出陷落柱后，应详细观测陷落柱的形状、大小、柱面倾角；柱内充填物的层位、岩性、胶结情况和含水性；柱面特征和陷落柱附近煤岩层产状变化等。

通过观测，可根据巷道与陷落柱的接触情况，预测所遇陷落柱的部位及陷落柱所在位置(图 6-39)；也可根据巷道遇陷落柱的部位和巷底与陷落柱交线的弧形弯曲状态，预测陷落柱的大小及位置；还可根据上层煤中揭露出的陷落柱位置、形状、大小，预测下层煤、下水平陷落柱发育的位置、形状及大小。预测方法与地表相同。

四、陷落柱对煤矿生产的影响及处理

1. 陷落柱对煤矿生产的影响

(1) 破坏可采煤层，减少煤炭储量　由于陷落柱本身及其周围不能开采的煤层，使煤炭储量减少，缩短矿井服务年限。如山西汾西富家滩井田东区，陷落柱造成的煤炭损失占全矿总储量的 53%。

(2) 影响正规开采　由于陷落柱破坏，无法布置正常回采工作面，限制采掘机械的有效使用。

(3) 影响采掘施工　由于存在陷落柱，必然增加巷道掘进率，增加岩巷工作量，增加支护难度。陷落柱使开采条件复杂化，降低回采率，特别是对机械化采煤不利。如山西太原西山杜儿平矿一个回采工作面，由于遇到一个直径 30m 的陷落柱，造成工作面搬家 49 天，无效进尺 1027m，经济损失 294 万元。

(4) 影响安全　陷落柱可能是矿井水或矿井瓦斯的通道，影响煤矿生产的安全。如 1996 年 3 月 4 日皖北煤电公司任楼煤矿首采工作面，由于陷落柱导水，造成特大水灾，涌水量最大达到 34570m^3/h，使矿井全部被淹，造成巨大的经济损失。

2. 陷落柱的处理

① 进行采掘设计时，应根据陷落柱的发育情况和分布规律，选择合理的巷道布置和采煤方法，尽量把陷落柱留设在煤柱中，既减少煤炭损失，又保证生产安全。

② 主要开拓巷道（运输大巷、总回风巷、上下山巷道）遇陷落柱时，为了避免巷道拐弯，一般按原设计直接穿过陷落柱。陷落柱内岩石破碎，需加强支护或砌碹。

③ 运输巷道遇陷落柱时，为满足巷道的弯曲和坡度要求，应按原设计穿过陷落柱，柱体内的巷道要加强支护，确保安全生产。掘进回风巷或人行道遇陷落柱时，可绕陷落柱边缘掘进，将陷落柱留在煤柱内，同时也能摸清陷落柱的分布范围和大小。

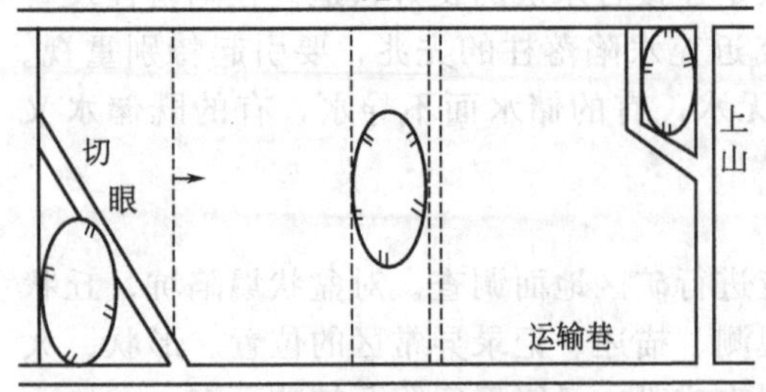

图 6-43　回采工作面处理陷落柱示意

④ 在回采工作面中遇到陷落柱时，一般应先探明其形状、大小、位置，然后决定处理方法。如图 6-43 所示，在回采工作面不同位置上有三个陷落柱，其长轴方向与煤层倾向一致。图 6-43 中，左下角的陷落柱位于运输巷和开切眼交汇处，采用开斜切眼，回采时摆尾式开采，将工作面调整到正常位置。对工作面中部的陷落柱，如果面积不大，采用强行硬割的办法通过陷落柱；如果面积较大，则需要预先开掘新切眼，当工作面推进到陷落柱左侧时，跳过陷落柱继续回采。当陷落柱位于风巷和上山交汇处时，采用缩短工作面长度或者用减小溜尾进尺的办法避开陷落柱。

回采工作面过陷落柱时，要注意陷落柱周围顶板的破坏程度，加强顶板管理工作，加密工作面支护，必要时可在陷落柱附近加打木垛。炮采工作面在陷落柱附近严禁放大炮。

3. 综合治理

在生产矿井中，遇到陷落柱采用钻探、巷探和物探等综合勘查手段，以查明陷落柱的平面范围、发育高度和导水可能性等特征，根据探测结果，通过地面、井下打钻注浆加固等综合治理手段的处理，消除治理地段安全隐患。下面以安徽淮北某矿为例，说明陷落柱的综合治理方法。

安徽淮北某煤矿于 2000 年 9 月 29 日在开采 10 号煤层 1041 轨道巷（标高 −382m）掘进中，当施工到 10 号测点前 7m 时，迎头顶帮淋水，水量 $1m^3/h$，煤层突然消失，出现以大块为主，块度大小不一，杂乱无章，棱角明显的 10 号煤层上部岩石堆积物，其中所含铝质煤岩、紫色煤岩为 10 号煤层上 50～60m 层位的岩石，岩块已强烈风化，堆积物中含大量黄铁矿，在与煤层接触处形成黄铁矿脉，周围煤岩层向堆积物方向有 3°～5°倾斜，边缘的煤层走向平行于柱面切线方向的张性裂隙，初步确定为陷落柱。

(1) 井下钻探　用岩石电钻在巷道迎头施工了 3 个探查孔。探查表明，陷落柱的范围较大，在轨道巷前方陷落柱不含水。

(2) 巷探　井下钻探后，发现轨道巷前方不含水，故轨道巷向前继续掘进。巷道上帮施工 10m，下帮施工 15m 穿过陷落柱，见正常煤层。根据两帮揭露陷落柱的长度分析，陷落柱中心应在轨道巷下帮侧。

(3) 井下物探　轨道巷穿过陷落柱后，采用高分辨率 DZ-ⅡA 型防爆数字直流电法仪对其进行探测。通过电法探测进一步查明：该陷落柱直径 50～70m，呈不规则圆形；从剖面上看，深部水有沿陷落柱边缘向上导升的趋势。

(4) 地面钻探　为确定陷落柱发育高度和对上覆 8 煤层的影响，以及防止深部奥灰水向上导入，在陷落柱中心施工地面探查注浆孔 1 个。通过地面钻探查明陷落柱没有达到第四含水层（第四含水层位于该区巨厚松散层最下部，直接覆盖在煤系基岩之上），排除了陷落柱直接导通第四含水层的可能性及对 8 煤层开采的影响。

(5) 地面钻孔注浆　利用地面探查孔，对陷落柱进行边钻边注。经过地面钻孔注浆，基本封堵了深部水通过陷落柱向上导升的通道，为矿井开采加大了安全系数。

(6) 井下注浆　为确保工作面安全回采，防止水沿巷道薄弱地带或沿裂隙导入工作面，结合工作面底板电法探测资料，在轨道巷、机巷对底板和陷落柱采用 75 型和 150 型钻机打钻，注水泥单液浆进行加固。通过地面、井下打钻注浆等综合处理，消除了该矿 1041 工作面安全隐患，保证了煤矿安全生产。

第七节 影响煤矿生产的其他地质因素及防治对策

一、矿井瓦斯

1. 概述

矿井瓦斯是指煤矿生产过程中，从煤、岩层内涌出的以甲烷为主的各种有害气体的总称。一般情况下甲烷占绝大多数（可达80%～90%），其次为氮气（占0.5%～3%）和二氧化碳（占0.3%～2%），其他成分很少。本节所描述的瓦斯性质均是针对甲烷而言。

瓦斯的化学名称叫甲烷（CH_4），是无色、无味、无毒的气体。甲烷分子的直径为0.3758×10^{-9}m，可以在微小的煤体孔隙和裂隙里流动。瓦斯具有扩散性，其扩散速率应是空气的1.34倍，从煤岩中涌出的瓦斯会很快扩散到巷道空间。甲烷的相对密度为0.554，比空气轻，如果巷道上部有瓦斯涌出源，容易在顶板附近形成瓦斯集聚层。瓦斯微溶于水。

瓦斯具有窒息性。甲烷虽然无毒，但其浓度增加，可相对地使氧气浓度下降。当空气中瓦斯含量达到19%，氧气下降为17%，在劳动时使人感到呼吸困难；当瓦斯含量达到43%时，氧气下降为12%，使人窒息；当瓦斯含量超过57%时，氧气降低至10%以下，使人立即死亡。这类事故在煤矿并不鲜见。

瓦斯具有燃烧和爆炸性。一般情况下，瓦斯含量达到5%～16%时，遇火即爆炸。当瓦斯含量在5%以下和在16%以上时，遇火不爆炸只燃烧。

在煤矿的采掘生产过程中，当条件合适时，会发生煤与瓦斯突出，产生严重的破坏作用，甚至造成巨大的财产损失和人员伤亡。

煤层及其顶底板围岩中所含的瓦斯（也称煤层气）是重要的矿物资源之一，可做燃料和化工原料。$1m^3$瓦斯的燃烧热为3.7×10^7J，相当于1～1.5kg烟煤。$1m^3$瓦斯可制取0.12～0.15kg炭黑。根据初步估测，中国煤层气资源总量达3.0×10^{13}～$3.5\times10^{13}m^3$。

瓦斯事故是煤矿五大主要自然灾害之一，学习有关瓦斯知识，掌握瓦斯性质及其变化规律，加强瓦斯管理，防止瓦斯危害，以保证矿井安全生产，保护煤矿井下职工的身体健康和生命安全，是每一个煤矿职工应尽的责任。

2. 瓦斯的形成与分带

（1）瓦斯的形成　矿井瓦斯是植物残骸在成煤过程中伴生的产物。在植物沉积成煤初期的泥炭化过程中，有机物被厌氧微生物分解为CH_4、CO_2和H_2O。据粗略估计，每生成1t煤，同时可伴生$600m^3$以上的甲烷。由长焰煤变成无烟煤时，1t又可伴生$240m^3$的甲烷。但在漫长的地质年代中，在地质构造的形成和变化过程中，瓦斯本身在其压力差和浓度差的驱动下进行运移，一部分或大部分扩散到大气中，只有一小部分至今仍被保存在煤体和围岩中。

（2）瓦斯在煤层中的赋存状态　瓦斯在煤体及围岩中的赋存有自由及吸附两种状态，其情况如图6-44所示。

① 游离状态。瓦斯以自由气体状态存在于煤层或围岩的裂隙及孔洞之中。这种状态的瓦斯分子可自由运动，并呈现出压力。

② 吸附状态。吸附状态的瓦斯按其结合的形式不同，又分为吸着状态和吸收状态。吸

图 6-44 煤体中瓦斯的赋存状态示意

1—游离瓦斯；2—吸着瓦斯；

3—吸收瓦斯；4—煤体；5—孔隙

着状态是瓦斯被吸着在煤体或岩体微孔表面上，并形成一层瓦斯薄膜；吸收状态是瓦斯被溶解于煤体微粒内部，类似于气体被溶解于液体中的现象。煤体中瓦斯存在的状态不是固定不变的，当外界条件发生变化时，自由状态的瓦斯与吸附状态的瓦斯可以互相转化。例如，当外界的压力升高或温度降低时，一部分自由瓦斯可以转化为吸附瓦斯，称为吸附现象；反之，当外界的压力降低或温度升高时，则一部分吸附瓦斯转化为自由瓦斯，称为解吸现象。在开采煤层时，受采动影响的自由瓦斯首先放散出来，随之一部分吸附瓦斯解吸为自由瓦斯也放散出来，使解吸现象不断地进行，形成煤矿瓦斯不断涌出。

3. 煤层瓦斯含量的影响因素及其预测

瓦斯含量是指单位质量或体积的煤在自然状态下所含的瓦斯含量（即瓦斯体积），为游离状态的瓦斯与吸附状态的瓦斯之和，单位为 m^3/t，或 m^3/m^3。

（1）影响瓦斯含量的地质因素　煤体在从植物遗体到无烟煤的变化过程中，1t 煤至少可以生成 $100m^3$ 以上的瓦斯。但在目前的煤层中，最大的瓦斯含量不超过 $50m^3/t$。煤体中生成的瓦斯量与储存的瓦斯量差别很大。煤层瓦斯含量的多少主要取决于保存瓦斯的条件。影响煤层瓦斯含量的主要因素有以下 7 个方面。

① 煤的变质程度。煤对瓦斯的吸附能力，决定于煤质和煤的孔隙，不同的煤质对瓦斯的吸附能力不同，无烟煤的吸附能力最强，其瓦斯含量最大，可达 $50\sim60m^3/t$。

② 围岩透气性。煤系地层岩性组合和煤层围岩性质对煤层瓦斯含量影响很大。如果围岩为致密完整的低透气性岩性岩层，如泥岩、完整的石灰岩，煤层中的瓦斯就易于保存下来；反之，围岩由厚层中粗砂岩、砾岩或裂隙溶洞发育的石灰岩组成，则煤层瓦斯含量小。

③ 煤层出露程度。煤层如果有或曾经有过出露地表，长时间与大气相通，瓦斯含量就不会很大，反之，如果煤层没有出露地表，瓦斯难以逸散，它的含量就较大。

④ 煤层埋藏深度。瓦斯含量随深度增大而增加。在瓦斯风化带以下，瓦斯含量、瓦斯压力、瓦斯涌出量与深度的增加都呈一定正比例关系。

⑤ 煤层倾角。埋藏深度相同时，煤层倾角越小，瓦斯含量越大。因为瓦斯沿水平方向流动比垂直方向流动容易。

⑥ 地质构造。地质构造是影响煤层瓦斯含量的最重要因素之一。在围岩属低透气性的条件下，封闭型地质构造有利于瓦斯的储存，而开放型地质构造有利于瓦斯的排放。同一矿区不同地点瓦斯含量的差别，往往是地质构造因素造成的结果。

⑦ 水文地质条件。瓦斯在水中的溶解度虽很小，但如果煤层中有较大的含水裂隙或流动的地下水通过时，经过漫长的地质年代，也能从煤层中带走大量瓦斯，降低煤层的瓦斯含量。而且，地下水还会溶蚀并带走围岩中的可溶性矿物质，从而增加了煤系地层的透气性，有利于煤层瓦斯的流失。

由此可知，影响煤层瓦斯含量的因素是多种多样的。在矿井瓦斯管理工作中，必须结合本井田或本矿具体情况，做全面的调查和深入细致的分析研究，找出影响本煤田、本矿井瓦斯含量的主要因素，作为预测瓦斯含量和瓦斯涌出量的参考。

（2）煤层瓦斯含量的测定　煤层瓦斯含量是矿井设计资料的重要组成部分，是确定矿井开拓系统、采煤方法、通风系统、主要风巷断面大小等的主要依据。煤层瓦斯含量的测定方法有以下两种。

① 直接测定法。使用密闭式岩芯采取器或集气式岩芯采取器，直接采集全层瓦斯煤样，送化验室测定位煤量中含有的瓦斯量及瓦斯成分。此外，还可以用半自动测井仪在钻进的同时测定煤层瓦斯含量。

② 间接测定法（室内容量法）。将未经氧化的新鲜煤样装入容器，盖紧密封，送进实验室。根据实验室做出的吸附数据和井下煤层的实测瓦斯压力，用各种影响系数校正后，计算得出煤层瓦斯含量。

(3) 瓦斯含量预测图的编制　瓦斯含量预测图的主要内容包括：瓦斯取样点、各取样点煤层的实际瓦斯含量、瓦斯风化带界线及瓦斯含量等值线等。编制瓦斯含量预测图应按下列规定进行。

① 编图的底图。瓦斯含量预测图常以煤层底板等高线图作为底图，分煤层编制。

② 编图资料。有定性和定量的取样成果资料。前者是指从煤芯中抽取的并经过化验确定的瓦斯成分及各种成分所占的百分数，后者是指自然状态下煤层的瓦斯含量。

③ 编图步骤。首先填绘取样点并着色，在各取样点（钻孔）旁边注明瓦斯含量、煤层底板标高、离地表深度，然后作瓦斯含量等值线，并标明瓦斯风化带，根据实见地段的规律，结合地质条件进行等值线外推（图 6-45）。

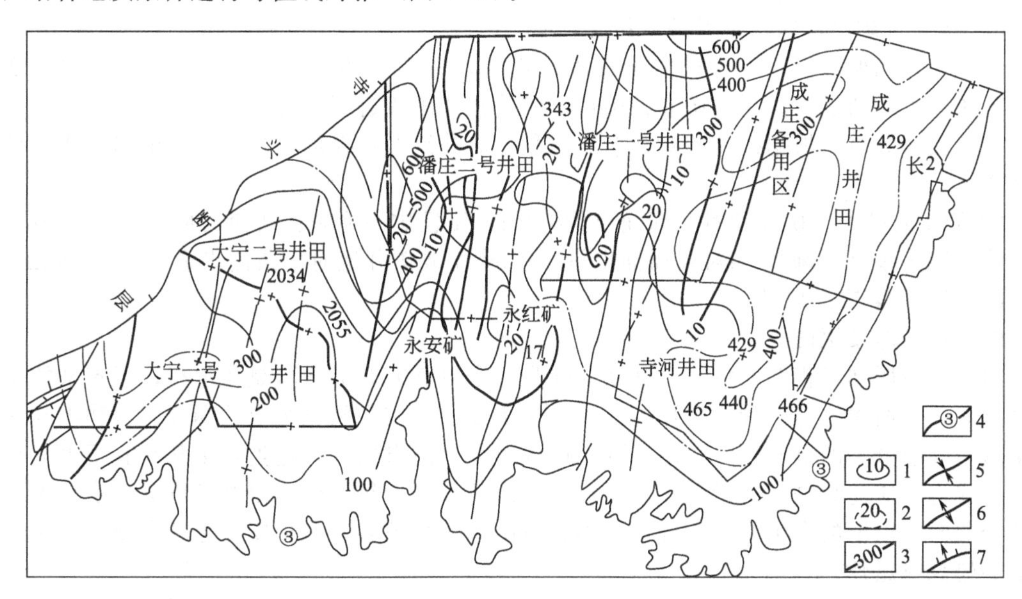

图 6-45　晋城矿区 3 号煤层瓦斯含量等值线

1—瓦斯含量等值线；2—推测瓦斯含量等值线；3—煤层盖层厚度等值线；4—3 号煤层露头线；5—向斜；6—背斜；7—正断层

4. 矿井瓦斯涌出量及矿井瓦斯等级

(1) 矿井瓦斯涌出现象　煤矿开采过程中，由受采动影响的煤层、岩层，以及由采落的煤、矸石向井下空间放出瓦斯的现象，称为瓦斯涌出。按瓦斯放出的形式不同，分为普通涌出和特殊涌出。

① 普通涌出。瓦斯从煤岩层的孔隙和裂隙中长期缓慢逸出的现象，称为普通涌出。首先涌出的是游离瓦斯，然后是解吸成游离瓦斯的吸附瓦斯。普通涌出是矿井瓦斯涌出的基本形式。

② 特殊涌出。特殊涌出分为瓦斯喷出、煤（岩）与瓦斯突出两大类。瓦斯喷出是指大量承压瓦斯从煤体或岩体裂隙中大量异常涌出的现象。煤（岩）与瓦斯突出是指在采掘过程

中，在地应力和瓦斯的共同作用下，在极短的时间内（几秒钟到几分钟），从煤（岩）层内以极快的速度向采掘空间内喷出煤（岩）和瓦斯的现象，简称突出。

（2）矿井瓦斯涌出量　矿井瓦斯涌出量是指矿井在生产过程中，从巷道、工作面、煤层、岩层及采空区实际涌入巷道内的瓦斯含量。其大小有以下两种表示方法。

① 绝对瓦斯涌出量。绝对瓦斯涌出量是指矿井或采区在单位时间内涌出的瓦斯量，一般用 $q_{V绝}$ 表示，单位为 m^3/min 或 m^3/d。其计算公式为

$$q_{V绝}=q_V C\times 60\times 24 \tag{6-1}$$

式中　$q_{V绝}$——矿井的绝对瓦斯涌出量，m^3/d；

q_V——矿井总回风道风量，m^3/min；

C——回风流中的平均瓦斯含量，%。

② 相对瓦斯涌出量。相对瓦斯涌出量是指矿井在正常生产情况下，月平均日产1t煤的瓦斯涌出量，一般用 $q_{相}$ 表示，单位为 m^3/t。其计算公式为

$$q_{相}=q_{V绝}N/T \tag{6-2}$$

式中　$q_{V绝}$——矿井的绝对瓦斯涌出量，m^3/d；

N——矿井瓦斯鉴定月的工作天数，d/月；

T——矿井瓦斯鉴定月的产量，t/月。

（3）矿井瓦斯等级　《煤矿安全规程》规定，一个矿井中只要一个煤（岩）层发现瓦斯，该矿即为瓦斯矿井。瓦斯矿井必须依照矿井瓦斯等级进行管理。

矿井瓦斯等级，根据矿井相对瓦斯涌出量、矿井绝对瓦斯涌出量和瓦斯涌出形式划分如下3类。

① 低瓦斯矿井。矿井相对瓦斯涌出量≤$10m^3/t$ 且矿井绝对瓦斯涌出量≤$40m^3/min$。

② 高瓦斯矿井。矿井相对瓦斯涌出量>$10m^3/t$ 或矿井绝对瓦斯涌出量>$40m^3/min$。

③ 煤与瓦斯突出矿井。

5. 瓦斯爆炸及预防

（1）瓦斯爆炸过程及其危害　瓦斯爆炸是一个极其复杂的激烈氧化过程，近年来的研究认为，矿井瓦斯爆炸是一种链式反应。当一定浓度的甲烷和氧气组成的爆炸混合物吸收一定能量后，反应分子的链断裂，离解成两个或两个以上的自由基，这类自由基具有很大的化学活性，成为反应连续进行的活化中心。在合适的条件下，每一个自由基又可进一步分解，产生两个或两个以上的自由基。这样循环不止自由基越来越多，化学反应也越来越快，最终可发展为燃烧或爆炸。

矿井瓦斯爆炸的有害因素是：高温、冲击波和有害气体。

瓦斯爆炸时的瞬间温度在自由空间内可达1850℃，在封闭空间内可达2150～2650℃。高温火焰经过之处，人被烧死或大面积烧伤，往往引起井下巷道支架或煤壁燃烧形成火灾，造成严重损失。

瓦斯爆炸时，高温高压气体以很大的压力从爆源向外扩张，形成强大的爆炸冲击波。瓦斯爆炸后，爆源附近地点的温度迅速下降，水蒸气凝结，空气稀薄，形成低压区，于是产生反向冲击波。冲击锋面压力由几个大气压到20atm（1atm=101325Pa），前向冲击波叠加和反射时可达100atm。冲击波破坏性极大，所到之处造成顶板冒落、煤壁崩垮、支架倒塌、通风设施破坏、矿车颠覆、轨道弯曲、设备破坏、人员大量伤亡。

瓦斯爆炸后，由于大量的氧气参与燃烧，使井下氧气大量减少，一般可降低到12%以下。同时产生2%～4%的CO有毒气体。如果煤尘参与爆炸，CO的生成量更大，毒化了井下空气，造成井下人员缺氧窒息和中毒伤亡。

（2）瓦斯爆炸条件及其影响因素　瓦斯爆炸必须同时具备三个条件，即一定浓度的瓦

斯，一定温度的引火源和足够的氧气。

① 瓦斯浓度。理论和试验表明：瓦斯爆炸有一定的浓度范围，这个浓度范围称为瓦斯的爆炸界限，其最低浓度爆炸界限叫爆炸下限，其最高浓度界限叫爆炸上限。瓦斯的爆炸界限一般认为是5%～16%。瓦斯含量为7%～8%时爆炸威力最强。

② 引火温度。瓦斯所谓引火温度，即点燃瓦斯爆炸的最低温度，一般常压下为650～750℃。最低点燃能量为0.2mJ。井下出现的各种明火、煤炭自燃、电器火花、炽热的金属表面以及撞击和摩擦火花、采空区内砂岩悬顶冒落时产生的碰撞火花等，都能点燃瓦斯。

③ 氧的含量。氧气含量低于12%时，混合气体就会失去爆炸性。

(3) 预防瓦斯爆炸的措施

① 防止瓦斯积聚与超限。

a. 加强通风。

b. 严格瓦斯管理。

c. 及时处理局部积聚的瓦斯。

d. 瓦斯抽放。

② 防止瓦斯引燃。

a. 防止明火。

b. 防止电火花。

c. 防爆破引燃瓦斯。

d. 防止机械摩擦、冲击火花。

6. 防治煤（岩）与瓦斯突出的地质工作

煤（岩）与瓦斯突出是煤矿危害最严重的自然灾害之一。据不完全统计和估算，从1950年5月2日吉林省辽源矿务局富国二矿发生中国首次有记载的突出事故以来，截止到2010年年底，中国先后共发生约2万起突出，其中，强度在千吨级以上的特大型突出有100多起，突出强度最大的一起事故发生在原天府矿务局三汇坝一矿，突出煤（岩）1.278万吨，喷出瓦斯140万立方米。和瓦斯爆炸事故一样，煤与瓦斯突出也是经常引起群死群伤的事故，中国曾发生过多起因煤与瓦斯突出引起的上百人死亡事故。

(1) 影响煤（岩）与瓦斯突出的地质因素　由于在煤矿采掘过程中的应力遭到破坏，煤层及其围岩产生大量的裂隙，加上煤层瓦斯含量多（$10m^3/t$以上）、压力大（0.71～1.01MPa以上），煤中的吸附瓦斯迅速解吸产生大量游离瓦斯，瞬时产生高压释放，破碎煤体和岩石涌入矿井，造成突出。由此可知，影响煤（岩）与瓦斯突出是多种因素综合作用的结果。这些因素多与地质条件有关，现将影响突出的地质因素简要概述如下。

① 煤层结构。复杂结构煤层由于煤层中夹有稳定的层状岩石层，煤层软硬相间，当软煤分层厚度增加时易发生突出。

② 煤岩类型。煤是孔隙体，其中含有大量的表面积，煤在自然状态下大量的瓦斯以吸附状态存在于煤体中，如在煤层中丝炭成分含量多，且呈连续层状分布，由于丝炭疏松多孔，性脆易碎，当条件适当时，极易发生突出。

③ 煤变质程度。煤的孔隙率与煤的变质程度有关。煤变质程度高其孔隙率大，至无烟煤阶段达到最大值。所以，高变质煤的瓦斯含量和瓦斯压力都大于低变质煤，高变质煤发生突出的可能性比低变质煤要大。

④ 煤层的埋藏深度。突出发生在一定的采掘深度以后，每个煤层开始发生突出的深度差别很大，最浅的矿井是湖南白沙矿务局里王庙煤矿仅50m，始突深度最大的是抚顺矿务局老虎台煤矿达640m，自此以下，突出的次数增多，强度增大。

⑤ 地质构造和地应力。许多矿井的瓦斯突出主要集中在某些地质构造带内，呈条带状

分布，突出点发生的位置多与某些地质构造部位有关。如强烈挤压的褶皱带、扭折带、倾角变化的转折点、断层附近等，这些地质构造部位应力比较集中，由于采掘工程破坏了原有平衡，导致地质构造残余应力的突然释放，引起煤与瓦斯突出。由于煤层遭到地质构造严重破坏，形成“构造煤”，这种颗粒很细的“构造煤”在形变过程中极易在构造作用下发生流动，造成煤层厚度和形态的复杂变化。在条件适当时，“构造煤”极易发生突出。

⑥ 围岩的物理力学性质。瓦斯的突出与围岩的厚度和坚硬性有一定关系。煤层顶底板厚度大、硬度高时，突出危险性增大。

(2) 煤（岩）与瓦斯突出前的预兆　大多数突出都有预兆。它主要表现在三个方面，即地压显现、瓦斯涌出及煤层结构的变化等。

地压显现预兆有：煤炮声、支架声响、岩煤开裂、掉渣、底鼓、岩煤自行剥落、煤壁颤动、钻孔变形、垮孔、顶钻、夹钻杆、钻机过负荷等。

瓦斯涌出预兆有：瓦斯涌出异常、瓦斯浓度忽大忽小、煤尘增大、气温异常、气味异常、打钻喷瓦斯、喷煤粉、哨声、蜂鸣声等。

煤层结构及构造预兆有：煤层层理紊乱、煤层强度松软或不均质、煤暗无光泽、煤厚增大（特别是软分层增大）、煤层倾角变陡、挤压褶曲、波状隆起、煤体干燥、顶底板阶梯突起、断层等。

(3) 煤与瓦斯突出预测　煤与瓦斯突出预测是瓦斯地质工作的重点。根据预测范围大小和精度要求的不同，突出预测可分为以下三类。

① 区域预测。它是根据地质和瓦斯资料，在分析突出发生规律的基础上，预测矿井不同煤层和不同区域的突出危险程度，为合理制定瓦斯突出分区管理方案提供依据。

② 局部预测。它是在区域预测的基础上，根据钻探、采掘和专门测试资料，进一步预测矿井或采区内局部地带或地点的突出危险程度。作为制定防御措施，检验措施效果的依据。

③ 突出报警。它是在预测的基础上，根据突出前的预兆及仪表信息指示而发生的危险报警。

突出预测、预报的准确程度，取决于地质、瓦斯资料的可靠程度和对突出规律的认识程度。由于突出受多种因素的控制，因此在进行突出预测、预报时，应全面地而不是片面地、关联地而不是孤立地、发展地而不是静止地研究这些因素，才能做出切合实际的判断，把突出预测、预报工作做好。

(4) 防治煤（岩）与瓦斯突出的地质工作

① 做好突出点的地质编录。突出发生后，应对突出地点进行观测，并做文字记录和素描。记录内容包括：突出时间、地点、突出点标高、突出温度、距地表垂深、突出强度、巷道类别、突出前作业方式及所采取的措施、突出类型及突出前的预兆等。地质描述包括：突出点和突出空洞所在煤层或煤分层位置、煤质及煤层结构、煤层顶底板岩性、煤层厚度及其变化、突出点附近的构造特征、岩层产状及其变化、与岩浆侵入体的关系等。文字说明与素描图相配合，并建立突出点记录卡片。

② 编制突出点分布图。瓦斯突出点应及时填绘到采掘工程平面图或其他地质图上，作为分析突出点分布规律的基础图件。突出点分布图上应反映突出强度、瓦斯含量和瓦斯压力等数据，并对突出强度进行分级。

③ 收集瓦斯地质预报资料。有关瓦斯地质预报的资料包括：煤厚变化特征及变化带具体位置；褶曲轴位置、煤层倾角变化点、断层交汇点和断层尖灭点；煤层结构、各煤分层的煤岩物理性质特征及其变化；岩浆侵入体的具体位置等。

④ 分析瓦斯突出与地质条件的关系。通过对突出点分布图及瓦斯地质预报资料的分析，

寻找突出规律，找出突出与地质条件的关系。这方面的工作包括：鉴别突出危险增大的标志，如煤层厚度及产状急剧变化、煤体结构变化等；查明突出前的预兆，如响煤炮、工作面压力增大、煤壁外鼓、瓦斯含量增大或忽大忽小等。

⑤ 编制瓦斯突出预测图。在以上工作基础上，对矿区或煤层突出危险程度进行分类，可划分为四类。

a. 无突出危险区，即未发生或不可能发生突出的区域；

b. 疑突出危险区，即怀疑有突出危险，需观察待定突出危险程度的区域；

c. 突出危险区，指突出次数不多，强度属小型，平均采 1000t 煤突出量在 1t 以下的区域；

d. 严重突出危险区，指突出频繁，曾发生过中型以上突出，一次突出强度在 100t 以上，平均采 1000t 煤突出量在 1t 以上的区域。

在预测图上圈出不同突出危险程度的区域，并尽可能预测发生突出的地点和突出强度。

二、煤尘

煤尘是在煤矿生产过程中，煤破碎后形成的粉末状尘埃。煤尘除引起硅肺病，影响人的健康外，其主要危害在于悬浮于空气的煤尘，在一定条件下可引起燃烧或爆炸，造成巨大的井下事故。因此，研究影响煤尘爆炸性的因素，评定煤尘爆炸性的强弱，对于制定矿井防爆、隔爆措施具有重要意义。

1. 影响煤尘爆炸的因素

（1）煤的挥发分　煤尘的爆炸性与它的可燃基挥发分含量有很大关系。当 $V_{daf}<10\%$ 时，煤尘不具爆炸性；当 V_{daf} 为 10%～15%时，煤尘具有微弱的爆炸性；当 $V_{daf}=15\%\sim35\%$时，煤尘的爆炸性迅速增加，具有强烈爆炸性；当 $V_{daf}=35\%\sim40\%$时，煤尘的爆炸性逐渐减弱。因此，煤的挥发分数量和质量是影响煤尘爆炸的最主要因素。

（2）煤的灰分和水分　煤的灰分是不燃性物质，能吸收能量，降低煤尘的爆炸性，煤的灰分对爆炸性的影响还与挥发分的含量多少有关。挥发分小于 15%的煤尘，灰分的影响比较显著；大于 15%时，灰分对煤尘的爆炸几乎没有影响。水分能降低煤尘的爆炸性，因为水的吸热能力大，能促使细微尘埃聚结为较大的颗粒，减少尘埃的总表面积，同时还能降低落尘的飞扬能力。煤中的灰分和水分都很低，降低煤尘爆炸性的作用不显著，只有人为地掺入灰分（撒岩粉）或水分（洒水）才能防止煤尘的爆炸。

（3）煤尘粒度　粒度对爆炸性的影响极大。煤尘越细则越易长期悬浮空中，因而爆炸性能越强。

（4）井下空气中悬浮煤尘浓度与瓦斯浓度　井下空气中只有悬浮的煤尘达到一定浓度才能引起爆炸。煤尘爆炸的下限浓度为 30～50g/m^3，上限浓度为 1000～2000g/m^3。其中爆炸力最强的浓度范围为 300～500g/m^3。当井下空气中含有瓦斯并随着瓦斯浓度的增高煤尘爆炸浓度下限急剧下降（表 6-2），这一点在有瓦斯煤尘爆炸危险的矿井应引起高度重视。这是因为，一方面煤尘爆炸往往是由瓦斯爆炸引起的；另一方面，有煤尘参与时，小规模的瓦斯爆炸可能演变为大规模的煤尘瓦斯爆炸事故，造成严重后果。

表 6-2　瓦斯含量与煤尘爆炸下限浓度的关系

瓦斯含量/(m^3/t)	0	0.5	1.4	2.5	3.5	4.5
煤尘爆炸下限浓度/(g/m^3)	45	35	26	16	6	6

注：此表摘自《煤田地质普查勘查手册》。

(5) 空气中氧的含量　空气中氧的含量高时，点燃煤尘的温度可以降低；氧的含量低时，不易点燃煤尘；当氧含量低于17%时，煤尘就不再爆炸。煤尘的爆炸压力也随空气中含氧的多少而不同。含氧高，爆炸压力高；含氧低，爆炸压力低。

(6) 引爆火源　煤尘的引燃温度变化范围较大，它随着煤尘性质、浓度及试验条件不同而变化。我国煤尘爆炸的引燃温度在610～1050℃，一般为700～800℃。这样的温度条件，几乎一切火源均可达到，如爆破火焰、电气火花、机械摩擦火花、瓦斯燃烧或爆炸、井下火灾等。据统计，由于爆破和机电火花引起的煤尘爆炸事故分别占总数的45%和35%。

(7) 开采深度　通常，随着开采深度的增加，煤尘的爆炸性逐渐增加。这可能与深部瓦斯含量较大，深部通风不畅，空气中煤尘浓度较高有关。

2. 评定煤尘爆炸性的方法

煤尘爆炸性的鉴定方法有两种：一种是在大型煤尘爆炸试验巷道中进行，这种方法比较准确可靠，但工作繁重复杂，所以一般作为标准鉴定用；另一种是在实验室内使用大管状煤尘爆炸性鉴定仪进行，方法简便，目前多采用这种方法。

矿井中只要有一个煤层的煤尘有爆炸性危险，该矿井就应定为有煤尘爆炸危险的矿井。根据煤尘爆炸性试验，我国有80%左右的煤矿属于开采有煤尘爆炸危险煤层的矿井。

3. 预防煤尘和煤尘爆炸的措施

预防煤尘和煤尘爆炸的措施主要有以下三种。

(1) 减尘、降尘措施　在煤矿井下生产过程中，通过减少煤尘产生量或降低空气中悬浮煤尘含量，以达到从根本上杜绝煤尘爆炸的可能性。为达到这一目的，煤矿上采取了以煤层注水为主的多种防尘手段。所谓煤层注水，是指在回采之前预先在煤层中打若干钻孔，通过钻孔注入压力水，使其渗入煤体内部，增加煤的水分，从而减少煤层开采过程中煤尘的产尘量。

(2) 防止煤尘引燃的措施　该措施与防止瓦斯引燃的措施大致相同。

(3) 隔绝煤尘爆炸的措施　防止煤尘爆炸危害，除采取防尘措施外，还应采取降低爆炸威力、隔绝爆炸范围的措施。主要措施有：定期清除落尘、定期撒布惰性岩粉、设置水棚、设置岩粉棚、设置自动隔爆棚（具体以《煤矿安全规程》为准）。

三、煤自燃与地温

1. 煤的自燃

暴露于空气中的煤炭自身氧化积热达到着火温度而自然燃烧的现象称煤的自然发火，又称煤炭自燃。

(1) 煤的自燃条件　煤炭自燃必须同时具备有可燃性的碎煤、有充分的氧气和适宜的蓄热升温环境这三个条件。煤的可燃性大小常用自燃倾向性表示。煤炭的自燃倾向性是煤炭的一种自然属性，它取决于煤在常温下的氧化能力，是煤炭自然发火的基本条件。煤炭自然发火的危险程度取决于煤炭自燃倾向性、煤炭赋存条件、通风条件等因素。

(2) 煤自燃的诱发因素　影响煤炭自然发火的因素有内在因素和外在因素。内在因素主要有煤炭的化学成分和煤化程度、煤岩成分，以及煤的水分、孔隙率、碎度和脆度等；外在因素主要有煤层赋存状态、地质构造、采掘与通风条件等。

(3) 煤层自然发火期　一定条件下煤炭从接触空气到自燃所需时间称煤层自然发火期。有煤层巷道自然发火期和采煤工作面自然发火期之分。煤炭自然发火期随煤的煤化程度、含有的可起催化或阻化作用的矿物质、煤层所处地质构造状态、煤层开采时期选用的开拓、采掘、通风技术，以及气象条件等的不同而不同。自然发火期短的矿井一般不宜用煤巷开拓，所用的采煤方法要保证最大的回采速度和最高的采出率，采空区要及时封闭等。

2. 地温

(1) 地温与矿井热害　地温又称地球的温度，指地表面和地面以下不同深度地方的温度。矿井热害指矿井中影响人体健康、降低劳动生产率和危及安全生产的热湿作业环境。

(2) 矿井热害源　矿井热害源指产生矿井高温热害的热量来源。包括地热、空气的自然压缩热（空气由地面到井下，每下降100m，由于其自身的绝热压缩可增温1℃）、机电设备生热、煤炭或硫化矿石氧化生热、入风气温高、人体散热、爆破生热等，其中地热是最重要的热源之一。地热主要受地温增温率的影响。大多数地区地下增温率为2～5℃/100m，平均3℃/100m。随着我国煤矿开采深度的增加，矿井地温会不断升高，井下空气湿度增大，由此造成的矿井热害问题越来越突出。

(3) 矿井热害的防治　一般来说，若空气温度超过27℃人体散热就极为困难，并可能从空气中吸热而使人体热平衡破坏。因此《煤矿安全规程》规定：进风井口以下的空气温度（干球温度）必须在2℃以上；生产矿井采掘工作面空气温度不得超过26℃，机电设备硐室的空气温度不得超过30℃；当空气温度超过时，必须缩短超温地点工作人员的工作时间，并给予高温保健待遇；采掘工作面的空气温度超过30℃、机电设备硐室的空气温度超过34℃，必须停止作业；新建、改扩建矿井设计时，必须进行矿井风温预测计算。生产矿井应采取积极的措施，降低作业场所的空气温度，如加强井下通风，采用喷水降温等，保护井下作业人员的身体健康，避免因温度过高而引发安全事故。

四、煤层顶底板

1. 煤层顶底板层序

在正常的沉积序列中，位于煤层上部一定距离内的岩层，称为煤层的顶板；位于煤层之下一段距离内的岩层，成为煤层底板。煤层顶底板的岩性（图6-46）、岩相及其与煤层的接触关系，是阐明煤层形成的沉积环境及其演变过程的地质依据，也是评价煤层开采技术条件的工程指标。

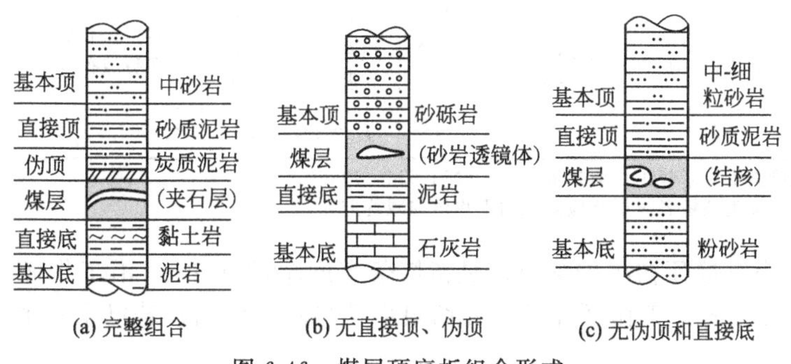

图6-46　煤层顶底板组合形式

(1) 顶板　伪顶指直接位于煤层之上极薄、松软的随采随落的极不稳定岩层，通常是由强度低、易垮落的炭质泥岩组成。其厚度一般在0.5m以下。

直接顶指位于伪顶之上或直接覆盖于煤层之上的一层或几层岩层，通常由砂质页岩、泥岩、粉砂岩等比较易垮落的岩层组成。其在开采过程中常随回柱或移架而自行垮落，有时则需人工放顶。

基本顶指位于直接顶之上，或直接覆于煤层之上，通常由厚（大于2m）而坚硬的砂岩、砾岩、灰岩等组成。在采空区，基本顶能维持很大的悬露面积而不随直接顶垮落。

(2) 底板　直接底指直接位于煤层之下强度较低的岩层，通常是由泥岩、炭质页岩、黏土岩组成，遇水常易滑动或吸水膨胀，支撑力较弱。

基本底指位于直接底板之下，也有直接位于煤层之下的，通常是由比较坚硬稳定的砂岩、石灰岩等组成，支撑力较强。

2. 煤层顶底板对煤矿生产的影响

(1) 影响回采工作面的连续推进　当回采工作面遇断层后，一般采用挑顶卧底的方式通过断层，如果断层使得煤层与坚硬的砂岩或砂砾岩顶板或底板接触，不仅采煤机组很难通过，甚至连爆破采煤工作面也不得不终止推进而另开切眼。

(2) 顶底板的破坏可导致突水事故　如果煤层顶底板含有石灰岩等富水含水层，当煤层开采后，其顶底板会遭受破坏变形（如顶板破碎垮落、断裂、弯曲及底板隆起等），可能导致地下水分布变化，诱发突水事故。

(3) 影响支柱密度、支护形式及支护性能　顶板的类型直接影响其支柱密度和支护形式，而底板岩石的刚度则直接影响支架的支护性能。如单体支柱的底面积仅 $100cm^2$，在底板比较松软的情况下，支柱很容易插入底板（俗称插针），从而失去对顶板的支撑作用。若底板为泥岩时，则会遇水变软，甚至呈泥状，使开采、运输机械下沉，使支架失去对顶板的控制，从而影响生产。

3. 煤层顶底板条件类型

(1) 直接顶分类　缓倾斜煤层采煤工作面按直接顶在开采过程中的稳定程度，即参考顶板岩性和节理（裂隙）发育情况、分层厚度及岩石单向抗压强度等，将直接顶板划分为 4 类（表 6-3）。

表 6-3　直接顶分类指标及参考要素

类别	1类		2类	3类	4类
	不稳定		中等稳定	稳　定	非常稳定
	1a	1b			
基本指标/m	$\bar{l}_r \leqslant 4$	$4<\bar{l}_r \leqslant 8$	$8<\bar{l}_r \leqslant 18$	$18<\bar{l}_r \leqslant 28$	$28<\bar{l}_r \leqslant 50$
岩性和结构特征	泥岩、泥页岩，节理裂隙发育	泥岩、块质泥岩，节理裂隙较发育	致密泥岩、粉砂岩、砂质泥岩，节理裂隙不发育	砂岩、石灰岩，节理裂隙很少	致密砂岩、石灰岩，节理裂隙极少
单向抗压强度/MPa	$R_c=27.94\pm10.75$	$R_c=36\pm25.75$	$R_c=46.3\pm20$	$R_c=65.3\pm33.7$	$R_c=89.4\pm32.6$

注：1. 引自《缓倾斜煤层采煤工作面顶板分类》（MT 554—1996）。
2. 单向抗压强度为该类顶板各煤层相应参数的平均值加减均方差。

表 6-3 中 $\bar{l}_r$ 为直接顶初次垮落距，是指垮落高度超过 0.5m、沿工作面方向垮落长度超过工作面总长度 1/2 时，工作面煤壁到开切眼煤壁之间的距离；若已采多个工作面，则求其算术平均值 $\bar{l}_r$。

(2) 基本顶分类　按缓倾斜煤层采煤工作面基本顶来压显现强度，基本顶划分为Ⅰ～Ⅳ级（表 6-4）。

表 6-4　基本顶分级名称　　单位：kN/m^2

级别	Ⅰ级	Ⅱ级	Ⅲ级	Ⅳ级	
				Ⅳa	Ⅳb
名称	不明显	明显	强烈	非常强烈	
分级指标	$\bar{p}_e \leqslant 895$	$895<\bar{p}_e \leqslant 975$	$975<\bar{p}_e \leqslant 1075$	$1075<\bar{p}_e \leqslant 1145$	$\bar{p}_e>1145$

注：引自《缓倾斜煤层采煤工作面顶板分类》（MT 554—1996）。

表 6-4 中分级指标 $\overline{p}_e$ 是基本顶初次来压平均当量，初次来压当量 p_e 可由式（6-3）确定：

$$p_e = 241.3\ln(L_f) - 15.5N + 52.6h_m \tag{6-3}$$

式中 p_e——基本顶初次来压当量，kN/m^2；

L_f——基本顶初次来压步距，m；

N——直接顶充填系数；

h_m——煤层采高，m。

当 L_f 不超过工作面长度的 1/2 时采用实测值；若超过工作面长度的 1/2 时，则需作一定的修正。如已知基本顶周期来压步距 L_p，可用 $L_f = 2.45L_p$ 推算初次来压步距值。N 亦可用 $N = h_i/h_m$（h_i 为直接顶厚度）进行推算。当直接顶厚度小于 6 倍采高时，h_i 取实测直接顶厚度；当直接顶厚度大于 6 倍采高时，取 $h_i = 6h_m$，然后计算出初次来压当量，并以其平均值对照表 6-4 判定该煤层基本顶级别。

综合考虑直接顶类别和基本顶级别，可得到表 6-5 的几种组合。

表 6-5 煤层顶板的类型

基本顶级别	Ⅰ			Ⅱ			Ⅲ				Ⅳ
直接顶类别	1	2	3	1	2	3	1	2	3	4	4

注：引自贾喜荣《矿山岩层压力》，1997。

（3）伪顶分类　根据缓倾斜煤层采煤工作面伪顶自然垮落厚度，伪顶划分为 1～5 度（表 6-6）。

表 6-6 缓倾斜煤层工作面伪顶分类

伪顶分类/度	1	2	3	4	5
伪顶自然冒落厚度 i/cm	$i<20$	$20\leqslant i<30$	$30\leqslant i<40$	$40\leqslant i<50$	$i\geqslant 50$

注：引自贾喜荣《矿山岩层力学》，1997。

（4）煤层底板分类　根据缓倾斜采煤工作面底板的压入特性，底板划分为Ⅰ～Ⅴ类（表 6-7）。

表 6-7 缓倾斜煤层工作面底板分类

底板类别及代号	极软Ⅰ	松软Ⅱ	较软Ⅲ		中硬Ⅳ	坚硬Ⅴ
			Ⅲa	Ⅲb		
一般岩性	充填砂、泥岩、软煤	泥页岩、煤	中硬煤、薄层状页岩	硬煤、致密页岩	致密页岩、砂质页岩	厚层砂质页岩、粉砂岩、砂岩

注：引自缓倾斜煤层采煤工作面底板分类（MT 553—1996）。

4. 煤层顶底板的研究方法

（1）分析特征变化　根据钻孔、井巷和采场揭露的顶底板资料，分析煤层顶底板的岩石性质、分层厚度、组合特征、层理和裂隙发育程度及其横向变化情况，编制煤层顶板岩性分布图，分区建立顶板岩性组合柱状图，为煤层顶板条件预测评价提供资料。

（2）分析研究井田地质构造展布规律及其对顶板条件的影响　小褶皱、小型断层、节理裂隙、层间滑动及层面擦痕等都会使顶板条件恶化，应将这些由于构造因素而使顶板条件恶化的范围圈定出来。

（3）测试岩性　由于机械化采煤要求地质研究定量化，因此应尽量分区分类采集顶底板岩石样品，进行物理力学性质测试和微观鉴定，以了解岩石的坚固性、可塑性和吸水膨胀性。

（4）相似对比　收集开采过程中各类顶板的矿压显现及稳定状况资料，通过相似对比对未采区的顶板类型和稳定性作出预测评价。

（5）编制顶板条件类型预测图和顶板地质险情分析图　顶板条件类型预测图主要表示直接顶厚度、直接顶厚度与煤层采高比值、直接顶岩性、断裂带分布、地下水的压力及运动情况等，有条件的可以通过与相邻已采区类比确定顶板类级。顶板地质险情分析图反映不同险情指数的分布及顶板条件好坏的分区位置。

五、矿山压力

1. 矿山压力及其成因

地下的煤层和岩层，在未采动之前，处于应力平衡状态，采掘工程使其应力重新分布，在采掘空间周围岩体内形成一种促使围岩向已采掘空间运动的力，这种力就称为矿山压力，简称矿压，也称地压。矿山压力来源于上覆岩层的重力作用和地质构造的残余应力。上覆岩层的重力作用取决于岩石的组成和厚度。如果地壳浅部岩石的平均密度为 $2.5t/m^3$，则自地表向下每增深 1m，巷道承受的压力就增加 25Pa，在垂深 400m 处，其静压力达 10MPa。地质构造是地质应力作用的结果，其残余应力主要表现为水平压应力。大量实测实例表明，在地质构造较复杂的地区或断层、褶皱、节理发育部位，构造残余应力对矿压的影响明显增大。

2. 影响矿山压力的地质因素

（1）煤岩层的物理力学性质　煤层、岩层的力学性质是影响矿压活动最直接的因素。对煤层顶底板、含水层、坚脆砂岩层、松软泥岩层，要逐渐分析它们沿走向和倾向的变化，受构造破坏的情况。在垂直方向上要系统研究各煤岩层的层序及组合情况，统计顶底板的裂隙特征、含水层组的结构、有矿山压力潜在危险的层组的岩石力学性质指标，以及它们和煤层之间的间距。最后在反映工程地质特征的采掘工程平面图上圈出有矿山压力潜在危险的区域，在剖面图和柱状图上标出有矿山压力潜在危险的层段，并附有关危险性鉴定指标。

（2）地质构造　矿山压力的形成及其显现特征均与地质构造密切相关。断裂交叉点附近、帚状构造收敛部位、断层的两端、平面上断层转弯部位、雁行式断层首尾相接部位、同一条断层倾向转折点附近、断层两端差异运动较剧烈的部位、褶曲轴部和翼部的交界附近及逆冲断层或逆掩断层的上盘、两次构造叠加的部位等，均是构造应力集中甚至是高度集中地段，也是矿山压力显现的地段，应引起高度重视。

（3）水文地质条件　矿井水的浸润渗透改变了岩石的力学性质，降低了岩石强度，从而引起围岩的变形和破坏。吸水性强的岩石，容易软化、液化或产生膨胀作用，使井巷围岩失稳，采场顶板松散，底板泥化。特别是在采动影响下，原有岩体的水文地质结构被破坏，引起地下水运动状态的改变，使巷道和工作面局部的应力集中，发生地下水压力的冲溃现象。应观测地下水的水位、水压，研究含水层分布及其与煤层的间距、隔水层性质及其间组合关系等，特别要注意出现与煤矿压力伴生的突水现象。

（4）瓦斯　煤（岩）与瓦斯突出是冲击地压的一种表现形式。煤（岩）与瓦斯突出与煤层埋藏深度、煤层厚度、煤层结构、煤质变化、煤层顶底板岩性、构造和地下水活动等有关。

第七章 Chapter 7

矿井水文地质及水害防治

煤矿在开拓和开采过程中，常会遇到地下水渗入巷道，或者引起一部分大气降水和地表水流入井下，成为阻碍采掘工作的不利因素。例如，引起巷道积水，增加井下运输的困难，破坏巷道顶底板岩石的稳定性，使支护工作复杂化，酸性地下水腐蚀井下机械设备，缩短采矿机械的寿命等。地下水不仅会增加采矿过程中的排水投资，而且还会对采矿的劳动生产率和矿工的身体健康带来不良的影响。此外，在地下水突然涌入巷道时，则有淹没巷道和矿井的危险，常常给矿井建设和生产带来不同程度的危害。因此，进行水文地质研究，对于采矿工作来说，有着重要的实际意义。

第一节 地下水基本知识

一、自然界中水的循环

大气圈中的水、地表水和地下水，彼此间的关系极为密切。由于太阳辐射及地心引力的影响，水的循环在自然界中不断进行。海洋、河流、湖泊、泉及岩石表面的水，在太阳辐射热的作用下，蒸发成水汽进入大气圈，在适当条件下水蒸气凝结成雨或雪，并在地心引力的影响下降落下来。然后，又重新蒸发，如此循环不止。水的循环，分为全球性的大循环和局部性的小循环，如图 7-1 所示。

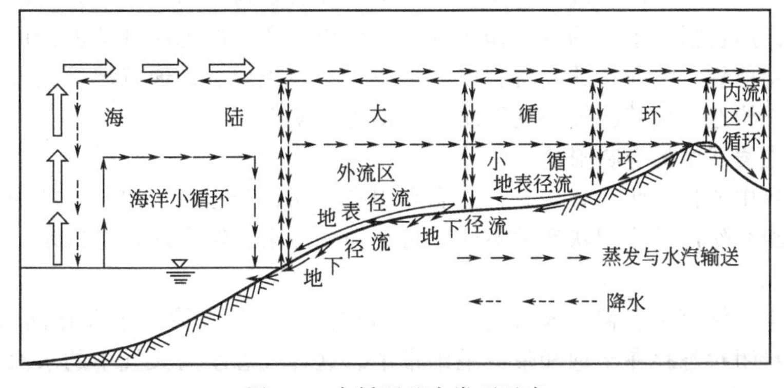

图 7-1　水循环基本类型示意

大循环又称外循环，即海洋里的水经蒸发成水蒸气，并受气流影响带向陆地上空，凝结成雨降落到地面上。这些水除了一小部分被蒸发外，一大部分形成地表径流和地下径流而汇入海洋，这种循环称为大循环。

小循环又称内循环，即海洋或陆地上的水，蒸发到空气中，由于空气的变化又凝结成水，降落到当地的海洋或陆地上，这种循环称为小循环。

二、地下水的赋存

1. 岩石的空隙性

岩石空隙是岩石成岩时期或岩石形成后在内外应力作用下产生的。岩石空隙是地下水储存场所和运动通道，其多少、大小、形状、连通情况和分布规律，对地下水分布和运动具有重要影响。

岩石中的空隙根据其成因和后期所受应力作用程度分为孔隙、裂隙和喀斯特（图 7-2）。

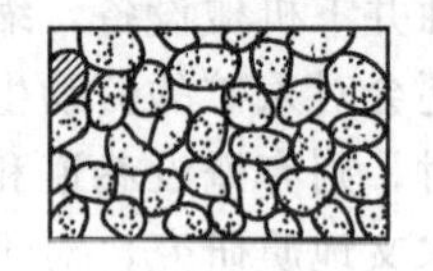
(a) 分选良好排列疏松的砂

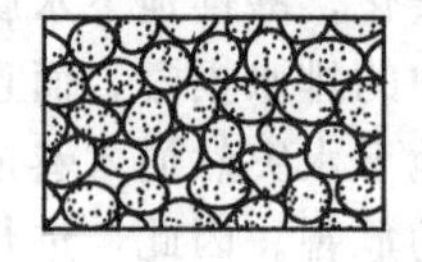
(b) 分选良好排列紧密的砂

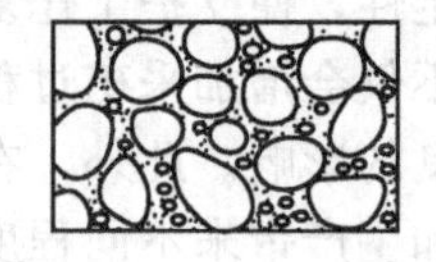
(c) 分选不良含泥砂的砾石

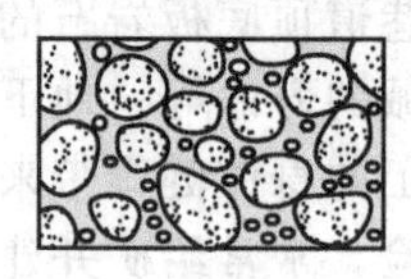
(d) 经过部分胶结的砂岩

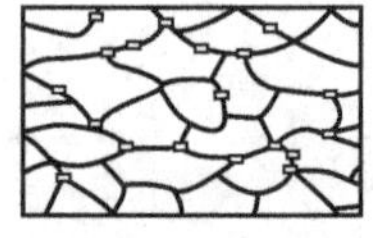
(e) 具有结构性空隙的黏土

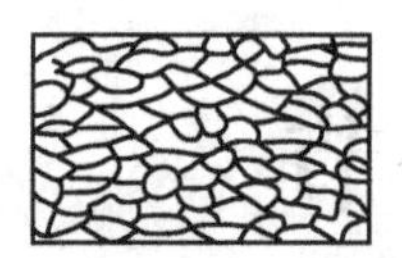
(f) 经过压缩的黏土

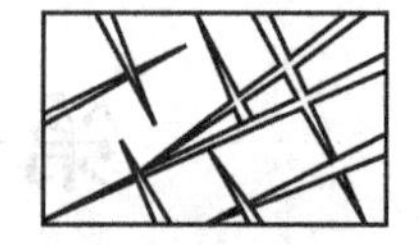
(g) 具有裂隙的岩石

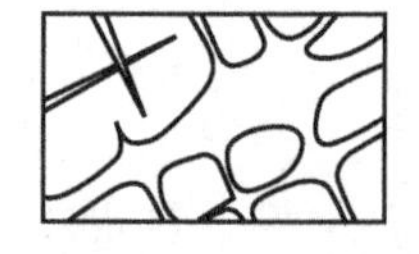
(h) 具有溶隙及洞穴的可溶岩

图 7-2　岩石中的各种空隙（王大纯，1995）

孔隙是指分布于松散的沉积岩层中及半胶结的碎屑沉积岩中岩石颗粒或颗粒集合体之间的空隙。孔隙的大小和多少取决于岩石颗粒的大小、形状、分选程度、排列方式、胶结程度及充填物的性质等因素。

裂隙是指各种应力作用下岩石破裂产生的裂缝。裂隙的大小、多少、张开性能、分布规律等主要取决于岩石的性质、裂隙成因、岩石所处的构造部位，以及裂隙在形成过程中的各种自然因素（气候、地形、地下水活动等）。

喀斯特（岩溶、溶隙、溶洞、溶穴）是可溶性岩石（如岩盐、石灰岩、白云岩等）在地下水的溶蚀、冲蚀下产生的空洞。它是发育在可溶性岩石地区的一系列独特的地质作用和现象，这种地质作用包括地下水的溶蚀作用和冲蚀作用，产生的地质现象就是由这种地质作用所形成的喀斯特地貌。喀斯特的发育程度、形态、分布规律、连通状况等主要与可溶岩的成分、结构、地质构造、地貌特征和地下水的活动等因素有关。

2. 地下水在岩石中的存在形式

水在自然界中的物理状态有气态、液态和固态。储存和运动于岩石空隙中的水，根据水与岩石之间的相互作用及物理状态的不同，可分为气态水、结合水、毛细水、重力水和固态水等几种形式。

（1）气态水　储存和运移于未被饱和的岩石空隙中，呈气体状态存在的水，称气态水。气态水也可以封闭状态存在于饱和带或毛细带中。这种气态水与大气中的水汽性质相同，受蒸汽张力差的作用，由水蒸气张力大的地方向水蒸气张力小的地方运动。当岩石空隙内空气中水汽增多达到饱和时，或当温度变化而达到凝点时，水汽开始凝结，成为液态水。气态水与大气中的水汽常保持动平衡状态而相互转移。气态水在一处蒸发，在另一处凝结，对岩石中水的重新分布有着一定的影响。

(2) 结合水　储存和运移于岩石空隙中的液态水，一经与岩石颗粒接触，颗粒表面就会牢固地吸附一层水膜，这种水称为表面结合水。岩石颗粒表面能牢固地吸附一层水膜，是因为岩石颗粒表面由游离原子或离子组成，带有正电荷或负电荷，在其周围形成静电引力场。而水分子本身又是偶极子，它是由两个位于等腰三角形底角的氢原子和一个位于顶角的氧原子组成的，因而水分子一端为正电荷，另一端为负电荷。当岩石颗粒与水接触时，在静电引力的作用下，水分子便失去自由活动能力，被整齐地、紧密地吸附在颗粒表面，形成一层很薄的水膜，称水化膜。由于距颗粒表面越远，静电引力场的强度越小，故根据颗粒对水分子吸着作用的强弱，将这种结合水分为强结合水和弱结合水。

(3) 毛细水　充填在毛细空隙中的水称为毛细水。这种水一方面受重力作用，另一方面受毛细力作用。实验表明，毛细上升最大高度与毛管直径成反比。在沉积物样品中的实际观察表明：在砂类土中，颗粒越小则孔隙越小，毛细上升高度就越高。但在黏性土中并非如此，根据观察，黏性土中毛细上升的最大高度不超过12m。这是因为黏性土孔隙中多为结合水，无毛细水存在的缘故。黏性土中毛细现象的产生，是其中弱结合水缓慢运动的结果，由于运动的阻力很大，故上升高度反而减小。

毛细上升速度与毛细孔隙大小有密切关系。毛细孔隙越大，毛细上升速度越快，反之越慢。毛细上升速度是不均匀的，开始上升速度快，以后便逐渐减慢。粗粒砂土，经过几昼夜或几十昼夜水便停止上升了，而对于黏性土，要经过几年才能达到最大高度。此外，毛细上升速度还与水的矿化度有关，一般随矿化度的增大而减小。

(4) 重力水　当岩石的孔隙全部为水饱和时，在重力作用下能运动的水称为重力水（又称自由液态水)。重力水是水文地质学的主要研究对象。

(5) 固态水　在寒冷地带，水常以固态冰的形式存在，这种水称固态水。这类水只在寒冷地区存在。

在生活中可以见到以上各种形态的水。如在砂土层中挖井，开始挖时，看上去土是干的，但其中都存在着气态水和结合水；再往下挖时，砂土层的颜色渐渐变暗、潮湿，说明土中已存在毛细水了；随着井的加深，潮湿程度加大，毛细水量增多，虽然井壁已经很湿了，但井中却没有水，这是因为毛细水的弯液面阻止着毛细水流入井中；再往下挖到一定深度，水便开始渗入井中，逐渐形成一个自由水面，这个水面就是地下水面。地下水面以下的砂土层孔隙全部为重力水所饱和，称饱水带；地下水面以上，孔隙未被重力水饱和，称包气带。毛细带实际上是两者过渡带（如图7-3)。

三、含水层与隔水层

1. 基本概念

(1) 透水层　指重力水能够透过的土层或岩层。透水层的透水强弱主要取决于其空隙大小和空隙的连通程度。

(2) 弱透水层　指允许地下水以极小速度流动的弱导水岩层。在多层含水层叠置的含水系统中，弱透水层构成上下含水层间的水交换通道，上下含水层的水头压差越大，通过弱透水层的水量就越大。

(3) 含水层　指地下水面以下饱水的透水层（上部未饱水的部分则是透水但不含水的岩层，图7-4)。构成含水层的条件是：土层或岩层有储存重力水的空隙；下伏有隔水层。由于含水层是赋存水的主要场所，因此它是水文地质研究的主要对象。

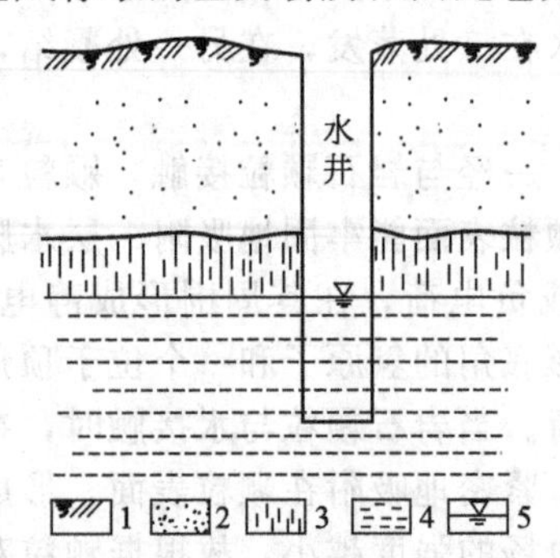

图 7-3　各种形式的水在地壳中的分布

1—地表；2—包气带（气态水、结合水）；3—毛细水；4—饱水带（重力水）；5—地下水面

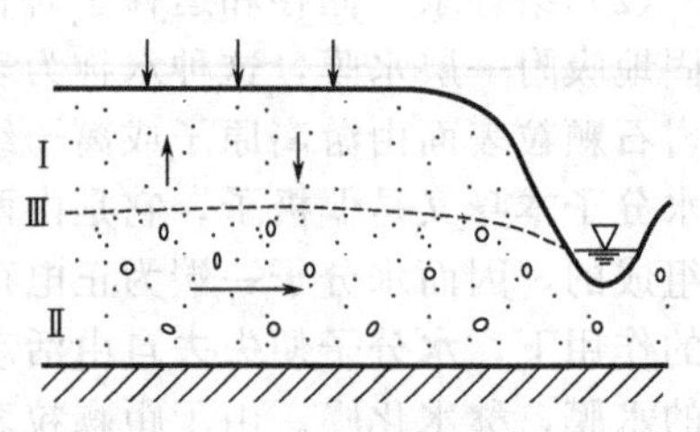

图 7-4　含水层与透水层

Ⅰ—透水层；Ⅱ—含水层；Ⅲ—地下水面

（4）隔水层　指重力水不能透过的土层或岩层，如黏土、致密完整的页岩、岩浆岩、变质岩等。隔水层的存在使上下两层含水层没有水力联系。在地下水位以下采煤时，为防止含水层中的地下水突入矿井，必须保持隔水层的完整。

实际工作中划分含水层和隔水层时，不仅要根据岩石是否能透过并给出水，还应考虑它所给出水的数量是否具有实用价值，能否满足开采利用的实际需要，或者是否会对工程施工构成危害，因此在某种意义上含水层与隔水层的划分是相对的。

2. 含水层的类型及含水岩组

根据不同的标准或目的，可将含水层划分为若干类型，详见表 7-1。

表 7-1　含水层划分及含水岩组

类型		特征
按含水层的空间分布状态	层状含水层	含水岩石在空间呈层状分布，也可以是倾斜的，与地层的延伸分布一致
	脉状（或带状）含水层	指在空间延伸长度较大而宽度和厚度有限的含水层。宽度和厚度都很小的称脉状
	块状含水层	指长度、宽度有限而厚度较大的含水层或含水岩体，其四周边界常被隔水层包围，形如块状
按含水介质的空隙类型	孔隙含水层	指含地下水的孔隙岩层构成的含水层。孔隙水主要储存于第四纪和新近纪未胶结的松散岩土层中，可以是承压的，也可以是非承压的。松散岩层的孔隙一般连通性好，含水层内水力联系密切，具有统一水面，孔隙水运动多呈层流状态
	裂隙含水层	指裂隙岩层构成的含水层。裂隙岩层中的地下水，其埋藏、分布与运动规律主要受岩石的裂隙类型、裂隙性质、裂隙发育的程度等因素控制。与孔隙水相比，裂隙水埋藏与分布不均匀；运动性质随裂隙的发育及深度减弱；在垂直方向的分布和运动也存在分带现象
	喀斯特含水层	指含地下水的喀斯特化岩层。可溶性岩石中的地下水埋藏与分布具有极大的不均衡性，地下水动态不稳定，地表径流与地下径流、无压流与有压流相互转化，在条件适宜的情况下常形成含水极丰富的含水层
按含水层埋藏条件及水力状态	承压含水层	指两个隔水层或弱透水层之间所夹的完全饱水的含水层。其补给区与分布区不一致，能承受静水压力，动态变化不显著。由于承压水不具自由水面，其运动方式不是在重力作用下自由流动，而是在静水压力作用下以水交替的形式进行运动
	无压含水层	指具有自由水面的含水层。含水层自由水面以上可以是透水层，也可以是弱透水层或隔水层。其自由水面上任一点均受大气压力作用，故无压水不能承受静水压力，只能在重力作用下，始终由高水位向低水位运动

续表

类型		特征
按渗透性的空间变化	均质含水层与非均质含水层	均质含水层中渗透系数是与渗透区域坐标无关的常数，即含水层中不同地点的渗透系数是相同的。非均质含水层的渗透系数则随空间坐标而变化，即在含水层中不同地点的渗透系数可以是不同的
	各向同性含水层与各向异性含水层	各向同性含水层任何一点的渗透系数与渗流方向无关，即不管水流向哪个方向运动，在同一点上都具有相同的渗透系数；各向异性含水层渗透系数取决于渗流方向，在同一点上当渗流方向不同时，可以有不同的渗透系数，即如 $K_x \neq K_y \neq K_z$
含水岩组		指具有统一的水力联系和一定的水化学特征的多层含水层的空间组合。其构成的基本条件：一是含水岩组内部各个含水层应具有统一的水力联系；二是含水岩组内部的地下水应具有一定的水化学特征，即某一含水岩组的地下水属于一定水文地球化学场作用下的产物；三是包括在一个含水岩组中的各个含水层在地质上应具有一定的成因联系，并同属于某一地层单位

3. 含水层的富水性分级

含水层的富水性有强弱之分。含水丰富的含水层称为强含水层，含水性差的含水层称为弱含水层。含水层的出水能力称为富水性。一般以规定某一口径井孔的最大涌水量来表示。含水层富水性的等级划分见表 7-2。

表 7-2　含水层富水性的划分

含水层富水性等级	按钻孔单位涌水量 q/[L/(s·m)]
弱富水性	$q \leqslant 0.1$
中等富水性	$0.1 < q \leqslant 1.0$
强富水性	$1.0 < q \leqslant 5.0$
极强富水性	$q > 5.0$

表 7-2 中，钻孔单位涌水量以口径 91mm、抽水水位降深 10m 为准；若口径、降深与上述不符时，应当进行换算后再比较富水性。换算方法：先根据抽水时涌水量 Q 和降深 s 的数据，用最小二乘法或图解法确定 $Q=f(s)$ 曲线，根据 Q-s 曲线确定降深 10m 时抽水孔的涌水量，再用下面的公式计算孔径为 91mm 时的涌水量，最后除以 10m 便是单位涌水量。

$$Q_{91}=Q_{孔}\left(\frac{\lg R_{孔}-\lg r_{孔}}{\lg R_{91}-\lg r_{91}}\right)$$

式中　Q_{91}，R_{91}，r_{91}——孔径为 91mm 的钻孔的涌水量、影响半径和钻孔半径；

　　　$Q_{孔}$，$R_{孔}$，$r_{孔}$——孔径为 r 的钻孔的涌水量、影响半径和钻孔半径。

四、地下水的分类

1. 按地下水的埋藏条件分类

地下水按埋藏条件可分为上层滞水、潜水和承压水。

(1) 上层滞水　上层滞水是指埋藏在离地表不深的包气带中局部隔水层上的重力水（图 7-5）。

上层滞水一般分布范围小，储水量不丰富。由于其埋藏浅，受气候条件影响大，在雨季获得补给，补给区与其分布区一致；旱季水量明显减少，甚至干涸，一般只有当包气带厚度较大时上层滞水才易出现；当其下部隔水层范围较广时，上层滞水存在的时间较长。

上层滞水由于分布范围有限，水量少，且其季节性明显，仅能作小型或临时性供水水源，对煤矿生产一般没有影响。

（2）潜水　潜水是指埋藏在地表以下、第一个稳定隔水层以上且具有自由水面的重力水（图 7-6）。潜水的自由水面称为潜水面，地表至潜水面的垂距称为潜水埋藏深度，潜水面至其底板隔水层顶面之间的距离称为潜水含水层厚度，潜水面上任一点的标高称为潜水位。

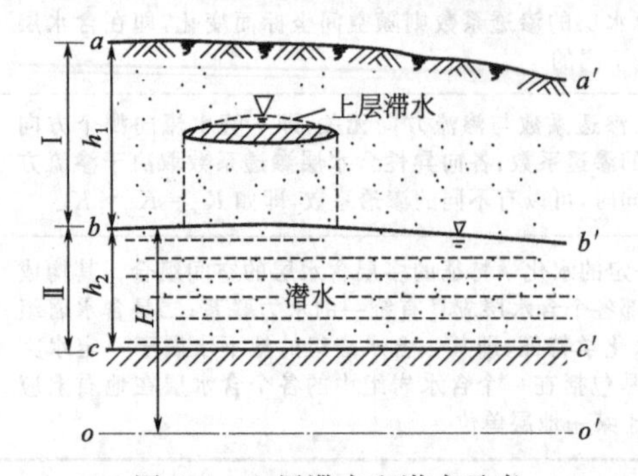

图 7-5　上层滞水和潜水示意
Ⅰ—包气带；Ⅱ—饱水带；aa'—地面；bb'—潜水面；cc'—隔水层顶面；oo'—基准面；h_1—潜水埋藏深度；h_2—潜水含水层厚度；H—潜水位

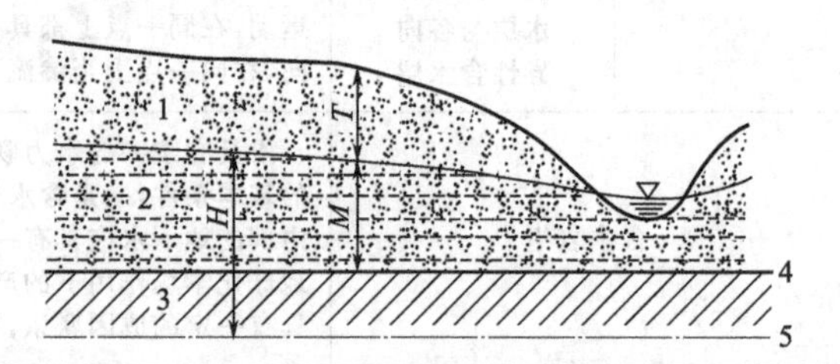

图 7-6　潜水埋藏示意
1—砂层；2—含水层；3—隔水层；4—潜水面；5—基准线；T—潜水埋藏深度；M—含水层厚度；H—潜水位

由于潜水无隔水顶板，地表水及大气降水可以通过包气带直接渗入补给，分布区和补给区经常是一致的，并且其水量、水位等动态变化具有明显的季节性。

由于潜水具有自由水面（即潜水面），而潜水面上任意一点均只受大气压作用，所以潜水是不承受静水压力的无压水（因局部隔水层存在产生局部地段承压现象例外），只能在重力作用下由高水位向低水位不断运动。

潜水在重力作用下发生流动，其结果使潜水面产生一定的坡度，形成不同形状的潜水面。潜水面形状与地形关系密切，随地形起伏而变化，地形高的地方潜水位亦高，地面坡度越大，潜水面坡度也越大，但潜水面坡度总小于当地地面坡度。如果潜水面是倾斜的，潜水就发生流动，称为潜水流；当潜水面呈水平时，潜水处于静止状态，称为潜水湖。

潜水面的形状可用等水位线图来表示。等水位线图即潜水面的等高线图，它是根据潜水面上各点高程编制而成的等值线图（见图 7-7）。其作图方法与地形等高线图类似。由于潜水是随时间变化的，所以在编制等水位线图时必须利用同一时期内所观测的水位资料。为了反映不同时期潜水面形状的变化，在有条件时最好能绘制出不同时期的潜水面等高线图。

根据潜水面等高线图可以解决下列问题。

① 确定潜水的流向。潜水是沿着潜水面坡度最大的方向流动的，因此，垂直于潜水等水位线从高水位指向低水位的方向，就是潜水的流向，如图 7-7 中箭头所示的方向。

② 确定潜水面的坡度（潜水水力坡度）。确定了潜水流向之后，在流向上任取两点的水位高差，除以两点之间的实际距离，即得潜水面的坡度。

③ 确定潜水的埋藏深度。将地形等高线和潜水等水位线绘制于同一张图上时，则等水位线与地形等高线相交之点，二者高程之差即为该点的潜水埋藏深度。若所求地点的位置不在等水位线与地形等高线之交点处，则可用内插法求出该点地面与潜水面的高程，潜水的埋藏深度即可求得。

④ 确定潜水与地表水的相互补给关系。在邻近地表水的地段编制潜水等水位线图，并测定地表水的水位标高，便可以确定潜水与地表水的相互补给关系，如图 7-8 所示。

⑤ 利用等水位线图合理布设取水井和排水沟。为了最大限度地使潜水流入水井和排水沟，一般应沿等水位线布设水井和排水沟，如图 7-9 所示。显然，按 1、3 布设水井是合理的，而 1、2 是不合理的；同理，按 5 布设排水沟是合理的，而 4 是不合理的。

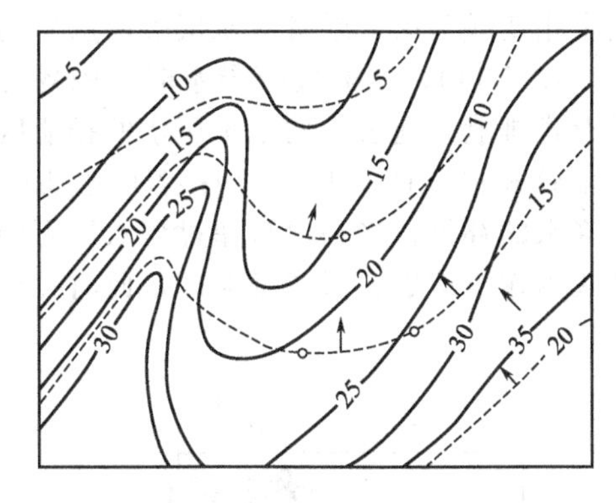

图 7-7　潜水等水位线图

地形等高线；○钻孔或井；---- 潜水等水位线；↑潜水流向

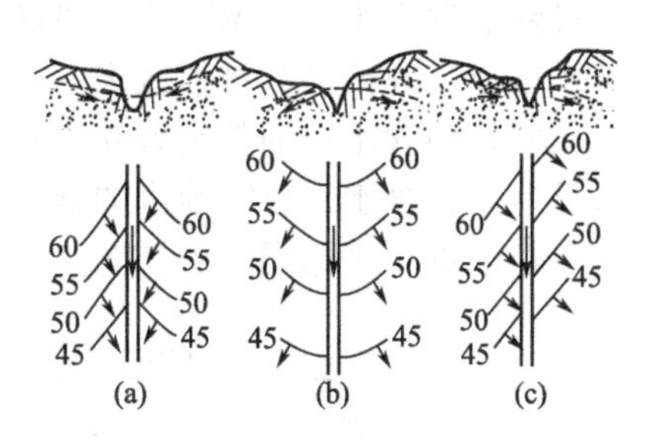

图 7-8　均质岩石中潜水与地表水（河水）的关系

(3) 承压水　充满于上下两个相对稳定隔水层之间的含水层中，对顶板产生静水压力的地下水称为承压水。承压水由于有隔水顶板存在，其补给区和分布区不一致，与水文因素季节变化的关系不甚明显，动态稳定，不易受污染。又因受上下隔水层的限制，其有一定的承压水头，运动方式不是在重力作用下的自由流动，而是以传递静水压力的方式进行水的交替，当地形条件适宜时，经钻孔揭露承压含水层后，承压水会喷出地表（承压水因此又称自流水）。最适宜承压水形成的构造形式有向斜和单斜。

储存承压水的向斜构造在水文地质学上通常称为承压水盆地或自流盆地。自流盆地按其水文地质特征可分为补给区、承压区及排泄区（图 7-10）。在含水层出露较高且直接接受大气降水或地表水补给的地段称为补给区。含水层出露较低，且以泉的形式出露地表，或补给潜水和地表水的地段称为排泄区。补给区和排泄区之间含水层上部具有隔水层且承受静水压力的地段称为承压区。在承压区，当钻孔打穿隔水顶板时，承压水便涌入钻孔内，水沿钻孔上升，当水位上升到一定高度且稳定后，此时的水面标高称为承压水的测压水位或静止水位。从静止水位到隔水顶板底面的垂直距离称为承压水头；上下两隔水层之间的垂直距离称为含水层厚度。

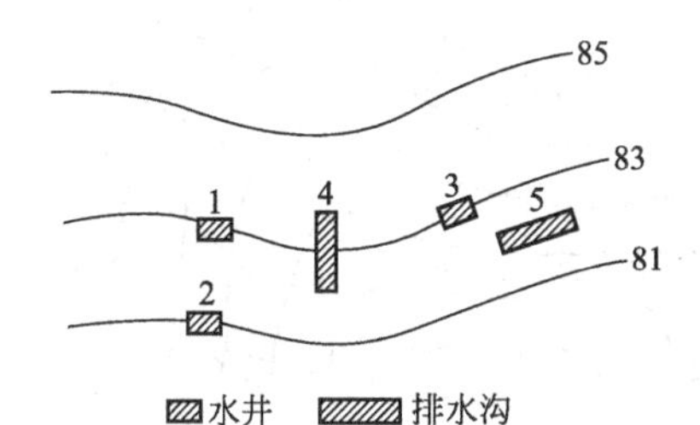

图 7-9　水井与排水沟布设示意

1，2，3—水井；4，5—排水沟

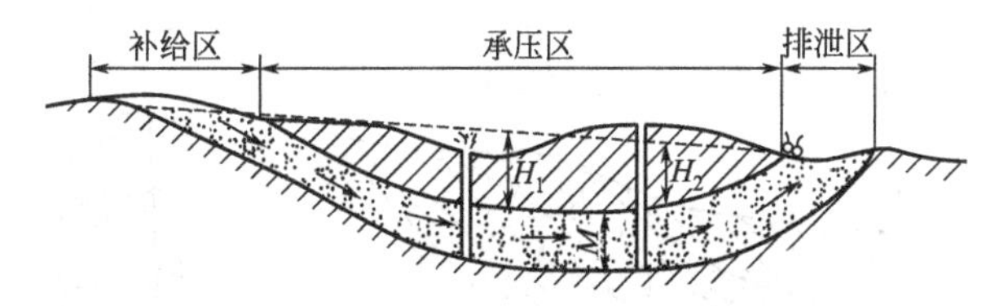

图 7-10　承压水示意

H_1—正水头；H_2—负水头；M—含水层厚度

1—隔水层；2—含水层；3—喷水钻孔；4—不自喷钻孔；5—地下水流向；6—承压水位；7—泉

在向斜构造的自流盆地中往往有几个含水层存在，每个含水层分别有自己的补给区、承压区和排泄区。当地表形态与构造形态一致时称为正地形自流盆地；反之称为负地形自流盆地。正地形自流盆地中下部含水层的承压水位一般较上部含水层高，含水层之间若有水力联系，往往是下部含水层补给上部含水层。负地形自流盆地中下部含水层的承压水位较上部含水层的承压水位低，若含水层之间发生水力联系，往往是上部含水层的水补给下部含水层。

储存承压水的单斜构造称承压水斜地或自流斜地。如图 7-11 和图 7-12 所示，由含水层和隔水层所组成的单斜构造，由于含水层岩性发生相变或尖灭，或者含水层被断层所切，均可形成承压斜地。由断裂构造形成的承压水斜地（图 7-11），当断裂带导水时，则各含水层将通过断层发生水力联系，或通过断层以泉水的形式排泄于地表，构成承压水的排泄区，此时承压区介于补给区和排泄区之间，情况与承压盆地相同［图 7-11（a）］；若断裂带隔水而不导水时，则含水层的补给区接受地表水或大气降水的补给，当补给量超过含水层可能容纳的水量时，在含水层暴露地带的低洼处呈泉水形式出露于地表，形成排泄区，此时补给区和排泄区位于承压区的同一侧［图 7-11（b）］。

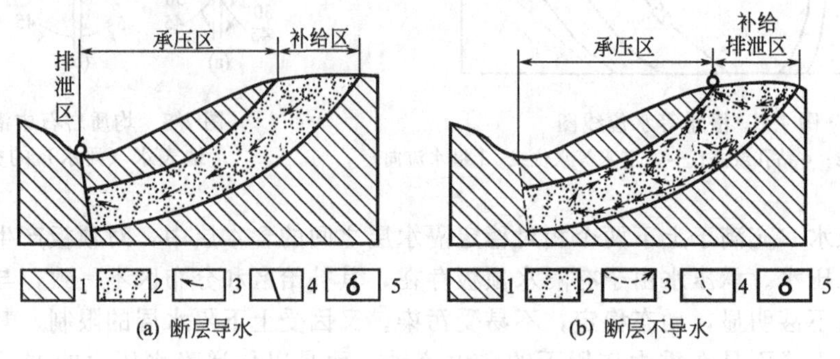

图 7-11　断块构造形成的承压斜地

1—隔水层；2—含水层；3—地下水流向；4—断层；5—泉

承压水含水层的水面特征可用等水压线图来描述。承压水等水压线图是承压水位标高相同点的连线，其编制方法与潜水等水位线图基本相同，只是将各测点的承压水位值代替潜水水位，进行作图，即得等水压线图（图 7-13）。但等水压线图反映的承压水面与潜水面不同：潜水面是一个实际存在的面，而承压水面是一个势面，这个面可以与地形极不吻合，甚至高于地表（正水头区），钻孔揭露承压含水层时，形成自流井。承压水的等水压线图与潜水等水位线图一样，通过它可以确定承压水的流向、水力坡度、含水层及地表水之间的水力联系、含水层厚度及透水性变化等，同时对于工程建筑及供水都有很大的实际意义。

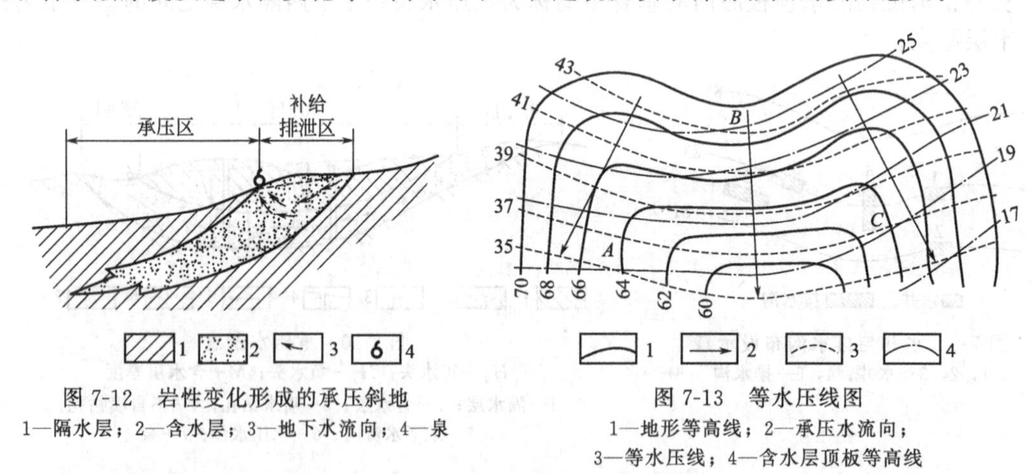

图 7-12　岩性变化形成的承压斜地

1—隔水层；2—含水层；3—地下水流向；4—泉

图 7-13　等水压线图

1—地形等高线；2—承压水流向；3—等水压线；4—含水层顶板等高线

2. 按含水层空隙性质分类

（1）孔隙水　孔隙水是指赋存于第四纪疏松沉积物和部分前第四纪胶结较差的松散岩层孔隙中的重力水。我国第三纪煤田主要是孔隙充水的煤田，多数露天矿为孔隙充水煤矿。由于孔隙水埋藏条件的不同，可形成潜水或自流水。孔隙水对采矿的影响，主要决定于孔隙含水层厚度、岩层颗粒大小，以及孔隙水与煤层的相互关系。一般来说，岩石颗粒大而均匀，厚度大，地下水运动快，水量大；而颗粒细又均匀的砂层，易形成流砂。

（2）裂隙水　裂隙水是指埋藏于岩石的风化裂隙、成岩裂隙和构造裂隙中的地下水。裂隙性质和发育程度的不同，决定了裂隙水赋存和运动条件的差异。所以裂隙水的特征主要决定于裂隙的性质，受裂隙控制，地下水埋藏分布不均匀且有方向性。对矿井充水影响较大的主要是构造裂隙承压水。

（3）岩溶水　岩溶水是指存在于石灰岩、白云岩等可溶性碳酸盐类岩石的裂隙、溶洞中的地下水。

岩溶含水层的富水性一般较强，但在空间分布上极不均匀，有明显的水平和垂直分布规律。在水平方向上，强含水带常沿褶皱轴部、断层破碎带等呈脉状带状分布，具有明显方向性。在垂直方向上，岩溶含水层的富水性有向深部逐渐减弱的规律，即浅部富水性强，为强含水带；深部含水性差，为弱含水带。

岩溶水可以是潜水，也可以是自流水，对矿山开采极为不利。特别是岩溶自流水往往具有高压的特点，致使我国许多煤田水文地质条件复杂化。一般煤层附近厚度超过 5m 的石灰岩，均作为主要含水层考虑。厚度巨大的石灰岩层（如我国华北的奥陶纪石灰岩、华南的长兴组及茅口组石灰岩），多是造成矿井重大水患的水源。

此外，有的地下水具有某种医疗性质，这种地下水称为矿泉水或医疗水。根据矿泉水的温度不同，将矿泉水分为四类：冷矿泉（温度小于 20℃）、温矿泉（20～37℃）、热矿泉（37～42℃）和高热矿泉（大于 42℃）等。矿泉水在我国分布很广，现已发现 800 多处，不少地方已经建成疗养场所。例如，重庆的南、北温泉，昆明的安宁温泉，南京的汤山，北京的小汤山，黑龙江的五大连池，河南鲁山的上、中、下汤等。

五、地下水的性质

1. 地下水的物理性质

地下水的物理性质包括温度、颜色、透明度、气味、味道、密度、导电性和放射性等，其中前 5 种可通过人的感觉器官或仪器测得，后 3 种必须用仪器测定。

（1）温度　地下水温度的变化与自然地理条件、地质条件、水的埋藏深度有关。通常地下水温度变化与当地气温状态相对应，变温带内的地下水温度呈现出周期性日变化和周期性年变化，但水温变化比气温变化幅度小，且落后于气温变化；常温带的地下水温度接近当地年平均气温；增温带的地下水温度随深度的增加而逐渐升高，其变化规律取决于该地区的地温梯度。

地下水按温度可分为 7 种类型（表 7-3）。

表 7-3　地下水按温度分类

类别	非常冷的水	极冷的水	冷水	温水	热水	极热水	沸腾水
温度/℃	＜0	0～4	5～20	21～37	38～42	43～100	＞100

（2）颜色　地下水一般是无色的，当其含有某种化学成分或有悬浮杂质时，地下水具有各种不同的颜色。水中存在物质与水的颜色的关系见表 7-4。

表 7-4　水中存在物质与水的颜色的关系

水中存在物质	硬水	低价铁	高价铁	硫化氢	硫细菌	锰的化合物	腐植酸盐
水的颜色	浅蓝色	灰蓝色	黄褐色	翠绿色	红色	暗红色	暗黄色或灰黑色

(3) 透明度　地下水的透明度取决于水中固体物质与胶体颗粒悬浮物的含量。按其透明度的好坏，地下水可分为透明的、微浊的、浑浊的和极浑浊的（表 7-5）。

表 7-5　地下水透明度的分级

分　级	野外鉴别特征
透明的	无悬浮物及胶体，60cm 水深可见 3mm 粗的线
微浊的	有少量悬浮物，大于 30cm 水深可见 3mm 粗的线
浑浊的	有较多的悬浮物，半透明状，小于 30cm 水深可见 3mm 粗的线
极浑浊的	有大量的悬浮物或胶体，似乳状，水深很小也不能清楚看见 3mm 粗的线

(4) 气味　洁净的地下水是无气味的。地下水是否具有气味，主要取决于水中所含气体成分和有机物质。例如，含有 H_2S 时水具有臭鸡蛋味；若有有机物存在则水具有鱼腥臭味。测定气味时将水加温至 40℃时辨别最显著。地下水气味的强度等级见表 7-6。

表 7-6　地下水气味的强度等级

等　级	程　度	说　明
0	无	没有任何气味
Ⅰ	极微弱	有经验分析者能觉察
Ⅱ	弱	注意辨别时一般人能觉察
Ⅲ	显著	易于觉察，不加处理不能饮用
Ⅳ	强	气味引人注意，不能饮用
Ⅴ	极强	气味强烈扑鼻，不能饮用

(5) 味道　通常地下水是无味的。当水中含有某些盐分或气体成分时，地下水就有味道。水中存在物质与味道的关系见表 7-7。

表 7-7　水中存在物质与味道的关系

存在物质	NaCl	Na_2SO_4	$MgSO_4$，$MgCl_2$	大量有机质	铁盐	腐植质	H_2S 与碳酸气同时存在	CO_2 及适量 $Ca(HCO_3)_2$ $Mg(HCO_3)_2$
味道	咸味	涩味	苦味	甜味	涩味	沼泽味	酸味	可口

(6) 密度　地下水的密度取决于水中所溶解盐分的多少。一般情况下，地下水的密度与化学纯水相同。当水中溶解较多盐分时，密度可达 $1.2 \sim 1.3 g/cm^3$。

(7) 导电性　化学纯水几乎不导电，天然地下水具有良好的导电性，是由于水中含有离子。离子含量越多，导电性越强。

(8) 放射性　通常地下水无放射性。当水中溶解有铀、镭、氡气等时，可表现出放射性。地下水的放射性分级见表 7-8。

表 7-8　地下水的放射性分级

分　级	氡水中射气含量/eman	镭水中镭的含量/(g/L)
强放射性水	＞300	$> 10^{-9}$
中等放射性水	100～300	$10^{-10} \sim 10^{-9}$
弱放射性水	35～100	$10^{-11} \sim 10^{-10}$

注：埃曼为过去用单位，现已改为贝可（Bq），即每秒钟衰变一次的放射性活度。$1eman = 3.7Bq/m^3$。

2. 地下水的化学成分及其化学性质

（1）地下水的化学成分　由于地下水与岩石发生作用，溶解有各种矿物盐类，并含有气体及微小的有机质等，因而使水具有不同的化学成分。它可以帮助了解地下水的成因，地下水的补给条件，含水层之间的相互关系等，同时，还可以确定供水及灌溉用水的水质，以及地下水对混凝土及金属的腐蚀性质等。地下水的化学成分，是用化学分析的方法来确定的。到目前为止，地下水中有70余种元素，通常它们呈离子状态、化合物分子状态及游离气体状态存在。

① 地下水中的主要离子成分　地下水中分布最广、含量较多的离子共有7种，即氯离子（Cl^-）、硫酸根离子（SO_4^{2-}）、碳酸氢根离子（HCO_3^-）、钠离子（Na^+）、钾离子（K^+）、钙离子（Ca^{2+}）、镁离子（Mg^{2+}）。

除了以上主要离子成分外，地下水中还有一些次要离子，如H^+、Fe^{2+}、Fe^{3+}、Mn^{2+}、NH_4^+、OH^-、NO_2^-、NO_3^-、CO_3^{2-}、SiO_3^{2-}及PO_4^{3-}等。

② 地下水中的主要气体成分　地下水中常见的气体成分有O_2、N_2、CO_2、CH_4及H_2S等，尤以前3种为主。

③ 地下水的其他成分　地下水中的微量组分有Br、I、F、B、Sr等。地下水中以未离解的化合物构成的胶体主要有$Fe(OH)_3$、$Al(OH)_3$及H_2SiO_3等。有机质也经常以胶体方式存在于地下水中，常使地下水酸度增加，并有利于还原作用。地下水中还存在各种微生物，如氧化环境中存在的硫细菌、铁细菌等，还原环境中存在脱硫酸细菌等；此外污染水中还有各种致病细菌。

（2）地下水化学成分表示方法

① 库尔洛夫式。为简明反映水的化学特点，可采用库尔洛夫式表示。库尔洛夫式是用类似数学分式的形式来表示水的化学成分的方法，它是将阴阳离子分别在分子、分母位置上按毫克当量（毫克当量等于毫摩尔除以离子价，为非法定单位，但目前无其他单位可代替，故暂用之）百分数自大而小顺序排列，同时将原子由下角移至上角。凡是含量小于10%的离子不列入式中。分式前端依次表示气体成分、微量成分的含量及水的总矿化度（以字母M为代号），三者单位均为g/L；分式后端列出水温t（单位为℃）与涌水量D（单位为g/L）。如：

$$H^2SiO^3_{0.07}H^2S_{0.021}CO^2_{0.031}M_{3.2}\frac{Cl_{84.8}SO^4_{14.3}}{Na_{71.6}Ca_{27.8}}t^0_{52}$$

② 矿化度。矿化度见水中所含各种离子、分子及化合物的总的质量浓度，以g/L表示。矿化度表明水中含盐量的多少，即水的矿化程度，矿化度的计算方法有两种：一种是按化学分析所得的全部离子、分子及化合物总量相加求得；另一种是用水样在105～110℃下蒸干后所得的干涸残余物的质量（常作为核对阴阳离子总和的一个指标）来表示。应当指出，这两种方法所得的矿化度常常是不相等的，这是因为当水样经过蒸干烘烤后，有近一半的HCO_3^-分解生成CO_2及H_2O，因此利用分析结果计算干涸残余物时应采用分析的重碳酸离子含量之半数。此外，氯化镁的水解、碱式氯化镁的形成，以及硫酸盐结晶水的影响和氯化钙的吸水等都可使分析结果产生偏差。按矿化度的大小可将地下水分为五类（表7-9）。

表7-9　地下水按矿化度的分类

名称	矿化度/(g/L)
淡水	<1
微咸水	1～3

续表

名称	矿化度/(g/L)
咸水	3～10
盐水	10～50
卤水	>50

③ 水的硬度。水的硬度通常分为总硬度、暂时硬度和永久硬度。

总硬度指水中 Ca^{2+}、Mg^{2+} 的总含量（标准术语称为钙镁离子浓度），是暂时硬度和永久硬度的总和。暂时硬度指水煮沸后形成碳酸盐沉淀的这部分 Ca^{2+}、Mg^{2+} 的浓度（标准术语称为碳酸盐钙镁离子浓度）；由于暂时硬度主要是钙镁的重碳酸盐组成，所以有时又称为碳酸盐硬度。永久硬度指水煮沸后不沉淀的仍以离子形式存在于水中的 Ca^{2+}、Mg^{2+} 的浓度（标准术语称为非碳酸盐钙镁离子浓度）。

实际上，地下水中的铁、铝等也可构成硬度，由于其含量一般都很微弱，因此可略而不计。但在矿坑酸性水中铁、铝等金属离子的含量比较高，故这些金属离子也算为硬度。

硬度通常用的单位有德国度、mol/L、meq/L。当前国家标准采用的硬度单位是换算成 $CaCO_3$ 时的总量，用 mg/L 表示。地下水硬度分级见表 7-10。

表 7-10　地下水硬度分级

水的类型	硬　度			水的类型	硬度(以 $CaCO_3$ 计)/(mg/L)
	德国度	meq/L	mol/L		
极软水	<4.2	<1.5	$<7.5\times10^{-4}$	Ⅰ	≤150
软水	4.2～8.4	1.5～3.0	$7.5\times10^{4}\sim1.5\times10^{8}$	Ⅱ	≤300
微硬水	8.4～16.8	3.0～6.0	$1.5\times10^{-3}\sim3\times10^{-3}$	Ⅲ	≤450
硬水	16.8～25.2	6.0～9.0	$3\times10^{-3}\sim4.5\times10^{-3}$	Ⅳ	≤550
极硬水	>25.2	>9.0	$>4.5\times10^{-3}$	Ⅴ	>550

注：按法定计量单位，水的硬度单位已经不采用 meq/L 而采用 mol/L。但关于库尔洛夫式及水化学类型的划分仍然采用了 meq/L，故本表仍列出 meq/L。

煤矿地区的老窑水和深层的地下水一般有较高的硬度，酸性岩浆岩和砂岩地区的水，一般硬度较低。

(3) 地下水的化学性质

① 地下水的酸碱性。地下水的酸碱性主要取决于水中的氢离子浓度，以溶液中 H^+ 浓度的负对数来表示，称为溶液的 pH 值，即 $pH=-\lg[H^+]$。根据地下水中 pH 值的大小将水分成 5 级（表 7-11）。

表 7-11　地下水按 pH 值的分类

酸碱度	强酸性水	弱酸性水	中性水	弱碱性水	强碱性水
pH 值	<5.0	5.0～6.4	6.5～8.0	8.1～10.0	>10.0

煤矿中的地下水，含有游离硫酸，它和煤层中的黄铁矿发生氧化作用而形成酸性水。酸性的地下水对矿井中的金属设备和采煤机械有很大的影响。为了防止形成酸性水，最主要的是隔绝地表水，保护煤层顶板的完整。如果早期形成酸性水，在涌水量不大的情况下，可用石灰中和的方法消除其腐蚀性，同时还可注意排水系统的设计，不要使酸性的和非酸性的水混合。

② 地下水的侵蚀性。矿区地下水的侵蚀性可表现在对矿山机械设备的侵蚀和对碳酸盐类物质（如石灰岩、混凝土）的侵蚀。地下水的这种侵蚀性分为碳酸侵蚀性、硫酸盐侵蚀性及镁侵蚀性。

a. 碳酸侵蚀性。地下水的碳酸侵蚀性主要取决于水中侵蚀性 CO_2 含量的多少。当含有 CO_2 的地下水与碳酸盐类物质接触时，便可溶解它而生成 HCO_3^-。其化学反应式为：

$$CaCO_3 + H_2O + CO_2 \longrightarrow Ca^{2+} + 2HCO_3^-$$

由化学式可知，当水中含有一定数量的 HCO_3^- 时，就必须有一定数量的游离 CO_2 与之相平衡，这一平衡所需的 CO_2 称为平衡 CO_2。当水中的游离 CO_2 与 HCO_3^- 达到平衡后又有一部分 CO_2 进入水中，上述平衡遭到破坏，则反应式要向右进行，使水中 HCO_3^- 增加，从而达到新的反应平衡。因此当水中含有超过平衡所需的游离 CO_2 时，就能使碳酸盐溶解于水而生成 HCO_3^-，其中有一部分用于平衡新增加的 HCO_3^-，另一部分则溶解碳酸盐。被消耗的 CO_2 称为侵蚀性 CO_2。可见超过平衡所需的游离 CO_2 只有一部分是侵蚀性 CO_2，而另一部分则为平衡 CO_2。

b. 硫酸盐侵蚀性。含有一定量 SO_4^{2-} 的水渗入碳酸盐物质中时便产生硫酸盐侵蚀性，这是由于 SO_4^{2-} 与碳酸盐物质中的一些组分产生化学作用，形成结晶的硫酸盐，这种新的化合物在形成过程中体积膨胀，从而使硫酸盐类物质破坏。

c. 镁侵蚀性。水中含有大量的 Mg^{2+} 时便产生镁侵蚀性，因为含有大量镁盐（特别是 $MgCl_2$）的水与混凝土中结晶的 $Ca(OH)_2$ 起交替反应，其结果形成结晶 $Mg(OH)_2$ 和易溶于水的 $CaCl_2$，从而使混凝土破坏。

此外，含有大量的氧、硫化氢及 $pH<6$ 的水也具有侵蚀性。

第二节 矿井充水条件

矿井充水是指矿井开采时矿区范围内及其附近各种来源的水（大气降水、地表水、地下水及老巷积水等），通过各种方式流入矿井的现象。采矿过程中流入矿井巷道的水称为矿井水（或矿坑水）。矿井水的形成条件（水源、通道、水量大小、动态变化、涌入特征等）称为矿井（床）充水条件。

一、矿井充水水源

矿井充水水源指矿井水的来源，主要包括大气降水、地表水、地下水及老窑水。

1. 大气降水

大气降水是大多数矿井，尤其是开采地形低洼且埋藏较浅煤层的矿井充水的主要水源。在开采高于河谷的地表煤层时，大气降水往往是唯一的水源。大气降水渗入量的大小与地区气候、地形、岩性、构造等因素有关。当大气降水为矿井主要充水水源时，矿井充水程度有如下规律。

(1) 与降水特征有关　矿井充水程度与地区降水量的多少，以及降水性质、强度和延续时间有相应关系。降水量大和长时间的小雨，对渗入有利，因而矿井涌水量也大。一般来说，我国南方矿区受降水的影响大于北方矿区。

（2）与季节有关　由于是降水造成矿井充水，因此其具有明显的季节性变化。矿井的最大涌水量都出现在雨季，但涌水量高峰出现的时间往往滞后，一般在雨后一段时间涌水量才可出现高峰。

（3）与开采深度有关　大气降水渗入量随开采深度增加而减少，即使在同一矿井的不同开采深度，降水对矿井涌水量的影响程度也相差很大。

2. 地表水

位于矿井附近的地表水体（包括江河、海洋、湖泊、水库等）如与矿区地下水有水力联系，往往成为经常性的矿井充水水源。地表水能否进入井下，主要取决于巷道与水体的距离、水体与巷道之间的地层及构造，以及所采用的开采方法。

以地表水为主要充水水源时，矿井充水有如下特点。

（1）与距地表水体的距离有关　矿井距地表水体越近，充水越严重，矿井涌水量越大。

（2）与水体的大小有关　以常年性水体为矿井充水水源时，水体越大，矿井涌水量也越大，并且较稳定；季节性水体的影响程度则随季节变化。

（3）与地层的渗透性有关　矿井涌水量的大小直接受水体所处地层的渗透性强弱所控制。水体下地层透水性强，则涌水量大；反之则小。如有导水断层或溶洞与地表水体连通时，往往产生突然性的矿井充水，造成突水事故。

（4）与开采方式有关　不适当的开采方式可以沟通地表水渗入的通道，从而增加矿井涌水量。

由于地表水体对采矿的威胁较大，所以煤矿在开采过程中必须查清地表水体的大小、距巷道的远近及最高洪峰的淹没范围，特别是在水体下直接开采时，精确计算与测定导水裂隙是防治地表水体进入井下的关键。

3. 地下水

储存和运动在岩层空隙中的地下水是构成矿床充水的主要水源。流入矿井的地下水由静储量和动储量组成。一般来说，在开采初期，流进矿井的地下水以静储量（即疏干漏斗范围内的水量）为主。随着排水时间的延长，静储量不断被消耗，这时流进矿井中的地下水就以动储量为主。动储量的大小主要取决于补给条件（补给水量的大小、补给通道的长短及连通程度），而静储量的大小则取决于岩层及构造的储水条件。

流进矿井的地下水包括孔隙水、裂隙水和喀斯特水。孔隙水多在开采松散岩层的下伏煤层时遇到，其主要特点是不但有水流入矿井，而且有时往往伴有流砂溃入。裂隙水往往在采掘工作面揭露其含水层时进入工作面，其水量较小，运动速度较慢，但水压往往很大；当裂隙水与其水源无水力联系时，多数情况下涌水量将逐渐减小，易被疏干。喀斯特水一般水量大，水压高（取决于埋藏条件和补给区位置），来势猛，水量稳定，不易疏干，地面常产生塌陷，对煤矿开采的威胁较大，其充水程度与喀斯特发育程度有密切关系。

4. 老窑水

老窑是指煤层已被采空或由于涌水量过大等原因而停采已久的老井或巷道。由于老窑长时间停止排水，被水充满后好像一个地下水库，威胁着下部煤层的开采。当巷道接触到这些水体时，积水就会溃入巷道，造成突水事故。这种水源突水水量大，来势猛，时间短，具有很大的破坏性；因水中含硫酸根离子，对井下设备具有很大的腐蚀性；当老窑水与其他水源有水力联系时，可造成大量而稳定的涌水，危害性极大。

总之，地下水往往是矿井涌水最常见的水源，突水量的大小及其变化取决于围岩的富水性和补给条件。在具体的突水现象中可能是以某一种水源为主，也可能是多种水源作用的结果，所以对于矿井的突水现象必须作详细的调查和分析，以便采取合理的疏排手段。

二、影响矿井充水的因素

1. 覆盖层

地表水和大气降水能否渗入地下及渗入地下的数量多少，与煤层上覆岩层的透水性及围岩的出露条件有着直接的关系。覆盖层透水性好，则补给水量和井下涌水量皆大。生产实践表明，矿区内分布有一定厚度（>5m）和稳定的弱透水层或相对隔水层时，就可以有效地阻挡地表水和大气降水的下渗。

如煤层的围岩是透水的，则围岩出露地表的面积越大，接受降水下渗的补给量就越大，井下涌水量也大。

在地形缓的情况下，厚度大的缓倾斜透水层最容易得到补给。在煤层围岩出露面积大、盖层透水性强的矿区，当补给充足时，流入井巷的水量主要是动储量，涌水量将长期稳定在某个数值上，且不易防治。若煤层上覆岩层透水性弱或补给水源不充足，则流入井巷的水量主要是静储量，涌水量将由大变小，且易变小，也易防治。如果矿区内分布有较大面积和较厚的不透水层，则可切断进入井下的补给水源。

2. 地形

地形直接控制含水层出露部位和出露程度，控制大气降水和地表水的汇集，因此矿区地形特征直接关系到矿井涌水量的大小和疏干的难易程度。

位于当地侵蚀基准面（即当地最低排水基准面）以上的矿井，其涌水量通常较小，且易排除（可以自然排水）；当矿井位于当地侵蚀基准面以下时，水文地质条件较复杂，矿井涌水量较大。如果矿井位于平原或山间盆地，且地形条件有利于降水和地表水的汇集和下渗时，矿井涌水量较大；而位于分水岭附近的矿井，其地形条件有利于降水和地表水的流失，因而矿井涌水量较小。

3. 地质构造

矿区范围内受构造体系控制的蓄水构造的类型和规模决定着地下水的运动与汇集条件，因而也影响着矿井涌水量的大小。

断裂构造常是导致矿井突然涌水的主要因素。就断层而言，除前面所讲断层面的力学性质不同，对矿井涌水量的影响不相同外，同一构造体系不同部位对矿井涌水量的影响程度也不同。

（1）断层端点　任一断层面形成时，其不同部位受力是不均衡的，因此造成同一断层不同部位的破碎程度不同。一般来说，断层端点部位及其两侧的岩层裂隙发育，为地下水的运动及埋藏创造了良好的条件。

（2）主干断裂与分支断裂交叉处　一个构造体系的主干断裂与分支断裂的交叉处因为应力比较集中，岩石比较破碎，充填和胶结程度差，故富水性较强，导水性也好；当采掘工作面接近断裂交叉地段时，经常发生突水事故。

（3）断层密度大的地段　因该地段应力集中，造成岩层破碎，裂隙发育，形成了地下水运动和赋存的良好场所，一旦采掘工作面接近或通过此地段易发生突水。

（4）断层上盘　一般情况下断层形成时由于受力的边界条件和重力作用不同，上盘形成的低序次断裂相应比下盘发育，故上盘部位突水性强。

4. 开采方法

（1）充填法　指采矿后用废石将采空区全部充填，使围岩中地下水仍保持或接近原来的天然水动力状态，矿床充水条件也基本保持原来的状态，因此这种开采方法对矿井充水影响较小。

(2) 陷落法　指煤层采空后对采空区不进行充填，而是让煤层顶板在重力作用下垮落。采用此采煤方法导致岩层在空间上发生变化，破坏了岩层的应力平衡状态和地下水的天然水动力状态，在一定范围内产生人工裂隙，给降水和地表水造成了下渗的有利条件，使矿井涌水量增大。

三、矿井充水通道

地下水流入矿井的通道称充水通道。水源的存在及水源类型是矿井充水的一个方面，而矿井是否充水还取决于充水通道。水源的存在只能说明矿井充水具有可能性，当在岩层中又发育有各种充水通道时才能造成矿井充水。也就是说，充水水源必须通过充水通道才能对矿井充水发生作用，因此在开展矿区水文地质工作时，既要研究矿井充水的水源，又要研究矿井充水的通道。

1. 岩层的孔隙

孔隙多分布于松散岩层中，其透水性取决于孔隙的大小和连通情况。在有充水水源的情况下，岩层的孔隙大，连通程度好，当巷道穿过岩层时涌水量就大；否则涌水量就小。

单纯的孔隙水只有当煤层围岩为大颗粒的松散岩层并有固定的强大补给水源时，才能导致灾害性的突水；若围岩本身是饱和的流砂层，则可造成流砂冲溃。

2. 岩层的裂隙

各种不同成因的裂隙都是矿井充水的通道。对矿井充水具有较大影响的是构造裂隙（断裂）。

一般情况下，分布不均且细小的裂隙水渗透缓慢，对矿井充水的影响不大；但断裂破碎带对矿井充水影响较大，是主要的充水通道。

根据断裂带的透水性能，将其分为导水断裂带、储水断裂带和隔水断裂带。

(1) 导水断裂带　指沟通含水层与隔水层（或地表水体）并使各含水层之间（或与地表水体）产生水力联系的断层。这种断层不但本身含水，而且能使不同层位的含水层或地下水与地表水之间相互连通，成为地下水的良好通道。这种断层多分布在厚层坚硬的岩层中，从断层力学性质来看多为张性或张扭性断裂；对矿井充水的特点是水量大而稳定，不易疏干，对矿井开采影响较大。

某些压性断裂带结构面本身因为有致密的充填物而透水性能变差，但在断层面的一侧或两侧常因低序次张性羽状裂隙发育而透水。

根据补给水源和断层两侧含水层的相对位置，此类导水断裂带分为垂直水力联系与水平水力联系（图 7-14）。

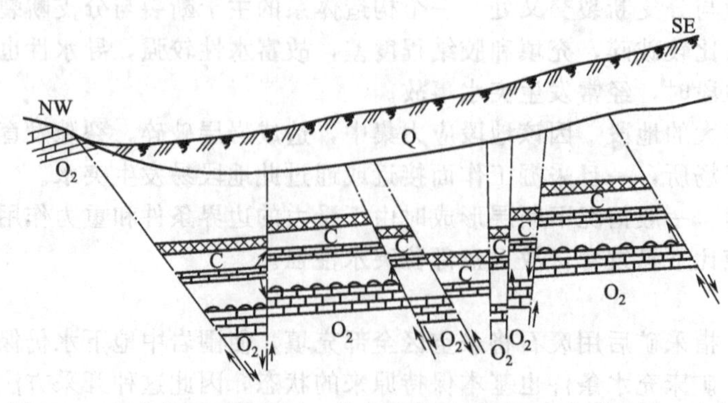

图 7-14　大北煤田西部地堑、地垒构造间含水层水力联系剖面示意

（2）储水断裂带　指具有一定储水空间的破碎带，但与附近水源无联系或联系甚微。这种断裂带中的地下水多属于封闭条件下的静储量。从力学性质来看，此断裂带以张性断裂为主；其储水量不大，但有较大的水头压力；涌入矿井时开始水量较大，以后逐渐减小，容易被全部疏干，对煤矿开采影响较小。

（3）隔水断裂带　指对地下水起阻隔作用的断裂带，多分布在较软的地层（如页岩、泥岩、粉砂岩等）或局部坚硬、半坚硬地层中，为充填、胶结紧密的压性或压扭性断裂。这种断裂带的裂隙属封闭型或被泥质等充填，不仅本身不含水，而且还可以起隔水作用。

3. 喀斯特

喀斯特通道存在于可溶性岩层中，从细小的溶孔到巨大的溶洞都有分布，可以是彼此连通，也可以形成单独的管道，可储存大量的水或沟通其他水源。当巷道接近或揭露它们时往往产生突然溃水，如不事先查清并做好防范，常会造成矿井淹没。

4. 人为充水通道

（1）封孔不良钻孔　地质勘探钻孔如果没有封孔或封孔质量不好，就会成为沟通采掘工作面顶底板含水层或地表水的通道。开采过程中遇到或接近（一般是3～5m）这样的钻孔时，就可能发生涌水甚至淹井事故。

（2）矿井长期排水　由于矿井采掘范围不断扩大及长期排水，使形成的降落漏斗逐渐向外扩展，使其与新的水源联系。

（3）采空区岩层的塌陷　由于采矿活动造成的顶板垮落使上覆岩层变形、弯曲、断裂，进而垮落形成弯曲带、断裂带和垮落带，构成导水断裂带（图7-15）；使地表发生沉陷，甚至形成规模较大的陷落漏斗，成为大气降水或地表水体渗入井下的良好通道。如河北某矿由于地下开采，地表形成的裂缝宽达0.1～0.2m，在雨季通过裂缝流入矿井的水量往往比平时大数倍。

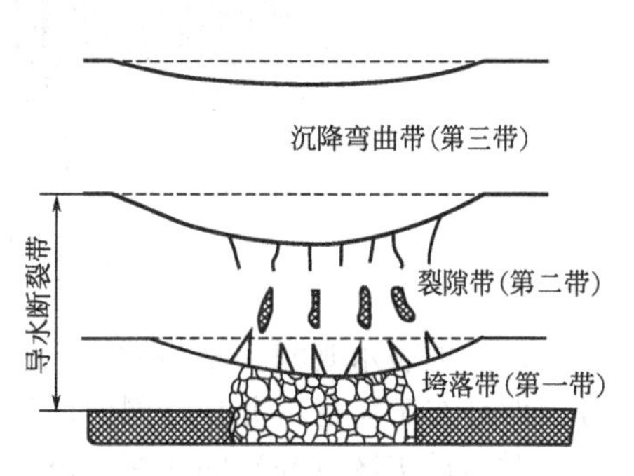

图7-15　煤层采动后产生的断裂带

第三节　矿井水文地质观测与涌水量预计

一、矿井水文地质观测

矿井水文地质观测是矿井水文地质工作的主要项目，一般包括地面水文地质观测和井下水文地质观测。

1. 地面水文地质观测

地面水文地质观测包括气象观测、地表水观测和地下水观测。

（1）气象观测　气象观测的内容主要是观测降水量。气象观测方法是搜集矿区附近气象台站的观测资料或设立矿区（井）气象站。观测内容除降水量外，还应包括蒸发量、气温、相对湿度等。气象观测时间和要求，应与气象站一致。

对气象观测资料应整理成气象要素变化图（图7-16），以说明矿区范围内气象要素变化情况。此外，还应当把气象要素变化同矿井建设和生产实践结合起来分析研究，如编制降水量与矿井涌水量变化关系曲线图，以帮助分析矿井涌水条件。

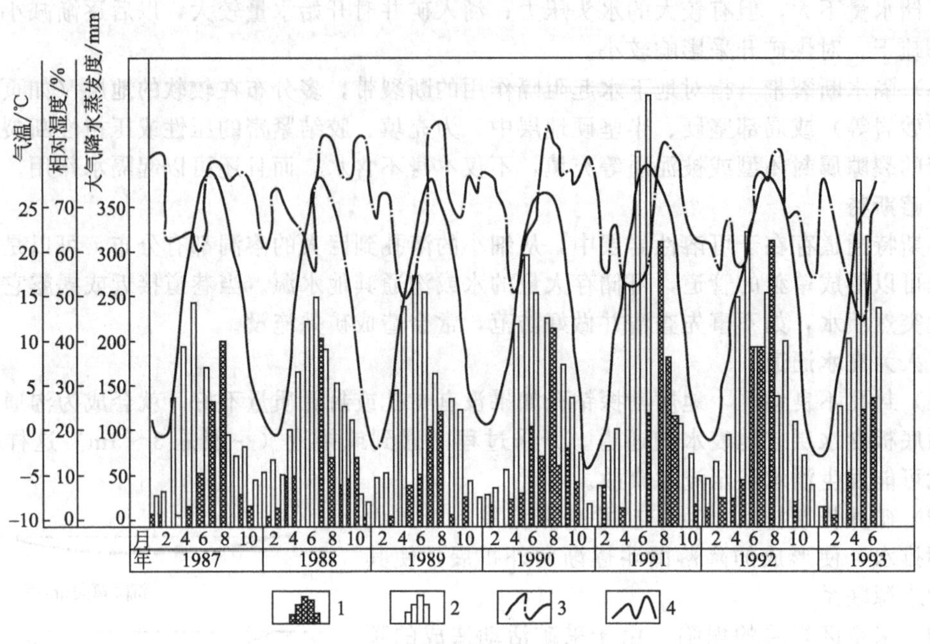

图 7-16 气象要素变化

1—降水量；2—蒸发量；3—相对湿度；4—气温

(2) 地表水观测　地表水主要是指江河、溪流、大水沟、湖泊、水库、大塌陷坑积水等。对分布于矿区（井）范围内的地表水，都应该对其进行定期观测。

对通过矿区（井）的江河、溪流、大水沟，一般在其出入矿区（井）或采区、含水层露头区、地表塌陷区及支流汇入的上下端设立观测站，定期测定其流量（雨季最大流量）和水位（雨季最高洪水位）、通过构造断裂带和上述地段的流失量、河流泛滥时洪水淹没区的范围及时间等。

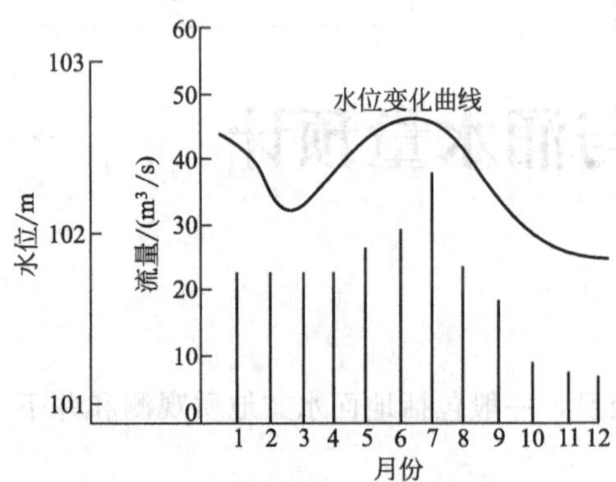

图 7-17 河水流量、水位变化曲线

对分布于矿区（井）范围内的湖泊、水库、大塌陷坑积水区所建立的观测站，其观测内容主要是积水范围、水深、水量及水位标高等。观测所获资料应整理成曲线图（图 7-17），以便研究其流量（水量）、水位的变化规律，找出其变化原因，并预测地表水对矿井涌水的影响。此外，还应将河水漏失地段、洪水淹没范围等标在相应的图纸上。

(3) 地下水观测　地下水观测是研究地下水动态的重要手段，在矿区（井）建设和生产过程中，应选择一些具有代表性的泉、井、钻孔、被淹井巷及勘探巷道等作为观测点，与已有的观测点组成观测系统（观测线或观测网）。

进行地下水动态观测的目的在于通过日常观测，了解一个矿区（井）水文地质条件随时间的延续发生变化的规律。为此，对地下水的观测资料应及时进行整理和分析，对每一个观测点的资料应编制出水位变化曲线图（图 7-18）、流量变化曲线图（图 7-19），以便掌握观测点地下水动态。对整个观测系统的资料应定期整理，编制成综合图件，如等水位线图（等水压线图)、水化学图等，以便掌握整个矿区（井）范围内某一时期的地质条件变化情况，分析矿井的涌水条件及其变化规律。

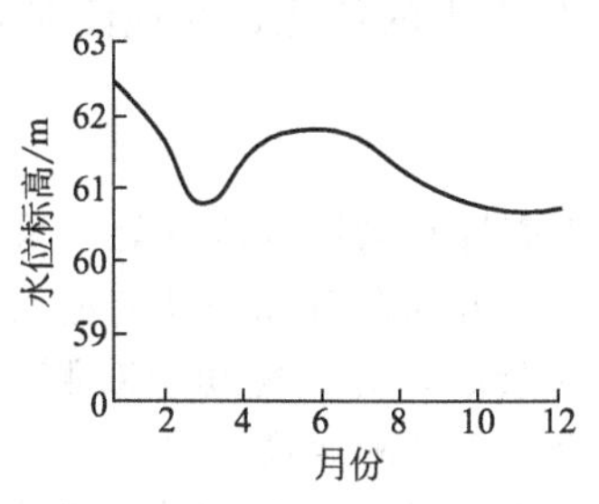

图 7-18　钻孔水位变化曲线

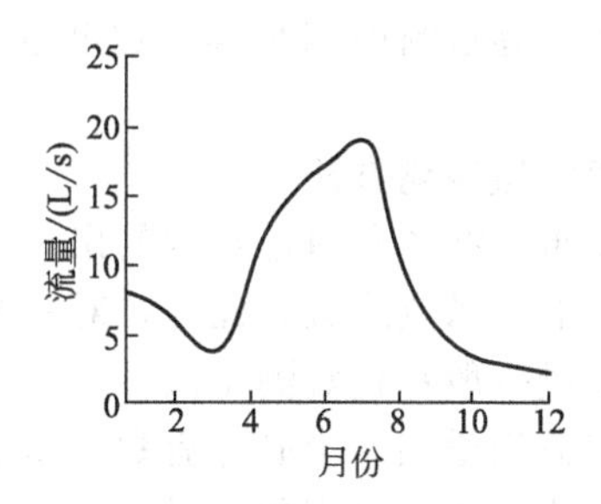

图 7-19　泉水流量变化曲线

2. 井下水文地质观测

① 含水层观测。当巷道通过含水层时，应详细地记录、描述其产状、厚度、岩性、构造、裂隙或喀斯特的发育情况，揭露点的位置及高程、出水形式、涌水量、水压及水温等，并采取水样进行水质分析。

② 岩层裂隙发育情况观测。对巷道穿过的含水层应进行裂隙发育情况观测，测定裂隙产状要素、长度、宽度、数量、形状、尖灭情况、充填程度及充填物等，观察地下水活动痕迹，绘制裂隙玫瑰图，并选择有代表性的地段测量其裂隙率。

③ 断裂构造观测。当巷道揭露断层时，首先应确定断层的性质，同时测量断层的断距、产状、断层带宽度、充填物质及其充水情况等，并作详细记录。

④ 出水点观测。随着矿井巷道掘进或采煤工作面的推进，如果发现有出水现象，应及时到现场进行观测并分析出水原因及水源。观测的内容包括出水时间、地点，出水层位、岩性、厚度，出水形式、水量、水压，出水口高程，出水点围岩及巷道的破坏变形情况等。分析出水原因及水源，必要时应采水样进行化学分析。上述内容必须作出详细的记录，并编制出水点记录卡片（表 7-12)、绘制出水点素描图或剖面图（图 7-20）及出水点水量变化曲线图（图 7-21)。

表 7-12　出水点记录卡片

出水时间	出水地点	出水层位	出水形式	出水口高程/m	水压/MPa	出水量/(m^3/h)	水质分析	出水原因	水源分析	对生产影响	备注

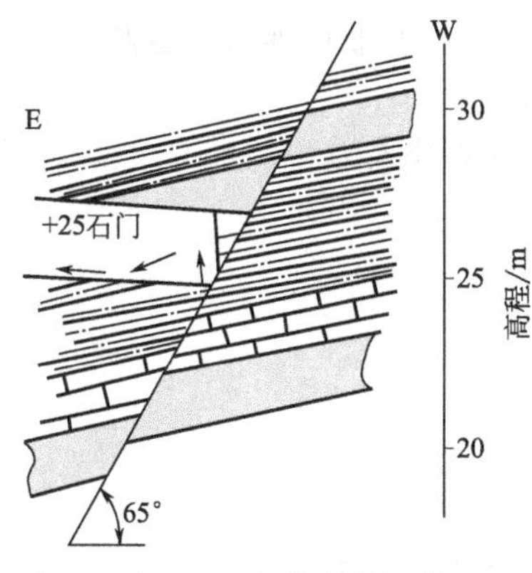

图 7-20　出水点剖面图

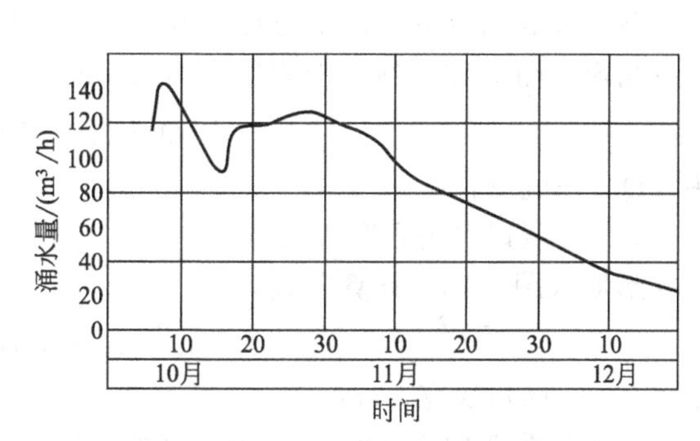

图 7-21　出水点水量变化曲线

⑤ 出水征兆的观测。随着井下巷道的开拓及采煤工作面的推进，要经常观测工作面是否潮湿、滴水、淋水，以及顶底板和支柱的变形情况，如底鼓、顶板陷落、片帮、支柱折断、岩石膨胀、巷道断面缩小等。这些现象都可能是出水的征兆，在观测时要作出详细的记录。

3. 矿井涌水量观测方法

观测站多布置在各巷道排水沟的出口处、主要巷道排水沟流入水仓处、采区石门排水沟的出口处、井下出水点附近。此外，对一些临时出水点可选择有代表性的地点设置临时观测站。矿井涌水量一般每旬观测1次，水文地质条件复杂的矿井，每旬应观测2～3次，雨季观测次数还应适当增加。当矿井有数个水平时，则应分水平测定涌水量。

(1) 容积法　将一定容积的量水桶放在出水点附近，然后将出水点流出的水导入桶内，用秒表记下流满水桶所需要的时间，其涌水量则为：

$$Q=\frac{V}{t}$$

式中　Q——涌水量，m^3/h 或 m^3/min；

V——量水桶的容积，m^3 或 L；

t——流满水桶所需的时间，h，min 或 s。

井筒开凿时常利用掘进头的水窝来测涌水量。其方法是：用水泵将井底水窝内的水位降低一部分，然后停泵，测量水头升高到一定位置所需的时间，其涌水量为

$$Q=\frac{FH}{t}$$

式中　F——水窝断面积，m^2；

H——水位上升高度，m；

t——水头升高到一定位置所用的时间，min。

容积法测定涌水量一般比较准确，但当涌水量过大时这种方法不宜使用。

(2) 浮标法　在规则的水沟上下游选定两个断面，并分别测定这两个断面的过水面积，取其平均值 F，丈量出两断面之间的距离 L，然后用一个轻的浮标，从水沟上游断面投入水中，记下浮标从上游断面到达下游断面所需要的时间 t，按下式便可算出其涌水量 Q，即

$$Q=\frac{FL}{t}$$

这种方法当水量大时更适用，但精度不太高，一般还需乘上一个经验系数。经验系数的确定需考虑水沟断面的粗糙程度、巷道风流方向及大小等，一般取0.85。

(3) 堰测法　这种方法的实质就是使排水沟的水通过一固定形状的堰口，量测堰口的水头高度就可以算出流量。常用的有三角堰、梯形堰和矩形堰。

三角堰（图7-22）适合于流量小于 $0.5m^3/s$ 的情况，计算公式为

$$Q=0.014h^2\sqrt{h}$$

式中　Q——流量，L/s；

h——堰口水头高度，cm。

梯形堰（图7-23）计算公式为

$$Q=0.0186Bh\sqrt{h}$$

式中　B——堰口底宽，cm。

矩形堰如图7-24所示，有缩流时（即堰口窄于水沟）计算公式为

$$Q=0.01838(B-0.2h)h\sqrt{h}$$

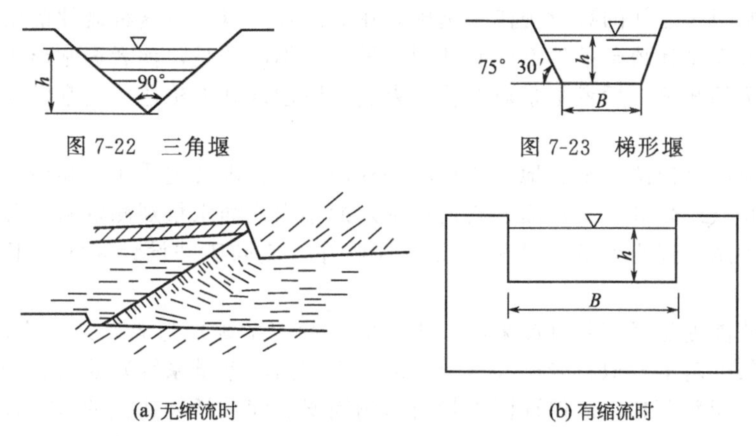

图 7-22 三角堰

图 7-23 梯形堰

图 7-24 矩形堰

无缩流时（即堰口与水沟同宽）计算公式为

$$Q=0.01838Bh\sqrt{h}$$

使用堰测法时必须注意堰口的上下游一定要形成水头差（跌水），如图 7-25 所示，否则测量的结果是不准确的。

(4) 流速仪法 使用流速仪测定矿井涌水量时，一般是在巷道水沟中选定一个断面，然后用流速仪测定水沟过水断面中预定测点的平均流速，从而确定该断面的流量。

(5) 水仓水位观测法 如图 7-26 所示，此法是在水仓断面规则、水仓任何水平切面积 F 一定的情况下，根据水仓内水位上升值来计算涌水量。由标尺读出水仓初始水位 H_1，经过 t 时间后再由标尺读出水位 H_2，涌水量 Q 便可由下式计算，即

$$Q=\frac{(H_2-H_1)F}{t}$$

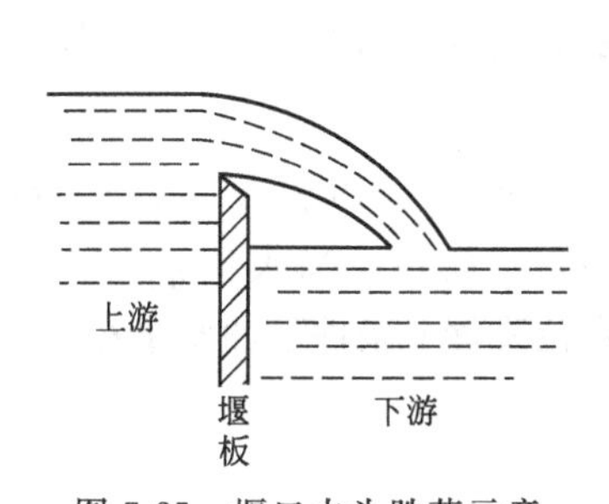

图 7-25 堰口水头跌落示意

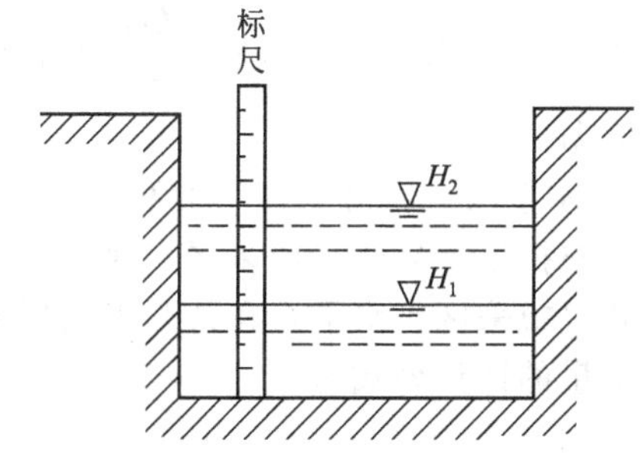

图 7-26 水仓内测水位示意

H_1—初始水位；H_2—由标尺读出的水位

(6) 水泵有效功率法 利用水泵铭牌中的排水量和实际效率来换算涌水量。

二、矿井涌水量预计

矿井涌水量是确定矿床水文地质类型、矿床水文地质条件复杂程度和评价矿床开发经济技术条件的重要指标之一，也是进行矿山疏干设计、确定生产能力的主要依据。

矿井涌水量预计方法归纳起来可分为相关比拟法、解析法、水均衡法、数值法等。

1. 相关比拟法

在矿井涌水量预计中，水文地质比拟法和 Q-s 曲线法是两种常用的方法，它们都是以研

究涌水量与影响因素之间的数学规律为基础，建立某种可以表达这种规律的函数关系，并据此关系来外推未来设计疏干条件下的矿井涌水量。所不同的是，前者通常出于经验，且多用于计算巷道系统的水量；后者则是对试验成果通过数理统计方法建立的数学模型，常用于井筒涌水量预测。

(1) 水文地质比拟法　水文地质比拟法是利用地质、水文地质条件相似、开采方法基本相同的生产矿井（或采区、工作面、巷道系统）的排水或涌水量观测资料，分析研究涌水量与生产因素的关系，建立经验公式来预测设计矿井（或同矿井设计采区、工作面、巷道系统）的涌水量。

采用该法的前提是新矿井（或采区、工作面、巷道系统）与老矿井（或采区、工作面、巷道系统）的条件基本相似，老矿井（或采区、工作面、巷道系统）要有长期的水量观测资料及生产方面的观测资料，以保证涌水量与影响因素之间数学表达式的可靠程度。

由于水文地质条件完全相同的矿井很少见，再加上开采条件的差异性，因此这是一种近似的计算方法。

① 富水系数法　富水系数是指同一时期（通常为1年）矿井的排水量 Q_0 与开采量 P_0 的比值，以 k_p 表示，即

$$k_p = \frac{Q_0}{P_0}$$

在已知富水系数 k_p 值后，根据相似条件，开采量为 P 的设计矿井的涌水量 Q 为

$$Q = k_p P = Q_0 \frac{P}{P_0}$$

不同矿井的富水系数变化范围很大，这是因为富水系数不仅取决于矿井的自然条件，也与开采条件有关。机械化程度高的矿区富水系数显著变小，因此采用富水系数法时应充分考虑开采方法、范围、进度等方面的影响。

为了排除生产条件的影响，有些生产单位除采用 k_p 外，还提出了采空面积富水系数（$k_F = \frac{Q_0}{F_0}$）、采空体积富水系数（$k_v = \frac{Q_0}{V_0}$）、巷道长度富水系数（$k_L = \frac{Q_0}{L_0}$）等的综合平均值作为比拟的依据。

② 单位涌水量法　考虑到疏干面积 F_0 与水位降深 S_0 是矿井涌水量 Q_0 变化的两个主要影响因素，根据生产矿井（或采区、水平）有关资料求得单位涌水量 q_0，作为预计类似条件下新矿井（或采区、水平）在某开采面积 F 和水位降深 s 条件下涌水量 Q 的一种方法。

单位涌水量的计算公式为

$$q_0 = \frac{Q_0}{F_0 s_0}$$

其物理含义是：矿井涌水量随开采深度和开采面积的增大而线性增加，单位涌水量 q_0 为单位开采面积（F_0）和单位水位降深（s_0）的涌水量。

类似条件下新矿井（或新水平、新采区）涌水量与开采面积的水位降深成正比时可按下式计算涌水量，即

$$Q = q_0 F s = Q_0 \frac{F s}{F_0 s_0}$$

式中　Q——新矿井（或新水平、新采区）的涌水量，m^3/min；

F——新矿井（或新水平、新采区）的开采面积，m^2；

s——新矿井（或新水平、新采区）的设计水位降深，m。

如果不成正比关系，则

$$Q = Q_0 \left(\frac{F}{F_0}\right)^m \left(\frac{s}{s_0}\right)^n$$

式中　m，n——待定系数，由实际观测资料利用最小二乘法确定。

水文地质比拟法适用于已有多年开采历史的矿井。使用时，不同的充水条件可以选不同的比拟因子（如开采面积、水位降深、掘进巷道长度等）。另外，每个矿井应当建立适合本矿条件的预测矿井涌水量的比拟关系式。

（2）Q-s 曲线法

Q-s 曲线法又称涌水量曲线方程法。勘探阶段及生产矿井所作的抽（放）水试验取得的涌水量 Q 与相应的水位降深 s 之间具有可用 Q-s 曲线表示的函数关系。Q-s 曲线法就是运用抽（放）水试验得到的 Q-s 曲线方程来预计相似条件下矿井的涌水量。

由抽（放）水试验所绘制的 Q-s 曲线，由于受各种因素的影响，常有不同的类型，但可大致归纳为如下 4 种：直线、抛物线、等函数曲线和对数曲线，如图 7-27 所示。各曲线对应的数学方程为：

Ⅰ　$Q = qs$

Ⅱ　$s = aQ + bQ^2$

Ⅲ　$Q = a + \sqrt[b]{s}$

Ⅳ　$Q = a + b\lg s$

式中　a——层流运动部分阻力系数；

b——紊流运动部分阻力系数。

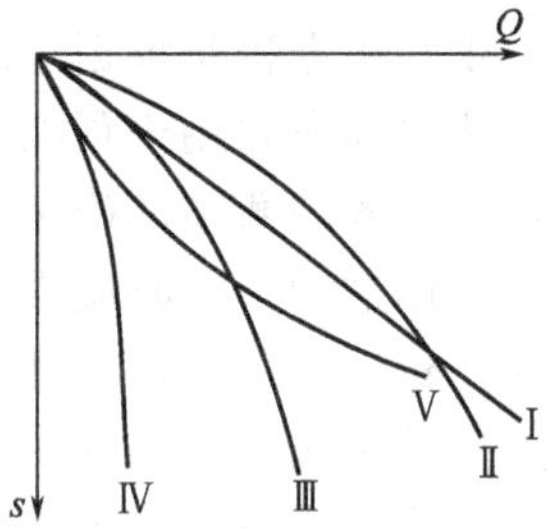

曲线Ⅴ一般为抽（放）水试验，不可靠。

图 7-27　Q-S 曲线
Ⅰ—直线；Ⅱ—抛物线；
Ⅲ—幂函数曲线；Ⅳ—对数曲线；
Ⅴ—不正确曲线

Q-s 曲线法计算步骤如下。

① 查清水文地质条件，作出 $Q = f(s)$ 曲线，检查原始资料和抽（放）水试验是否合乎要求。

② 判断 Q-$f(s)$ 曲线类型，确定曲线方程的形式。判断时应综合考虑矿井的水文地质条件，按抽水时的全部资料 $Q = f(s)$、$q = f(s)$、$q = f(t)$、$s = f(t)$、$q = f(t)$ 综合分析它们之间的关系，如图 7-28 所示。

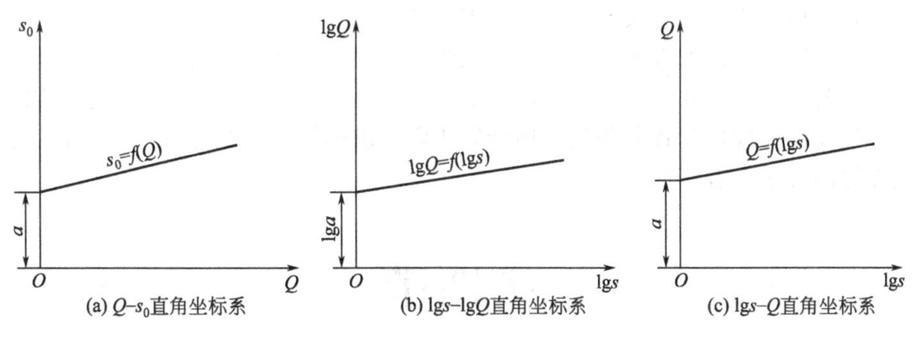

图 7-28　Q 和 s 关系

③ 确定方程中的参数 a 和 b，常用的方法主要是图解法：a. 直线方程为 $a = Q/s$；b. 抛物线方程为 $b = (S_0 - a)$；c. 幂函数曲线方程为 $1/b = (\lg Q - \lg a)/\lg s$；d. 对数曲线方程为 $b = (Q - a)/\lg s$。

以上各式中的数值，均可根据在直线上所取一点的坐标直接取得。

④ 根据判明的曲线方程及确定的参数，按公式的推断范围预计矿井涌水量。

2. 解析法

解析法又称地下水动力学法，是运用地下水动力学原理对一定边界条件和初始条件下的地下水运动建立解析公式，然后用这些解析公式来预测矿井涌水量。解析法可以用于预测各类井巷、巷道系统和疏干设施的涌水量，也可用来预测疏干水位、疏干范围和疏干时间。

解析法沿用了地下水动力学中的基本公式，只是在使用时结合矿区的边界条件、开采条件、含水层条件，应用上述基本公式推导出适合实际条件的涌水量计算公式。

3. 水均衡法

水均衡法也称水量平衡法或水量均衡法，是全面研究某一地区（或均衡区）在一定时间段内（均衡期一般为1年）地下水的补给量、储存量和消耗量之间的数量转化关系的平衡计算。对一个均衡区（或地段）的含水层组（或单元含水层组）来说，在补给和消耗的不均衡过程中，在任一时段 Δt 内的补给量和消耗量之差恒等于这个含水层组中水体积（或质量）的变化量。

水均衡方程是根据水均衡原理，在查明矿床开采时的各项水收入、水支出之间关系的基础上建立起来并用于预测开采地段涌水量的。此方法要求勘探工作与之相适应，加强均衡研究，提高各均衡项的确定精度，以保证预测结果的可靠性。

使用这种方法时应查明矿区内地下水的补给、排泄条件，研究矿区在疏干过程中将要发生的变化，合理确定均衡项目和取得各均衡项目的数据。主要适用于具有独立水文地质单元的露天矿坑或开采浅部矿床的地下巷道系统的涌水量计算。

水均衡法预测涌水量是用计算结果作为全矿最大可能涌水量的依据，但在实际工作中均衡要素的确定是十分困难的。因此只有统一完整的水文地质单元内补给边界及排泄边界清晰，并具有多年长期观测资料的条件下，选用此法预测矿坑涌水量才能取得较好的效果。

矿坑排水疏干过程将破坏地下水原来的均衡状态，从而产生新条件下的均衡，因此计算对应根据矿区具体情况建立相应的水均衡方程。在预测矿井涌水量时，就是要在均衡方程中，求出供水和矿井排水水量，从中减去供水量，就是矿井涌水量。

4. 数值法

从理论上看，数值法是对渗流偏微分方程的一种近似解，但在实际应用中完全可以满足精度要求，它可以解决许多复杂条件下的地下水流计算。

地下水流计算中常用的数值法有有限单元法和有限差分法。在解题过程中，它们都把研究区域剖分成若干网络（有限差分法分成方形、矩形、三角形等，有限单元法常用三角形），将偏微分方程离散成线性代数方程组，用计算机联立求解线性代数方程组；但它们在网络剖分上及线性化的方法上有所区别。

第四节 矿井水害防治

一、矿井水害防治总体要求

矿井水害防治是在矿井涌水条件分析和矿井涌水量预测的基础上，根据涌水水源、通道和水量大小的不同，分别采取不同的防治措施。防治水工作的总体要求如下所述。

① 应坚持"预测预报、有疑必探、先探后掘、先治后采"的原则，落实"防、堵、疏、排、截"综合治理措施。

② 应在查明矿井地质、水文地质条件的基础上，因地制宜地采取措施加以防治。

③ 应坚持先易后难，先近后远，先地面后井下，先重点后一般，地面与井下相结合，重点与一般相结合。

④ 应注意矿井水的综合利用，实现排供结合，保护矿区地下水资源和环境。

二、地面防水

地面防水是指在地面修筑防排水工程和采取其他措施，以限制大气降水和地表水补给含水层，或直接渗入井下，从而减小矿井涌水量，防止水害事故的发生。

1. 慎重选择井口位置

设计井口和确定地面建筑物位置时，应选在高于当地历年最高洪水位。保证在任何情况下，不至于被洪水淹没。若受矿体和地形限制时，应采取补救措施。在河流、沟谷附近修筑防洪堤坝、排水沟（图 7-29）。

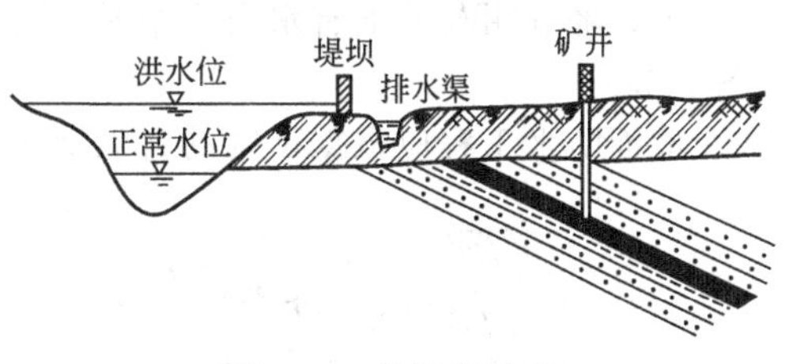

图 7-29　防洪堤示意

2. 截水沟、水库与防洪堤

位于山麓或山前平原的矿区，雨季常有山洪或潜流等侵袭，可淹没露天矿坑、井口和工业广场，或沿采空塌陷区、含水层露头等大量渗漏造成矿井涌水。此类矿区防治水一般是在矿区上方特别是严重渗漏地段的上方，垂直来水方向开挖大致沿地形等高线布置的排（截）水沟（图 7-30），排（截）水沟的作用是拦截洪水和浅部地下水，并利用自然坡度将水引出矿区；也可以采用防洪堤拦洪或修建水库进行蓄洪。

3. 河流改道

矿区内有河流通过并严重影响矿井生产时，可对河流进行改道（图 7-31），即在河流流入矿区的上游地段修筑堤坝拦截河水，同时修筑人工河道将水引出矿区。

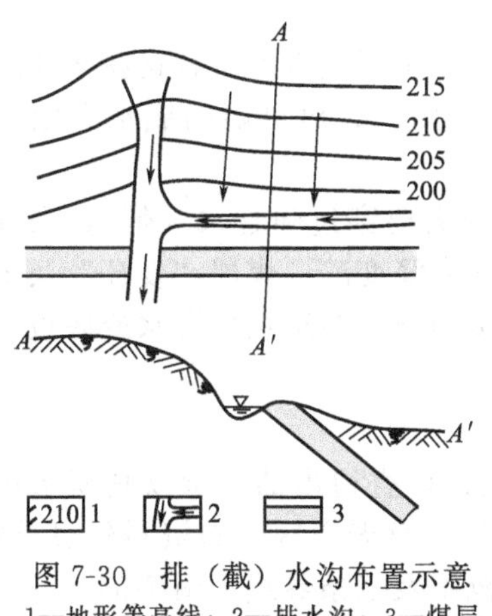

图 7-30　排（截）水沟布置示意

1—地形等高线；2—排水沟；3—煤层

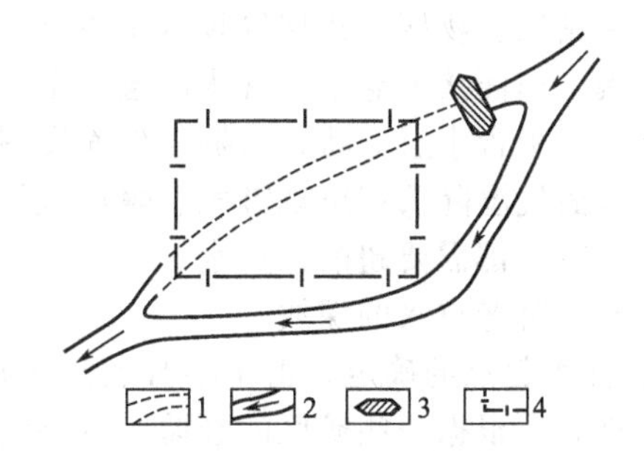

图 7-31　河流改道示意

1—原河道；2—人工河道；3—拦河坝；4—矿界

河流改道工程一般工程量大，投资多，应通过技术经济比较后选择施工方案并进行精心设计施工。设计时应考虑以下问题。

① 要保证经济合理，确保实效，坝址及人工河道应选择在隔水岩层上，必要时应对局

部河段进行防渗处理。

② 人工河道坡度要合理，不宜过大或过小，以免冲刷或淤塞；人工河道的断面应能保证通过最大洪水量。

③ 旧河道要妥善处理，以防积水渗入井下。

④ 要考虑矿区发展远景和工农业布局，既要避免二次改道，又不要因改道影响矿区的工农业和生活用水。

4. 整铺河床

当河流、渠道、冲沟等的水流经矿区并有水沿河床或沟底的裂缝渗漏补给矿井时，可在漏失地段用黏土、料石或水泥等铺砌不透水的人工河床，防止或减少河流漏失（图 7-32）。

5. 堵塞通道

采矿形成的塌陷坑、地表裂缝及基岩露头区的裂隙和溶洞及喀斯特塌陷坑、废弃钻孔及老空等，经查明与井下有水力联系时，可以使用黏土、块石、水泥、钢筋混凝土等将其填堵（图 7-33）。

地面防水工程应根据矿区的自然地理和水文地质条件，采取综合措施，以取得实效。

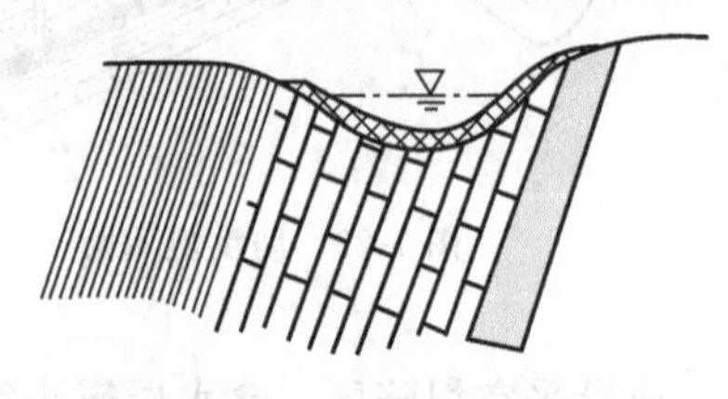

图 7-32　整铺河床示意

1—煤层；2—灰岩；3—页岩；4—整铺后的人工河床

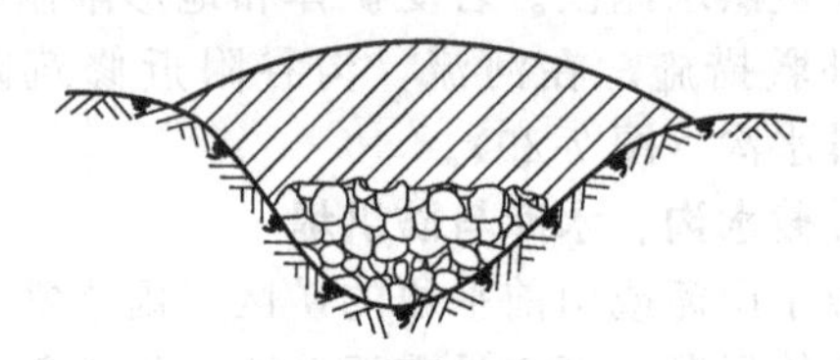

图 7-33　充填塌陷坑示意

1—砾石、碎石；2—黏土

三、井下防水

井下防水措施包括探放水、留设防隔水煤（岩）柱、设置防水闸门和防水墙等。

1. 探放水

井田内存在积水的老空、强含水层及含水断层，当采掘工程接近或接触这些水体时容易产生水害。为消除隐患，在“有疑必探、先探后掘”的原则下，对可能构成水害威胁的区域，采用钻探、物探、化探等技术手段查明或排除水害。

采掘工作面接近老空或含水断层，采掘工作面接近或需要穿过强含水（带），采掘煤层受到顶、底板含水层威胁，采掘工作面发现煤层变潮湿和光泽变暗、煤层“发汗”及煤壁变冷、工作面气温降低和出现雾气、煤壁挂红或工作面有水叫声、巷道顶板淋水或底板鼓起等突水征兆时，都需要超前探放水。

（1）小窑老空水的探放

① 探水起点的确定。由于小窑老空区积水范围是通过调查得出的，所以其积水边界不是十分准确。根据一些矿区的经验，将调查和勘探获得的小窑老空区分布资料经过分析后，在煤层底板等高线图相应位置上按比例填绘小窑老空区范围及三条界线（图 7-34）。

a. 积水线。调查核定的积水区边界线（即老窑采空的范围）。其深部界线应据老窑的最深下山划定。

b. 探水线。沿积水线外推 60～150m 的距离画一条线（上山掘进时为顺层的斜距），此数值大小视积水边界的可靠程度、水压大小、煤的坚硬程度、顶底板岩性及地质构造等因素确定。当掘进巷道达到此线应开始探水。

c. 警戒线。从探水线再外推 60～150m（上山掘进时指倾斜距离）。巷道进入此线后就应警惕积水的威胁，注意掘进工作面的变化。如发现有透（突）水征兆应提前探水。

② 老空积水量的估算。划定积水线后，可按下式初步估算老空积水量，即

$$Q_j = \sum Q_c + \sum Q_h$$

$$Q_c = \frac{KMF}{\cos\alpha}$$

$$Q_h = WLK$$

式中 Q_j——相互连通的各积水区总水量，m^3；

$\sum Q_c$——有水力联系的煤层采空区积水量之和，m^3；

$\sum Q_h$——与采空区连通的巷道积水量之和，m^3；

K——采空区或巷道的充水系数，与采煤方法、采出率、煤层倾角、顶底板岩性及其碎胀程度、采后间隔时间等因素有关，采空区一般取 0.25～0.5，煤巷一般取 0.5～0.8，岩巷取 0.8～1.0；

M——采空区平均采厚或煤厚，m；

F——采空积水区的水平投影面积，m^2；

α——煤层倾角，(°)；

W——积水巷道原有断面，m^2；

L——积水巷道长度，m。

③ 探放水钻孔的布置原则　应以不漏掉“老空”、保证生产安全和探水工作量最小为原则。探放水钻孔的超前距、允许掘进距离、密度和帮距如图 7-35 所示。

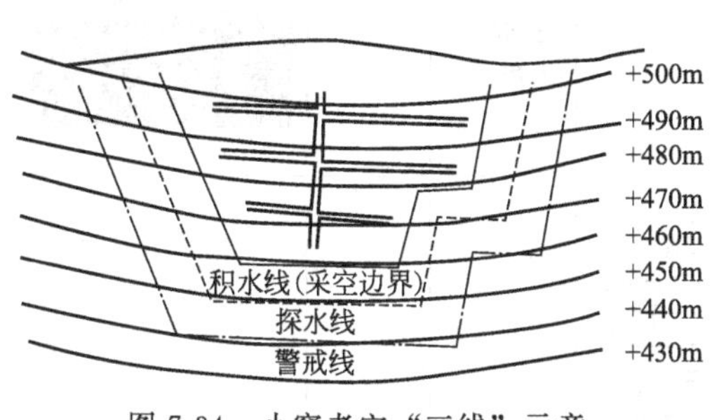

图 7-34　小窑老空“三线”示意

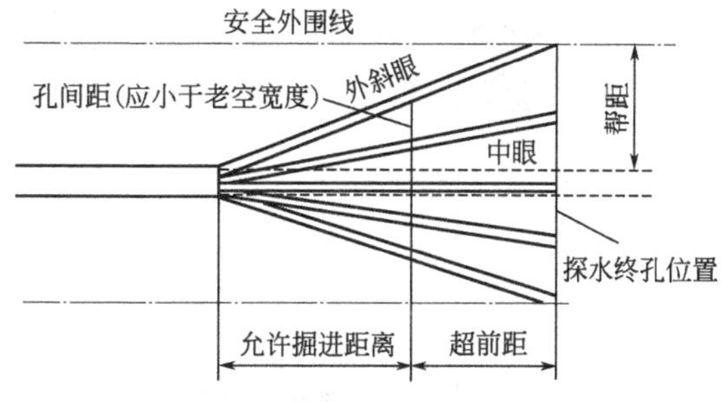

图 7-35　探放水钻孔的超前距、帮距和允许掘进距离示意

a. 超前距。探水时从探水线开始向前方打钻探水，一次打透积水的情况较少，常是探水-掘进-探水循环进行。探水钻孔的终孔位置应始终保持超前工作面一段距离，这段距离称超前距。

b. 允许掘进距离。探水后证实无水害的威胁，可以安全掘进的距离。

c. 帮距。使巷道两帮与可能存在的老空积水间保持一定的安全距离。帮距一般与相同条件下的超前距相同，即

$$\alpha = 0.5AL\sqrt{\frac{3p}{K_p}}$$

式中 α——超前距（或帮距），m；

A——安全系数，一般取 2～5；

L——巷道的跨度（宽或高取其大者），m；

p——水头压力，MPa；

K_p——煤的抗张强度（可由试验测定或按本区经验值），MPa。

④ 钻孔密度（孔间距）。允许掘进距离终点横剖面线上，探水钻孔之间距。为防止漏掉老空巷道，一般不得超过 3m。

⑤ 探水钻孔布置方式。倾斜煤层平巷和倾斜煤层上山巷道探水钻孔的布置方式、数量和夹角大小可见表 7-13。

表 7-13 探水钻孔布置方式

采掘巷道类型	煤层厚薄		探水钻孔布置方式	孔数	钻孔水平夹角	钻孔倾角	探水钻孔布置特殊要求
倾斜煤层平巷	薄煤层		钻孔呈半扇形布置在巷道上帮 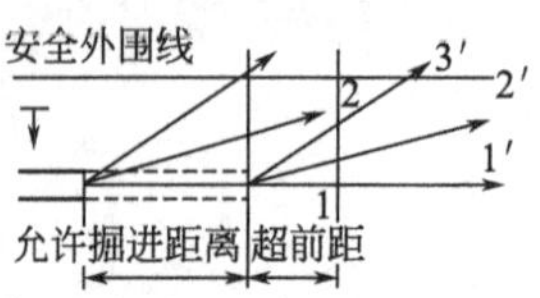 安全外围线 允许掘进距离 超前距	一般布置3组，每组1～2孔 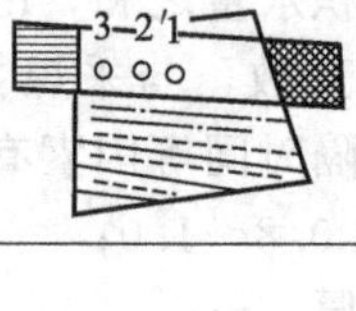	分大夹角与小夹角两种，前者钻孔夹角为7°～15°，后者为1°～3°，视小窑老空的规模而定。老空规模大，取大夹角，反之取小夹角	按地层产状换算而定	—
	厚煤层	一次采全高		一般布置3组，每组不少于3孔 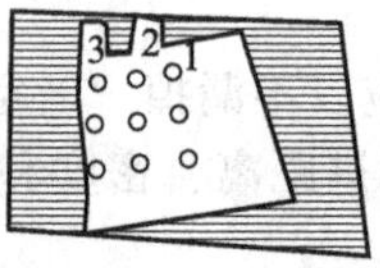			—
		分层开采巷道沿顶掘进					每组至少有一个探水钻孔见底 
		分层开采巷道沿底掘进					每组应至少有一个探水钻孔见顶 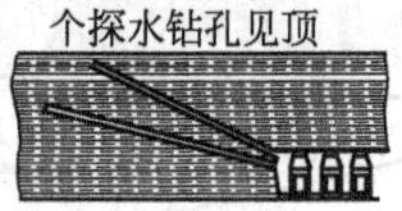
倾斜煤层上山巷道	薄煤层		钻孔呈扇形布置，布置在巷道前方 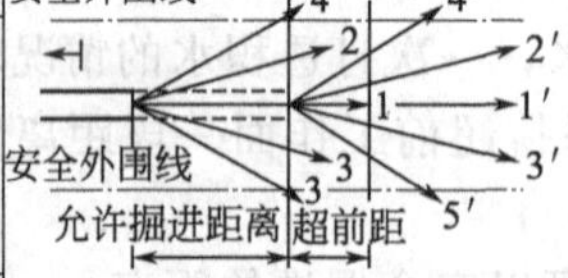 安全外围线 安全外围线 允许掘进距离 超前距	一般布置5组，每组1～2孔 	分大夹角和小夹角两种，视小窑老空的规模而定	按地层产状换算而定	—
	厚煤层	一次采全高		一般布置5组，每组不少于3孔 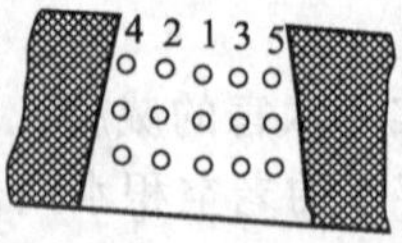			—
		分层开采巷道沿顶掘进					—
		分层开采巷道沿底掘进					每组探水钻孔至少应有一个见顶 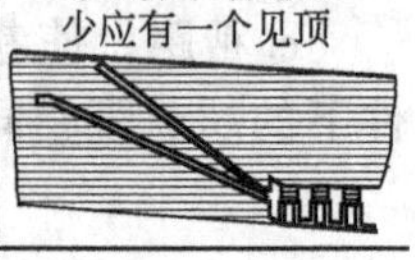

注：1. 煤层中夹矸在 0.5m 左右、上下层煤厚均大于 0.5m、有开采价值时，最好分层探水。
2. 一般都采用钻机探水，如系水压低、水量小的局部积水，也可以采用活节麻花钎子探水。
3. 必须根据巷道方向及煤层产状，事先换算好钻孔水平夹角、方位角、倾（仰）角及钻孔深度等。

在水压高、水量大或煤层松软、节理发育的情况下，于煤层中打钻不安全，应采用隔离式探水。隔离式探水其使用条件及钻孔布置见表 7-14。

探放水应采用深孔、中深孔和浅孔相结合的方式，如图 7-36 所示。

每次探放水应打 3 个深孔（1 个中眼和 2 个外斜眼），只要不脱离煤层应尽量打深。由于外斜眼深度大，控制的帮距也大，可保证继续探水掘进时的安全。中深孔布置在 3 个深孔之间或外斜眼外侧，孔深要满足超前距、帮距和孔间距的要求。

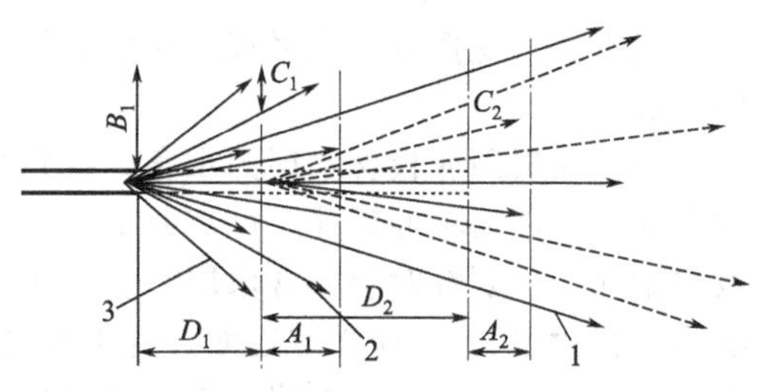

图 7-36　深孔、中深孔和浅孔相结合探放水示意
1—深孔；2—中深孔；3—浅孔；A_1，A_2—第一、第二次超前距；B_1—帮距；C_1，C_2—第一、第二次孔间距；D_1，D_2—第一、第二次允许掘进距离

表 7-14　隔离式探水类型及使用条件

探水类型	使用条件	钻孔布置示意图	说　明
石门探水	积水区水压高（水头大于 100m）、水量大、附近又无巷道可以利用时，由煤层向岩层中掘石门，并使石门与积水煤层之间距离不小于 10m	石门　积水	应选择安全、经济、合理的位置施工放水石门
墙外探水	煤层松散或解理发育，采掘工作已邻近积水区时，应先修筑隔水墙，并预埋套管，在墙外进行探放水	水泥浆　隔水墙	隔水墙上预埋孔口管，其孔口安全装置经试压达到设计要求后，再探放水
隔层探水	煤层间距大于 20m、相邻煤层又有探水和排水条件时，可于相邻煤层的巷道内向上方打探水孔	老空积水　巷道水	必须埋好孔口安全装置，放水后应注意钻孔堵塞，防止重新积水

注：在开采煤层群而导致多煤层重叠积水时，也可以从地面向预测积水区下边界打探水孔，将积水串联，同时放出。

薄煤层探水时，钻孔先穿过煤层至顶底板，然后布置浅孔沿煤层钻进，钻孔深度根据需要确定。厚煤层或急倾斜煤层的探放水钻孔，平面上应布置成扇形，剖面上也应布置成扇形，以防漏掉老空巷道。

（2）断层水的探放　断层是矿井充水的主要通道之一。据统计，矿井突水点 90%以上出现在断层带及其附近，因此查明断层的位置、性质、规模、导水情况、富水性强弱、水头压力大小，以及断层两侧含水层的富水性、水压大小及其与开采煤层的相对位置，并采取必要的措施（疏放、留设防水隔离煤柱或封堵）加以预防和治理，对防止断层突水，确保矿井安全是十分重要的。

由于断层是影响地质条件的重要因素，因此探断层水的钻孔应与探断层的构造孔相结合，在查明断层对煤层赋存条件影响的同时，探明断层及两盘含水层的赋存条件及富水性。

断层水探明后，应根据水的来源、水压和水量采取不同措施。若断层水是来自强含水层，则要注浆封闭钻孔，并按规定留设煤柱；已进入煤柱的巷道要加以充填或封闭。若断层含水性不强，可考虑放水疏干。

（3）含水层水的探放　探放含水层水基本有 3 种情况：一是探放影响采掘工作的顶板强

含水层水；二是探放影响采掘工作的底板强含水层水；三是巷道（如石门）穿越强含水层前的探放水。

防治煤层顶底板含水层的水害，特别是防治顶板水是矿井防治水工作的基本内容。对于水文地质条件简单的矿井，可在井上下水文地质调查、观测的基础上，在井下布置、施工探放水钻孔（主要针对顶板含水层）直接进行疏放。对于水文地质条件复杂的矿井（特别是底板承压富含水层），应采取地面、井下相结合，物探、钻探、化探与放水试验、连通试验相结合的综合探查方法，查明条件后采取相应的防治水措施。

2. 留设防隔水煤（岩）柱

在矿井可能受水害威胁的地段，留设的一定宽度或高度的煤（岩）柱，称为防隔水煤（岩）柱。

《煤矿防治水规定》指出，凡属下列 7 种情况之一者，必须留设防隔水煤（岩）柱：煤层露头风化带，在地表水体、含水冲积层下和水淹区临近地带，与强含水层存在水力联系的断层裂隙带或强导水断层接触的煤层，有大量积水的老窑和采空区，导水、充水的陷落柱与喀斯特洞穴，分区隔离开采边界，受保护的观测孔、注浆孔和电缆孔等。

(1) 煤层露头防隔水煤（岩）柱的留设　煤层露头没有覆盖或被黏土类微透水的松散层覆盖时，按式（7-1）留设防水煤（岩）柱，即

$$H_f = H_k + H_b \tag{7-1}$$

煤层露头被松散富含水层覆盖时，按式（7-2）留设防水煤（岩）柱，即

$$H_f = H_L + H_b \tag{7-2}$$

式中　H_f——防隔水煤（岩）柱高度，m；

H_k——采后垮落带高度，m；

H_L——采后导水断裂带高度（垮落带＋断裂带），m；

H_b——保护层厚度，m。

垮落带、导水断裂带的最大高度根据实测确定，或按表 7-15 计算。

表 7-15　垮落带、导水断裂带的最大高度经验公式

煤层倾角/(°)	覆岩岩性		垮落带高度/m	导水断裂带(包括垮落带)高度/m	
	抗压强度/MPa	岩石类型		公式一	公式二
0～54	41～80	坚硬（石英砂岩、石灰岩、砂质页岩、砾岩）	$H_k=\frac{100\sum M}{2.1\sum M+16}\pm 2.5$	$H_k=\frac{100\sum M}{1.2\sum M+2.0}\pm 2.5$	$H_L=30\sqrt{\sum M}+10$
	21～40	中硬（砂岩、泥岩、泥质灰岩、砂质页岩、页岩）	$H_k=\frac{100\sum M}{4.7\sum M+19}\pm 2.2$	$H_k=\frac{100\sum M}{1.6\sum M+3.6}\pm 5.6$	$H_L=20\sqrt{\sum M}+10$
	10～20	软弱（泥岩、泥质砂岩）	$H_k=\frac{100\sum M}{6.2\sum M+32}\pm 1.5$	$H_k=\frac{100\sum M}{3.1\sum M+5.0}\pm 4.0$	$H_L=10\sqrt{\sum M}+5$
	<10	极软弱（铝土岩、风化泥岩、黏土、砂质黏土）	$H_k=\frac{100\sum M}{7.0\sum M+63}\pm 1.2$	$H_k=\frac{100\sum M}{5.0\sum M+8.0}\pm 3.0$	

续表

煤层倾角/(°)	覆岩岩性		垮落带高度/m	导水断裂带(包括垮落带)高度/m	
	抗压强度/MPa	岩石类型		公式一	公式二
55～90	40～80	坚硬	$H_k=(0.4\sim0.5)H_L$	$H_k=\frac{100\sum Mh}{4.1h+133}\pm8.4$	
	<40	中硬、软弱		$H_k=\frac{100\sum Mh}{7.5h+293}\pm7.3$	

注：1. $\sum M$—累计采高，m；h—采煤工作面小阶段垂高，m。

2. 公式应用范围：单层采高1～3m，累计采高不超过15m；计算公式±号项为中误差。

3. 对于缓倾斜和倾斜煤层，垮落带、导水断裂带最大高度系指从煤层顶面算起的法向高度；对于急倾斜煤层，系指从开采上限算起的垂向高度。岩石抗压强度为饱和单轴极限强度。顶板控制方法均为垮落法。

4. 摘自《建筑物、水体、铁路及主要井巷煤柱留设与压煤开采规程》，2000，略修改。

保护带的高度根据煤层倾角的大小分别按表7-16和表7-17确定。

表7-16　缓倾斜和中等倾斜煤层保护带高度 S 的经验计算公式

名　称	覆盖层的主要特征	覆岩坚硬	覆岩中硬	覆岩软弱	覆岩极软弱
防水安全煤柱中的保护带高度	松散层底部黏性土层厚度大于累计采厚	$S=4A$	$S=3$	$S=2$	$S=2$
	松散层底部黏性土层厚度小于累计采厚	$S=5$	$S=4A$	$S=3$	$S=2$
	松散层全厚小于累计采厚	$S=6$	$S=5$	$S=4A$	$S=3$
	松散层底部无黏性土层	$S=7$	$S=6$	$S=5$	$S=4A$
防水安全煤柱中的保护带高度	松散层底部黏性土层或弱含水层厚度大于累计采厚	$S=4A$	$S=3$	$S=2$	$S=2$
	松散层全厚大于累计采厚	$S=2$	$S=2$	$S=2$	$S=2$

注：$A=M_c/n$，M_c 为累计采高，n 为分层开采数。

表7-17　急倾斜煤层保护带高度的经验值简表　　单位：m

名　称	松散层的厚度和特征	覆岩坚硬	覆岩中硬	覆岩软弱
55～70	松散层底部黏性土层厚度小于累计采厚	20	15	10
	松散层底部无黏性土层	22	17	12
	松散层全厚为小于累计采厚的黏性土层	18	13	8
	松散层底部黏性土层厚度大于累计采厚	15	10	5
71～90	松散层底部黏性土层厚度小于累计采厚	22	17	12
	松散层底部无黏性土层	24	19	14
	松散层全厚为小于累计采厚的黏性土层	20	15	10
	松散层底部黏性土层厚度大于累计采厚	17	12	7

根据式（7-1）、式（7-2）计算的防隔水煤（岩）柱的高度不得小于20m。

（2）含水或导水断层防隔水煤（岩）柱的留设　含水或导水断层防隔水煤（岩）柱的留设（图7-37），并可参照以下经验公式计算，即

$$L = 0.5KM\sqrt{\frac{3p}{K_p}} \geqslant 20\text{m}$$

式中 L——煤柱留设宽度，m；

K——安全系数，一般取 2～5；

M——煤层厚度或采高，m；

p——水头压力，MPa；

K_p——煤的抗张强度，Mpa。

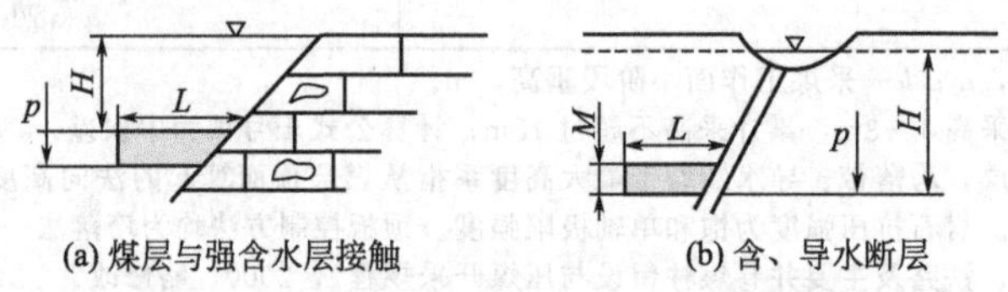

图 7-37 含水或导水断层防隔水煤（岩）柱留设

L—煤柱留设宽度；p—水头压力；H—防隔水煤（岩）柱高度；M—煤层厚度或采高

(3) 煤层与强含水层或导水断层接触防隔水煤（岩）柱的留设 煤层与强含水层或导水断层接触，并局部被覆盖时（图 7-38），防隔水煤（岩）柱的留设要求如下所述。

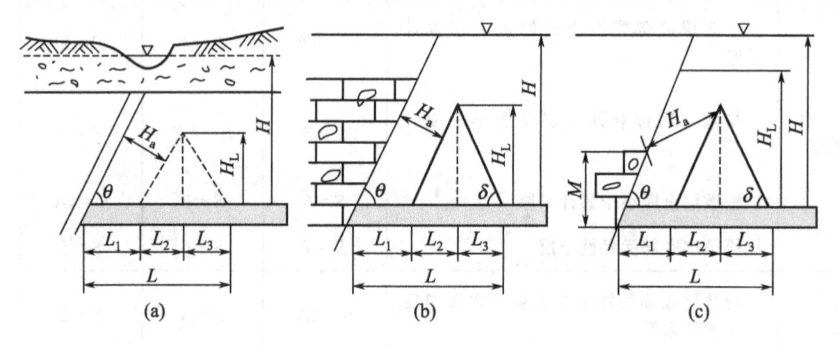

图 7-38 煤层与富水性强的含水层或导水断层接触时防隔水层煤（岩）柱留设

当含水层顶面高于最高导水裂缝带上限时，防隔水煤（岩）柱可按图 7-38 (a)、图 7-38 (b) 留设。其计算公式为

$$L = L_1 + L_2 + L_3 = H_a\csc\theta + H_L\cot\theta + H_L\cot\delta$$

最高导水裂缝带上限高于断层上盘含水层时，防隔水煤（岩）柱按图 7-38 (c) 留设。其计算公式为

$$L = L_1 + L_2 + L_3 = H_a(\sin\delta - \cos\delta\cot\theta) + (H_a\cos\delta + M)(\cot\theta + \cot\delta) \geqslant 20\text{m}$$

式中 L——防隔水煤（岩）柱宽度，m；

L_1，L_2，L_3——防隔水煤（岩）柱各分段宽度，m；

H_L——最大导水裂缝带高度，m；

θ——断层倾角，(°)；

δ——岩层塌陷角，(°)；

M——断层上盘含水层层面高出下盘煤层底板的高度，m；

H_a——断层安全防隔水煤（岩）柱的宽度，m。

H_a 值应当根据矿井实际观测资料来确定，即通过总结本矿区在断层附近开采时发生突水和安全开采的地质、水文地质资料，计算其水压（p）与防隔水煤（岩）柱厚度（M）的比值（$T_s = p/M$），并将各点之值标到以 $T_s = p/M$ 为横轴，以埋藏深度 H_0 为纵轴的坐标纸上，找出 T_s 值的安全临界线（图 7-39）。

H_a 值也可以按下列公式计算，即

$$H_a=\frac{p}{T_s}+10$$

式中　p——防隔水煤（岩）柱所承受的静水压力，MPa；

T_s——临界突水系数，MPa/m；

10——保护带厚度，一般取 10m。

本矿区如无实际突水系数，可参考其他矿区资料，但选用时应当综合考虑隔水层的岩性、物理力学性质、巷道跨度或工作面的空顶距、采煤方法和顶板控制方法等因素。

（4）煤层位于含水层上方且断层导水时防隔水煤（岩）柱的留设　在煤层位于含水层上方且断层导水的情况下（图 7-40），防隔水煤（岩）柱的留设应当考虑两个方向上的压力：一是煤层底部隔水层能否承受下部含水层水的压力；二是断层水在顺煤层方向上的压力。

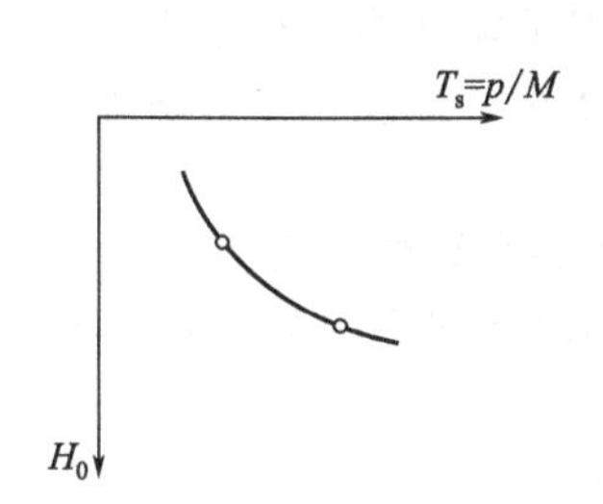

图 7-39　T_s 和 H_0 关系曲线

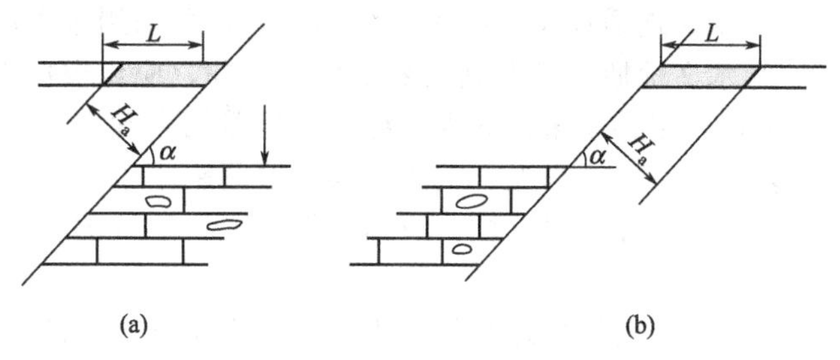

图 7-40　煤层位于含水层上方且断层导水时防隔水煤（岩）柱留设

当考虑底部压力时，应当使煤层底板到断层面之间的最小距离（垂距）大于安全煤柱高度（H_a）的计算值，并不得小于 20m。其计算公式为

$$L=\frac{H_a}{\sin\alpha}\geqslant 20\text{m}$$

式中　α——断层倾角，(°)。

当考虑断层水在顺煤层方向上的压力时，按含水或导水断层防隔水煤（岩）柱的留设计算煤柱宽度。

根据以上两种方法计算的结果，取用较大的数字，但仍不得小于 20m。

如果断层不导水（图 7-41），防隔水煤（岩）柱的留设尺寸，应当保证含水层顶面与断层面交点至煤层底板间的最小距离，在垂直于断层走向的剖面上大于安全煤柱的高度（致）即可，但不得小于 20m。

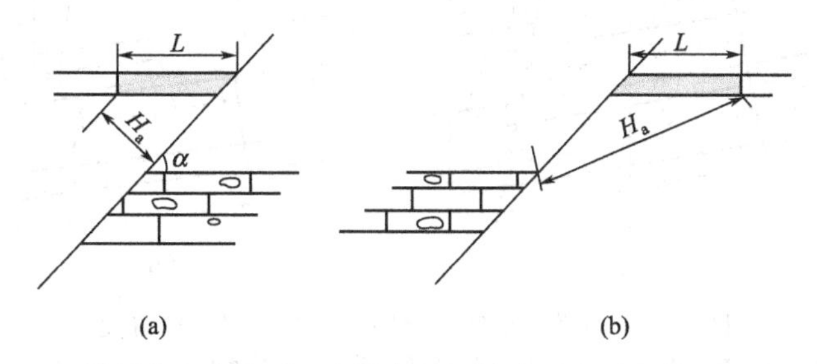

图 7-41　煤层位于含水层上方且断层不导水时防隔水煤（岩）柱留设

（5）水淹区或老窑积水区下采掘时防隔水煤（岩）柱的留设

① 巷道在水淹区下或老窑积水区下掘进时，巷道与水体之间的最小距离，不得小于巷

道高度的10倍。

② 在水淹区下或老窑积水区下同一煤层中进行开采时，若水淹区或老窑积水区的界线已基本查明，防隔水煤（岩）柱的尺寸应当按含水或导水断层防隔水煤（岩）柱的留设的规定留设。

③ 在水淹区下或老窑积水区下的煤层中进行回采时，防隔水煤（岩）柱的尺寸，不得小于导水裂缝带最大高度与保护带高度之和。

（6）保护地表水体防隔水煤（岩）柱的留设　保护地表水体防隔水煤（岩）柱的留设，可参照《建筑物、水体、铁路及主要井巷煤柱留设与压煤开采规程》执行。

（7）保护通水钻孔防隔水煤（岩）柱的留设　根据钻孔测斜资料换算钻孔见煤点坐标，按含水或导水断层防隔水煤（岩）柱的留设的办法留设防隔水煤（岩）柱，如无测斜资料，应当考虑钻孔可能偏斜的误差。

（8）相邻矿（井）人为边界防隔水煤（岩）柱的留设

① 水文地质简单型到中等型的矿井，可采用垂直法留设，但总宽度不得小于40m。

② 水文地质复杂型到极复杂型的矿井，应当根据煤层赋存条件、地质构造、静水压力、开采上覆岩层移动角、导水裂缝带高度等因素确定。

多煤层开采，当上、下两层煤的层间距小于下层煤开采后的导水裂缝带高度时，下层煤的边界防隔水煤（岩）柱，应当根据最上一层煤的岩层移动角和煤层间距向下推算［图7-42（a）］。

当上、下两层煤之间的垂距大于下煤层开采后的导水裂缝带高度时，上、下煤层的防隔水煤（岩）柱，可分别留设［图7-42（b）］。

导水裂缝带上限岩柱宽度 L_y 的计算，可采用下列公式，即

$$L_y=\frac{H-H_L}{10}\times\frac{1}{T_s}\geqslant 20\text{m}$$

式中　H——煤层底板以上的静水位高度，m；

T_s——水压与岩柱宽度的比值，可取1。

（9）以断层为界的井田防隔水煤（岩）柱的留设　以断层为界的井田，其边界防隔水煤（岩）柱可参照断层煤柱留设，但应当考虑井田另一侧煤层的情况，以不破坏另一侧所留煤（岩）柱为原则（除参照断层煤柱的留设外，尚可参考图7-43所示的例图）。

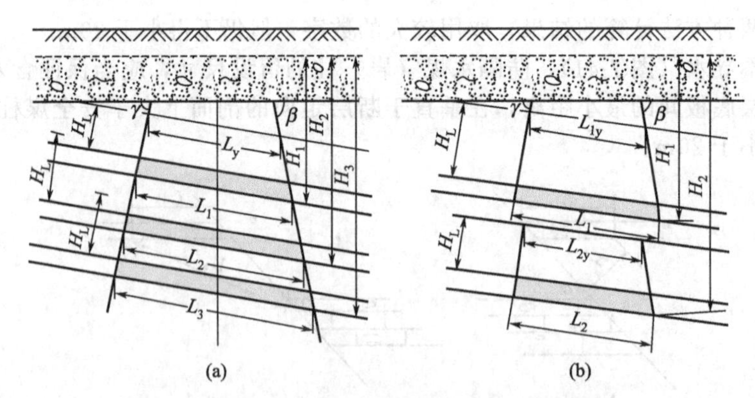

图7-42　多煤层地区边界防隔水煤（岩）柱留设

H_L—导水裂缝带上限；H_1，H_2，H_3—各煤层底板以上的静水位高度；γ—上山岩层移动角；β—下山岩层移动角；L_y，L_{1y}，L_{2y}—导水裂缝带上限岩柱宽度；L_1—上层煤防水煤柱宽度；L_2，L_3—下层煤防水煤柱宽度

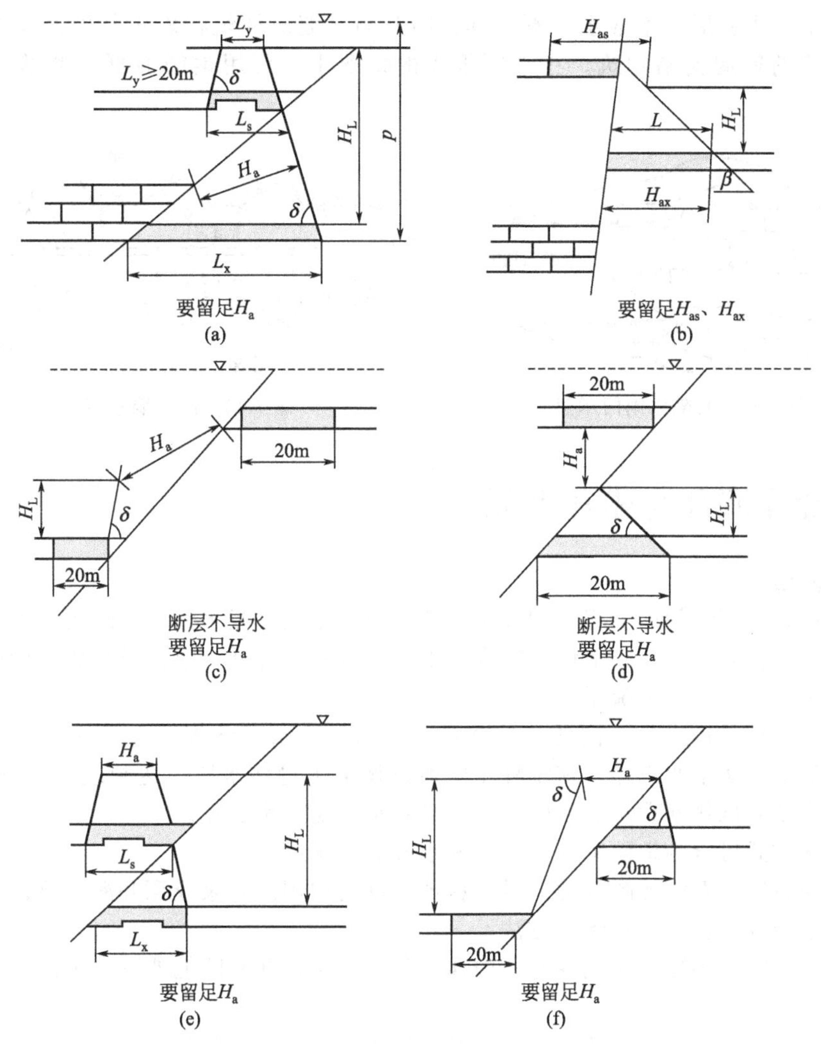

图 7-43　以断层分界的井田防隔水煤（岩）柱留设

L—煤柱宽度；L_s，L_x—上、下煤层的煤柱宽度；H_a，H_{as}，H_{ax}—安全防水岩柱厚度；p—底板隔水层承受的水头压力

3. 设置防水闸门和防水墙

（1）防水闸门　防水闸门一般设置在有突水危险采区的巷道出入口和井下主要设施（如井底车场、泵房、变电所等）与矿井联络的巷道内，突水时关闭闸门，控制水害。

防水闸门设置在有足够强度的隔水层地段，由混凝土墙、门框、门扇等组成（图 7-44）。门框的尺寸应能满足运输的需要，门扇可根据水压的大小由钢板或铁板制成。门的形状通常呈平面状；当水压超过 2.5～3MPa 时，采用球面状。

为便于平时运输，防水闸门处应设短的、容易拆卸的活动钢轨，发生水患时可迅速拆除。门扇与门框之间要加厚胶皮，以防漏水。在有排水沟的巷道内修筑防水闸门时，应在水沟内设置带闸阀的放水管。在门框上方要留设安装电缆、风管、瓦斯管及压力表的孔。

（2）防水墙　防水墙一般设置在需要永久或长期阻挡水的地方，分临时性防水墙和永久性防水墙。临时性防水墙一般用木料和砖砌筑，永久性防水墙用混凝土或钢筋混凝土浇筑而成。

防水墙的形状有平面、圆柱面或球面 3 种，分别适用于不同水压条件下。防水墙要有足够的强度，不发生变形、不透水、不位移，因此防水墙应修筑在岩石坚硬及没有裂隙的地点，且应在墙的四周掏槽砌筑。在水压很大的情况下，可用钢筋混凝土修筑多段防水墙（图 7-45）。

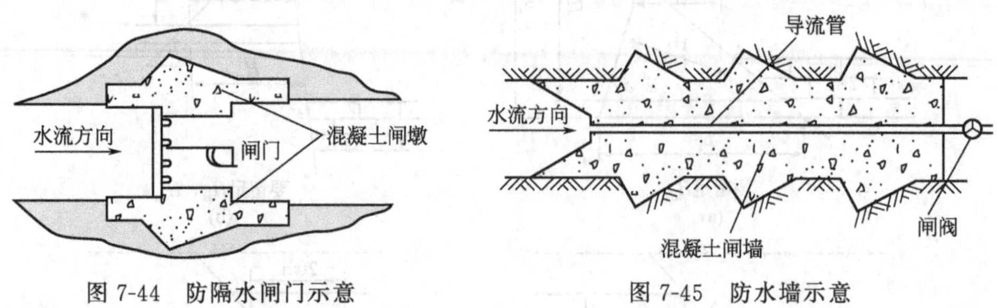

图 7-44 防隔水闸门示意　　图 7-45 防水墙示意

四、疏水降压与带压开采

1. 疏水降压

疏水降压是利用专门的工程（如抽水钻孔、放水钻孔、吸水钻孔、疏水巷道等）及相应的排水设备，有计划、有步骤地使影响采掘安全的含水层降低水位，或形成不同规模的降落漏斗，使含水层局部或全部疏干。

疏水降压与矿井排水是不同的，矿井排水是通过排水设备将流入水仓的水直接排到地面，是一项消极的防治水工作。疏水降压则通过调节水量和水压，达到改善井下作业条件、保证采掘安全及降低排水费用的目的，是一项主动的防治水工作。

根据疏水方式可分为地面疏水、井下疏水和联合疏水。

（1）地面疏降。在需要疏降的地段，在地面钻孔中用深井泵或深井潜水泵进行抽水，预先降低地下水位或水压的一种疏水方法。

（2）井下疏降。利用巷道或在巷道中通过各类疏水钻孔来降低地下水位或水压的一种疏降方法。

（3）联合疏降。两种以上的疏降方法联合使用。在水文地质条件复杂的矿区，采用单一的疏降方法或单一矿井的疏降不能满足要求或不经济时，往往采用井上下相结合或多矿井的联合疏降方式。

2. 带压开采

所谓带压开采，是指在底板或顶板具有承压含水层的条件下，当隔水层的厚度稍大于临界隔水层厚度或水压值稍小于临界水压值时，不采取其他疏降措施即行开采。

（1）对地质和水文地质工作的要求

① 通过勘探要对主要承压含水层的赋存情况、富水性、边界条件及可能的补给水源、补给水量等了解清楚，对一旦突水时的最大水量提出预测或估算。

② 要掌握对本区（或本井田）范围内由承压含水层到所采煤层之间隔水层的岩性（隔水性）和厚度变化等资料，并按有关公式进行核算。对于顶板承压水，要编制岩柱厚度比值等值线图（实际岩柱厚度和必要的安全厚度的比值等值线图），其中$\frac{H_{实}}{H_{安}}>2.0$者为安全区；$\frac{H_{实}}{H_{安}}=2.0\sim1.0$者为比较安全区，$\frac{H_{实}}{H_{安}}<1.0$为危险区。对于底板承压含水层要编制突水系数等值线图。

③ 突水与地质构造因素有关，因此必须查明地质构造情况，对于落差大于 5～10m 的

断层带，要单独计算$\frac{H_{实}}{H_{安}}$值或突水系数，并在图上注明。

④ 带压开采的地区不仅隔水层厚度应大于安全厚度，而且还应该是构造较简单、岩层完整性较好的区段。对于岩柱虽较厚但断层较多、完整性较差的区段，一般不宜带压开采。

(2) 对采区设计和其他有关问题的要求

① 在采煤方法上必须做到控制采高、均匀、大剥皮、间歇开采（对急倾斜煤层应为小阶段均匀间歇开采）。对于一般的构造断裂和破碎带要防止冒落，对于岩柱厚度比值系数小于1.2的断层，必须按规定留设断层防水煤柱。

② 要考虑突水甚至突大水的可能性，采煤工作面要准备好必要的泄水系统，做到煤、水不相干扰，泄水和安全撤人不相干扰；要建造或预留水闸门（墙）位置，以便在必要时封闭整个采区。

③ 矿井必须参照可能突水时的最大预计水量，及早准备好足够的备用排水能力，要做到水泵、管路和供电三配套。此外，井下还应建立警报系统、避灾路线和区域性的水闸门等。

④ 必须事先设置含水层的动态观测孔（网），以便随时掌握各含水层的动态变化。

五、注浆堵水

注浆堵水是指将各种材料（如黏土、水泥、水玻璃、化学材料等）制成浆液压入地下预定地点（如突水点、含水层储水空间等）使之扩散、凝固和硬化，从而起到堵塞水源通道、增大岩石强度、增强岩石隔水性能的作用，以达到治水的目的。

1. 注浆堵水技术

注浆堵水技术主要包括注浆工艺、注浆材料和注浆设备，其主要技术要求见表7-18。

表7-18　注浆堵水技术要求

注浆堵水技术	主要技术要求
注浆工艺	选择注浆方案，确定注浆方式和注浆深度、注浆孔的布置和钻进、注浆材料的选择、注浆设备的选型、注浆站的布置、注浆参数、注浆施工及效果检查等
注浆材料	根据所注地层的岩性、裂隙性等特点，不断研制出能够起到有效堵水和加固作用的浆液，提高注浆效果
注浆设备	包括注浆泵、搅拌机、混合器、止浆塞和配套仪器等。为适应注浆技术的发展和满足不同条件下的注浆要求，必须研制更好的注浆设备，实现注浆机械化和自动化

2. 注浆堵水的类型

注浆堵水的类型见表7-19。

表7-19　注浆堵水类型

分类原则	分类方案及说明
按注浆与井巷工程施工先后分类	分为预注浆（凿井前或掘进到含水层以前所进行的注浆工程，有地面预注浆和井下预注浆之分）和后注浆（在井巷工程掘砌以后所进行的注浆工程）
按注浆采用的材料分类	分为水泥注浆（以水泥为主的浆液材料）、黏土注浆（以黏土为主的浆液材料）、黏土水泥注浆（以黏土、水泥为主的浆液材料）和化学注浆（以化学药液为主的浆液材料）
按注浆工艺流程分类	分为单液注浆（用一台注浆泵和一套输浆系统完成的注浆工程）、双液注浆（用两台注浆泵或一台双缸和两套输浆管路同时注浆，两种不同材料的浆液在混合器中混合后注入欲注部位）
按地质条件、浆液扩散及渗透能力分类	分为充填注浆（具有大裂隙、大洞穴的岩层或井巷壁后空洞的注浆）、裂隙溶隙注浆（具有裂隙的砂岩、砂质页岩及具有溶裂隙的石灰岩中的注浆）、渗透注浆（不破坏颗粒固有的排列而使浆液充填于粒间空隙中的注浆）和挤压注浆（靠注浆压力迫使浆液挤入地层中的注浆）

续表

分类原则	分类方案及说明
按注浆目的分类	分为加固注浆(加固松软地层或破碎带)、堵水注浆(堵出水点和防渗,有突水点动水注浆、静水注浆和帷幕截流注浆之分)

3. 注浆堵水的应用范围及效果

(1) 应用范围　井筒掘凿前的预注浆，成井后的壁后注浆；堵大突水点恢复被淹矿井；截源堵水以减少矿井涌水；井巷堵水过含水层或导水断层。

(2) 应用效果

① 减轻矿井排水负担。

② 不破坏或少破坏地下水的动态平衡，有利于保护水源和合理开发利用。

③ 改善采掘工程的劳动条件，创造打干井、打干巷的条件，提高功效和质量。

④ 加固薄弱地带，减少突水概率。

⑤ 避免地下水对工程设备的浸泡腐蚀，延长使用年限。

4. 注浆材料

(1) 对注浆材料的要求

① 浆液是真溶液，而不是悬浊液。

② 浆液初凝时间、终凝时间能够调节，并且可以准确控制。

③ 浆液的稳定性好，长时间存放不改变性质，不发生其他化学反应。

④ 浆液无毒无臭，不污染环境，非易燃易爆。

⑤ 浆液对注浆设备、管路及混凝土建筑物无腐蚀，易清洗。

⑥ 浆液固化时无收缩现象，固化后有一定的黏结性。

⑦ 浆液结石率高，结石体有一定的抗压强度和抗拉强度，不龟裂，抗渗性好。

⑧ 结石体耐老化性能好，长期耐酸碱及生物细菌腐蚀，不受温度和湿度变化的影响。

⑨ 材料来源丰富，价格便宜，能大规模的使用。

⑩ 浆液配制方便，操作容易掌握。

(2) 注浆材料类型　注浆材料分为水凝浆和化学浆。其中水凝浆是悬浊液，颗粒（大于 $0.1\mu m$）悬浮在液体中容易离析沉降，稳定性较差，结石率低；化学浆（包括溶液和溶胶）颗粒极小，分散均匀，浆不易离析沉降，易进入细小孔隙或裂隙。

按照主剂品的不同，水泥浆和化学浆又可划分为若干个品种。

六、矿井排水

矿井排水是煤矿生产的基本环节。多数矿井都是将井下各出水点和疏放出的水经过排水沟或管道系统汇集于水仓，用水泵排至地面。

1. 排水方式

矿井排水方式有直接排水、分段排水和混合排水。可根据矿井涌量、疏水量的大小、井型、开采水平的数量和深度、排水设备的能力、矿井水的腐蚀性等确定排水方式。

(1) 直接排水　由各水平水仓直接将水排至地面。

(2) 分段排水（接力式）　由下一水平依次排至上一水平，最后由最上部水平集中排至地面。如果上部水平的涌水量很小或排水能力负荷不足，也可将上部水平水排至下水平，再集中排至地面。

(3) 混合排水　将某一水平的水直接排至地面，而其他水平的水仍按分段接力式排至地面。

2. 排水系统

排水系统由排水沟、水仓、泵房和排水管路等构成。

（1）排水沟　适用于涌水量不大的矿井排水。排水沟一般开挖在井下运输巷道的一侧，其断面取决于涌水量的大小，坡度一般与运输巷道的坡度相同，但当水中含悬浮物较多时可陡些。如果矿井涌水量较大，则需要设计专门的排水巷道。

（2）水仓　井下用于临时储存矿井水的专门巷道，分中央水仓、区段水仓及临时水仓等。水仓的容积根据涌水量的大小确定，一般应能容纳 8h 的正常涌水量。

（3）泵房　指设置水泵的巷道或硐室。泵房也分中央泵房、区段泵房等，有时还设置工作面泵房和临时水泵等。中央泵房中要求设置工作、备用和检修三套水泵；工作泵的能力应能在 20h 内排出 24h 的正常涌水量；备用泵的能力应不小于工作泵能力的 70%（一般与工作泵相同能力），并且工作泵和备用泵的总排水能力应在 20h 内排出 24h 的最大涌水量。水泵一般使用离心泵和潜水泵。

（4）管路　井下的水利用水泵通过管路排至地面。因此管路应具有防腐蚀能力和防中途漏水的能力。

第八章 Chapter 8

地质信息的获取技术及应用

第一节 地质勘探技术与手段

一、遥感地质调查

遥感是不与目标物直接接触而借助各种仪器设备，从远距离探查、测量地球上、大气中及其他星球上的目标物，从而获取有关信息的技术方法。遥感的基本原理主要是利用各种物体反射或发射电磁波的性能，利用飞机、卫星、宇宙飞船等航空、航天运载工具上的传感器，从遥远距离接受或探测目标物的电磁波信息。由于这种方法，受地面障碍限制小，覆盖面积大，获取信息速度快，广泛应用于自然资源调查，环境动态检测，气象及军事等领域。

遥感技术根据电磁波来源，分为主动遥感（又称有源遥感）和被动遥感（又称无源遥感）。主动遥感是采用人工电磁辐射源，向目标物发射一定量的电磁波、微波或激光，再由传感器接收和记录从目标物反射回来的电磁波，通过分析反射波的特征来识别目标物（图8-1）。如普通雷达、激光雷达。被动遥感是由传感器接受和记录从远距离目标物所反射的太阳辐射电磁波及物体自身发射的电磁波（主要是红外辐射）。如多光谱遥感、摄影遥感等。

遥感技术的出现，为地质、水文等勘测提供了新的手段，为找矿、找水、找天然气和调查地热资源等创造了有利的宏观研究条件。遥感技术在资源地质调查过程中的具体应用是对含有丰富图像信息和数字信息的航空相片或卫星相片的判读，是进行地质填图、地质构造解译，找矿标志判别及动态分析的有效技术手段。

利用遥感图像找矿，主要是根据矿床成因类型，结合地球物理特征，寻找成矿线索或缩小找矿范围。由于内生金属矿物的聚集一般是沿着某些特定地质构造（如断层、裂隙）以及它们的交切带分布的，地表的矿物沉积也会使紧邻的地表发生色调、地热、地磁的异常。因此，利用遥感技术可以把上述地质特征的大部分识别出来，这是常规的地质调查所无法做到的。利用某些矿物的热异常，如煤含碳量高，其热辐射大，在遥感图像上表现为白色调的明显热异常，在遥感图像上根据雾状异常发现油田。另外，利用遥感技术寻找地下水资源，也是非常有效的方法。大多数隐伏在地下的水源与周围环境在遥感图像上的色调具有明显的差异，并且具有一定的形状。

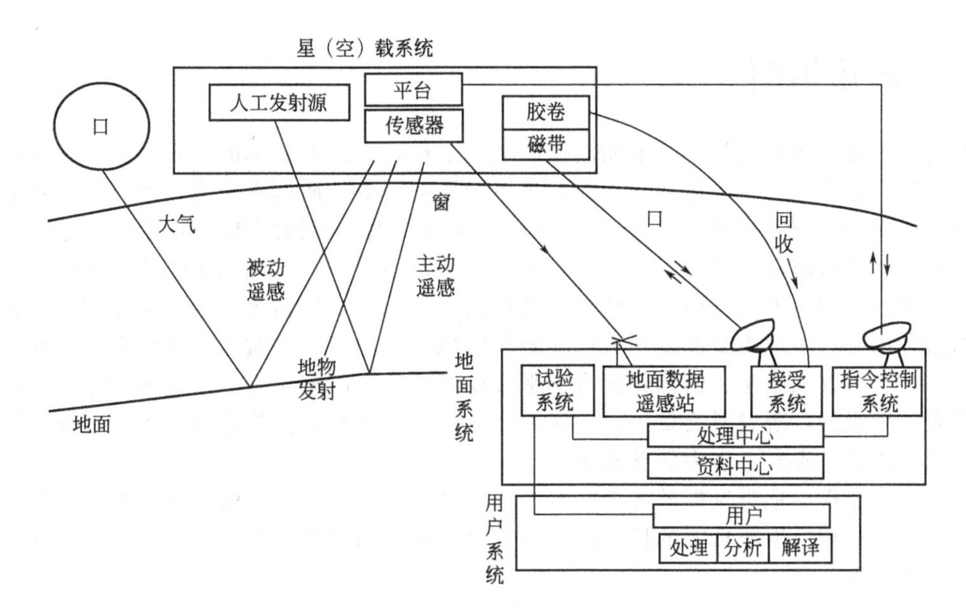

图 8-1　遥感技术工作原理示意

遥感图像的地质解译就是运用地质学原理对要遥感图像上所记录的地质信息进行分析研究，从而识别各种地质体和地质现象。在解译过程中，首先要找出和确定可作为判别地质现象的影像特征标志，这种标志称为地质解译标志。

遥感图像的地质解译主要包括岩石和构造两方面。

岩石解译是地质解译的基础，利用遥感图像鉴别岩石的种类，是基于不同岩石的反射和发射波谱，在遥感图像上表现为影像的色调和密度的差异。如酸性火成岩色调较浅，而基性火成岩色调较深等。在一般情况下，不同岩石往往具特有的地貌，软弱岩石形成负地形，坚硬岩石形成正地形，形态极易辨认。此外，按岩石的分布、相互关系、颜色、坚硬度、可溶性、透水性、层理、节理，以及它们在地貌形态、土壤、植被等方面的特征也能进行解译。岩性解译的主要内容包括圈定岩石界线，确定其名称、产状和时代，以及岩石的相关接触关系等。岩石解译的方法首先是把解译地区的松散沉积物圈出，然后粗略划出三大类岩类界限，最后再进行局部地区岩石的详细解译。从三大岩类的解译效果来看，沉积岩的解译效果较好，火成岩次之，变质岩最差。

遥感图像的地质构造信息极为丰富，用遥感图像进行构造解译效果较好。在露头良好的条件下，可以从遥感图像上研究个别构造的细节，倾斜岩层的产状一般可以从沉积岩所特有的条带影像特征来确定，倾斜岩层在地形上常形成单面山或猪背岭。褶皱构造在遥感图像上明显直观，褶皱形态清晰，地层依层序对称重复出现或单面山系地貌对称重复出现是判断褶皱构造的重要间接标志。褶曲转折端岩层的产状是判断背斜、向斜的最重要标志。断裂构造在遥感图像上有清楚的反映，在遥感图像的地质解译中效果最好。断层线、断裂带、节理密集带或节理等断裂构造，在遥感图像上表现为直线或略有弯曲的线形要素，但并不是所有的线形信息都是断裂构造，应根据综合景观标志来识别与分析。如断裂构造可能造成泉的线状分布、地下水浅埋带的线状分布、直而窄的植物异常带、土壤色调异常等，这些皆可作为解译断层的综合景观标志。

遥感地质的发展，使地质调查和地质研究发生了深刻的变化，这种变化本身又促进了遥感地质的高速发展。

二、地质填图

地质填图又称地质测量，是地质勘探的基础工作，也是最基本的技术手段。它是应用地质学的理论和方法，有目的地在含矿地区进行全面的地表地质调查研究，即对天然露头（没有被浮土掩盖的岩层、煤层、断层等）和人工露头（用人工揭露出来的岩层、煤层、断层等）等地质点进行测量和描述，并把获得的所有地质点信息填绘在相应比例尺的地形图上，编制成地形地质图、地质剖面图，地层综合柱状图等图件，作为今后地质工作的重要依据。

填图时地质点由地质专业技术人员在野外实地观察确定。地质点的测定方法包括：平板仪坐标法、经纬仪测绘法、经纬仪配合小平板仪测绘法、图解法等。上述常规方法是借助测量仪器人工完成的，既费时又费力。近年来发展的全球卫星定位技术（GPS）为地质填图提供了精确、快捷、省时、省力的新技术。

地质填图在煤田地质勘探的各个阶段中都要进行，但各个阶段的任务要求、研究程度及地质条件不同，相应地质填图的比例尺也有差异。一般精度要求越高，研究程度越深，其图件的比例尺越大。

三、坑探工程

坑探工程是在表土覆盖层较薄的地区，用人工方法揭露岩层、煤层及地质构造等地质现象，或为了采集煤样、岩样所设计的一些专门地表工程。

1. 探槽

在表土较薄（一般小于3m），岩层倾角较陡或较平缓，地形切割比较强烈，表土稳定坚实且含水不多的地段，垂直岩层走向或构造线方向挖掘的一条沟槽，称为探槽。对探槽所揭露的地质现象进行直接测量和描述，据此绘制出剖面图及其他图件。探槽是坑探工程中使用最普遍的技术手段，它常配合地质填图使用。如图 8-2 所示。

2. 探井

当表土厚度大于 3m、小于 20m 时，不适合挖掘沟槽，就采用从地面垂直挖掘探井的方法，来揭露一般地层倾角比较平缓地区的岩层、煤层及其他地质现象。探井工程比探槽难度大，应尽量少布置，一般沿岩层走向布置，配合探槽和地质填图使用。如图 8-3 所示。

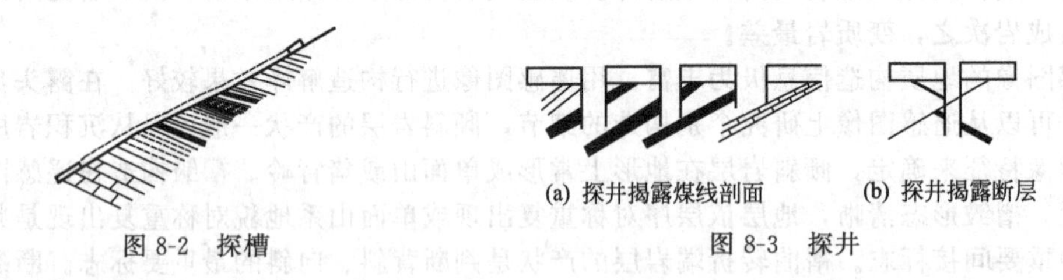

图 8-2 探槽

(a) 探井揭露煤线剖面　(b) 探井揭露断层

图 8-3 探井

3. 探巷（硐）

有时为了揭露煤系，了解煤层厚度和结构，确定煤层氧化带的深度，并在风氧化带下采集煤样，直接从地面挖掘井硐，称为探巷（硐）。探巷根据需要可垂直或平行煤层走向掘进，可为斜井、平硐或石门。如图 8-4 所示。

四、钻探工程

当用探掘工程达不到上述目的时需采用钻探工程。钻探工程是通过钻探机械向地下钻进

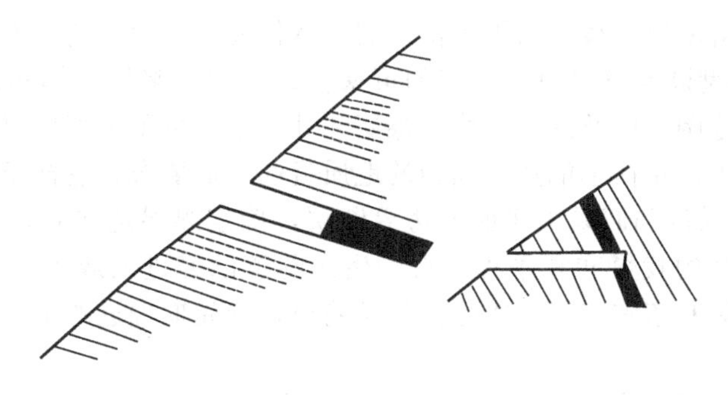

(a) 岩煤层倾向掘进的斜巷　　(b) 垂直岩煤层走向掘进的平巷

图 8-4　探巷

直径小而深度大的圆孔，并从孔内取得岩、煤芯地质资料，获得全钻孔岩性柱状，从而揭露掩盖地区和深部的整个煤系地层，取得地层、岩性、矿产、构造及水文地质等多方面资料。钻探是详查和精查勘探工作中主要采用的手段。根据地质目的不同，钻孔分为探煤孔、构造孔、水文孔、井筒检查孔、验证孔等。

钻探工程布置是根据煤田地质勘探规范的要求，由地表向下钻进一定深度的、相距一定距离的一系列钻孔。钻孔在地表都是呈网络布置的，称勘探网，若干钻孔连成的线称为勘探线。达到对地质构造及煤层等赋存规律的由点到线再到面的控制。

用钻孔取出的岩芯编绘钻孔柱状图（图 8-5），用勘探线上的若干钻孔柱状绘制勘探线剖面图，然后据此编制煤层底板等高线图等其他地质图件，以了解和掌握煤层在地下的赋存状态。

钻探工程是最重要、最常用的手段。它能适用于任何地区，尤其是在表土覆盖很厚的地区，成为探测深部岩层、煤层的主要手段。钻探工程不仅在煤田勘探各个阶段都使用，而且在矿井建设和生产时期也常使用。钻探工程有时也可布置在井下巷道中采用井下小型钻机探查煤层顶板、底板、煤厚或水平钻进探测地质构造。

图 8-5　岩芯照片

五、巷探工程

利用矿井中的掘进巷道来探测地质构造等的变化，称为巷探。当井下钻探难以达到探测效果，但生产实际又需要查明地质情况时，采用布置专门巷道的办法探测前方地质构造。巷探工程的优点是能直接观测地质现象，获得地质数据，采集相关样品，又可一巷多用。专门探巷一般都采取小断面简易支护方式，以降低生产成本。延长运输线并布置几个短探巷，探查断层产状变化，为沿断煤交线开切眼提供依据。具体使用该手段的条件如下所述。

① 为查明中、小型断层密集块段煤层的可采性，查明岩浆侵入体和河床冲刷带及岩溶陷落柱对煤层的影响范围，以及圈定不稳定煤层和处于临界可采厚度煤层及高灰分煤层的可采界限等，由于单纯采用钻探不能达到预期的地质目的，需要布置巷探予以查明。

② 为控制水平、采区和回采工作面的边界断层，确定煤层走向变化地段运输巷道的方位和层位，进行残采区的找煤和复采等，由于生产巷道已经进入或者生产需要提前掘进巷道，这时只要合理安排巷道施工程序或适当延长巷道，则先期掘进的生产巷道即可起到探巷的作用。

③ 对于地质构造复杂、煤层极不稳定、勘探程度又低的地区，小型煤矿和勘探生产井只能采用边掘、边探、边采的方法进行生产，这时巷探就成为矿井地质最主要的勘探技术手段。

第二节 矿井地质勘探技术与方法

一、槽波地震法技术

槽波是指在煤层中传播的地震波，也叫煤层波或导波。在煤层中传播的槽波，遇到两种不同介质的分界面将发生波的反射及透射，探测槽波的这种变化，即可确定分界面的位置及规模的大小，这就是槽波地震法勘探技术。

槽波地震法根据其射线传播路径的不同，可分为透射波法和反射波法。

1. 透射波法

透射波法是在同一煤层的两个巷道中（包括钻孔、工作面等）分别激发和接收槽波，根据槽波的有无、强弱及速度的变化确定两巷道间有无构造异常存在。如图 8-6 所示，在 A 点激发，B 段接收。第 1、2、3 道可以接收到正常槽波，第 4、5、6 道未接收到槽波，说明第 4 道以前煤层正常，其后的煤层不连续，可能有断距大于煤层厚度的断层存在或有其他地质异常。透射波法是槽波地震法中最基本、最常用、最重要的方法，可以较为有效地确定两条巷道间的地质构造，准确率达 83%，透射距离可达 1000m 左右。同时，透射波法还能为槽波数据处理提供滤波参数和速度参数，并且对探测区的槽波技术应用前景做出评价。

2. 反射波法

在同一工作面或同一巷道中布置激发点和接收点，当槽波沿煤层传播，遇到两种不同岩性的分界面时将产生反射，根据接受到的槽波反射信号的速度和时间，即可确定反射界面的位置。如图 8-7 所示。反射波法的最大特点在于同一巷道中能超前探测煤层中不连续体的位置。与透射波法相比，探测距较短，一般探测距离仅达 400m 左右，效果较差一些，准确率可达 63%以上。通常将透射波法和反射波法结合使用，以提高探测效果。

槽波勘探技术目前已发展成为一种成功率较高的煤矿井下探测技术。我国大多数煤矿的煤层和顶底板岩石均能形成良好的导波层，适于应用槽波地震法勘探技术，在探测断层、冲刷带、陷落柱等地质构造方面，成功率在 86%以上。在条件适宜地区，其成功率可能更高。

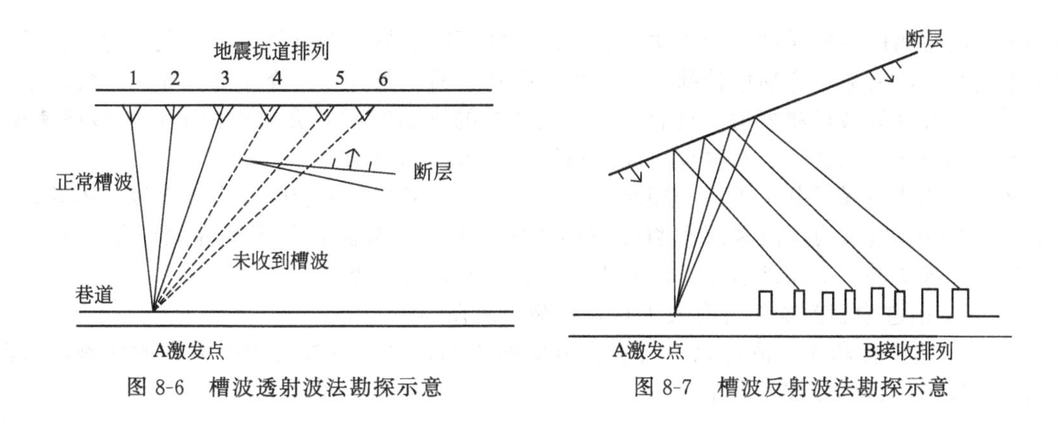

图 8-6　槽波透射波法勘探示意　　　　图 8-7　槽波反射波法勘探示意

二、坑道无线电透视技术

坑道无线电波透视法，是将高频发射机置于矿井坑道中，仪器发射的高频电磁波在地下岩层中传播时，由于煤、岩层的电性（电阻率 ρ、介电常数 ε 等）不同，它们对电磁波能量的吸收作用有一定差异，电阻率低的岩层对电磁波能量吸收作用大；相反，则吸收作用小。另外，断层界面、岩石断裂面，能够对电磁波产生折射、反射和散射等作用，也会造成电磁能量的损耗。导水断裂带还能强烈吸收电磁波。根据上述物理性质前提，用一个固定频率的电磁波发射器向被探测地质体放射无线电波，在该地质体的另一端接收透过被测地质体的电磁波信号，就能凭借该信号能量的衰减情况，推断地质异常是否存在。如图 8-8 所示。

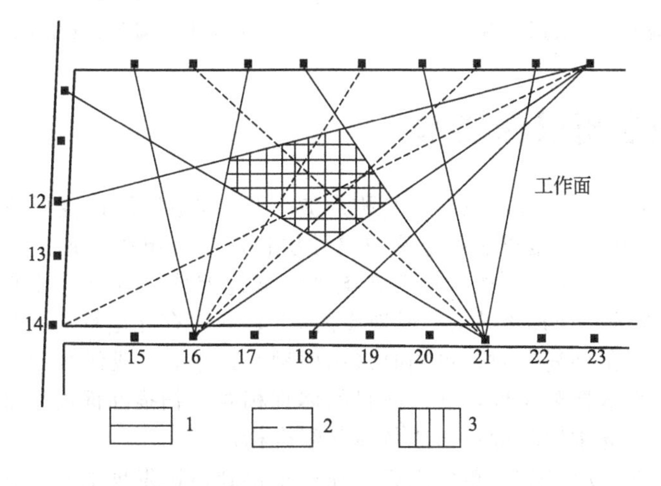

图 8-8　坑道无线电波透视法原理示意

应用坑道无线透视法能圈定出正常区和非正常区，能够发现和探明引起变化的多种地质构造，尤其是高、中电阻率煤层中的地质异常体。例如：较准确圈定工作面中陷落柱的位置、形状和大小；圈定工作面中断层的分布范围及尖灭点的位置；探测工作面内煤层厚度变化范围及火成岩体等。其中，探测陷落柱的准确率达 90%，探测断层和煤层变薄带的准确率达 80%以上。

三、矿井地质雷达探测技术

矿井地质雷达技术是在煤矿井下利用电磁波的传播时间来确定反射体（断层、陷落柱、溶洞等）的距离的一种矿井物探方法。它是煤矿井下用于超前探测的有效手段。雷达天线定向发射的高频电磁波在介质中传播，若在传播路径上遇到两种不同介质的分界面时将发生反射，雷达的接受天线可将发射波接收。根据反射波的到达时间及介质中的电磁波传播速度，即可确定地质体的位置。再根据反射波的特性，进行目标识别。

地质雷达法在煤矿井下可用于探测断层、陷落柱、老窑、断裂带、火成岩侵入体等。如图 8-9、图 8-10 所示为探测断层和裂隙带的实例，其中，裂隙带位置的探测误差不到 1m，精度较高。煤矿井下应用地质雷达法有以下两方面的显著特点：

① 巷道掘进中超前探测的有效工具，探测距离在 30～40m；

② 施工占地面积小，既可以进行垂直方向的探测，又可以进行水平方向的探测，探测的精度也较高，目标分辨率大于 0.5m。

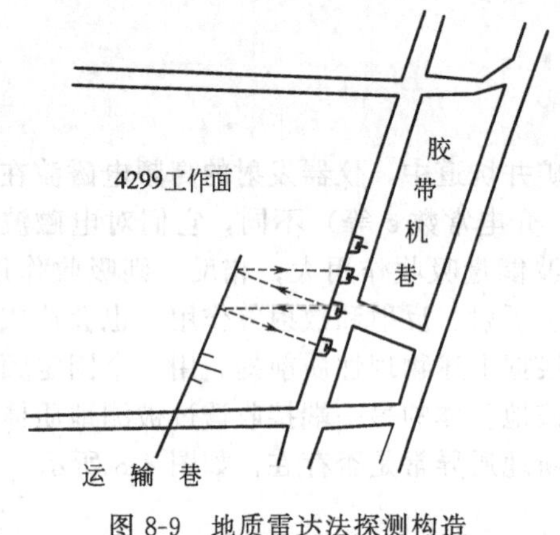

图 8-9　地质雷达法探测构造

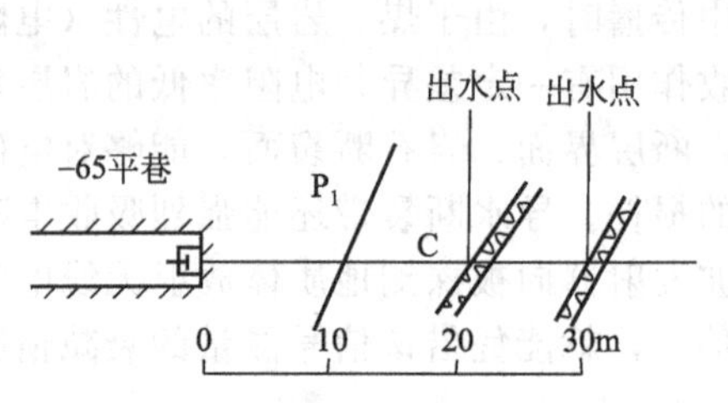

图 8-10　地质雷达法探测裂隙带

四、弹性波层析成像技术

层析成像可选择声波速度层析成像（简称声波 CT）和地震波速度层析成像（简称地震波 CT）等弹性波层析技术，也可选择电磁波电性层析成像或电磁波速度层析成像（简称电磁波 CT）等。被探测目的体与周边介质存在电性或波速差异，具有电性差异的应选用电磁波 CT，具有波速差异的宜选择声波 CT 或地震波 CT；同时存在电性和波速差异的可根据条件选择其中的一种；当条件复杂时，可同时采用两种 CT 方法。成像区域周边至少两侧应具备钻孔、探洞及临空面等探测条件，被探测目的体宜相对于扫描断面的中部，其规模大小与扫描范围具有可比性，异常体轮廓可由成像单元组合构成。

弹性层析技术是在 20 世纪 80 年代兴起，在近年得到迅速发展的一种地球物理反演解释方法。借鉴医学上 CT 技术 X 射线断面扫描诊断的基本原理，利用大量的地震波信息进行特殊的反演计算，从而得到被测区内岩体地震波速度分布规律。与常规的弹性波穿透波速测定相比，弹性层析成像技术具有较高的分辨率，更有助于全面细致地对岩体进行质量评价，圈定地质异常体的空间位置及分析岩体风化程度等。弹性波层析技术与弹性波测试方法相类似，有声波类和地震波类两种，虽然两种方法都是以弹性波在岩体内的传播特征为理论依据，但由于各有特点，可以相互补充，但不能彼此取代。

地震波层析成像观测系统可分为全方位观测系统、三边激发接受观测系统和单纯的跨孔激发观测系统的三大类（图 8-11）。理论分析和数值模拟试验结果证明全方位观测系统的成像效果最佳，三边激发接收观测系统次之。单纯的跨孔激发观测系统对沿井方向的二度异常体的探测能力、对三度异常体在垂直井方位的控制能力较低，特别是当井向探测范围较井间距为小时更是如此。观测系统布置对层析成像精度的影响的实质是射线分布和投影角度的影响。

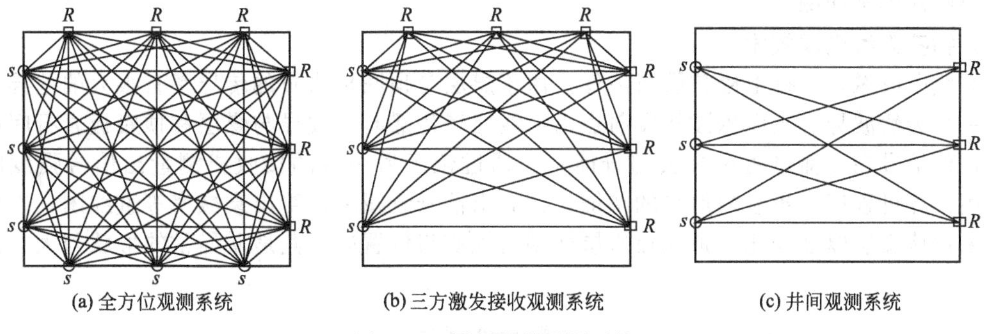

图 8-11　层析成像观测系统

在野外生产中全方位观测系统无法布置，甚至三边激发接收观测系统也无法布置，用得最多的是跨孔激发接收观测系统。为保证其探测能力，一般采用合适井深和井间距比，除了有足够射线投外，还应使透射线正交或有较大的交角。

跨孔激发接收观测系统又可分为全程激发接收观测系统和叠加接收观测系统。全程激发接收观测系统（即一孔一点激发另一孔全孔接收）用于井深与井间距比小于 2 倍井间地震波层析成像测试；叠加接收观测系统（多个全程激发接收观测系统叠加，重叠段为全程激发接收观测系统或接收点的 1/3），用于井深与井间距比大于 2 倍井间地震波层析成像测试。

五、其他探测新技术

1. 沿煤层定向钻进及测井技术

钻探方法是探测矿井地质异常的重要和有效手段。世界各主要产煤国十分重视井下钻探工艺的研究，并形成了沿煤层长距离定向钻进技术。近年来，英、德、美、瑞典和澳大利亚等国在这项技术的研究上取得了很大进展，在钻进工艺及配套技术上获得可喜的成果。如稳定组合钻具、绳索取芯钻具、柔性钻杆、螺杆钻具、分枝孔造斜技术、防爆测井技术等，在实际应用中效果良好。根据报道，德国鲁尔煤矿区水平钻孔的最大深度已达 1770m；美国的沿煤层定向钻进长度达 600m。

与井下沿煤层定向钻进相配套的防爆测井技术，国外在 20 世纪 70 年代就开始研究。匈牙利采矿研究所研究的 MINIKA 系统，可测量伽马、自然伽马两种参数。原西德 WBK 物探研究所推出的 GBM-77 系统，测深可达 800m。英国煤炭局（NCB）与 SEI 公司研制的 MIDAS 系统，用于测量自然伽马和井斜。

2. 孔间地震技术

孔间地震是一种地震勘探的新方法。它是通过孔内爆破，在另一孔中接收；孔内爆破、地面接收或地面爆破、孔中接收地震波的方式，探测地震异常。由于爆破点和接收点至少有一点处于地下基岩中，故记录到的地震波分辨精度高于地面地震法，因此，对井下小构造的探测效果较好。

美国和澳大利亚开展这项技术起步较早，水平较高。在孔间地震工作中，经常利用已开拓的巷道进行爆破或接收，把由一个、多个检波器或接收到的地震波形记录在磁带上，经专门程序进行计算机处理后，可绘出许多能在横向上连续追踪的地下剖面图；并通过地震解释作出一定面积内不同地层的分层构造图，查找出可能影响采区布置或巷道开拓的构造异常。

这种方法称为垂直剖面法。根据探测任务的需要和施工条件，除垂直剖面法外，还可以采用孔间地震反射法，孔间或钻孔-巷道槽波地震透射法，孔间或钻孔-巷道弹性波 CT 法等，作出需要的地震剖面图等。

3. 钻孔无线电成技术

无线电成像，也称电磁波层析成像。由于煤层与顶底板岩石的传导率有很大的差异，形成了一个天然波导。当电磁波从发射点沿射线路径传播时，波导与煤层和顶底板岩石间相互作用，使信号在传播过程中失去部分能量。通过位于另一侧的接收机测量出信号强度的衰减，用计算机程序分析衰减信号的特征，计算出信号衰减率，绘出衰减率等直线图，以图示形式来辨认煤层厚度变化、顶底板岩层变动的性质与位置以及其地质异常的形状与大小。

第三节 地质信息收集与整理

一、矿井地质编录

矿井地质摄影测量应用立体摄影方法，即用两部相距 300～400mm 同型号相机，同时对目标进行摄影，获得左右相片构成的相片对。摄影所得相片对，在立体镜下可获得直观的立体地质构造图像、岩石性质和煤岩界面。通过计算机图像处理系统直接绘出井巷剖面图和局部素描图。矿井地质摄影测量是很有发展前途的井巷地质编录方法，随着数码摄影及电子计算机技术在矿井地质工作中的普及应用和数字化仪、绘图仪、解析测图仪等设备的完善配套，矿井地质摄影测量方法能够逐步取代传统的地质编录方法。

矿井地质摄影（像）编录是建立在近景立体摄影测量基础上，与传统井巷编录方法相比有如下优点。

（1）快速简便　摄影编录设备易于携带，可灵活地应用在井巷工程中；采用本方法可在较短时间获取被编录巷道的地质信息，减少了井下作业时间和劳动强度。

（2）真实可靠　摄影编录方法能够真实直观的记录地质影像，减少了地质判断的失误。

（3）便于资料处理　地质摄像便于长期保存和室内分析研究，而且储存量大，能够与计算机制图和地质信息库配套使用。

（4）用途广泛　矿井地质摄影方法还可以在节理观测统计、构造预测、顶板管理、岩体结构分析等方面得以应用。

矿井地质编录是矿井地质日常工作的主要内容之一。从井筒开工破土起，即开始了这项工作。由于煤矿生产的需要，在煤层及其围岩中开掘了一系列的井巷，这为观测、收集井下原始地质资料创造了有利条件，人们可以通过井巷工程，直接观测井下地质情况，并用文字和图表把它真实、全面、系统地记录和描绘下来。通常把记录和描绘井下原始地质资料的工作，称为矿井地质编录。

穿层井巷通常有竖井、暗井、穿层斜井及石门等。这些井巷工程无论是铅直、倾斜或水平的，均为穿层掘凿，是揭露煤系地层的主要井巷。对这类井巷工程进行地质编录时，应注意观测所穿过岩层的层序、岩性、厚度以及岩层相互之间的接触关系等。

（1）竖井的地质编录　竖井一般开凿在井田中央，是最先用大断面揭露煤系地层的井巷工程。它所提供的有关煤系地层、地质构造、水文地质及工程地质的资料，对于认识矿井地质特征、指导下一步井巷施工都有重要作用。

根据地质条件的复杂程度，竖井井筒编录一般有：展开图式编录、柱状剖面图式编录和水平切面图式编录三种方式。

① 井筒展开图式编录。适用于地质条件复杂的地区。对于圆形井筒，将其视为方形井筒（图 8-12）来编录。其优点是便于确定井筒素描方位，同时也可以利用作图的方法求出岩（煤）层的产状要素。编录具体方法是：首先在圆形井口周围选定四个基准点，使它们与井筒中心的连线方位分别为 N45°E、N45°W、S45°E、S45°W。在四个基准点上设置四条井筒垂线，即内接正方柱的四条棱线，用来测定地质界面深度。在各条线上读出同一界面的深度，并记录下来，同时进行岩性描述、采集标本，依次到井底并绘出草图（图 8-13）。

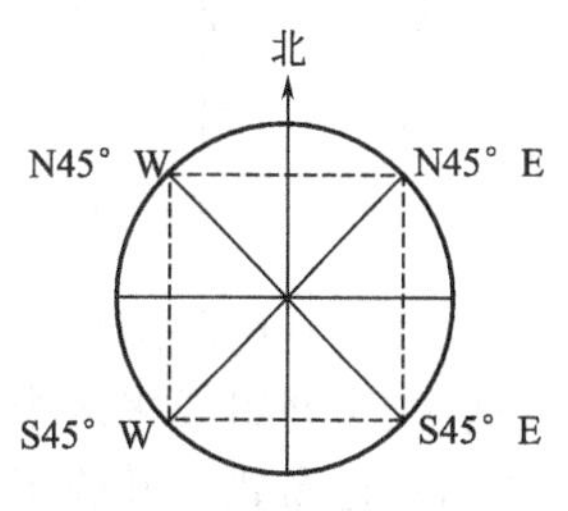

图 8-12　圆井筒按方井筒编录方法示意

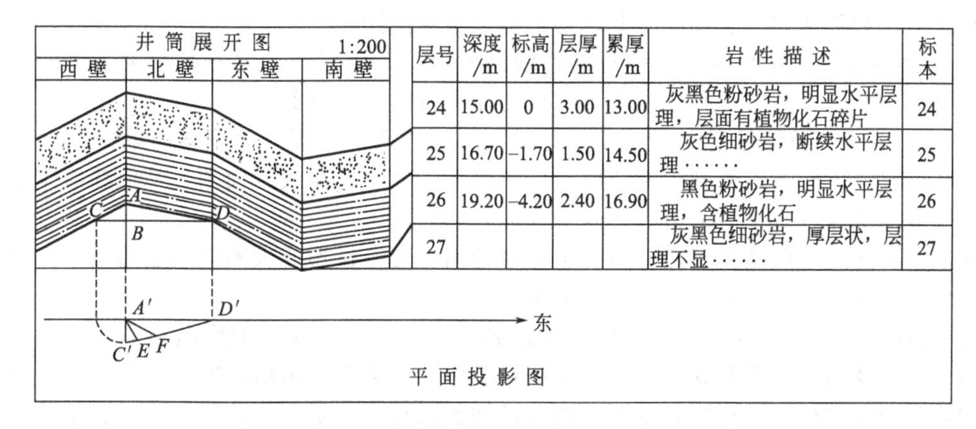

层号	深度/m	标高/m	层厚/m	累厚/m	岩 性 描 述	标本
24	15.00	0	3.00	13.00	灰黑色粉砂岩，明显水平层理，层面有植物化石碎片	24
25	16.70	−1.70	1.50	14.50	灰色细砂岩，断续水平层理……	25
26	19.20	−4.20	2.40	16.90	黑色粉砂岩，明显水平层理，含植物化石	26
27					灰黑色细砂岩，厚层状，层理不显……	27

图 8-13　井筒展开图及求岩层产状示意

在编录的过程中，对岩（煤）层、断层的产状要素要进行测量。如果不能用地质罗盘测量，可在井筒展开图上，用作图的方法求得。其方法如下所述。

在井筒展开图上，首先找出其中黑色粉砂岩底界面的最高点 A，并找出该界面上标高相同的另外两点 C 和 D；由于井筒相邻的西壁和北壁相互垂直，因此 CA 线与 AD 线在空间上是垂直的，把 C、A、D 三点投影在平面图上，投影点为 C'、A'、D'，连接 C'、D'，即为该岩层的走向；垂直于 C'、D'线的 A'、E'线即为该岩层的倾向，A'、E'的长度为从 A 点沿倾斜方向作 CD 线垂线的平面投影长度，AB 的长度是 A 点与 CD 线之间的高差值，也是倾斜线的立面投影长度。因此，当一条倾斜线的平面投影和立面投影长度为已知时，则可用作图法求出倾角。即设 $EF=AB$（AB 从展开图上量出），$\angle FA'E$ 就是岩层倾角。

② 井筒柱状剖面图式编录。适用于地质条件简单或中等、岩层倾角平缓的地区。它是在垂直地层走向的井筒直径两端，设置基准点和井筒边垂线，以此丈量地质界面深度，绘制井筒柱状剖面图（图8-14）。

③ 井筒水平切面图式编录。适用于地质条件简单、岩层倾角较陡的地区。此种方式是当井筒每掘一定深度编录一水平切面图，并根据各水平切面图编绘井筒柱状剖面图（图 8-15）。为了便于各水平切面图相互对应，在各个水平切面图上要准确标注指北线和井筒柱状剖图的剖面线位置。

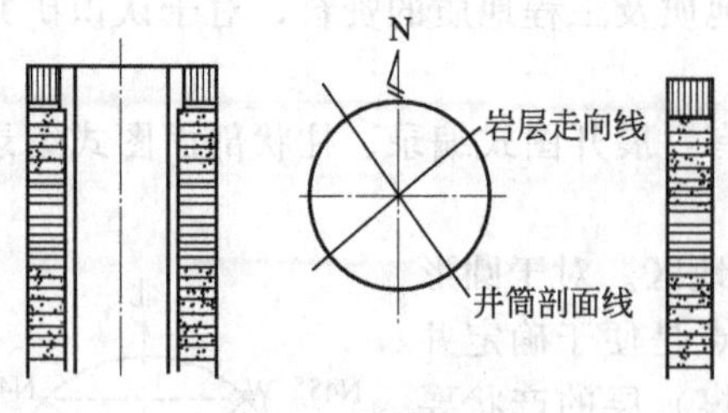

图 8-14　井筒柱状图

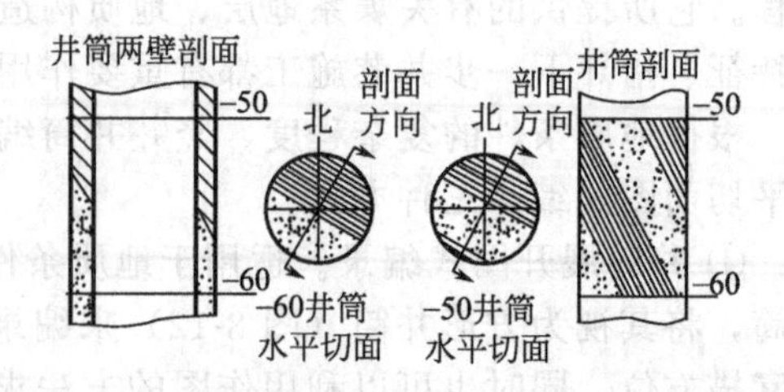

图 8-15　用井筒水平切面绘制井筒剖面示意

（2）石门的地质编录　石门是垂直或接近垂直地层走向且水平或近于水平的穿层巷道。一般位于井田或采区中央，其编录资料是分析构造、对比煤层的主要依据，同时也是采区设计和巷道布置及其施工不可缺少的资料。因此，所有石门都要细致地进行地质编录。

石门编录的基本方式是只作一壁剖面图，即测绘一壁的地质素描图。但当个别地段条件特别复杂、一壁编录难于反映真实地质现象时，则以一壁剖面图为主，辅以局部展开图。

编录的一般步骤和方法如下（其他巷道编录步骤类同）。

① 熟悉巷道预想地质剖面和邻近勘探线剖面　下井编录前，要熟悉编录巷道的预想地质剖面、邻近巷道的分布及其地质情况，以便在编录时心中有数。

② 确定编录壁及编录高度　在编录石门剖面时，编录的那一壁应该与勘探线剖面图一致，即统一看图方向，以便利用巷道编录资料修改、补充勘探线剖面图。其他巷道应编录紧靠它所服务的对象（水平、采区、回采工作面）的一壁。

巷道编录高度一般是上到棚牙口，下至轨道面。对于拱形或大断面巷道的编录高度，可视具体情况而确定，以不丢失有价值资料为原则。

③ 对编录巷道进行全面概略观察　到达编录巷道后，不要急于绘图和描述，应先对编录巷道的两壁及巷顶全面巡视一遍，了解测量点位置，查明巷道所揭露的地质现象，确定需要定地质观测点的位置。利用井下测量点或已知巷道标定编录起点位置，丈量、记录编录起点距测量点或已知巷道距离和方向。每条巷道每次编录的终点均要注上记号，写上日期，以便后续工作的延续。

④ 在编录壁上挂观测基线　观测基线是编录过程中挂在巷壁上的一条基准线。用它来控制距离和巷道的起伏，实测地质界线的位置及编录壁形态，是编录巷道剖面图的基础，一般用皮尺。为减少挂基线的误差，其起点与终点应与测量点取得联系，最好以测量点作为基线的起点与终点，以便校核基线的距离和高程。基线的各种数据（方向、坡角及距巷顶、底距离等）应记录清楚，并绘出草图。

观测基线的挂法有四种情况。

a. 固定标高观测基线。适用于水平或坡度较小的巷道，为了便于绘图，观测基线的标高最好取一整数。当基线与巷顶（底）接近时，可将基线垂直提高或降低一定的高度（图 8-16）。

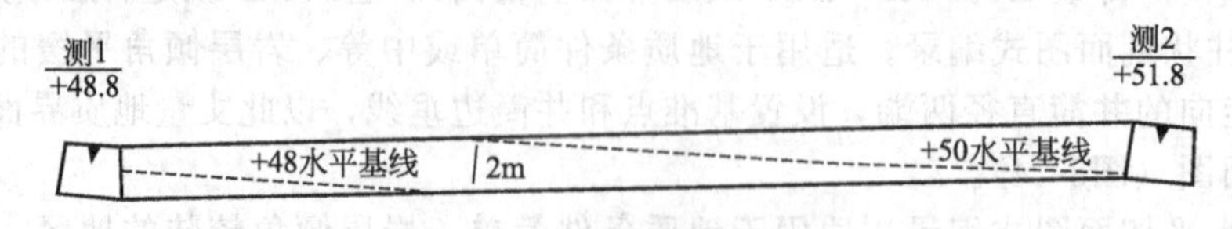

图 8-16　水平观测基线示意

b. 平行巷顶（底）观测基线。适用于坡角较大且坡度不一致的巷道。观测基线一般与巷道腰线一致，或者以巷道轨面为准，向上量取一定距离平行巷底布置；或者以巷顶的测量点为准，向下量取一定距离平行巷顶布置（图 8-17）。

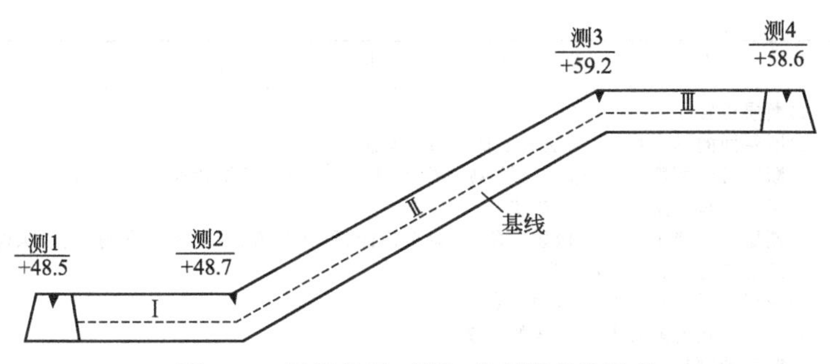

图 8-17　平行巷顶（底）的观测基线示意

c. 既不水平也不平行巷顶（底）观测基线。它适用于起伏比较频繁的巷道（图 8-18）。

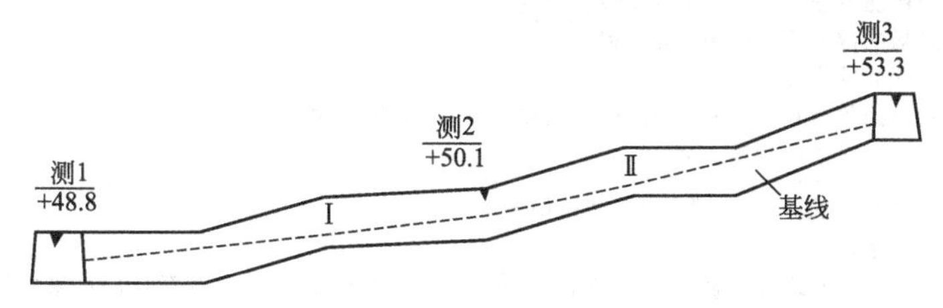

图 8-18　既不水平也不平行巷顶（底）观测基线示意

d. 不连续观测基线。它适用于短距离内坡度起伏变化很大的巷道。这类巷道坡度变化不仅频繁，而且急剧，所以测量点较密，故可充分利用测量点资料，量一距离和与测点的高差即可绘图（图 8-19）。

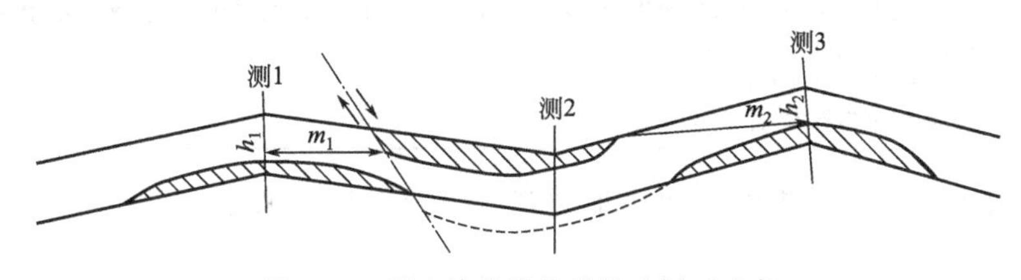

图 8-19　不连续基线编录巷壁剖面示意

⑤ 观测、记录和描绘巷壁地质现象　观测、记录和描绘巷壁地质现象是井巷地质编录的关键步骤，它们是同时进行的，具体包括以下几个方面。

a. 地质观测点的选定与描述。地质观测点应选在地质特征清楚和地质变化显著的地点，对具有代表性和典型性的地质特征点必须重点观测描述。各种地质观测点的观测与描述内容，可见表 8-1。

表 8-1　各种地质观测点的观测描述内容

地质观测点名称	观测描述内容
煤层观测点	(1)煤层厚度：薄煤层直接测其厚度，厚煤层测出沿巷道方向上的伪厚度 (2)煤层结构及煤岩特征：夹石层的层数、厚度、岩性及与煤层的接触关系，煤分层中煤的物理性质、结构构造、煤岩类型及各煤分层的厚度 (3)煤层中的结核及包体 (4)煤层顶底板：顶底板的岩石名称、岩性特征、厚度、产状及与煤层的接触关系，顶底板的坚固性、裂隙性、有无伪顶、伪底，底板有无膨胀与滑动现象 (5)煤层的分叉、尖灭、增厚变薄、煤层冲蚀、煤层中的构造变动、岩浆岩侵入体、喀斯特陷落柱、煤层的含水性等 (6)采取煤样及标本

续表

地质观测点名称	观测描述内容
断层观测点	(1)断层位置 (2)断层面的形态特征,断层面上擦痕及滑动方向 (3)断层带的宽度,断层带中充填物的成分、大小、分布和胶结情况,有无岩脉充填 (4)断层两盘岩层的层位及产状 (5)断层两盘伴生与派生地质现象,如牵引褶曲、羽状节理、人字形分支构造、帚状构造等 (6)断层带含水、含瓦斯情况 (7)断层性质及其力学性质的鉴定 (8)断层产状要素及断煤交线的测量 (9)断距的测量 (10)煤层受断层的影响情况 (11)采集断层两盘煤岩层标本和反映其构造特征的定向标本
褶曲观测点	(1)褶曲枢纽的位置、方向及倾状情况 (2)褶曲两翼煤、岩层的层位和产状 (3)褶曲的宽度和幅度 (4)褶曲附近伴生的小构造特点,褶曲与断层、节理的关系 (5)煤层受褶曲影响的情况
岩浆岩侵入体观测点	(1)岩浆岩的颜色、矿物成分、结构构造 (2)岩浆岩侵入体的产状、形态、厚度 (3)岩浆岩侵入体在煤层中的位置、分布范围,煤的变质程度,以及对煤层可采性的影响情况 (4)岩浆岩侵入与断裂构造的关系 (5)采集煤样及岩体标本
喀斯特陷落柱观测点	(1)陷落柱与围岩接触面的形态特征,周围岩层的产状变化 (2)陷落柱内充填岩块的大小、成分、排列情况和地层时代 (3)陷落柱的形状、大小,中心轴的倾向、倾角,陷落柱与煤层的交面线,巷道揭露陷落柱的部位等
煤系观测点	(1)逐层鉴定岩石名称,描述岩性特征、结构构造、生物化石、结核包体、接触关系,特别要注意煤顶、底板和标志层的层位和特征 (2)测量岩层厚度与产状要素 (3)逐层采集标本,并编号登录

b. 实测地质界线。地质界线一般用地质观测点及附加点来控制。具体方法可概括为以下三种。

• 实测地质界面控制点法。对于每个地质界面应实测两个及其以上的控制点，且每一控制点均需测出至基线起点的距离和到基线的垂距。控制点应选择在地质界面与巷顶、巷底和基线的交点位置；背、向斜的轴部；断煤交线与巷壁的交点位置。以控制点为基础，按实际情况即可连接地质界线（图 8-20）。此法适用于岩石层面起伏较大的井巷编录。

• 实测地质界面控制点与视倾角相结合的方法。当岩层产状与厚度稳定时，每一地质界面可以只测一个控制点，即地质界面与基线的交点，并用罗盘或测角仪量出地质界面的视倾角，即可绘出该地质界线（图 8-21）。

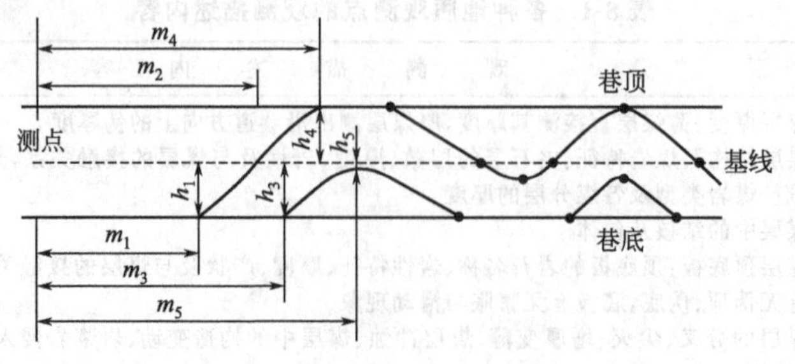

图 8-20　实测地质界面控制点方法示意

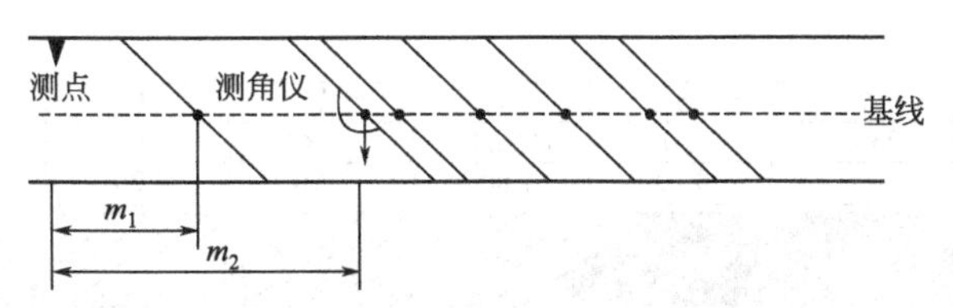

图 8-21　实测地质界面控制点与视频角方法示意

• 实测小柱状控制地质界面法。即每隔适当距离作一小柱状图来控制地质界面（图 8-22）。此法适用于岩层产状稳定、倾角平缓，并且层次较多的井巷编录。

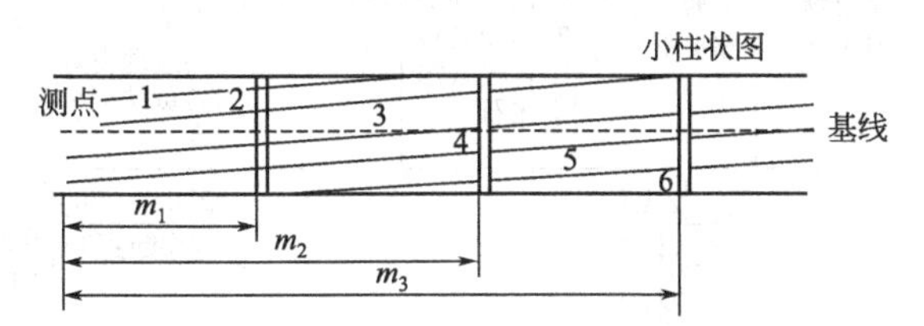

图 8-22　实测小柱状控制地质界面图方法示意

c.绘制巷道剖面实测草图及细部素描图　在进行井巷原始编录时，不但要观测记录数据和文字描述，而且要在现场绘制巷道剖面实测草图和典型地质现象细部素描图。草图要简明清楚，不仅编录人自己能看懂，而且要其他人也能看懂。细部素描图要标定其位置（图 8-23）。

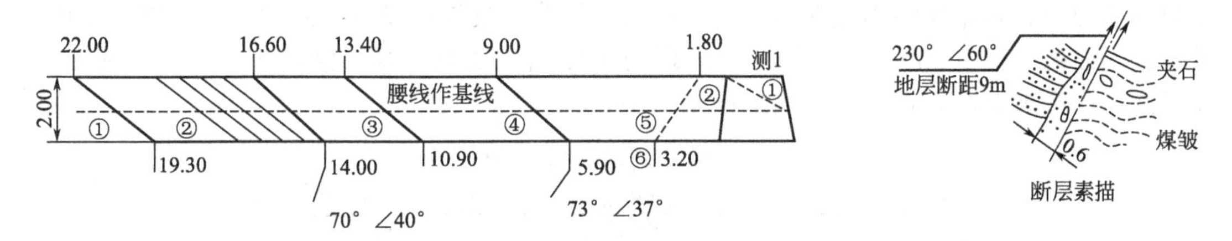

图 8-23　石门井下编录草图

①—砂质页岩：浅灰色，含根部化石；②—煤：半亮型为主，其中夹两层页岩（自下而上分层厚度：半亮煤 1.4m，页岩 0.5m，半暗煤 0.5m，页岩 0.2m，半亮煤 0.6m）；③—页岩：浅灰色，含菱铁矿结核，近煤层含猫眼鳞木化石；④—砂质页岩：上部含菱铁矿结核和炭质页岩；⑤—中粒砂岩：中部斜层理发育；⑥—断层（F）：断层带中砂岩挤成粉状

值得注意的是，在井下进行观测编录时，一是要切实注意安全；二是每条巷道每次编录后，在离开之前，要认真检查记录，核对各种数据。一条巷道编录完毕，还必须全面检查一遍，看资料是否收集齐全，如有遗漏和错误，要及时补充和纠正。

石门编录完毕后，需根据实地调查的资料，整理绘制出比例尺 1∶200 的石门剖面图，煤层及构造应附加放大的素描图及小柱状图，其格式如图 8-24 所示。

（3）顺层井巷的地质编录　顺层井巷是指沿着同一岩（煤）层位开凿的井筒或巷道，如顺层平硐，顺层斜井，运输大巷，总回风巷，采区上、下山等。顺层井巷地质编录的方法和步骤与石门编录相似。

现以煤层平巷为例，说明其编录方法。通过煤层平巷地质编录，能够取得煤层厚度、结构，顶、底板岩性及其变化情况的资料，查明地质构造的发育情况，预示回采工作面可能出现的地质现象。煤层平巷编录方法决定于煤层厚度和倾角的大小。

① 巷道能够揭露煤层全厚的薄煤层及部分中厚煤层。如果煤层倾角较缓且赋存稳定时，可以简便其编录。一般只要隔适当距离观测一次煤层全厚，或者实测一个煤层小柱状（包括

255° ←

层号	6	5	4	3	2	1	测1
累计水平距/m	23.40	22.00	16.60	13.40	9.00	1.80	
真厚/m		3.20	1.80	2.70	4.20		
石门剖面							
产状			70° ∠42°		73° ∠37°	230° ∠60°	
岩石名称	砂质页岩	煤	页岩	砂质页岩	中粒砂岩	断层	煤
岩性描述	浅灰色，含植物根化石	以半亮型为主，次为半暗型。中上部夹页岩两层	浅灰色，含菱铁矿结核，在接近煤层的顶板岩石中含猫眼鳞木化石	灰色，上部含菱铁矿结核及炭质页岩	灰白色，厚层状，胶结不紧密，分选差，中部斜层理发育，含黄铁矿小点	断层带中砂岩挤呈粉状	色暗淡无光，呈粉碎煤，有柔皱，夹石层受压分布很乱
煤层结构与补充素描		0.2 0.6 0.5 0.5 1.4			230° ∠60° 地层断距9m		夹石 煤皱

图 8-24　某联络石门剖面图（北帮）

比例尺 1∶200

煤厚、产状、结构及顶、底板情况），并将煤厚数据或小柱状图标在平面图上。当煤层厚度、结构变化较大时，则需加密观测点，并作连续测绘，编录巷道一壁剖面图，编录方法与石门编录相同。可采用实测层面控制点或实测小柱状的方法，测绘煤层及其他地质现象。在连续观测的基础上，根据实测小柱状和控制点按实际情况连接煤层及其他地质界线，即可绘成巷道一壁剖面图（图 8-25）。对于煤巷中出现的重要地质现象，要细致观测，用巷道断面图、局部素描图和展开图，把它们真实地记录下来。

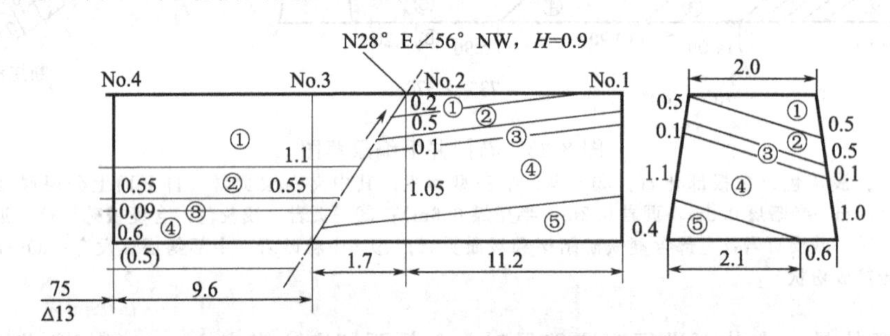

图 8-25　煤巷井下编录草图

①—灰黑色薄层粉砂岩，坚硬，含化石；②—半暗型煤，中条带状，夹少量铁矿透镜体；③—黑色泥岩；④—半暗型煤，宽条带状，裂隙发育；⑤—灰褐色泥岩，团块构造，含植物根部化石

如果煤层倾角较陡，在巷道壁上难以观测到煤层的全部，这时采用每隔适当距离，观测巷道迎头断面，绘制巷道梯形断面图，并在巷道平面图或剖面图上标注各梯形断面的位置及编号。梯形断面图上注明各种数据（煤厚、结构，顶、底板岩性，产状、断层情况等），如图 8-26 所示。

② 对于巷道不能揭露煤层全厚的厚煤层及部分中厚煤层。在进行地质编录时，首先要设法探查煤层全厚，然后，再根据巷道中实测和探测的各种数据进行编录。当煤层倾角较缓，则编制沿巷道方向的垂直剖面图（图 8-27）。为使编制的垂直剖面图准确，必须注意使探煤厚的探眼距巷壁的距离保持一致。当煤层倾角较陡，则编绘巷道所在标高的水平切面图（图 8-28）。

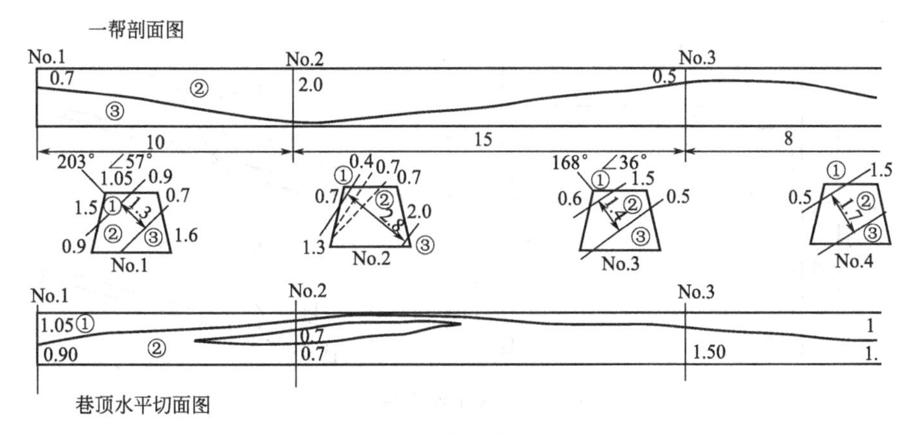

图 8-26　急倾斜薄煤层编录方法示意

①—黑色粉砂岩，含黄铁矿结核；②—煤层上部为半亮型，受挤压而破碎，下部暗淡型，完整坚硬；③—灰白色细砂岩，由下而上变细，煤层直接底为 20cm 黏土岩，含植物根化石

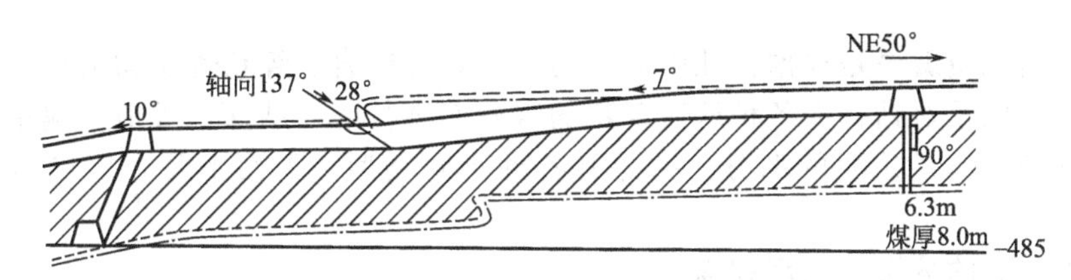

图 8-27　回采工作面回风巷煤层剖面图

比例尺（1∶500）

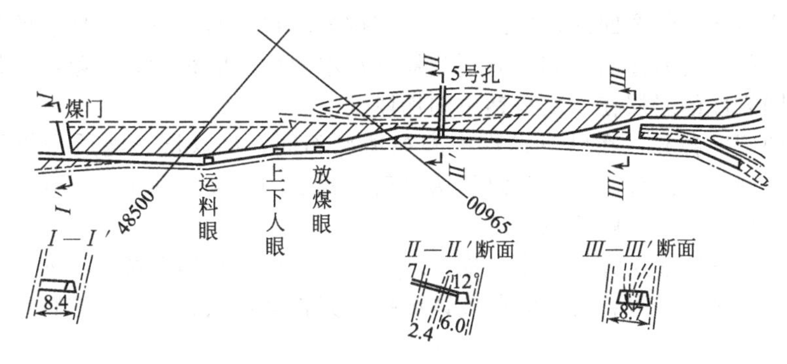

图 8-28　回采工作面运输煤巷水平切面图

比例尺（1∶1000）

（4）回采工作面地质编录　回采工作面地质编录的基本任务是查明采面内的地质变化及其发展趋势，指导回采工作的正常进行；测量煤厚，丈量采高，计算工作面损失率，监督煤炭资源的充分回收；探测厚煤层的剩余厚度，为厚煤层的合理分层开采提供依据。

随着工作面的逐步推移，要不断地观测工作面出现的地质构造、煤层厚度、结构及其变化，顶板岩性、结构、产状及裂隙情况，以及其他影响回采的地质因素等。

如果回采工作面地质条件简单，煤层厚度较为稳定，一般只要隔一段时间或每推进一定的距离，需要在工作面内均匀布置几个观测点，测量煤厚、采高、浮煤及底煤厚和产状，并将其观测结果展绘在回采工作面平面图上；如果工作面地质条件复杂，除增加检查观测次数外，还应沿工作面煤壁作实测剖面图（图 8-29），以反映地质变化情况。

对于煤厚较大，且有一定变化的分层回采工作面，观测时还必须系统地进行探煤厚工作，并及时编绘出勘探线剖面图和剩余煤厚等值线图。

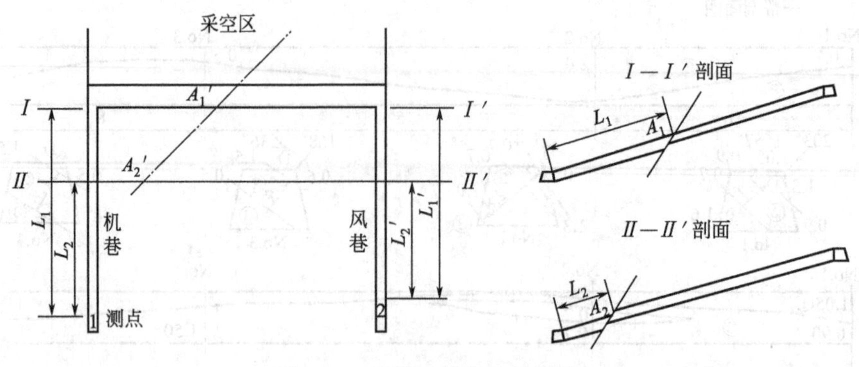

图 8-29　回采工作面编录示意

二、综合地质编录

钻探工程的地质编录是根据钻孔中取出的岩、煤芯或岩、煤粉等实物资料和各种测量数据、测井资料，以及对钻孔中各种地质现象的观测而进行的。钻探工程地质编录是钻探施工过程中地质管理工作最重要的部分。钻探有各种不同类型，下面主要介绍岩芯钻探的地质编录。

1. 岩（煤）芯的分层、鉴定和描述

在钻进过程中，当不同回次取出的岩芯或者同一回次取出的岩芯有不同的岩石接触时，就需要根据岩石分层原则和岩性变化的特点，对所取岩芯进行分层。从钻孔开始钻进到提出岩芯，称为一个回次。每个回次提出的岩芯，应按岩芯自上而下，由左向右的顺序放入岩芯箱内。对分层后的不同岩性的岩芯，分别测量其在本回次中的长度，再除以本回次岩芯采取率，即得到不同岩性的岩层在本次提钻中的伪厚度。

由于岩石的硬度各异，在钻进过程中磨损情况不同，如煤层、泥质岩等易磨损，而砂岩、石灰岩等难磨损，故各岩层所确定的伪厚仅是初步的，真正确定岩（煤）芯的分层，还应参照钻探判层记录和测井解释成果。

对岩芯分层后，应逐层详细鉴定和描述岩石的成因标志和构造特征，如岩溶或裂隙发育程度、断层面及其破碎带等；对于煤芯应详细描述其物理性质、结构构造特征及宏观煤岩组分与类型。

2. 换层深度的计算

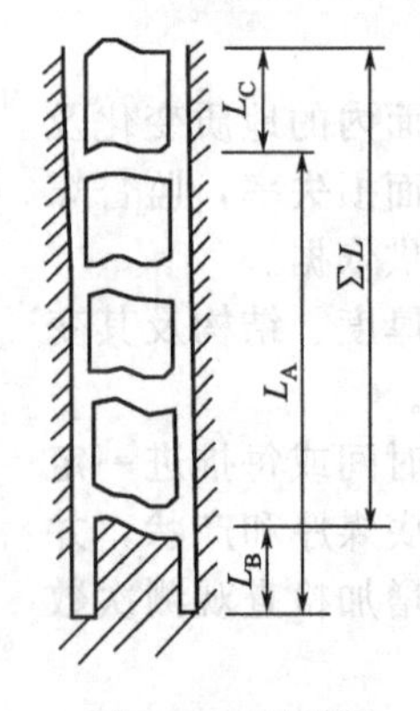

图 8-30　岩芯采取率计算示意

换层深度即岩（煤）分层界面在钻孔中的深度。在岩（煤）芯分层后，可根据岩（煤）芯采取率，回次钻探深度及岩（煤）芯磨损与回次残留岩芯情况等，经过计算而获得换层深度。

岩层的换层界面有时正好在回次终点换层，但多数情况是在回次进尺中间换层，并且在一个回次中常常有一个或几个换层界面。在钻进过程中，由于不同岩性的岩芯磨损存在很大差异，使得回次岩芯不能代表回次进尺的孔段长度，再加上取芯技术的原因，造成残留岩芯的影响，使换层深度的计算更为复杂。现简要介绍换层深度计算的一般方法及步骤。

第一步，先求出岩芯采取率（图 8-30）。

岩芯采取率分为回次岩芯采取率和分层岩芯采取率两种。

① 回次岩芯采取率。每回次所取岩芯长度与本回次实际进尺的百分

比。即：

$$X=\frac{\sum L}{L_A}\times 100\% \tag{8-1}$$

当有残留岩芯进尺时，则用：

$$X=\frac{\sum L}{L_A-L_B+L_C}\times 100\% \tag{8-2}$$

式中　X——回次岩芯采取率，%；

$\sum L$——回次岩芯采长，m；

L_A——回次实际进尺，m；

L_B——本回次残留岩芯长度，m；

L_C——上回次残留岩芯长度，m。

② 分层岩芯采取率。某一岩层的岩芯累计长度与其相应的实际钻探进尺的百分比。

第二步，计算不同岩性岩芯孔段长度。

其计算公式为：

$$S=h/X \tag{8-3}$$

式中　S——各岩层岩芯孔段长度，m；

h——对应岩层岩芯采长，m；

X——回次岩芯采取率，%。

需要指出的是，上述计算公式中，都是把同一回次中不同岩性的岩芯采取率视为相同。由于岩石在钻探过程中的磨损情况差别很大，其岩芯采取率的差别亦很大，松软岩层的岩芯采取率低，坚硬岩层的岩芯采取率高。若用回次岩芯采取率计算岩芯孔段长度，将会与实际情况相差甚远，因此在计算不同岩性岩芯孔段长度时，必须用岩层岩芯采取率。不同岩性的岩层岩芯采取率，通常可通过大量资料统计分析获取其经验数据。

第三步，计算换层深度（H_W）。

当求出岩芯采取率和回次中各岩层的岩芯孔段长度后，便可计算各岩层的换层深度。换层有以下两种情况。

① 回次进尺终点换层。即岩层换层位置恰好位于回次进尺的终点，在这种情况下比较简单，其换层深度即为回次累计孔深。

② 回次进尺中间换层。即岩（煤）层的换层界面位于回次钻进所采取的岩芯之间。这种情况可根据岩层在本回次中的孔段长度和有无残留岩芯分别计算换层深度。

a. 当回次进尺无残留岩芯时，则：

$$H_W=H_n-\sum S_2 \text{ 或 } H_W=H_{n-1}+\sum S_1 \tag{8-4}$$

式中　H_n——本回次累计孔深，m；

$\sum S_1$——本回次中换层上部各岩层岩芯孔段累计长度，m；

H_{n-1}——上回次累计孔深，m；

$\sum S_2$——本回次中换层下部各岩层岩芯孔段累计长度，m。

b. 当回次进尺有残留岩芯时，则

$$H_W=H_n-\sum S_2-L_B \text{ 或 } H_W=H_{n-1}+\sum S_1-L_C \tag{8-5}$$

3. 岩层倾角的确定

岩层倾角是岩层的倾斜线及其在水平面上的投影线之间的夹角（α），又叫真倾角。它是换算岩（煤）层真厚度和判断地质构造的重要依据。在钻孔钻进过程中，凡能测量到的岩层倾角都应系统地收集，尤其是在煤层顶底板、标志层、构造点附近和岩层分界面等位置都要加密测点，以利于构造的分析判断和岩（煤）层厚度的准确计算。

钻孔岩层倾角是通过测量岩芯倾角，并经换算而确定的。

（1）岩芯倾角的测量　岩芯倾角是指岩层层面与岩芯横断面之间的夹角。通常利用岩层分界面、水平层理面等进行测量，切不可把斜层理、交错层理及节理面误认为层面。岩芯倾角可利用量角器或地质罗盘直接测量（图 8-31、图 8-32）。

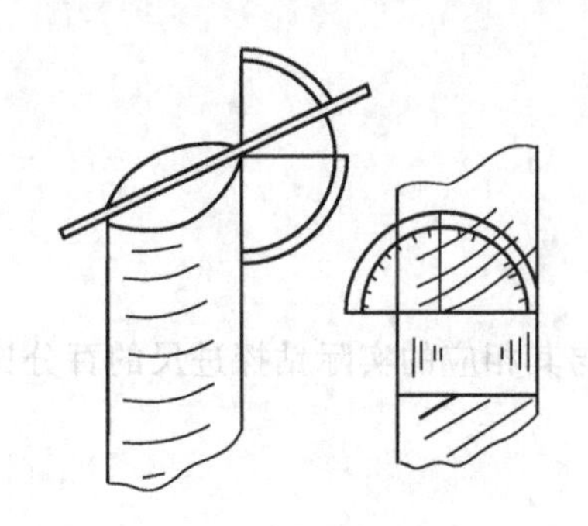

图 8-31　量角器测量岩芯倾角示意

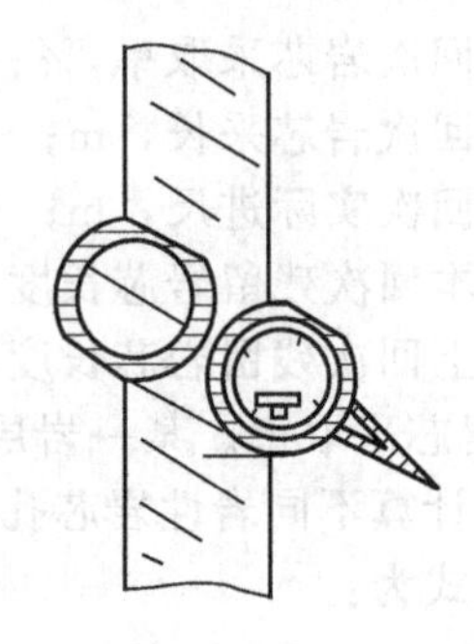

图 8-32　罗盘倾斜仪测量岩芯倾角示意

（2）钻孔岩层倾角的确定

① 垂直钻孔的岩层倾角。在垂直钻孔中可直接在岩芯上测得岩层倾角，因为岩芯倾角（θ）就是岩层的真倾角（α）。

当钻孔发生歪斜时，则应根据钻孔歪斜实际情况，对测得的岩芯倾角进行换算，才能得出岩层倾角的值（图 8-33）。

② 垂直岩层走向斜孔的岩层倾角。垂直岩层走向斜孔可分为孔斜方向与岩层倾向一致和孔斜方向与岩层倾向相反两种情况。

a. 孔斜方向与岩层倾向一致时［图 8-33（a）］，岩层真倾角为：

$$\alpha=\theta-\gamma \tag{8-6}$$

式中　α——岩层真倾角，(°)；

θ——岩芯倾角，(°)；

γ——孔段天顶角，即垂线与钻孔轴线的夹角，(°)。

b. 孔斜方向与岩层倾向相反时，当 $\gamma\leqslant\theta$ 时［图 8-33（b）］，岩层真倾角为：

$$\alpha=\gamma+\theta \tag{8-7}$$

当 $\gamma>\theta$ 时［图 8-33（c）］，岩层真倾角为：

$$\alpha=\gamma-\theta \tag{8-8}$$

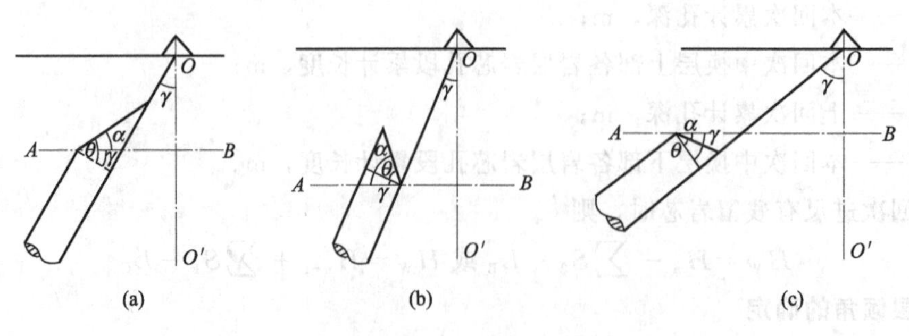

图 8-33　垂直岩层走向钻孔求岩层真倾角示意

c. 在钻探施工过程中，任意方向孔斜是最常见的。求任意方向孔斜岩层真倾角的方法为：首先按照垂直岩层走向斜孔求岩层倾角的方法，求出一个角度，该角度为任意斜孔岩层的伪倾角，再把它代入公式（8-9）中，换算即可求出任意孔斜时岩层真倾角（图 8-34）。

$$\tan\alpha = \frac{\tan\beta}{\cos\omega} \tag{8-9}$$

式中 α——岩层真倾角，(°)；

β——岩层的伪倾角，(°)；

ω——斜孔方位和岩层倾向方位的夹角，(°)。

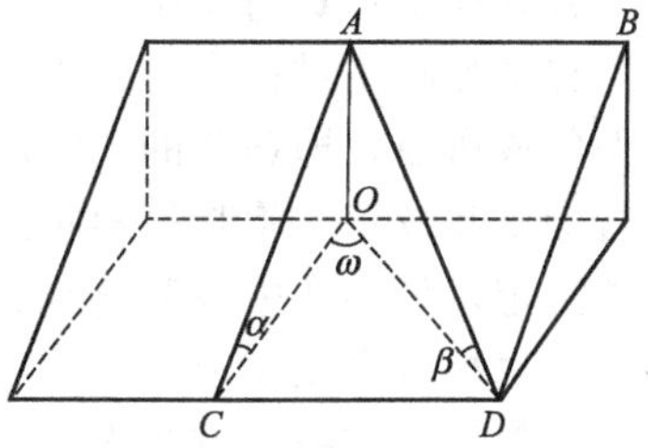

图 8-34 任意孔斜求岩层真倾角示意

AB—岩层走向；AC—岩层倾斜方向；AD—孔斜方向

4. 岩（煤）层真厚度计算

岩（煤）层真厚度的计算通式为：

$$M = L\cos\theta \tag{8-10}$$

式中 M——岩（煤）层真厚度，m；

L——岩（煤）层钻探伪厚度，m；

θ——岩芯倾角。

垂直钻孔中岩（煤）层真厚度的计算，$\theta=\alpha$，如图 8-35 所示。对于垂直于岩层走向斜孔中岩（煤）层真厚度的计算，孔斜与岩层倾向方位一致时：岩芯倾角 $\theta=\alpha+\gamma$，如图 8-36 所示；孔斜与岩层倾向方向相反时：$\alpha>\gamma$，$\theta=\alpha-\gamma$；$\alpha<\gamma$，$\theta=\gamma-\alpha$，如图 8-37 所示。

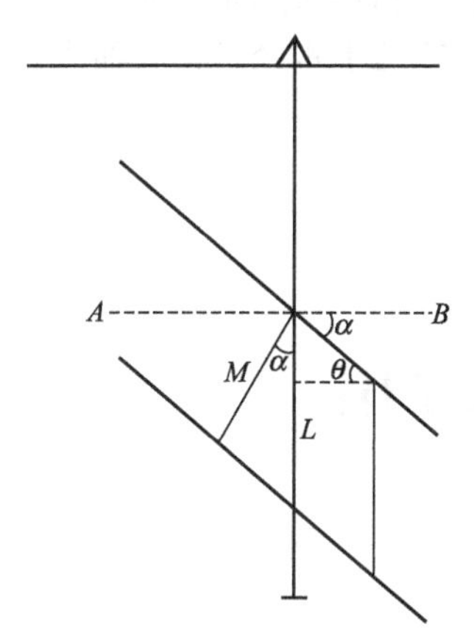

图 8-35 垂直钻孔求岩层真厚度示意

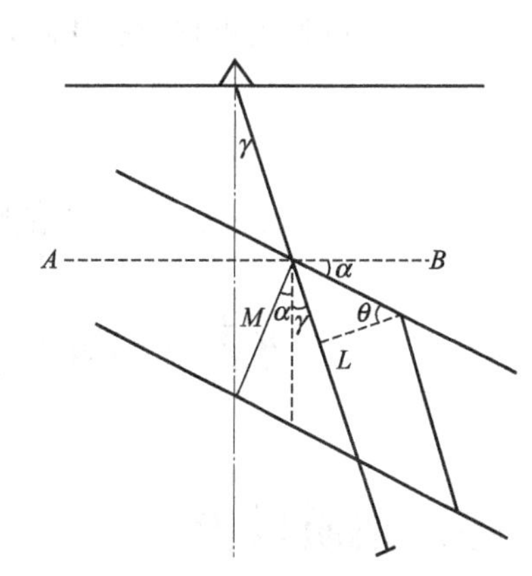

图 8-36 孔斜与岩层倾向方位一致时求岩层真厚度示意

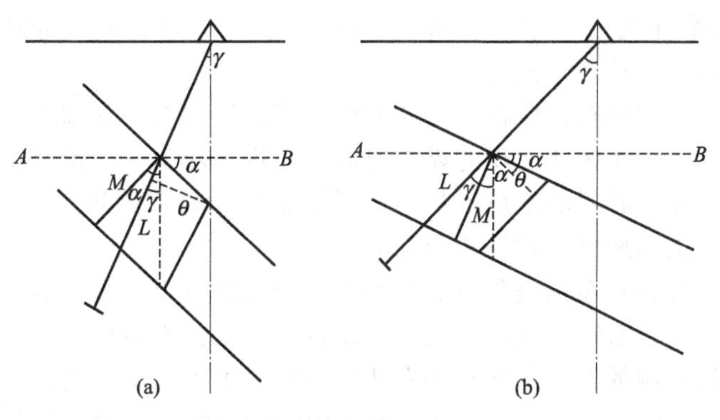

图 8-37 孔斜与岩层倾向方位相反时求岩层真厚度示意

5. 孔斜的计算与投影

在钻孔施工过程中，由于受地质条件、钻探技术和钻探操作等因素的影响，钻孔常常发生偏斜或弯曲，即钻孔的孔斜度和方位角不断发生变化，这种现象称为孔斜。如果对孔斜不进行测量和校正，将直接影响到地质资料的可靠程度。因此在勘探过程中，都要对钻孔进行孔斜测定，将钻孔中各测斜点、煤层点及构造点等采用适宜的方法进行计算并投影到剖面图和煤层底板等高线图上。

孔斜计算与投影方法很多，如图解法、计算法、校正网法和查表法等，其投影方式可分为垂向投影法和走向投影法两种。图解法虽然精度较差，但它是掌握孔斜投影原理和作图方法的基础；计算法精度较高，并可运用计算机计算，故在实际工作中得到普遍采用。

孔斜的计算与投影是在钻孔歪斜未超过钻探质量标准规定的限额基础上进行的，而超过限额的钻孔为废孔，其资料不能利用。

6. 简易水文地质观测及终孔工作

简易水文地质观测是在钻孔施工过程中，利用钻孔收集有关水文地质资料的工作。简易水文地质观测的内容和项目大致包括：观测钻孔水位、冲洗液消耗量、钻孔涌水情况和水温，以及钻进中钻具骤然下落的原因和深度等。钻孔水位是指冲洗液在钻孔内液面（又称水面）与孔口某一固定位置的距离。观测水位的目的是了解含水层的深度、地下水的压力和地下水的动态。

当钻进到达设计终孔层位后，要下达终孔通知书，丈量钻具全长和测斜，进行水文观测，绘制简易钻孔柱状图，终孔验收及封孔。封孔要按地质设计要求和钻探规程的规定进行，在封孔过程中，应特别重视封孔质量，以免以后地表水或地下水经过钻孔涌入井巷而造成危害。

第四节 煤矿地质资料的应用

一、煤田地质报告

1. 勘探阶段划分

《煤、泥炭地质勘探规范》（2003-03-01 实施）规定，煤炭地质勘探工作，可划分为预查、普查、详查和勘探（精查）四个阶段。

（1）预查阶段　所谓预查，应在煤田预测或区域地质调查的基础上进行，其主要任务是寻找煤炭资源，最后对工作区所发现的煤炭资源有无进一步工作的价值做出评价。这一阶段的工作，主要为普查提供必要的地质资料，也可能是以无煤或无进一步工作的价值而告终。所以，在这一阶段，工程地质工作可不予开展。

（2）普查阶段　普查是在预查阶段的基础上，或已知有煤炭赋存的地区进行。经过对地层、构造、煤层、煤质、岩浆活动、水文地质条件、开采技术条件、工程地质条件等方面的研究，对工作区煤炭资源的经济意义和开发建设可能性做出评价。为煤矿建设远景规划提供依据。

（3）详查阶段　详查是在普查的基础上进行的。详查的主要任务是为矿区总体发展规划提供地质依据。对影响矿区开发的水文地质条件和开采技术条件做出评价。凡需要划分井田和编制矿区总体发展规划的地区，都应进行详查。

（4）勘探阶段　勘探的任务是为矿井建设可行性研究和初步设计提供地质资料。勘探一般以井田为单位进行。勘探的重点地段是矿井的先期开采地段和初期采区。勘探成果要满足确定井筒、水平运输大巷、总回风巷的位置，划分初期采区，确定开采工艺的需要；要保证井田境界和矿井设计能力不因地质情况而发生重大变化，保证不致因地质资料影响煤的洗选加工和既定的工业用途。

2. 地质报告书

井田地质报告是在精查勘探结束后，为反映井田地质和煤炭资源状况而提交的地质报告。它是矿井初步设计、建井和矿井生产的重要地质依据。为满足矿井设计和生产部门对精查地质报告的要求，地质勘探部门在井田精查设计和施工中，都要不断听取矿井设计和生产部门的意见，尽可能提高对影响设计和生产主要地质问题的控制和研究程度。提交精查地质报告后，上级有关部门还要组织地质勘探、矿井设计和生产部门的工程技术人员对报告进行全面的审阅、评议，并对报告是否获准通过做出决议。评审通过的精查地质报告才能提供矿井设计、建设和生产部门使用。

井田精查地质报告的主要内容　应包括报告正文、各种图件、表格、对有关地质问题的专题研究报告以及原始资料、岩芯等。

报告正文一般分八章，每章再按需要分节。

第一章　概　况

说明勘探工作的目的、任务；勘探区位置与交通概况，包括地理位置、坐标、勘探区边界和面积；扼要说明经过或邻近勘探区的现有或拟建的铁路、公路、水路等（附交通位置略图）；勘探区自然地理，包括地形地貌、地表水体、气象和地震资料等；勘探区及其附近生产或已停闭矿井和小窑的情况；以往地质工作及其评价。

第二章　勘探区地质

扼要叙述区域地层、构造、火成岩及其特点。

详细叙述勘探区内地层时代、层序和化石；叙述含煤地层厚度、岩性、岩相、标志层特征及其沿走向、倾向的变化。

分别叙述区内重要褶曲、断层的分布和控制程度。综合叙述区内地质构造的规律性。

叙述火成岩体的名称、产状、侵入时代、分布范围及对煤层、煤质的影响。

第三章　煤层、煤质及其他有益矿产

综合叙述煤层总层数、总厚度和可采煤层层数、总厚度。自上而下地详细叙述各可采煤层的层位、间距、厚度、结构及变化规律。

煤中有害组分（灰分、硫、磷等）及其变化规律。煤的可选性及工艺特征（炼焦、化工等），煤的合理利用方向。

煤层风、氧化带的确定方法及依据。

对勘探区内其他有益矿产，如铁矿、油页岩、铝土矿、耐火黏土等的勘探程度、分布、规模、质量、储量以及煤中稀散、放射性元素的赋存情况及含量（若达到工业品位，则另编资料），进行综合评价。

第四章　勘探区水文地质

扼要叙述区域水文地质特征。

叙述各含水层及隔水层的岩性、厚度、埋藏深度、分布范围及其变化，裂隙与溶洞发育程度及其规律，地下水的埋藏类型及水力性质，含水层的富水性（钻孔单位涌水量、渗透系数）、水位标高、水质、水温及地下水动态资料，含水层间及与地表水的水力联系，隔水层隔水条件的评价。

叙述勘探区与邻近生产矿井水文地质条件对比情况：现有生产矿井的能力、井型、开采最深水平，各水平和整个矿井的月涌水量、水质、水温，充水的主要来源及地下水出露情况，巷道突水的原因。

供水水源：勘探区现有供水情况，可能供水水源的水质、水量评价。

第五章　开采技术条件

勘探区内或邻近矿区的生产矿井（包括生产小窑）有关开采技术条件方面的资料。已封闭或停采的矿井及其原因。

详细叙述区内松散覆盖层及各可采煤层顶底板岩性及其变化规律，并叙述其物理机械性质、特征。露天开采时，还应评述上覆岩层的工程地质特征。

瓦斯含量、煤尘和煤的自燃倾向性，实验室分析结果及邻近生产矿井的有关资料及评价，矿井瓦斯等级确定的依据。

第六章　地质勘探工作

地形测量工作方法及质量评述。勘探工程的测量方法及其质量。

地质测量工作方法、工作量及成果的质量评述。

地表工程工作量及其质量评述。

物探（包括地面物探及测井）的工作方法、工作量及其质量评述。物探与钻探相结合的综合方法及其效果评述。

钻探工程量及其质量（岩、煤心采取率，孔斜，封孔等）评述。

水文地质工作及其质量评述。

各种样品采取地点、方法、数量及其确定的依据，采样工作质量及化验质量的评述。

勘探类型及其确定的依据，勘探方法、勘探程度及经济效果。

第七章　储量计算

储量计算边界及工业指标确定的依据。

储量计算的方法和计算参数选定的依据。

划分各级储量的条件，与一般划分原则不同的特殊块段的处理方法。

勘探区内各级储量及总储量的计算结果。储量计算的检查方法和准确程度的深度的评价。

有关储量计算其他方面的说明。

第八章　结论

对勘探成果总的评价（主要是对勘探程度、地质报告资料的完备程度及其质量做出结论）。

简要总结勘探工作的主要经验与教训。勘探区远景评价及对今后工作的意见和建议。

主要图件：

a. 交通位置图；

b. 区域地质图　1：（5万～20万）；

c. 井田地形地质图　1：（5000～10000）；

d. 井田地层综合柱状图，1：（500～1000）；

e. 钻孔柱状图　1：（200～500）；

f. 岩煤层对比图　1：（200～1000）；

g. 勘探线剖面图　1：（2000～5000）；

h. 水平切面图；

i. 可采煤层地表等高线及储量计算图（比例尺同地形地质图）；

j. 水文地质图；

k. 水文地质剖面图；

l. 物探成果图。

表格附件

测量成果表，煤层综合成果汇总表，煤质分析成果汇总表等。

二、矿井地质说明书

1. 矿井地质勘探分类

矿井地质勘探又称煤矿地质勘探，是继煤炭地质勘探阶段之后，从煤矿建设开始到煤矿生产及开采结束期间所进行的一切地质勘探工作。

随着矿井建设和生产的进行，煤炭地质勘探提供的资料常常与实际情况存在着差异，矿井生产若干年后，井田中央和上部水平的高级储量将不断减少；随着采掘工程不断进行，可采煤层的面积不断减少，矿井服务年限不断地缩短。这就要求在生产期间除进行经常性的矿井地质工作，还要进行必要的地质勘探工作，以便解决上述问题。煤矿地质勘探的目的在于获得可靠的地质资料，查明影响采掘生产的地质因素，提高储量级别，增加可采储量，以满足矿井各种设计的需要，保证生产正常接续和安全生产。

按照勘探的目的不同，将矿井地质勘探划分为建井地质勘探、煤矿资源勘探、煤矿补充勘探、煤矿生产勘探和煤矿工程勘探五类。

（1）建井地质勘探　建井地质勘探是指在矿井井筒开凿之前，为满足井筒、井底车场、硐室和主要运输大巷设计与施工需要而采用特殊技术钻孔的勘探。建井地质勘探主要进行井筒检查钻孔和层位控制钻孔的施工。前者获得的资料是建井设计与施工的依据，后者所获得的资料是井底车场、硐室和主要运输大巷等主要开拓工程设计与施工的依据。竣工后要提交矿建地质报告及相应的附图附表等。

（2）煤矿资源勘探　煤矿资源勘探是指为解决生产矿井煤炭资源问题而进行的地质勘探。煤矿资源勘探其主要任务是查明延深水平和新开拓区煤炭储量；查明因煤田地质资源勘探程度不足而发生的矿井煤炭储量变化、地质构造形态等重大地质问题；查明扩大区域的煤炭储量。煤矿资源勘探是煤田地质资源勘探的后续工程。

（3）煤矿补充勘探　煤矿补充勘探又称矿井补充勘探，是生产矿井为提高设计区的勘探程度和高级储量比例，在资源勘探基础上进行的具有补充性质的勘探工作。《矿井地质规程》规定，在生产矿井内，凡属下列情况之一者，即需要煤矿补充勘探：

① 延深水平高级储量比例达不到规定要求；

② 矿井改、扩建工程或开拓、延深工程设计需要；

③ 重新评定新发现或勘探程度不足的可采或局部可采煤层。补充勘探竣工后应提出相应的补充勘探地质报告。

（4）煤矿生产勘探　煤矿生产勘探是指为查明生产矿井采区内部影响正常生产的各种地质条件而进行的地质勘探。它贯穿于煤矿开采的整个过程，是矿井地质一项经常性的任务。

采区准备期间的生产勘探，主要是搞清采区地质构造形态、煤层赋存状况，使采区布置合理，施工安全顺利。巷道掘进期间的生产勘探，主要是圈定不稳定煤层的可采范围，查清断层情况，寻找断失煤层，为巷道掘进指明正确方向。回采期间的生产勘探，包括分层回采工作面的探煤厚，查明不稳定煤层的薄化带和影响工作面连续推进的各种中小型地质构造，以保证回采工作的顺利进行和煤炭资源的充分回收。

（5）煤矿工程勘探　煤矿工程勘探又称矿井工程勘探，是生产建设中根据专项工程的要求而进行的勘探。其勘探任务、原则和施工要求均依专项工程要求而定。

2. 地质说明书

地质说明书是矿井地质部门为各项工程采掘设计、施工和管理提供的地质预测资料。它是在了解采掘工程设计意图和施工要求的基础上，通过对设计、施工地段及其周围勘查和采掘揭露的地质资料系统整理和综合分析研究编制而成的。编制适合矿井建设、生产所需的各种地质说明书是矿井地质工作的重要组成部分。

(1) 地质说明书的类型　根据矿井建设、生产的不同阶段和使用要求，地质说明书可分为矿建（或基建工程）地质说明书、开拓区域（或水平延深）地质说明书、采区地质说明书、掘进地质说明书和回采地质说明书。

(2) 编制地质说明书的基本要求

① 目的明确。地质说明书是矿井建井、开拓、掘进和回采设计、施工和管理的地质依据。因此在编制前，地质人员要通过设计人员详细了解设计意图，明确编制相应地质说明书的目的，以便有针对性地提供地质资料，阐明影响设计、施工的主要地质问题，使编制的地质说明书满足设计、生产的要求。

② 资料清楚、准确。地质说明书反映的情况和数据要求达到：

十个清楚。地质构造清楚；煤厚、煤质变化清楚；顶底板岩性清楚；岩浆岩侵入体部位清楚；陷落柱分布范围清楚；井下水、火、瓦斯情况清楚；周围情况清楚；井上下关系清楚；地质研究程度清楚；井下开发历史清楚。

十个准确。断层位置准确；煤层产状准确；底板标高准确；剖面层位准确；探煤厚度准确；储量计算准确；预计涌水量准确；预计瓦斯量准确；钻孔分布位置及封孔情况准确；井上下位置准确。

其中，应特别注意分析对各种地质情况的控制和研究程度是否满足设计要求，如发现问题，应及时解决。

③ 形式简捷、重点突出、使用方便。地质说明书文字表述要言简意赅，尽可能采用统一印制的表格形式，重点突出，有的放矢，对影响采掘工程的地质问题要交代清楚。所附图件要清晰、准确、适用。文图结构要紧凑，最好能装订成册，以方便使用。

④ 用后总结。工程结束后，地质人员要会同设计、采掘技术人员逐一分析地质预测与实际揭露情况的差异，进一步总结地质特征和规律，以不断提高地质说明书的编制质量。

(3) 各类地质说明书的主要内容

① 矿建（或基建工程）地质说明书。建井施工前，地质人员应按井筒、井底车场、硐室、大巷等工程设计和施工的要求，根据井田精查（或最终）地质报告、井筒检查孔及补充勘查等相关资料，编制出建井（或基建工程）地质说明书，作为建井设计、施工部门选择施工方案，编制井筒、井底车场等施工设计及作业规程，指导井巷施工的地质依据。说明书的重点是反映施工区段的地质构造、岩（土）层组合特征、水文地质及工程地质特征，煤系、煤层赋存情况和影响施工的其他地质因素等。说明书由文字和图件两部分组成。

文字：

施工位置。简述施工地点、工程编号、井筒开拓位置、方向、起止点及其标高和井底车场等开拓工程的具体规定。

地质情况。阐明施工区段的地质、水文地质情况，如井筒穿过的主要岩（土）层的厚度、岩性、物理力学性质；裂隙发育情况、基岩风化带的特征；可采煤层的层位、厚度、结构及其顶底板岩性、煤层的层间距，井筒及井底附近的断层、裂隙、破碎带及褶曲情况；井筒穿过的含水层，预计涌水量、水位、水温、水质及地表水体的联系，供水水源、工程地质特征及其他影响施工的地质因素（瓦斯、地热、地压及火成岩侵入体）等。

注意事项与建议。根据施工区段的地质情况和施工要求，指出设计、施工中应注意的事项，对支护、排水措施等方面提出建议。

图件：

工程位置平面图，1∶500 或 1∶1000；

井田地层综合柱状图，1∶500 或 1∶1000；

立井井筒预想柱状图，1∶200 或 1∶500；

斜井或平硐预想地质剖面图，1∶200 或 1∶500；

主要大巷、硐室预想地质剖面图，1∶200 或 1∶500；

切过井筒的水文地质剖面图，1∶（500～2000）；

井底车场范围预想水平切面图，1∶500 或 1∶1000。

② 开拓区域（或水平延深）地质说明书。开拓区域或新水平延深设计前，按设计、施工需要，根据井田地质勘查、建井、生产勘查和邻近已开拓区、上部水平的地质资料，编制出开拓区域（或水平延深）地质说明书，作为矿井开拓设计、施工的地质依据。说明书的重点是开拓区地质构造、煤系和煤层的赋存情况、水文地质及工程地质情况等。说明书由文字和图件两部分组成。

文字：

概况。新开拓区或水平的位置、范围，上、下水平标高及距地表的深度；与相邻已开采区的关系；与地表主要建筑物和水体的关系；冲积层厚度及岩性特征；含（隔）水层厚度及分布等。

地质构造。开拓区构造总体展布特征；区内断层、褶曲的位置及特征；地层产状及其变化；构造对煤层的影响程度，以及对这些构造的控制程度。

煤层及其顶底板。煤系岩性特点；可采煤层名称、层数、厚度、结构、层间距及其变化；各可采煤层的煤质及其变化；煤层顶底板岩性组合特征、厚度、裂隙发育情况和物理力学性质，含水性与膨胀性等。

煤层风、氧化带范围及深度。

水文地质。有无老窖采空区积水；含水层、隔水层的岩性、厚度及其变化；含水层水位、水量及与地表水体的水力联系；开拓区内钻孔的分布及封孔质量；区内预计最大涌水量；各种防、排水措施和意见等。

其他地质情况。岩浆岩侵入体、岩溶陷落柱、河流冲刷等的地质特征及其对煤层的破坏；瓦斯含量及预计涌出量，有无瓦斯突出危险煤层；煤尘爆炸性指数、自然发火倾向以及地热情况等。

储量计算。储量计算范围及参数的确定；各可采煤层的工业储量和可采储量；暂不能利用储量及其原因；结合采区划分，按煤层、采区和阶段分别计算和统计各级储量。

存在问题与建议。评述说明书所采用资料的可靠程度；阐明开拓区存在的主要地质问题和进行补充勘查的意见，并对开拓设计、施工提出建议，指出需注意的事项。

图件：

井上下对照图，1∶2000 或 1∶5000；

地层综合柱状图，1∶200 或 1∶500；

井筒延深部分预想柱状图，1∶200；

有关的地质剖面图，1∶1000 或 1∶2000；

水平切面图，1∶（1000～5000），急倾斜或倾斜多煤层矿井应附此图；

各可采煤层底板等高线及其储量计算图，1∶（1000～5000），煤层倾角大于 60°时应附立面投影图。

③ 采区地质说明书。采区巷道开掘前，按采区设计及掘进施工的要求，根据补充修正后的开拓区域（或延深水平）地质说明书，结合已开拓巷道、临近采区揭露和生产勘查的地质资料，编制出采区地质说明书，作为采区设计和制定施工作业规程的地质依据。说明书的重点是反映采区内地质构造、煤层厚度、结构及其变化，水文地质情况及其他开采技术条件等。说明书由文字和图件两部分组成。

文字：

概况。采区位置、范围、标高、与邻近采区关系及井上、下对照关系，已有勘查钻孔情况。相邻采区实见地质、水文地质情况概述。

地质构造。采区内煤（岩）层产状变化情况，断层与褶曲的特征、分布范围和现有控制程度，及其对采区开拓、开采的影响。

煤层。采区内各可采煤层的厚度、结构及其可采范围，特别是对最上部可采薄煤层可采性的预测。

煤层顶、底板及各煤层的层间距。分层叙述各煤层顶、底板岩性、厚度、含水性及物理力学性质。重点说明各煤层群（组）间的间距和岩性变化情况，以便设计时考虑分组或联合开采的可能性和选择较理想的岩巷开拓层位。

预测区内可能存在的岩浆岩侵入体、古河床冲刷等情况。

水文地质。阐明采区的水文地质条件、有无突水危险性，对防水煤柱和探防水措施等的要求，并预测采区的最大涌水量和正常涌水量。

储量计算。

地质、水文地质、地热、岩溶陷落柱等方面尚存在的问题和对采区施工提出注意事项和建议。

图件：

采区煤层底板等高线及储量预算图，1∶1000 或 1∶2000；

采区回风和运输水平的水平地质切面图，1∶1000 或 1∶2000；

采区地质剖面图，1∶1000 或 1∶2000；

采区煤岩层综合柱状图，1∶200。

④ 工作面掘进地质说明书。回采工作面设计前，在经修正的采区地质说明书的基础上，充分利用邻近已开掘巷道和钻孔揭露的地质资料，编制出回采工作面（煤巷）掘进地质说明书，作为制定工作面巷道掘进设计、指导施工的地质依据。其重点是工作面地质构造的主要特征及对采掘的影响，煤层厚度、结构及其变化情况，煤层顶、底板，水文地质及其他对采掘有影响的地质问题。说明书由文字和附图两部分组成。

文字：

工作面范围和与邻区、地面的关系。

区内煤（岩）层产状和地质构造的主要特征及其对工作面的影响，并预测断层落差、掘进找煤方向以及褶曲的位置和形态。

工作面实见煤层厚度、结构并预测其变化情况。

煤层顶底板（包括伪顶、直接顶）的岩性，厚度、物理力学性质及其变化情况。

工作面的水文地质条件，有无突水危险性，主要含水层和导水构造与工作面的关系等。对防水煤柱、探放水等措施提出具体建议，并预计工作面最大涌水量。

岩浆侵入等对工作面煤层可能造成的破坏情况。

储量：

地质、水文地质、地热、岩溶陷落柱等方面尚存在的问题和对掘进施工提出的建议及注意事项。

附图：

工作面煤层底板等高线及储量预算图，1∶1000或1∶2000；

有代表性的工作面地质剖面图或局部地质构造剖面图，1∶1000或1∶2000；

相邻煤层或本煤层群的地层综合柱状图，1∶200。

⑤ 工作面回采地质说明书。工作面回采前，根据工作面四周巷道的地质编录资料，结合邻近采区、工作面采掘中实际揭露及钻孔资料，编制出工作面回采地质说明书，作为采煤技术人员编制采面作业规程和生产技术管理的地质依据。说明书由文字和附图两部分组成。

文字：

工作面位置、范围、面积以及与邻区和地表的关系。

工作面各实见点地质构造的概况，实见或预测的落差大于2/3采高的断层向工作面内部发展变化的情况。

各实见点煤层厚度和结构情况以及向工作面内部变化的规律。

各实见点煤层顶板的厚度、岩性、裂隙组的方向和发育情况。

推测工作面内火成岩侵入体、河流冲刷带、陷落柱等的具体位置及其对正常回采或合理分层的影响。

储量：

工作面最大涌水量预测。

工作面尚存在的地质、水文地质问题和对回采工作的建议及注意事项。

附图：

工作面煤层底板等高线及储量计算图，还可依据需要填绘煤厚、夹石层厚度、相邻煤层间距等等值线图，1∶1000或1∶2000；

回采巷道实测地质剖面图，1∶500；

包括基本顶在内的煤岩层综合柱状图，1∶200；

与工作面有关的主要地质剖面图（1∶1000）及某些地质素描图。

第九章 Chapter 9
煤矿主要地质图

地质工作者通过现场编录及生产勘探取得大量地质原始资料，并经过对这些资料分析研究及综合整理，编制出反映各种地质特征（如煤层赋存情况、地质构造及水文地质情况等）、勘探工程和井巷采掘工程的布置情况及其相关资料的图件，称为地质图件。它是编制矿山设计、制订生产计划、指导采掘生产及矿产储量管理等的主要依据。根据煤矿生产的实际需要，本章主要介绍与煤矿生产有关的主要地质图件，包括地形地质图、地质剖面图、水平切面图、煤层底板等高线图、煤层立面投影图、煤岩层对比图、地层综合柱状图及水文地质图等。

第一节 地形地质图

一、地形地质图的概念、内容及用途

地形地质图是表示研究区的地形特征、地层、矿层分布、岩层产状及地质构造特征的图件。在新地层覆盖区，把上覆岩层揭去，反映基岩面的各种地质现象的地质图件称为基岩地质图。

地形地质图是以地形图为底图，通过地质调查及生产勘探而编制成的图件。煤矿生产过程中的地形地质图采用的比例尺一般为 1∶10000 或 1∶5000，在地质构造复杂的地区可采用 1∶2000 的比例尺。图中内容包括：地形等高线、地面建筑物、构筑物、地表水体、公路、铁路、桥梁、车站、三角点、高压线、经纬线及指北方向、地层分界线（系、统、组）、不整合面界线、滑坡范围、标志层、矿层露头线、褶曲轴线、断层线及岩层产状、钻孔、坑探工程（探槽、探井、探巷）、井筒位置、主要老窑、井田边界、剖面线、勘探线及其编号、井筒标高、矿体采掘范围、最高洪水水位线、图名、图签、图例和比例尺等。

地形地质图是煤矿矿井设计和生产的基本图件之一；是设计部门用来选择运输干线及供电线路，确定井口、工业广场、建筑石料场等位置，考虑保护农田、寻找水源等不可缺少的图件；是生产部门用来编制井上下对照图，注意地下开采对地表的影响，防止建筑物布置在煤层的上部造成压煤现象等的重要图件；是勘探部门布置生产勘探工程等工作必备的基础图件。

二、地形地质图的编制方法

1. 地形地质图的填绘

地质填图首先是从研究地质剖面工作开始的，应以填图区内典型而最完整的剖面来代表全区的地层情况。其方法是首先在熟悉前人的地质资料和野外踏勘的基础上选择最完整和有代表意义的地层出露地段，进行地层的剖面测量和研究；然后根据比例尺的要求，按一定的间距、观测路线和观测点，对天然露头和人工露头进行观察、取样、描述和研究，并通过定点法及追踪法，将地层界线、岩浆岩侵入体接触界线、岩相界线及断层线等填绘到相应的地形图上。

2. 利用地质剖面图编制地形地质图

（1）绘制经纬网格线　绘出正方形方格网（一般间距 10cm），并标明经纬线距数值，如 1∶10000 的地形地质图，相邻两经线或纬线的实际距离是 1000m。

（2）投放勘探工程　按各勘探工程点平面坐标值，将钻孔、探井和探槽投放到相应的平面位置上，其中同一条直线上的各工程点连线即为勘探线（图 9-1）。

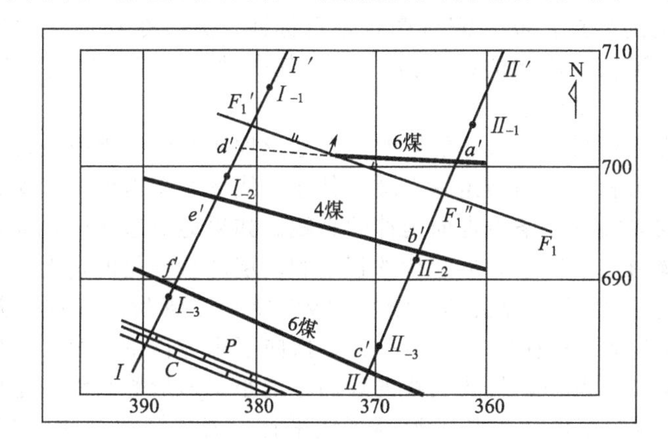

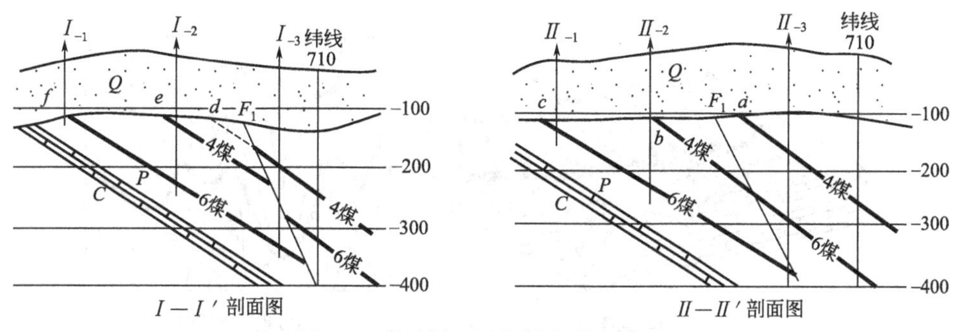

图 9-1　利用剖面图编制基岩地质图

（3）投放隐伏地质点　把各勘探线地质剖面图上地表或基岩界面出露的地层界线点、矿层（如煤层）露头点分别投放到平面图上与地质剖面对应的勘探线位置上，平移时应注意剖面图与平面同比例尺之间的换算，且要以经纬线或准线为基准进行投放。

（4）分析连线

① 断层连线　可根据勘探线地质剖面的控制情况，并参考断层走向确定。

② 地层界线和煤层露头线的连接　一般先连同一断盘上有 2 个以上控制点的相同层线，再按露头间距连接只有一条勘探线控制的煤岩层露头线，并注意不同性质断层两盘相同层位的错动关系。

三、各种地质现象在地形地质图上的表现

1. 单斜岩层

地形地质图上岩层分布的形态繁杂多样，它受多种因素的控制和影响，如地形起伏、岩层的倾角及倾向等。

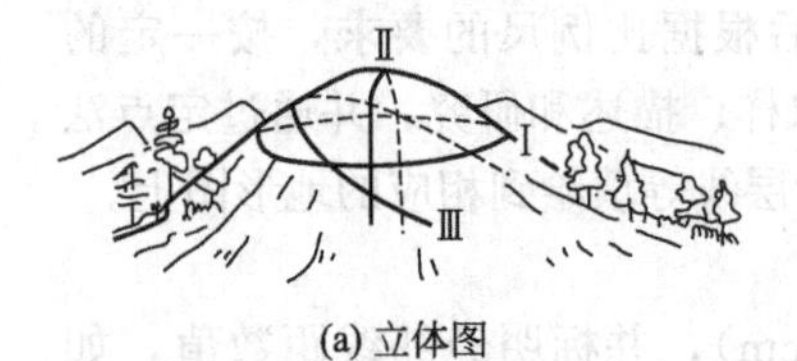

(a) 立体图　　(b) 地形地质图

图 9-2　水平、直立、倾斜岩层在地形地质上的表现

Ⅰ—水平岩层；Ⅱ—直立岩层；Ⅲ—倾斜岩层

（1）岩层的产状对露头线形态的影响　水平岩层的地层界线在各点的标高相同，在地形地质图上其露头界线与相邻地形等高线平行或重合，其形态的变化完全取决于地形变化情况。直立岩层的露头线在地形地质图上表现为一条直线，顺走向延伸不受地形变化的影响。倾斜岩层的露头界线是曲线，而且与地形等高线相交（图 9-2）。为了表示地形地质图上的岩层产状，需对产状进行标注，尤其是在产状发生变化的地段。产状的数据来源于实测资料，产状的符号为⊤ 30°。其中“—”表示岩层的走向，“↓”表示岩层倾向，“30°”表示岩层的倾角。

（2）地形及岩层产状变化对露头线形态的影响　在地形地质图中，地形及岩层产状的变化直接影响露头线的形态。倾斜岩层的倾角越平缓，其露头线形态受地形的影响越大。当地面平坦时，单斜岩层的地层界线是一条沿走向延伸的直线。如果地形起伏变化大，则岩层露头线就显示为曲线，其具体形态取决于地形起伏的程度和岩层产状变化的情况。

① 当岩层倾向与地面坡向相反，岩层露头线呈“V”字形或锯齿形曲线，并且在山谷处为一尖端指向上游的“V”字形；在山脊处为一尖端指向下山方向的“V”字形，即岩层露头线与地形等高线呈相同方向弯曲，且露头线的弯曲程度小于地形等高线的弯曲程度。岩层倾角越平缓，所形成的“V”字形就越与地形等高线平行；岩层倾角越陡，“V”字形则较等高线越开阔（图 9-3）。

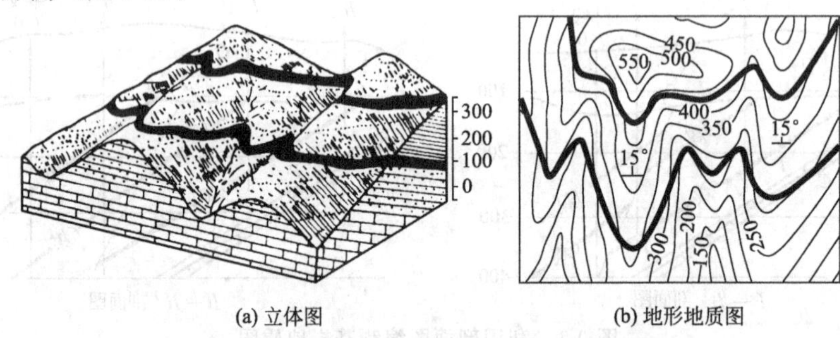

(a) 立体图　　(b) 地形地质图

图 9-3　岩层倾向与坡向相反的“V”字形规律

② 当岩层倾向与地面坡向一致，且岩层倾角大于地面坡角时，岩层露头线在山谷处形成尖端指向下游的“V”字形，在山脊处形成尖端指向上山方向的“V”字形，即岩层露头线与地形等高线呈相反方向弯曲（图 9-4）。

③ 当岩层倾向与地面坡向一致，且岩层倾角小于地面坡角时，岩层露头线在山谷形成尖端指向上游方向的“V”字形，在山脊处形成尖端指向下山方向的“V”字形，即岩层露头线与地形等高线呈相同方向弯曲，但岩层露头线的弯曲程度大于地形等高线的弯曲程度（图 9-5）。

（3）图件比例尺大小的影响　地层露头线受地形影响程度在图件上的反映与图件比例尺大小有明显的关系。图件比例尺越大其受地形的影响越明显；图件比例尺越小，地层界线受地形影响就越不明显。在十万分之一或比例尺更小的地形地质图上，地层界线与地形关系显得极其微小，可忽略不计，其地层界线基本与岩层走向一致。

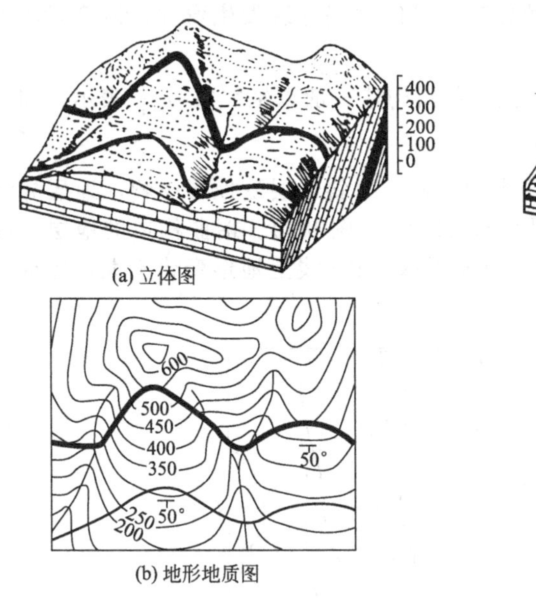

(a) 立体图

(b) 地形地质图

图 9-4　岩层倾向与坡向一致（倾角大于坡角）的“V”字形规律

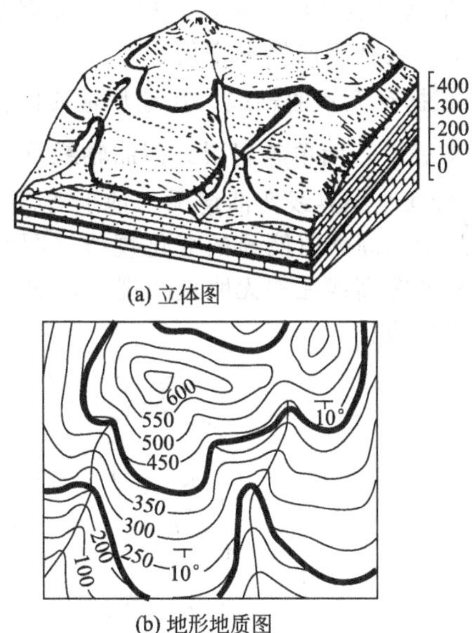

(a) 立体图

(b) 地形地质图

图 9-5　岩层倾向与坡向一致（倾角小于坡角）时“V”字形规律

2. 褶曲在地形地质图上的表现

褶曲在地形地质图上的表现形态决定于地表形态、褶曲类型及其要素。

（1）地形平坦时褶曲的识别　当地形平坦时，褶曲在地形地质图上的表现形态与褶曲本身的特征有关。

① 水平褶曲。水平褶曲在地形地质图上，地层界线表现为一组近于平行的界线，可通过岩层出露的新老关系判别是向斜还是背斜，即自核部向两翼，岩层由老变新为背斜（图 9-6），由新变老为向斜。

② 倾伏褶曲。倾伏褶曲在地形地质图上地层出露界线呈单向封闭的曲线（图 9-7）。

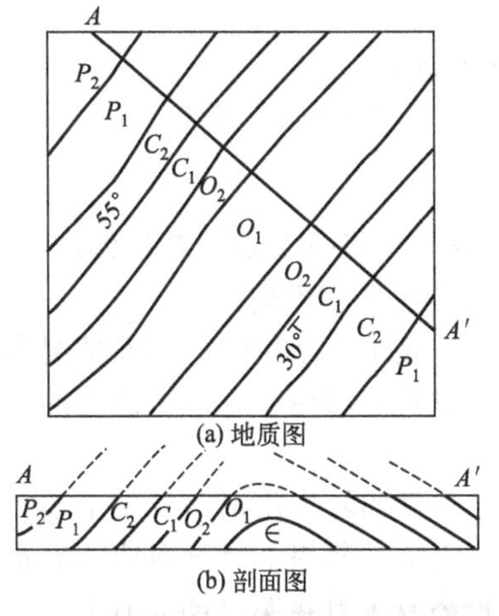

(a) 地质图

(b) 剖面图

图 9-6　水平褶曲在地质图和剖面图上的表现

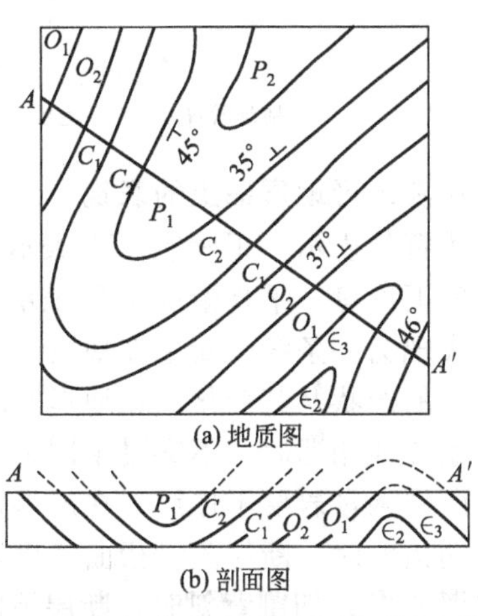

(a) 地质图

(b) 剖面图

图 9-7　倾伏褶曲在地质图和剖面图上的表现

（2）地形起伏较大时褶曲的识别　当地形平坦时，地层界线出现一个弯曲，就是一倾伏背斜或向斜；当山高、沟深地形起伏较大时，单斜岩层在地形地质图上也出现弯曲（如图 9-2）。所以，在这种情况下，地形地质图上的地层界线的弯曲受地形和褶曲构造两个因素的影响，可根据以下几点加以识别。

① 根据岩层产状。单斜岩层受地形的影响，虽然地层界线发生弯曲，但产状不变，而褶曲构造岩层则走向发生变化。

② 根据有无褶曲轴线。在地形地质图上，背斜构造一般以轴线符号$\updownarrow$表示；向斜构造用符号$\dagger$表示，而单斜岩层无褶曲轴线符号。

③ 根据地层界线弯曲情况与地形等高线的关系。单斜岩层受地形影响，地层界线弯曲情况与地形等高线有明显的变化规律（图 9-3、图 9-4、图 9-5）。褶曲构造的地层界线弯曲情况与地形等高线往往无明显的规律，如图 9-8 所示，abc 线上地形变化不大，但地层界线发生多次弯曲。

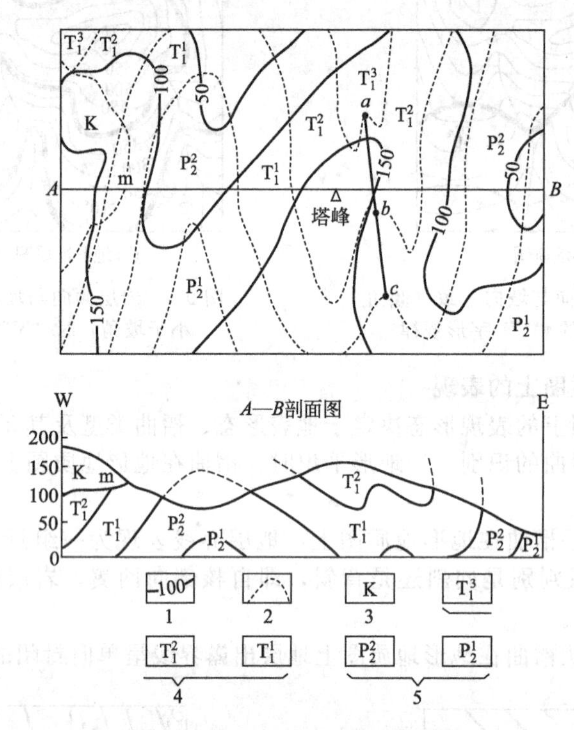

图 9-8　塔峰地形地质图及剖面图

1—地形等高线；2—地层界线；3—白垩系；4—下三叠统；5—上二叠统

3. 断层在地形地质图上的表现

（1）用符号表示　正断层用╓┐表示，逆断层用┸┸表示。其中↓表示断层倾向，┌┐和└┘表示断层的下降盘。平移断层用⇌表示，箭头方向表示本盘平移方向。

（2）表现为一条线　断层在地质图上以一条线“—”表示。断层线的弯曲情况取决于地形和断层面的产状及其变化，且地形对断层线的影响与单斜岩层相同。值得注意的是，当断层和第四系界线相遇时，不穿过第四系的界线。

（3）断层两盘岩层不连续　在地形地质图上，断层两盘的岩层沿走向发生中断。当非平移断层切割褶曲时，断层两盘褶曲宽度发生变化：切割向斜，断层下降盘褶曲两翼距离较上升盘宽（图 9-9）；切割背斜时，断层下降盘褶曲两翼距离较上升盘窄（图 9-10）。

4. 其他地质现象在地形地质图上的表现

(1) 岩浆侵入体　当岩浆岩出露地表时，在地形地质图上要将其表示出来，其表示方法是用红色实线圈定岩浆岩出露范围，并用相应的岩性符号表示。

(2) 岩溶陷落柱　陷落柱为一柱状塌陷体，当其塌落到地表或基岩表面时，在地形地质图上应给以表示。陷落柱在图上表现为椭圆形的封闭曲线，且地层界线及断层线在陷落柱内均发生中断。

(3) 假整、不整合面　假整合面界线在地形地质图上与地层界线平行、用虚线……表示，不整合面用波浪线﹏﹏表示。在地形地质图上不整合面界线与地层界线相交，下部地层界线在上部地层内中断。

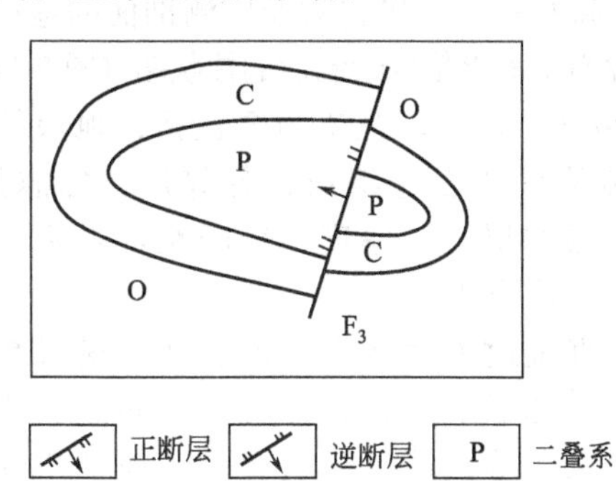

图 9-9　断层切割向斜时在地形地质图上的表现

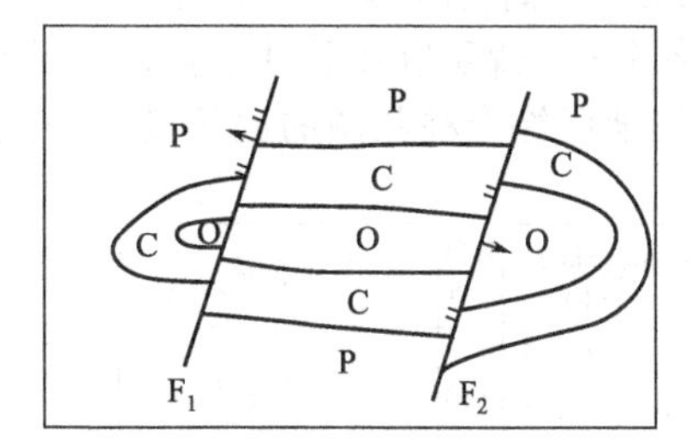

图 9-10　断层切割背斜时在地形地质图上的表现

四、地形地质图阅图步骤

1. 阅读图名、图幅代号、比例尺、编制的时间

图名和图幅代号可以说明地形地质图所在的地理位置。比例尺说明实物缩小的程度和地质现象在图上表示的精度。编图时间能说明资料利用的新旧情况。

2. 阅读图例

图例如同一本书的目录，通过阅读图例及地层综合柱状图，可以了解制图地区出露地层及其新老关系。图例一般放在图框的右侧，每个图例为长方形，左边注明地质时代，右方注明岩性，方框内注明地层代号、岩性、断层、节理、产状符号等。

3. 分析图中的地形特征

根据等高线了解山脉的走向和分水岭所在位置，地形最高点、最低点及相对高差等；分析地形特征和地层分布，地貌发育情况及其与地质构造的关系。

4. 分析地质内容

按照从整体到局部，再从局部到整体的原则首先了解图内的地质情况，包括：①地层的分布情况；②地层间整合关系；③地质构造特征；④岩浆岩的分布情况等。

5. 寻找平面图中的剖面位置

和剖面图相对应阅读，了解地质体三维空间的分布和相对关系。

6. 阅读综合柱状图

了解区内地质发展史，阅读时应从底部开始向上阅读。

7. 综合分析

在综合分析的基础上，了解各种地质现象的相互关系。

第二节 地层综合柱状图及岩、煤层对比图

一、井田地层综合柱状图

井田地层综合柱状图，是综合井田内所有勘探工程和井巷工程揭露的及实测剖面的地层资料，将各个岩、煤层以其平均真厚度，按照先后生成顺序自下而上依次绘制成的柱状图（图 9-11）。

井田地层综合柱状图的比例尺，一般为 1∶500 或 1∶1000。主要内容包括：地层的时代、厚度、接触关系和岩性组成，各煤层、标志层、含水层和有益矿层的层位、厚度、层间距，岩浆岩的侵入层位，以及岩性描述等。

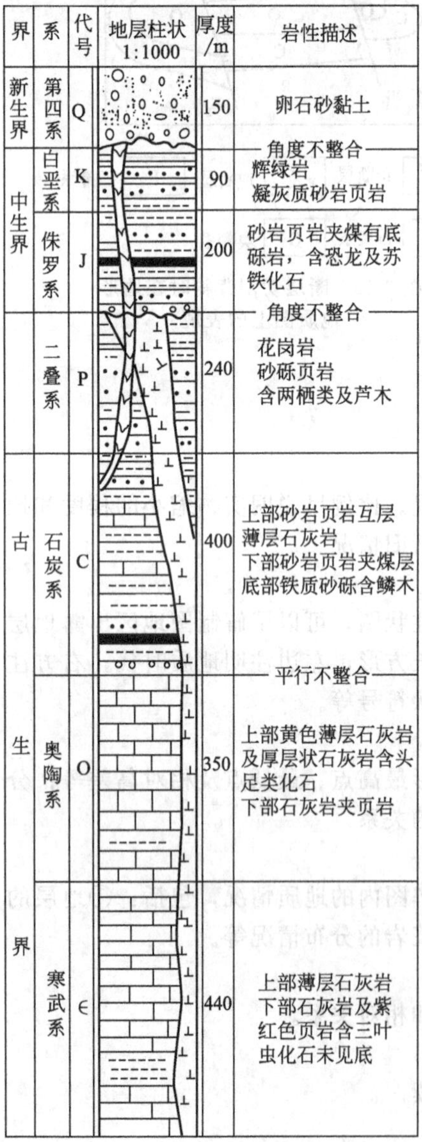

界	系	代号	地层柱状 1:1000	厚度 /m	岩性描述
新生界	第四系	Q		150	卵石砂黏土
					角度不整合
中生界	白垩系	K		90	辉绿岩 凝灰质砂岩页岩
	侏罗系	J		200	砂岩页岩夹煤有底砾岩，含恐龙及苏铁化石
					角度不整合
古生界	二叠系	P		240	花岗岩 砂砾页岩 含两栖类及芦木
	石炭系	C		400	上部砂岩页岩互层 薄层石灰岩 下部砂岩页岩夹煤层 底部铁质砂砾含鳞木
					平行不整合
	奥陶系	O		350	上部黄色薄层石灰岩及厚层状石灰岩含头足类化石 下部石灰岩夹页岩
	寒武系	∈		440	上部薄层石灰岩 下部石灰岩及紫红色页岩含三叶虫化石未见底

图 9-11　地层综合柱状图

通过该图可直观地了解井田内地层和含煤岩系的岩性组成，煤层的层位、厚度、结构、层间距、顶底板岩性及其变化情况等。综合柱状图是矿井开拓设计的必要基础资料，为巷道的部署和施工提供依据。例如，在布置集中运输大巷时，首先要考虑布置在煤层底板，并距主要可采煤层不能太近或太远；其次，还应考虑岩石的性质，最好是布在较坚固稳定且掘进效率较高的厚层、中厚层的砂岩或石灰岩中。这些均需参照综合柱状图确定。

井田地层综合柱状图编制方法如下所述。

1. 绘图的一般步骤

① 按照煤、岩层对比结果，将井田内各勘探工程和井巷工程揭露的及实测剖面测量的属于同一层位的煤层、标志层，进行厚度及层间距的统计，列出各层的厚度和层间距的变化范围（最小值、最大值），并计算出平均厚度。

② 根据层位、平均厚度和层间距，依次绘出各煤层和标志层。

③ 煤层和标志层之间的其他一般岩层的岩性和厚度，按所揭露的大多数情况绘出。

④ 填写地层时代、岩性描述，并标注各种数据。

2. 绘图的注意点

① 厚度较小的煤层或标志层，因受比例尺限制难以画出时，可在岩性柱状图中适当将其厚度放大。

② 煤层有分叉现象时，可从所在层位的一端开始，向另一端绘成分叉的两层，两层间的夹层要绘制相应的岩性。煤层有尖灭现象时，由其所在层位一端开始，向另一端逐渐减薄至消失。

③ 某一标志层由于相变岩性有所改变时，可用“半柱状”表示。例如某标志层由砾岩变为细砂岩时，柱状中该层位的岩性，一半画砾岩，另一半画细砂岩；也可以根据两种岩性在井田内的分布面积（或揭露点数），按比例各画一部分。

④ 当井田内有岩浆侵入时，岩浆岩应从柱状最底部开始，向上绘至侵入的最高层位止；宽度占柱状的1/4～1/5。如岩浆侵入煤层并部分代替煤层层位时，该层也用“半柱状”表示。

二、井田岩、煤层对比图

井田岩、煤层对比图，系将井田内各个勘探工程和井巷工程所揭露的及实测地质剖面的岩、煤层资料，分别绘制成真厚度柱状图，并按一定次序排列起来，然后把同一地层界线、同一煤层、同一标志层用线相连，编绘而成的一种综合地质图件（图9-12）。每个井田范围内，地层的厚度及岩性组成都有变化。每一煤层也常出现增厚、变薄、分叉、尖灭等现象，或者由于地质构造变动影响而重复或缺失，使得在很多情况下，难以判断一个工程点所揭露的各煤层的层位。因此，有必要编制该图，以反映各勘探工程、井巷工程所揭露的地层、煤层和标志层在空间的相互关系及其层位。

井田岩、煤层对比图的比例尺，一般为1∶500或1∶1000。主要内容包括：井田内所有勘探工程、井巷工程和实测剖面的岩、煤层真厚度柱状图；同一地层界线、同一煤层、同一标志层的连线，并标注相应的代号或编号；图的右侧绘有地层综合柱状图。

通过该图可直观地了解井田内各勘探工程、井巷工程所揭露的煤层和标志层，哪些属于同一层及其层位。同时，还能了解每一煤层的厚度、结构、层间距、顶底板岩性，以及它们的空间变化规律。尤其在地质构造复杂、沉积不稳定、煤层层数多且每一煤层自身特点又不明显的井田，此图更为重要。岩、煤层对比图提供的成果，对于判断地质构造具有重要意义，而且还是编制地层综合柱状图、地质剖面图、煤层底板等高线图、水平切面图，以及进行储量计算的基础资料。当井田的地质构造简单、煤层层数少且特点明显容易对比时，也可不编制岩、煤层对比图。

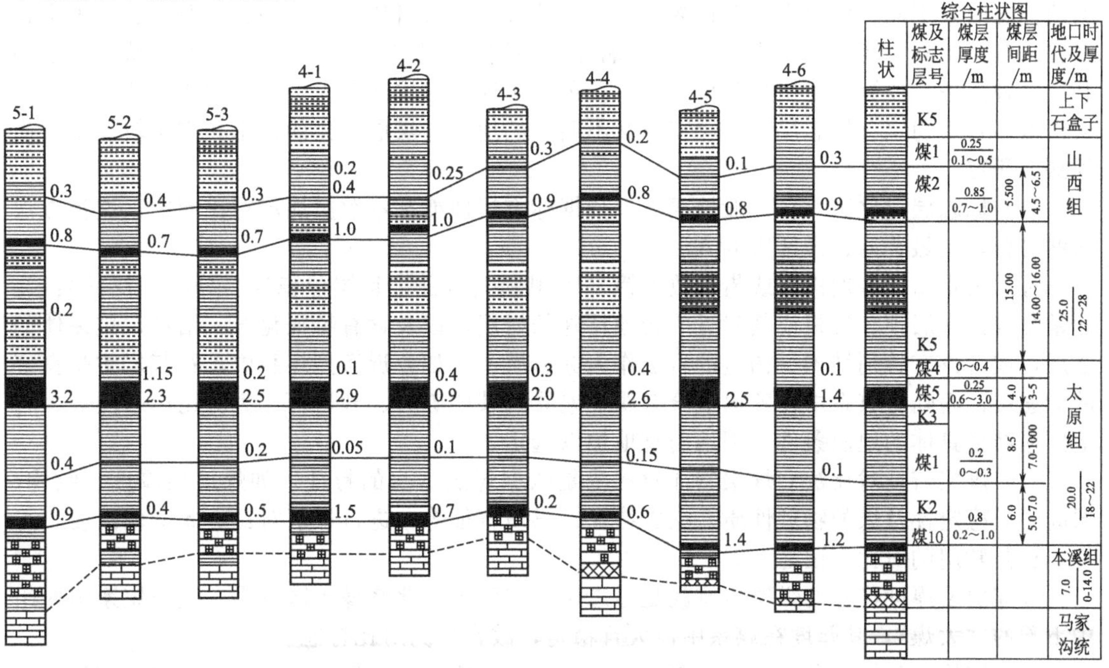

图9-12 井田岩、煤层对比图

1. 井田岩、煤层对比图的编制方法

① 将井田内各个勘探工程和井巷工程所揭露的岩、煤层（一般不包括第四纪松散沉积层），以其真厚度按新老次序绘成柱状图。每一柱状均标注工程编号；煤层的右侧注明真厚度和底板标高，左侧注明夹石层真厚度；在相应的层位标示出具有对比意义的化石、结核、包裹体等。

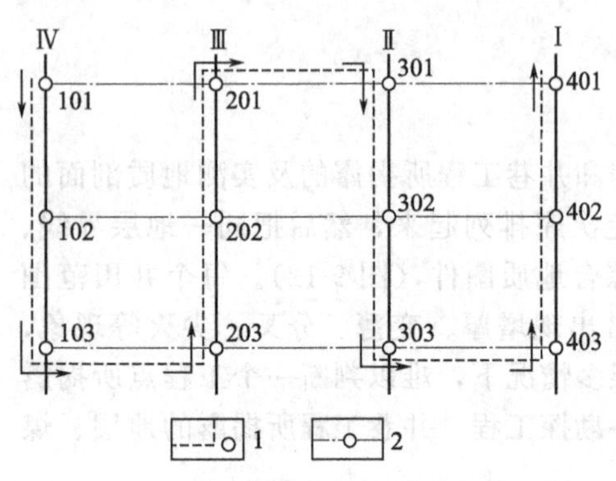

图 9-13　对比图中各柱状排列方式示意
1—倾向排列法；2—走向排列法

② 把各柱状图按一定顺序排列起来。排列方式根据工程分布来确定，有两种形式（图 9-13）：一种是倾向排列法，即由井田一侧开始，沿着地层倾向（勘探线方向）由浅到深排列第一行柱状，再由深到浅排列第二行的柱状，然后由浅至深排列第三行的柱状，依此类推排完所有柱状；另一种是走向排列法，即沿地层走向将工程分别排列成若干行，然后由浅而深依次排列各行上的柱状。在实际工作中，一般多采用第一种排列方式。

③ 选择某一比较稳定的且为大多数勘探工程和井巷工程所穿过的煤层或标志层，作为对比基准层，其层位最好位于煤系中部（参见图 9-12 中的 5 号煤层）。以基准层为水平线，调整好各柱状在对比图中的上下位置。

④ 运用岩、煤层对比方法，对全部柱状进行分析对比，确定每一煤层、标志层的层位。用直线将各柱状中的同一煤层、同一标志层、同一地层界线连接起来（对比可靠者连实线，不可靠者连虚线），并在线上标明煤层、标志层的编号及地层代号。

⑤ 绘制地层综合柱状图。

2. 煤层对比方法简介

岩、煤层对比图中相同层位的连线，是在煤层对比的基础上进行的。煤层对比是指借助于某些标志，确定井田范围内各勘探工程及井巷工程所揭露的煤层的层位。按照煤层对比依据的标志因素不同，对比方法有许多种，常用的有标志层对比法、煤层特征对比法和古生物对比法等；此外，还有相-旋回对比法、地球物理测井对比法、岩矿对比法等。通常，运用其中一种方法，或综合使用某几种方法，便可解决煤层对比问题。但对于地质构造复杂、煤层层数多且不稳定、标志层和煤层特征又不明显的地区，煤层对比的技术和方法较复杂，尚须深入研究。

（1）标志层对比法　在一般情况下，依据标志层即能基本解决煤层对比问题，这种方法简便易行，是最普遍、最常用的方法。

标志层是指那些用肉眼或借助放大镜易于识别其特征，且层位稳定、分布广泛的岩层。通常是选择煤层顶、底板或其附近的岩性特殊的岩层，以及含有特征化石、结核、包裹体的岩层，或者具有特别结构、构造的岩层作为标志层。例如，近海型煤系中，石灰岩常是良好的标志层；内陆型煤系中，碎屑成分有明显差异的某些砾岩、砂岩可作为对比标志层等。各地区应结合具体的地质条件，因地制宜地加以选定。

（2）煤层特征对比法　煤层特征对比法是依据煤层本身的特征，如煤层的厚度、结构、层间距、稳定性及煤的物理性质、煤岩特征、煤质特征等，进行煤层对比。此法较简便、可靠，也是常用的对比方法之一。

厚煤层及厚度稳定的煤层本身就是标志层。如我国河北峰峰矿区石炭二叠纪煤系山西组中下部的“大煤”，其厚度在煤系中最大且稳定，故常作为对比标志。

煤层结构，包括夹矸的层数、厚度、岩性特征及成层情况等，也是对比标志。例如，北京京西大台煤矿的 5 号煤层，含一层厚约 20cm 的稳定矸石层，是确定该煤层的标志；黔西某矿区中煤组的第 20 号煤层，其结构复杂，一般含矸石 3～5 层，俗称“五花炭”，与其他煤层区别明显。

当煤的物理性质特征明显时，同样能够作为对比标志。例如，我国广东连阳煤田的底槽煤，硬度极大，用小铁锤难以击碎，被称为“铁煤”；北京京西杨坨煤矿的 4 号煤层，呈钢灰色，被称做“大白煤”。

井田范围内，往往同一煤层的煤岩成分和特征基本相同，而不同煤层之间又有一定差别。因此根据煤层的宏观煤岩类型及其组合特征，可以进行煤层对比。

依据某些煤质特征，如灰分产率、灰分成分、挥发分产率和全硫含量等进行煤层对比，尤其对低变质烟煤效果较好。

煤层层间距是指上一煤层底界面至下一煤层底界面之间的垂直距离。通常，在一个矿井范围内，特别是近海型煤系，各主要煤层层间距往往变化不大或有规律可循，故其常作为煤层对比的辅助标志。

(3) 古生物对比法　古生物对比法是利用含煤岩系中所含有的各种古生物化石进行煤层对比。它包括动、植物化石对比法和微体古生物对比法。

动、植物化石对比法，是根据动、植物化石的种属、数量、组合关系，以及生物活动遗迹等特征，进行煤层对比，这也是一种较常用的方法。例如北京京西煤窝井田早侏罗世煤系，第 7 号煤层与第 8 号煤层之间含大量植物化石，主要属种为威廉逊似托第蕨（*Todites williamsoni*），坚直线银杏（*Czekanowskia rigida*），锥叶蕨（*Comopteris*）等。

微体古生物对比法，系利用微体古动物化石和微体古植物（如孢子、花粉）对比煤层。目前在矿井地质工作中很少使用。

相-旋回对比法，是通过研究、划分含煤岩系的相-旋回进行煤层对比。此外，地球物理测井对比法，系利用测井曲线的峰值、形态等特征对比煤层。岩矿对比法，是通过对含煤岩系中的某些岩层进行室内矿岩鉴定、重矿物分析等，找出在矿物成分和重矿物组合等方面的特征，用来进行煤层对比。

第三节 地质剖面图

一、地质剖面图的概念及用途

所谓地质剖面图，是指沿铅垂方向，将大地切开，反映切开断面上岩层及构造形态的图件（图 9-13），其中沿岩层走向切的剖面叫纵向剖面，沿岩层倾向切的剖面叫横向剖面。

由于横向剖面反应构造形态最清楚，因此地质上讲的剖面图一般是指横向剖面图。生产矿井一般是沿勘探线或主要巷道轴线方向编绘地质剖面图，以反映煤层的构造形态及其与井巷工程之间的关系。剖面图是分析地质构造，编制其他综合地质图件，进行采掘设计，确定煤柱留设和布置矿井地质勘探的基础资料。

地质剖面图的主要内容包括：剖面切过的地形、地物、经纬线、水平标高线；地层界线、断层、岩浆岩侵入体、喀斯特陷落柱；煤层、标志层及其名称和编号，其他有益矿层；

勘探工程，并注明钻孔编号、孔口标高、终孔深度、煤层及夹矸厚度；小窑、生产矿井井筒、井巷工程、采空区、井田边界、保安煤柱线及开采水平高程线（图 9-14）。地质剖面图应注明剖面线方向、比例尺、图例和图签。

地质剖面图的用途在于它能直接反映研究区构造特征和煤层赋存情况、地质体的空间特征，反映对煤层和构造的控制和研究程度，为生产设计及实施勘探工程提供依据，同时它也是编制其他地质图件的基础。矿井勘探及生产过程中的地形地质图、煤层底板等高线图、水平切面图等一般均根据地质剖面图来编制。

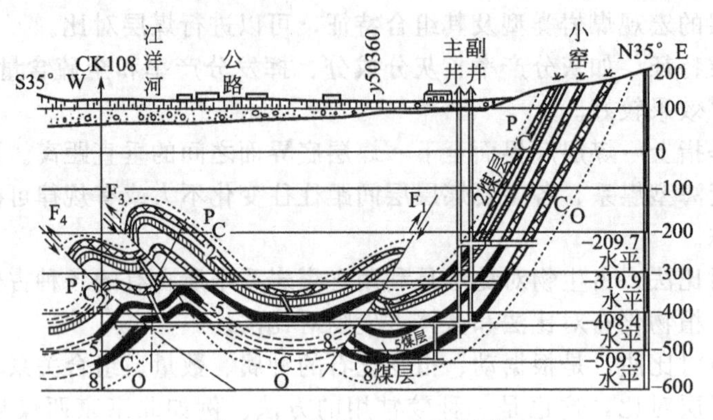

图 9-14　某矿矿井地质剖面

二、地质剖面图的编制方法

1. 利用钻孔资料编制地质剖面图

(1) 确定编图的比例尺、图幅大小、剖面方向

① 比例尺。一般用于编制地质图件的地质剖面图，比例尺应较地形地质图件的比例尺大一倍左右。

② 图幅一般为煤系地层倾向的控制宽度。

③ 剖面方向　一般确定剖面方向是以 0°～180°为右，180°～360°为左。

(2) 编制水平标高线　水平标高距一般是根据岩层倾角大小及编图比例尺确定的。岩层倾角平缓，则选定的标高距小；岩层倾角大，则选定的标高距大。水平标高距的上下标高值取决于地面标高的勘探深度。水平标高线要求绘制精确，并在每条线的两端注明标高数值。

(3) 投放工程点　以剖面线所切的某条经纬线或准线为基准，将剖面所切过的工程点全部投放到剖面的相应位置上，在平面图上量取其与基准点的相应位置，临近剖面线的工程一般按走向投影法投到剖面上，并用虚线表示工程，以示区别（图 9-15），歪斜钻孔要经校正后投绘到剖面图上。

(4) 绘出剖面地形线　剖面地形线一般是地质剖面所切地表的实际高程点的连线。对于地质剖面切过的地面建筑物及构筑物等要按统一的编图要求绘制。

(5) 绘制剖面上的各勘探工程　各种勘探工程在图上的深度（钻孔和探井）或长度（探槽）按规定的比例尺绘制；工程类型按图例符号表示，如钻孔以宽度为 6mm 简易柱状表示，并在钻孔柱状内以视倾角画出煤层底板线、地层分界线、标志层及断层线等。

(6) 分析连线　通过对比，确定各工程所控制的煤岩层层位；根据剖面所处的构造形态，确定地层倾向，把各工程中相同的层位点用圆滑的曲线连接起来。一般连线次序为：先连基岩界面线再连断层线，最后连地层线和煤层底板线。

① 基岩界面线连接。在有新地层覆盖的地区，应勾画基岩面界线。其方法是连接剖面上各工程所揭露的新地层底界点，并向两端推延。

② 断层线的确定。找到剖面图上勘探工程所揭露的断层点，利用平面图上断层走向与剖面走向的夹角求出断层在剖面上的视倾角，即可在剖面上划出，或利用剖面上同一断层的两个以上的控制点直接连线即可。

③ 地层、煤层及标志层的连线。先连同一断盘或同一翼上有两个点以上的工程控制点的相同层位，再按层间距连接或推出其他煤岩层层位。

(7) 绘制图面其他内容　主要有图签、图名、比例尺、剖面方向、工程编号、煤层编号(包括煤层底板深度、真厚度)、地层代号及断层编号等。

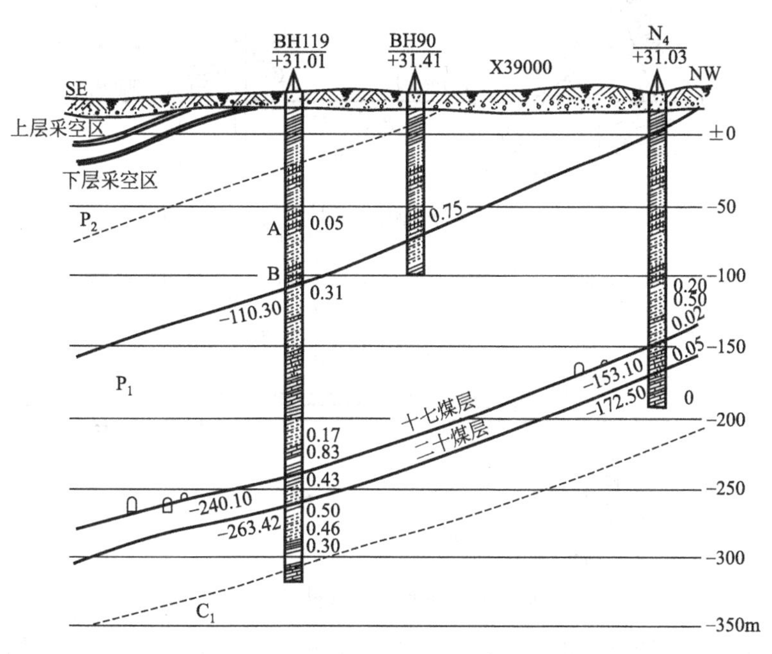

图 9-15　中夹采区 A—A'剖面

2. 利用井巷实际资料编制地质剖面图

在矿井生产过程中，开掘的主要石门或上、下山常要编制地质剖面图。其目的是：一方面，在石门或上、下山设计与施工之前，便于沿着拟定的剖面方向有针对性地布置补充勘探工程，查明巷道轴线方向上的地质情况，指导巷道的设计与施工；另一方面，在石门或上、下山施工后，可利用巷道资料来修改矿井地质剖面图，提高精度，其方法与前述大同小异。以下用一实例说明主要应注意的几个方面。

(1) 比例尺的确定　生产矿井地质剖面图的比例尺主要取决于生产的需要和地质条件的复杂程度，一般应大于或等于与之配套的平面图的比例尺。全矿井的地质剖面图通常采用比例尺为 1∶2000；构造简单，煤层稳定时，可采用 1∶5000；构造复杂，煤层不稳定时，可采用 1∶1000。

(2) 钻孔的投绘　以石门或上、下山剖面轴线编制的剖面图，为了增加编图资料，对不在剖面线上但又邻近剖面线的钻孔（距剖面线一般垂距小于 15m)，可采用两种方法投绘：一种是垂直投绘法，即在平面图上，过钻孔中心点向剖面线作垂线，其垂足就是所投绘的钻孔位置；另一种是走向投影法，即在平面图上，根据钻孔附近的煤岩层产状，过钻孔中心点作平行煤岩层走向的延长线，该线与剖面线的交点，即为被投绘的钻孔位置。由于垂直投绘法对岩层标高歪曲较大，因此在有准确岩层产状的情况下，一般应采用走向投绘法。经投绘的钻孔，其开孔标高常与地质剖面不一致，应按实际孔口标高用虚线表示在剖面图上，以便与剖面线上的钻孔相区别。

(3) 投绘巷道剖面　剖面线所切过的井巷工程，应按它在剖面线上的位置和标高投绘到剖面图上。当剖面切过的巷道部位未注明标高时，可根据附近测点标高进行内插估算，或在巷道实测剖面图上量算。

剖面图原则上只绘剖面切过的巷道，如果因生产和设计需要也可将平面上待投巷道中的各个测点向剖面线作垂线，求得与剖面线的交点，按其位置和标高投绘到剖面图上，用虚线连接起来，便是该巷道在剖面图上的投影。如图 9-16 中的二上山。

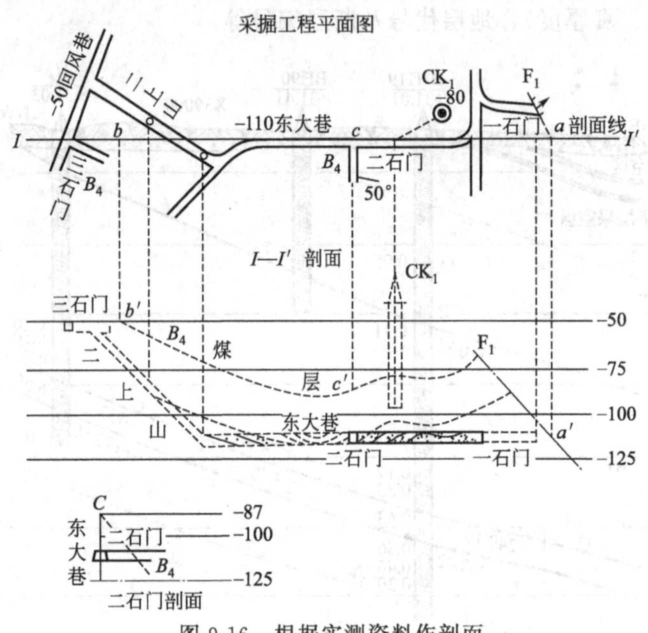

图 9-16　根据实测资料作剖面

(4) 投绘煤层和构造点　剖面线实切的煤层和构造点，可按它的位置、标高、倾角和倾向直接填绘在剖面图上。当需要利用剖面线附近的构造和煤岩层资料时，可采用走向延长法和辅助剖面法投绘。

走向延长法是将平面图上的煤层和断层按其走向延长，求出走向延长线与剖面线的交点，并把交点按位置和标高投绘到剖面图上。如图 9-16 所示，一石门中的 F_1 断层和三石门中的 B_4 煤层按走向延长与剖面线交于 a 和 b 点，以 a 点标高为－110m，b 点标高为－50m，投绘到剖面图中为 a' 和 b' 点。

辅助剖面法是通过绘制与剖面线方向相交的辅助剖面图，从图上求出剖面线与辅助剖面线交点处的煤层底板标高，并把交点投绘到剖面图中。如图 9-16 所示二石门中的 B_4 煤层因其走向与剖面线近于平行，故不能采用走向延长法。这时可以通过绘制沿二石门的辅助剖面图，从图上求出剖面线与辅助剖面线交点 c 处的 B_4 煤层底板标高，投绘到剖面图中的 c' 点。

(5) 对比连线　投绘实际地质资料是编制剖面图的基础，而对比连接煤层、标志层、地层和断层则是编制剖面图的关键。为此，必须深入分析构造和仔细对比煤岩层。

三、各种地质现象在地质剖面图上的表现

1. 单斜岩层

单斜岩层在地质剖面图上为一组倾斜的岩层线（岩层面与剖面的交线），其倾角大小与

岩层的真倾角大小及岩层走向与剖面走向的夹角有关。当岩层走向与剖面走向垂直时，剖面图中岩层线与剖面水平线的夹角为岩层的真倾角；当岩层走向与剖面线走向平行时，剖面图上的岩层线为一组平行于剖面的水平线（图 9-17）；当岩层走向与剖面线斜交时，剖面图上岩层的倾危为视倾角。

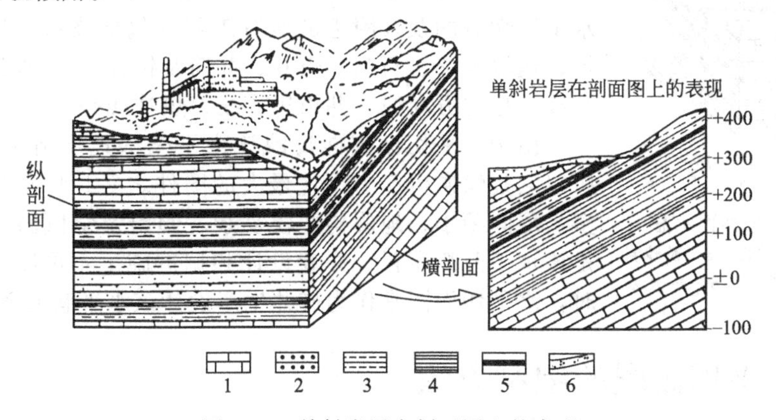

图 9-17 单斜岩层在剖面图上的表现

1—石灰岩；2—砂岩；3—粉砂岩；4—页岩；5—煤层；6—冲积层

2. 褶曲

在斜交褶曲轴线的剖面上，向斜表现为岩层向下凹，背斜向上凸；而在平行褶曲轴线的剖面图上，岩层为一组平行线（图 9-18）。

3. 断层

断层在地质剖面图表现为地层不连续，在图上用断层面与剖面的交线表示断层。正断层表现为上盘下降［图 9-19（a）］，逆断层为上盘上升［图 9-19（b）］。由于剖面走向不一定与断层走向垂直，因此剖面图上的断层倾角一般为视倾角。为了在剖面图上能了解断层的产状，图上要表示断层的倾向、倾角和落差。

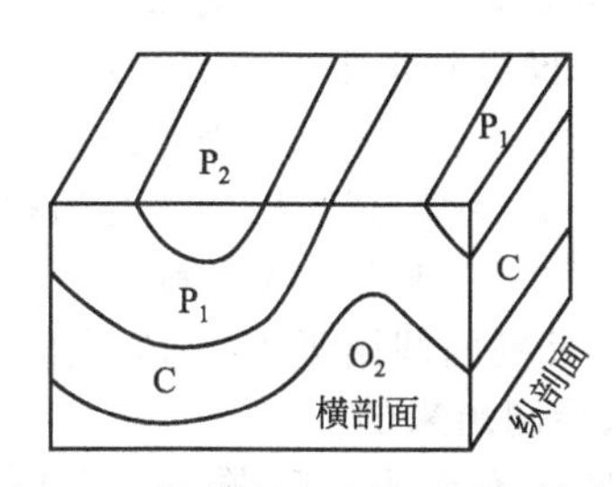

图 9-18 褶曲在地质剖面图上的表现

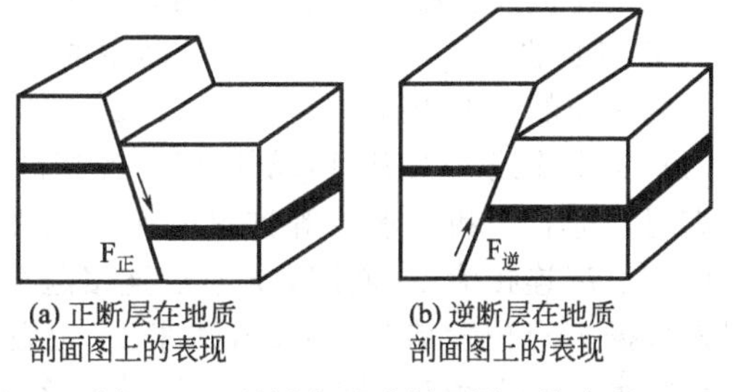

图 9-19 断层在地质剖面图上的表现

第四节 水平切面图

一、水平切面图的概念、内容及用途

反映某一水平地质情况和井巷工程的图件，称之为水平切面图（图 9-20）。在煤矿生产

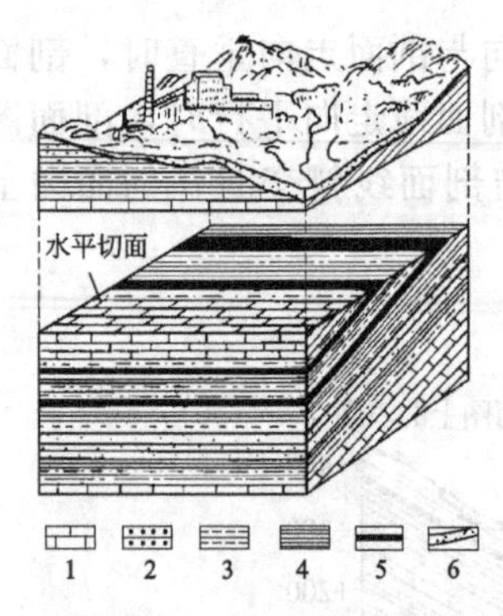

图 9-20　水平切面示意
1—石灰岩；2—砂岩；3—粉砂岩；4—页岩；5—煤层；6—冲积层

中，水平切面图是沿某一开采水平进行编制的。

图上要反映该水平所切过的各煤层、标志层、含水层、地层界线、断层的迹线、煤层的厚度及产状、褶曲轴线、岩浆岩在该水平的分布范围、水平面切过的喀斯特陷落柱边界线、该水平所切过的及其附近的所有工程（包括该水平切过的井底车场、运输大巷、石门、煤巷、井筒及钻孔等）、地质剖面线、经纬线、指北方向线、井田边界线、煤柱线等。

由于水平切面图能反映该水平全部地质情况及井巷工程，所以它是煤矿生产中用途最大的图件之一。特别是在煤层层数多、层间距小、地质构造较复杂、倾斜及急倾斜煤层地区，它是该水平开拓布置、井巷设计和掘进施工不可缺少的图件。同时，水平切面图常作为矿井生产设计该水平巷道系统的底图。

二、水平切面图的编制方法

1. 利用地质剖面图编制水平切面图

（1）确定图件比例尺　一般水平切面图的比例尺应小于地质剖面图的比例尺，煤矿生产过程中最常用的比例尺是 1∶5000 及 1∶10000，对于构造较复杂的小型井田有时采用 1∶2000 的图件。

（2）确定编图水平高程　根据设计的水平标高，在地质剖面图上绘制水平高程。有两种情况：一是根据开采水平巷道的实际坡角或设计坡角推算出各条剖面所在位置的开采水平标高，并把推算出来的标高，用水平标高线绘在该剖面图上；另一种情况是根据开采水平，用固定标高绘水平高程线。如图 9-21（a）中Ⅰ、Ⅱ、Ⅲ剖面图中的－315m 高程线。

（3）投绘地质点　将水平高程线与剖面图上的各煤层、标志层及断层等交点，以经纬线为准线，按比例尺投绘到水平切面图相应的剖面线上去，如图 9-21（a）Ⅰ剖面中的 a、b、c、d；Ⅱ剖面的 e、f、g、h；Ⅲ剖面中的 i、j、k、l 等点投影到水平切面图 9-21（b）的各剖面线相应的位置得盘 a'、b'、c'、d'、e'、f'、g'、h'、i'、j'、k'、l'等点。

（4）对比连线　先把相邻剖面线上的相同构造线连接起来，然后把断层同一盘的相同层位的煤层、标志层和含水层等连接起来。连图时还要充分考虑实测的产状资料。如图 9-21（b）中 c'、h'连接为 F_7 断层，e'、k'连接起来为 F_8 断层。Ⅲ剖面线附近 F_8、F_9 之间的 B_4 煤层是根据 j'点位置结合－315m 水平 F_8 上盘 B_4 煤层产状绘制出来的。

编制水平切面图过程中，在对比连接各种地质界线时，还有几个问题需要专门加以说明。

① 断层两侧煤层的连接方法。如图 9-22 所示，要求根据 I-I'剖面和 II-II'剖面绘制－200m 水平切面图。首先将上述两剖面图中－200m 标高线与煤层和断层的交点投影到水平切面图上，然后把相邻剖面线断层同一盘的相同煤层连接起来。

但是，有时会出现这样的问题，即断层上盘煤层和下盘煤层，都只有一个投影点，如何从这一点连至断层，需要采取以下作法：把图 9-22 I-I'剖面图中 V_1 煤层与 F_2 断层的交点 A 投影到水平切面图上得 A'点，II—II'剖面图上 F_2 断层同一盘 V_1 煤层与 F_2 断层交点 B 投到水平切面图上得 B'点。连接 A'、B'线，$A'B'$就是断层上盘断煤交线在水平切面图上的投影线。$A'B'$线与断层 F_2 走向的交点 V_1'即为该断层上盘 V_1 煤层的具体位置。因为 V'在断煤交线的投影线上，所以此点必然是 V_1 煤层与断层的交点；由于 V_1'又在－200 水平切面图 F_2 的断层迹线上，所以此点 V_1 煤层的标高必然是－200m。因此，连接 V_1V_1'线，便是

断层上盘的 V_1 煤层；同理可求出断层下盘的 V_2 煤层连到断层线的具体位置。

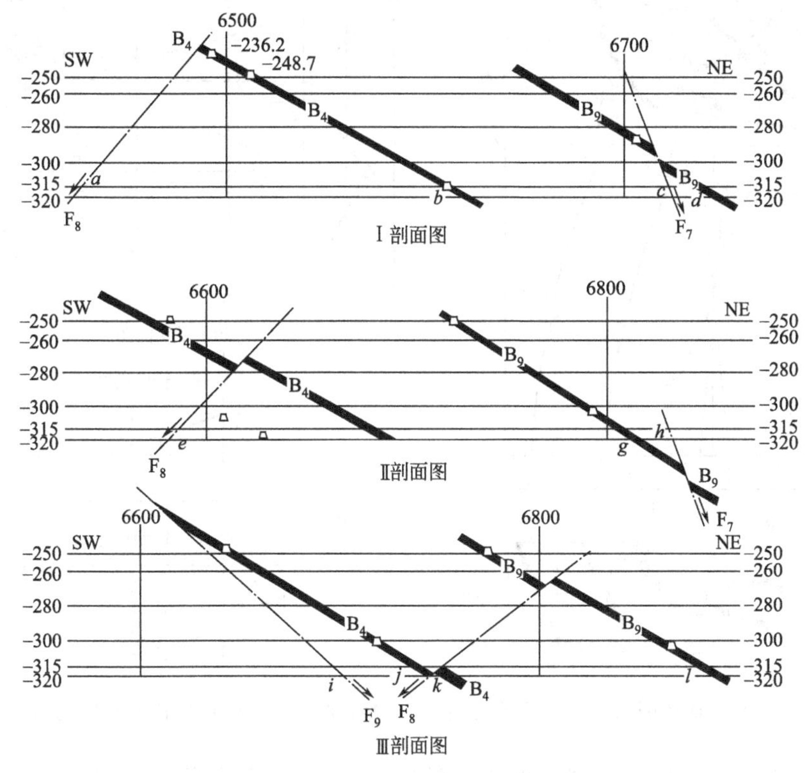

图 9-21（a） 淮南某矿Ⅰ、Ⅱ、Ⅲ剖面图

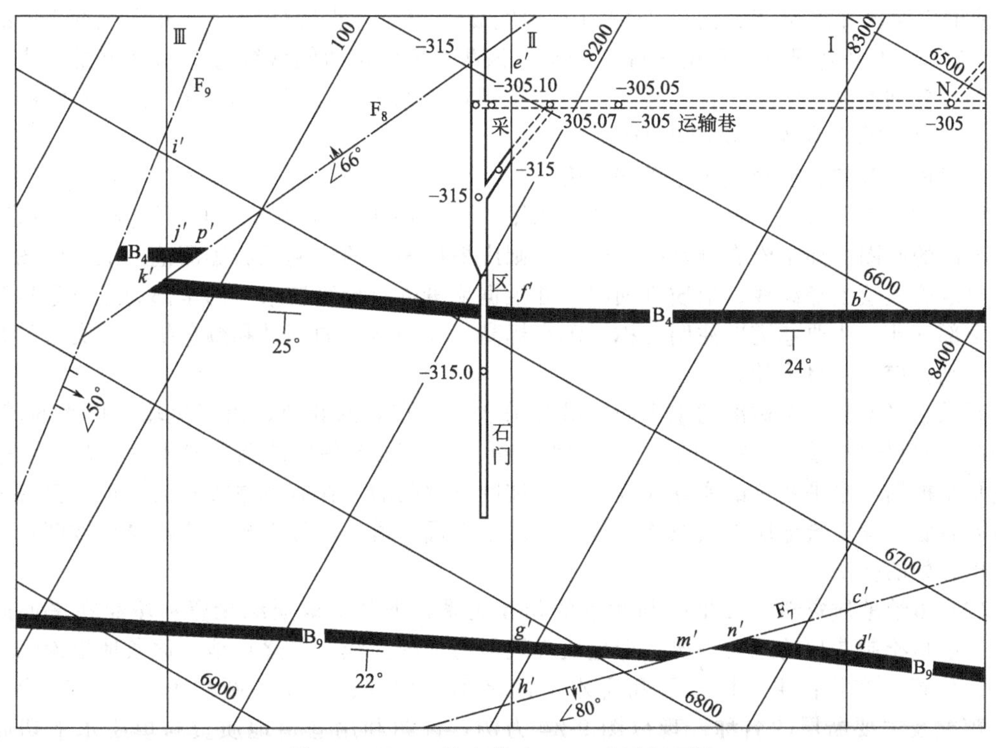

图 9-21（b） 淮南某矿−315 水平切面图

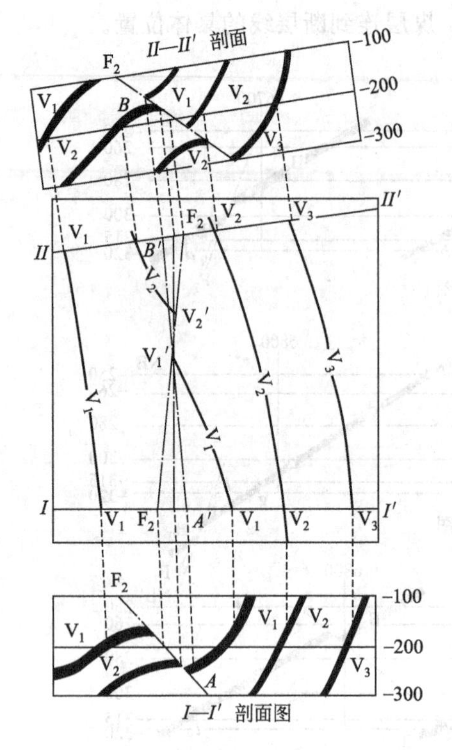

图 9-22　水平切面图断层两侧煤层的连接

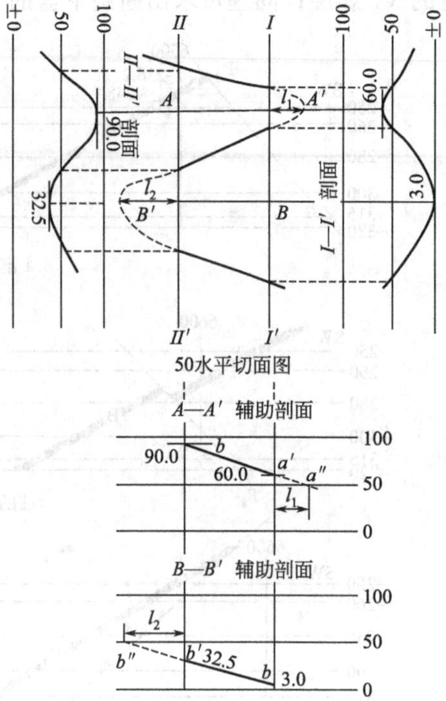

图 9-23　水平切面图褶曲转折端的绘制

② 褶曲转折端的绘制。编制水平切面图时，对于褶曲转折端，一般需要沿褶曲轴作辅助剖面，求出枢纽倾伏线与水平面的交点。图 9-23 中沿背斜轴作 AA'辅助剖面，沿向斜作 BB'辅助剖面，并求出背、向斜的枢纽倾伏线 aa'、bb'，然后分别向下和向上延长 aa'和 bb'，与 50m 水平高程线分别相交得 a''和 b''，该两点即为枢纽倾伏线与 50m 水平的交点。量出该两点到剖面线的距离 $l_1 l_2$，按此距离在水平切面图上确定 A'、B'点，再用平滑曲线过 A'、B'点把褶曲转折端连接起来即可。

2. 根据井巷实测资料编制水平切面图

（1）准备底图及编图资料　已开拓的水平，可利用矿山测量部门测绘的分水平巷道图，作为编图的底图。如果没有分水平巷道图，则应根据编图的比例尺和编图范围准备底图。底图上要准确地绘上经纬线、地质剖面线，并根据测量资料投绘该水平的全部巷道及穿过该水平的全部钻孔。主要巷道应注明名称、测点标高，并用规定的符号和颜色把不同类型的巷道加以区别，使之一目了然。

开采水平不是一个标准的水平面。沿开采水平所布置的巷道，由于运输、排水的需要，从井口向两翼保持着 4‰左右的坡度，因此，同一开采水平各处的高程是不一样的。水平切面图常是根据该水平巷道的实际坡度或设计坡度来编制的。在有测量资料的巷道，应统一按巷顶或巷底高程填绘地层界线及构造位置；对于未掘巷道的设计部分，应按设计坡度，分别计算出各处的标高。

（2）填绘地质资料　按坐标与测点的相互关系，把井下地质编录资料填绘在平面底图上，一般是绘制巷顶的地质情况，即地质界线与巷顶的交线。要逐点地、逐条地填绘煤层的名称、位置、产状；主要标志层和含水层的名称、位置、产状；断层的位置、产状、性质、落差及主要断层的名称；现以图 9-24 为例，说明利用巷道地质资料填绘水平切面图的方法。

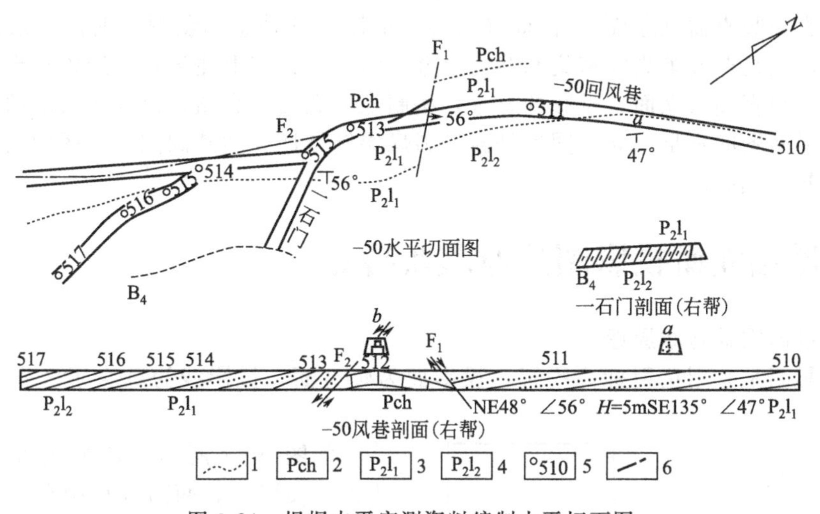

图 9-24 根据水平实测资料编制水平切面图

1—地层界线；2—栖霞阶；3—官山段；4—老山段；5—测点及编号；6—煤层

① 填绘风巷中的地层和断层。根据巷道实测剖面图和断面图，按走向填绘地层界线、断层面与巷顶的交线。图中测点 510 到 511 这段巷道，右帮（北帮）为官山砂岩，从 *a* 点迎头断面图上，可以看到官山段（P_1l_1）与老山段（P_2l_2）地层界线在巷顶通过，这时可依据断面所在位置和巷顶地层界线点离左右帮的距离，把地层界线点标在水平切面图上，并把附近实测产状标在 *a* 点附近。在测点 515 附近，实测剖面图中的官山段和老山段的界线与巷顶的交点，可根据与附近测点的距离标定在水平切面图上。同样的方法，利用实测剖面图和断面图把 F_1、F_2 断层填绘在水平切面图上，并按断层走向作出断层迹线。

② 填绘一石门中的地层和煤层。在石门右帮实测地质剖面图中有官山段（P_2l_1）与老山段（P_2l_2）的界线，有 B_4 煤层顶、底板的界线，应该把它们与巷顶的交点填在图上，并按附近实测产状作适当延展。

③ 分析对比、连接地质界线。在填好实际材料的底图上，细致地对比煤岩层和分析其构造，根据实测产状，连接煤层、标志层、含水层、地层分界线及各种构造线。

三、各种地质现象在水平切面图上的表现

各种地质现象在水平切面图上的表现与在地形平坦的地形地质图上的表现相似，详见本章第一节。

第五节 煤层立面投影图

一、煤层立面投影图的概念、内容及用途

煤层立面投影图与底板等高线图一样属投影图，它是将煤层底板高程线、断煤交线、井

巷工程等投影到竖直面（立面），因此又简称立面图。开采急倾斜煤层时因煤层陡立，采用平面投影时，往往造成等高线密集和巷道重叠，给识图、图上注记及填绘资料带来困难，所以必须借助于竖直面（立面）投影的方法，编制煤层立面投影图，以反映煤层的构造及开采情况，弥补平面图的不足。立面图也是急倾斜煤层储量计算的基础图件。图中内容与煤层底板等高线图基本相同。

二、煤层立面投影图的原理及特点

1. 立面投影图的基本原理

立面投影图是采用正射标高投影，投影面为竖直面，投影线为垂直于竖直面的一组水平线。

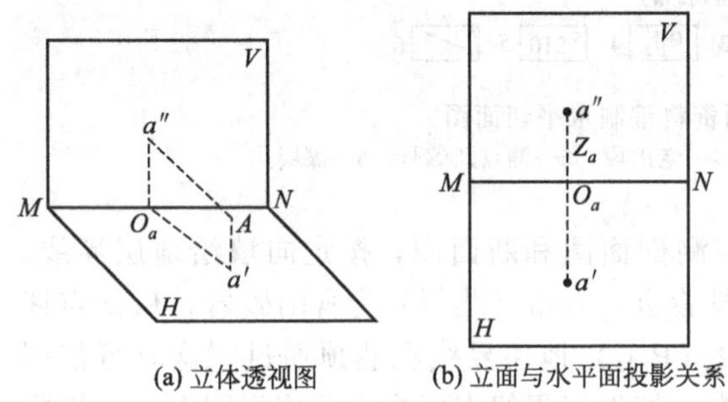

图 9-25　两面投影示意

如图 9-25 所示，V 为竖直投影面，H 为水平投影面，两面垂直相交，其交线 MN 为投影轴。空间任一点 A，由 A 点向 H 面和 V 面作垂线，与 H 面的交点 a' 为 A 点的水平面投影，与 V 面的交点 a'' 为 A 点竖直投影。为了便于绘图和度量，将 V 面绕 MN 轴旋转到水平位置，把立体示意图转变为两面投影图。

由几何关系证明：$a'a'' \perp MN$，$Aa' = a''O_a = Z_a$（A 点距水平的高程）。因此，只要已知 A 点的水平面投影 a' 和 A 点的标高 Z_a，即可绘出 A 点的竖直面投影 a''。具体绘图步骤如下所述。

（1）在水平面图上，由 a' 点作 MN 的垂线，交 MN 于 O_a 点。

（2）在竖直面图上，过 O_a 点作 MN 的垂线，在垂线上截取 Z_a 得 a'' 点，a'' 即为 A 点的竖直面投影。

2. 煤层立面投影图的特点

煤层立面投影图与煤层底板等高线图表示的内容、采用的比例尺及用途基本相同，但是，由于投影面不同，煤层立面投影图具有如下特点。

① 在煤层立面投影图上，煤层走向线均为水平直线，不能反映煤层沿走向和倾向的产状变化。

② 在煤层立面投影图上，断层一般由两条断煤交线表示，只有当断层面垂直于投影轴或煤层走向时，两条断煤交线的投影才会重合为一。另外，煤层立面投影图不能反映断层的产状及断距大小。

③ 在煤层立面投影图上，没有经纬线和指北线，但应标明竖直投影面的走向方位。

三、煤层立面投影图的编制方法

煤层立面投影图以采掘工程立面投影图为底图。在生产矿井，煤层立面投影图的编图资料一般来自于煤层平面投影图、水平切面图和垂直投影轴的地质剖面图。现以图 9-26 为例，介绍根据地质剖面图编制煤层立面投影图的方法和步骤。

1. 确定投影轴的方向和标高

煤层立面投影图的竖直投影面应该与编图地区的构造线或煤层走向线总体平行。由于投影轴为竖直投影面上的一条走向线，因此投影轴的方向也应平行于编图范围的煤层总体走向。这样选取投影面和投影轴，可使煤层沿走向方向的投影长度基本保持一致。此外，投影轴的标高应低于编图范围内煤层的最低标高，以便用投影轴分开平面投影图和立面投影图。

2. 绘制水平标高线

根据已确定的投影轴标高、地质剖面图上等高线的间距以及立面投影图的比例尺，绘制煤层立面投影图的水平标高线。

3. 投绘各种地质点

采用垂直投影轴的地质剖面图编绘立面投影图时，首先应在立面投影图上标出剖面图的投影线。然后将剖面图上的各种地质点，按其标高逐个投影到立面投影图上对应的剖面投影线上。不垂直于投影轴的地质剖面图，因其在立面投影图上的投影不是一条易于确定的直线，而是一个面，故不能直接用来编制立面投影图。

4. 连接各种地质界线

对投影到立面投影图上的各种地质点，应通过分析和对比，将断煤交线、褶曲枢纽线、煤层露头线、煤层风氧化界线和可采边界线等合理连接起来。

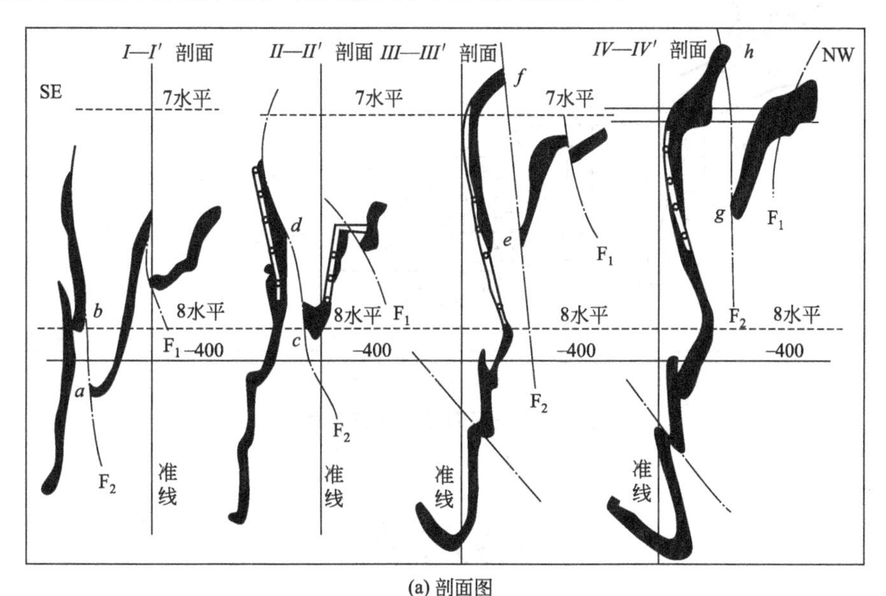

(a) 剖面图

(b) 平面投影图

图 9-26

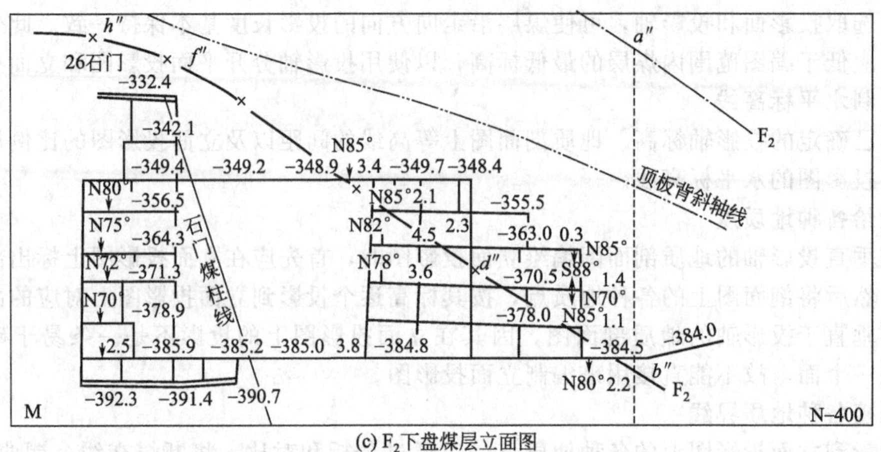

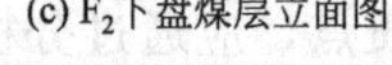
(c) F_2下盘煤层立面图

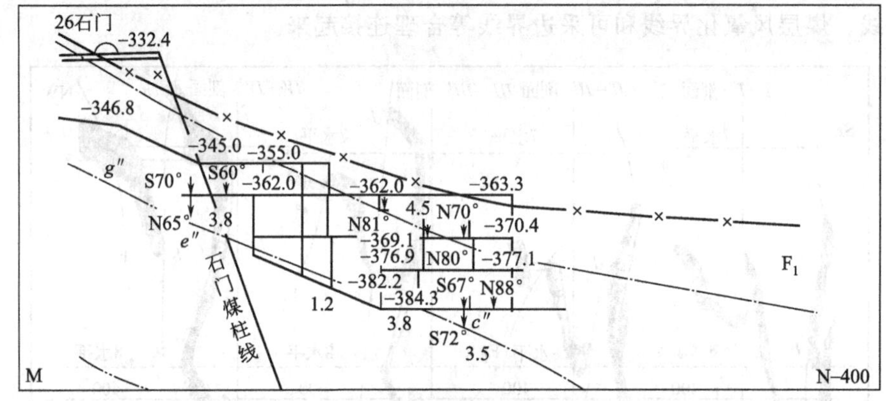

(d) F_2上盘煤层立面图

图 9-26　根据剖面图编制立面图

第六节　煤层底板等高线图

一、煤层底板等高线图的概念、内容及用途

煤层底板等高线图是反映某一煤层空间形态特征的图件。它是利用煤层底板等高线（底板相同标高点的连线）来表示煤层在空间的起伏及断裂情况。它可以帮助我们了解煤层层面的立体概念，掌握煤层产状变化和地质构造变化，是煤矿生产中最重要的图件之一。一般生产矿井，特别是倾斜和缓倾斜煤层矿井都必须编制这种图件。

煤层底板等高线图一般采用的比例尺为 1：10000 或 1：5000。构造复杂的井田、井型较小的矿井及反映一个采区或采面的煤层底板等高线图，图件中主要包括：地面河流、铁路、主要地物（如工业广场、居民点、高压线路）、地形等高线、煤层露头线，煤层风氧化带界线，煤层分叉界线，岩浆岩侵入界线，陷落柱界线，古河床冲刷煤层的界线，煤层底板等高线，断层与煤层的交线及断层的编号、倾角和落差，褶曲枢纽线、穿过编图煤层的全部井上下钻孔、勘探线及编号、生产矿井的巷道、老窑及采空区范围、井筒（主、副、风井）的位置、井下回采工作面范围及编号、回采进度界线及探煤点煤厚、经纬线、井田边界线、见煤钻孔小柱状，其中包括见煤点煤层底板标高和煤层厚度及夹矸厚度（均以真厚度表示）、煤质主要指标（A_g、V_r、Y_{mm}、S^r）、储量分级线、块段界线及编号、储量计算块段表（包括块段内平均倾角、平均厚度、储量级别及储量）等。

煤层底板等高线图是煤矿井巷布置、编制生产计划、安排采掘生产的重要依据；是分析地质构造规律、布置生产勘探、进行储量计算的基础图件；同时，编制煤层顶板岩性分布图、瓦斯地质图等分析图件，均以其为底图进行编制。

二、煤层底板等高线图的编制原理及方法

1. 原理

煤系地层形成之后，由于受构造变动的影响，夹在地层中的煤层层面，包括顶面和底面，大多数为一空间曲面。在勘探及矿井生产中，一般可根据钻孔孔口标高及煤层深度资料或井上、井下测量获得煤层底面各点的标高，如果把标高相同的点连接起来，就构成一条等高线，而每隔一定高度，如 50m、100m、150m……各选取一条等高线，按垂直投影法投影到水平面上，并按一定比例尺编制成平面图，就形成了煤层底板等高线图（图 9-27）。当出现断层时，为了反映断层情况，除要将等高线投影到平面图上外，还要将煤层和断层的交面线投影到平面上。

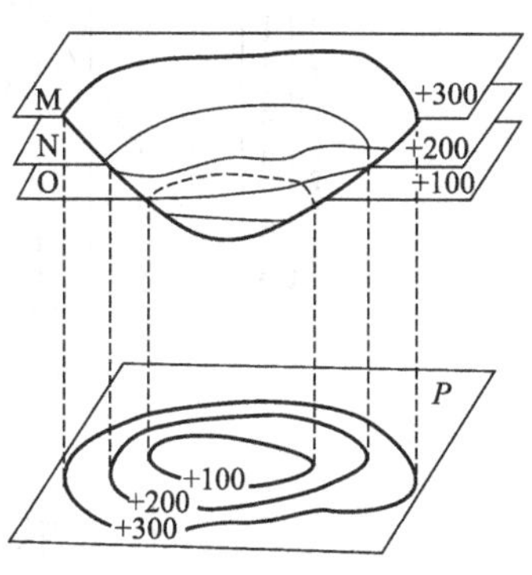

图 9-27　煤层底板平面投影示意

2. 编制方法

（1）利用地质剖面图编制煤层底板等高线图

① 打方格网并注明经纬线。按煤层露头大致走向确定指北基线（露头走向与成图的长边一致）。

② 投放钻探工程及井巷工程。

③ 确定剖面线。矿井地质剖面编图方向一般垂直煤层走向，钻探工程一般在剖面线上布置。

④ 以经纬线或准线作为基准线（图 9-28），把每个剖面上煤层底板与各标高线交点的 a、b、c、d…各点对应地投影到剖面线上（a'、b'、c'、d'…），然后将相邻各相同标高点用圆滑线连接，即为煤层底板等高线。

⑤ 如剖面上有断层，需先连断煤交线。方法是将上下盘断失点（$F_{上}$、$F_{下}$）分别对应地投影到剖面线上（$F'_{上}$、$F'_{下}$），上盘断煤交点相连得上盘断煤交线，下盘断煤交点相连得下盘断煤交线。

（2）插入法　此方法在生产矿井运用较多，具体方法如下所述。

① 分析煤层标高点的分布特点。在已填绘实际资料的采掘工程平面底图上，分析煤层底板各标高点在平面图上的分布特点并找出最大值和最小值，结合已掘的巷道分布情况，粗略地判断出编图范围内的构造轮廓，标出褶曲轴的大致方向及位置。

② 连三角网。先根据标高点分布情况判断构造形态，然后将同一构造单元上相邻的点相连，就形成许多三角网。煤层形态在大面积内虽然是曲面，但每个小三角网则可近似地作为平面看待。在连三角网时要特别慎重，不能将距离较远的两点相连，以避免穿越褶曲翼或断层两盘，而歪曲构造形态，失去煤层形态的真实性。

③ 内插标高点、连煤层等高线。根据煤层底板等高线图的比例尺，按所需要的等高线距，找出相应等高线应通过的点，然后将图面上相同标高的点，按合理的顺序连成圆滑曲

线，即为煤层底板等高线（图 9-29）。连等高线时要注意煤层走向的变化，防止漏掉断层。

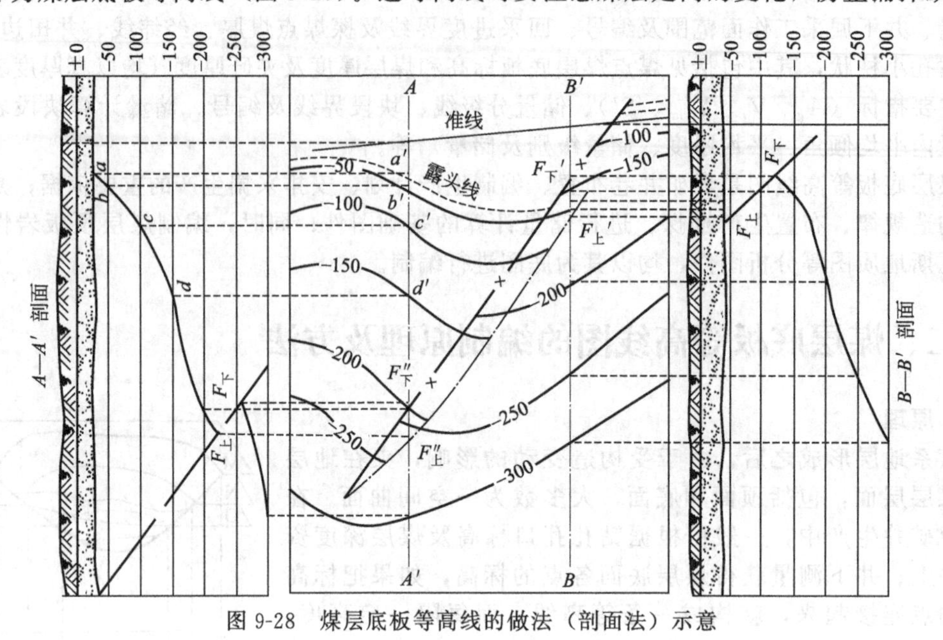

图 9-28　煤层底板等高线的做法（剖面法）示意

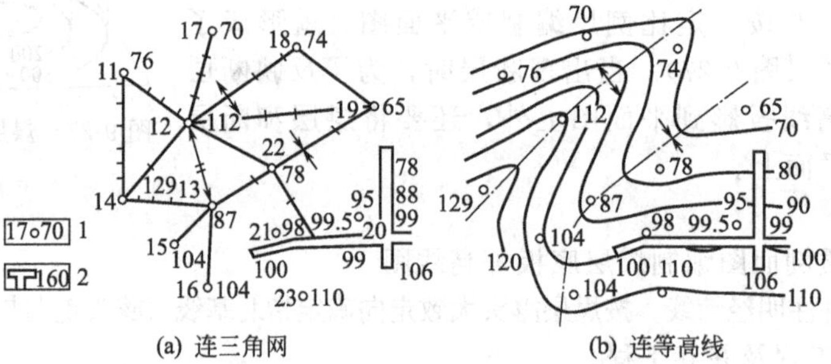

(a) 连三角网　　(b) 连等高线

图 9-29　插入法编绘煤层底板等高线

1—标高点及编号；2—巷道实见煤层底板标高

④ 检查核对、修饰清绘　上述工作完成后，要从原始资料着手对所编的图纸进行全面审核，如果发现问题要及时修改，并除去图面上一些不必要的数字、符号及作图过程画的辅助线。在等高线的一定位置上标明等高值，对实际揭露点及已采区可先着墨。

3. 断煤交线的编制方法

在煤层底板等高线图上的断层是用断层面与煤层面的交线（即断煤交线）的水平投影线来表示。生产实际表明，只有用断煤交线表示断层才能正确地推断断层在煤层中的位置、延展方向，才能正确地进行采区、采面的布置和确定巷道沿断层或过断层的掘进方向。断煤交线的位置确定正确与否是编制煤层底板等高线图的关键。在生产矿井，一般断煤交线的编制常用以下三种方法。

(1) 井下实测断煤交线　目前很多煤矿直接在井下测量断煤交线的方向，其测量方法是从巷道两帮上揭露的同一条断层迹线与同一盘煤层的底板的交点拉线，然后用罗盘测量即可得该断层断煤交线的方向。

(2) 剖面法绘制断煤交线　首先根据井巷观测编录资料编制沿巷道方向的局部平面图。在地质剖面图上绘出断层与上下盘煤层底板（或顶板）的交点，然后根据剖面图来填绘煤层构造平面图。如图 9-30 所示，两条上山见到同一断层，剖面图中断煤交点 a、d、b、e 至测

量点的水平距离为 l_1、l_2、l_3、l_4。把它们投绘到平面图中，并将同一盘的断煤交点的投影连接起来，便是该煤层的断煤交线，图中 ab 为上盘断煤交线，de 为下盘断煤交线。因按断层走向填图的 bf 线的方向（b 与 f 点为同一断层面上标高相同的两点，其连线为走向方向）及按巷道顶揭露断层位置填图的曲线方向，都不能反映断层在煤层中的位置，所以按这两种方法来推断断层在煤层中的延展方向必然造成错误。

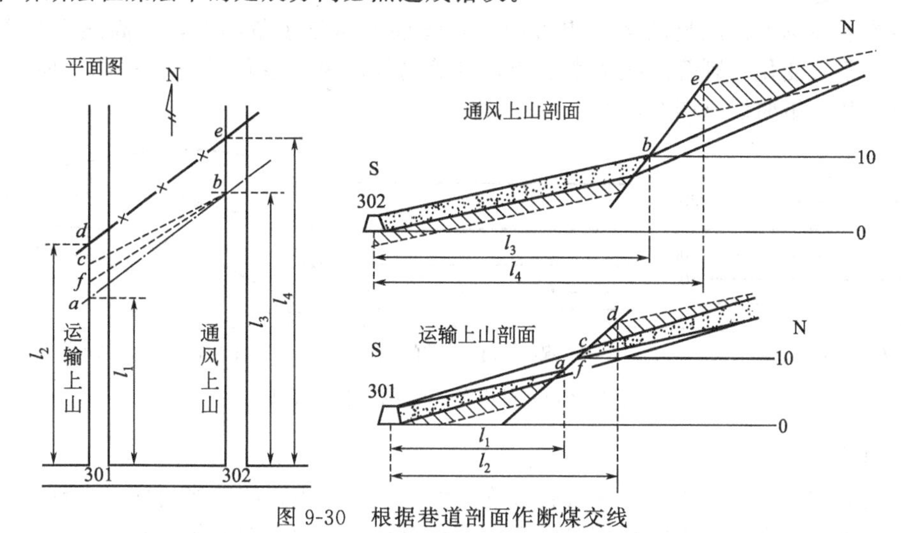

图 9-30　根据巷道剖面作断煤交线

（3）断层面等高线法　在生产矿井中各主采煤层都具有编好的底板等高线图，因此只要编出断层面的等高线，并加以适当地修改，就可以作出断煤交面线。最常用的方法是利用巷道实测煤层断失点的产状资料编制断煤交线。如图 9-31 所示，在－150m 顺槽中，见正断层上盘煤层断失点 $F_{上}$，实测煤层产状为 158°∠30°，断层产状 202°∠45°，垂直断层走向方向的落差为 17m，要求根据测定的产状作断煤交线并推测－200m 水平见断层的位置。其具体做法如下所述。

① 作煤层与断层面等高线。通过断失点 $F_{上}$ 按煤层和断层走向作－150m 的煤层和断层面等高线，然后利用相同的等高距（此处为 50m）为对边，根据煤层倾角（30°）和断层倾角（45°）分别作两直角三角形△ABC、△DBC，则三角形的底边 AC 和 DC 就分别代表煤层和断层等高线的平距。用此平距再根据煤层和断层的倾向分别作出－200m 的煤层与断层面等高线。若－200m 的水平顺槽已开始掘进，在正常情况下，巷道的方向就是－200m 煤层等高线。

② 连接上、下盘断煤交线。煤层和断层面相同标高等高线的交点 $F'_{上}$ 与 $F'_{上}$ 上的连线即为上盘断煤交线。要绘制下盘断煤交线必须了解断层的落差和位移方向。通过作垂直断层倾向辅助剖面，求垂直断层走向方向的水平断距 l，详见图 9-31 下辅助剖面。根据水平断距 l 可求下盘断煤交线。

③ 通过下盘断煤交线与断层面等高线的交点 a、b 作煤层走向的平行线，即是下盘煤层－150m、－200m 等高线。

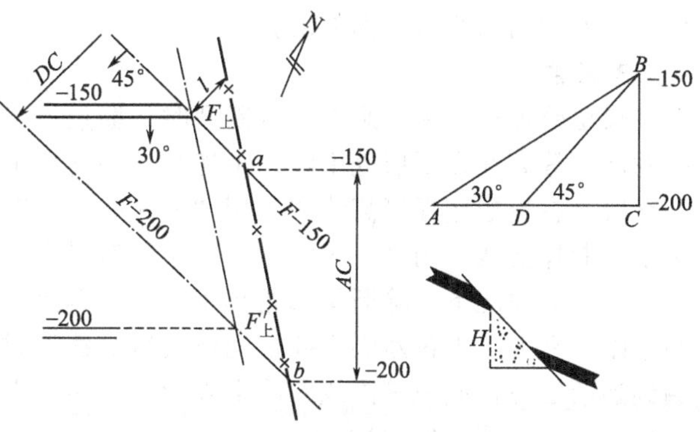

图 9-31　用断层面等高线作断煤交线

此外，在生产过程中，还可以利用

岩巷揭露资料、上部煤层中的断层资料及两水平切面图上的资料绘制断煤交线。

三、各种地质现象在煤层底板等高线图上的表现

1. 单斜构造

单斜构造在图上一般反映为一组直线，当煤层走向与倾角不变，等高线大致平行而均匀；如果倾角有变化，则等高线疏密不均，且等高线越密煤层倾角越大；如走向发生变化，则等高线成为一组曲线（图 9-32）。

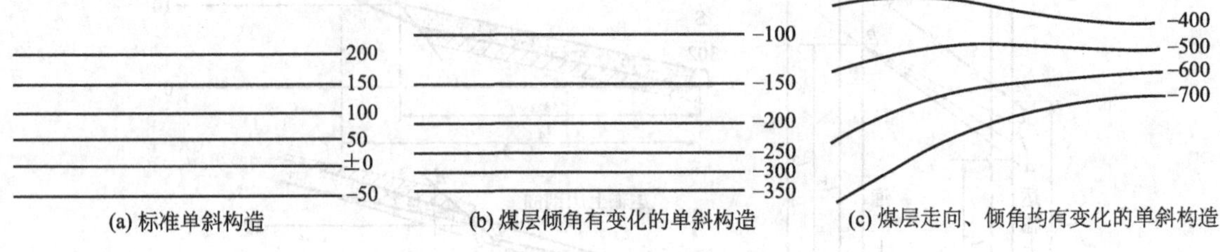

图 9-32　单斜构造的煤层底板等高线

2. 褶曲构造

（1）向斜构造　向斜构造在煤层底板等高线上呈现一组封闭或半封闭的曲线。向斜两翼等高线对应出现，靠近向斜轴的煤层底板标高相对较低；远离向斜轴的相对较高（图 9-33）。

（2）背斜构造　底板等高线与向斜类似，但等高线的标高靠近背斜轴的较高，远离背斜轴的较低（图 9-34）。

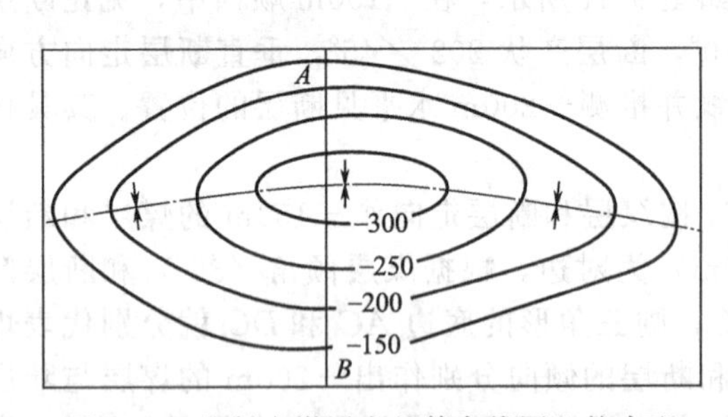

图 9-33　向斜在煤层底板等高线图上的表现

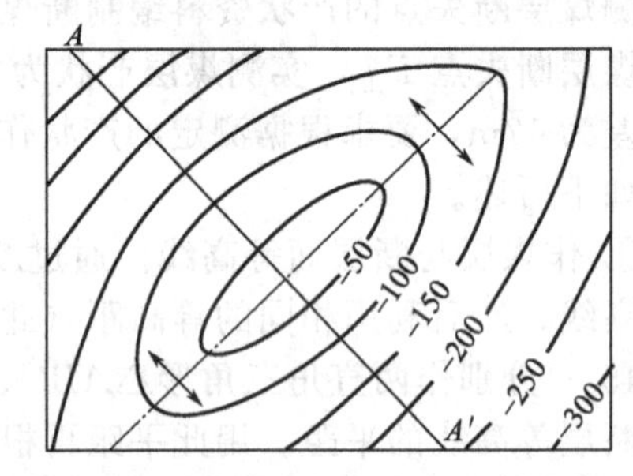

图 9-34　背斜在煤层底板等高线图上的表现

（3）倾伏褶曲　一般当褶曲出现倾伏时，等高线的转折点的连线为褶曲的枢纽线，此时可以通过等高线的特征识别背斜或向斜。一般等高线向低标高凸的为背斜构造；等高线向高标高凸的为向斜构造（图 9-35）。

3. 断层

煤层受地质构造的影响发生断裂时，断层把煤层切断并使其发生位移，其底板不再是连续的面，等高线在断层处中断而不连续。在地质上将上盘煤层与断层面的交线称之为上盘断煤交线，在煤层底板等高线图上用“—·—·—”点线符号表示；下盘煤层与断层面的交线称下盘断煤交线，用“—×—×—”叉线符号表示。

在一般情况下（除断层倾角小于煤层倾角外），当遇见正断层时煤层底板等高线在图上为中断，在上、下盘断煤交线之间没有等高线通过，表示煤层缺失［图 9-36（a）］；当煤层遇到逆断层时，底板等高线在图上表现为中断，上、下盘断煤交线之间互有等高线通过，表示煤层重复［图 9-36（b）］。

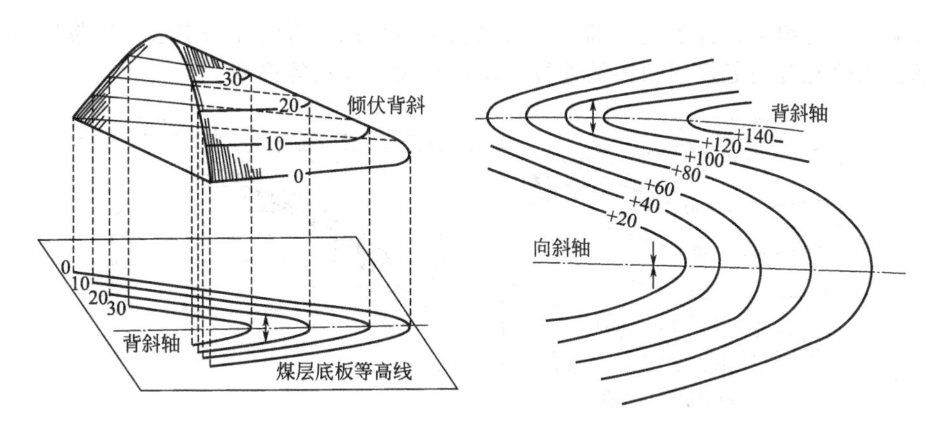

图 9-35　倾伏褶曲在煤层底板等高线图上的表现

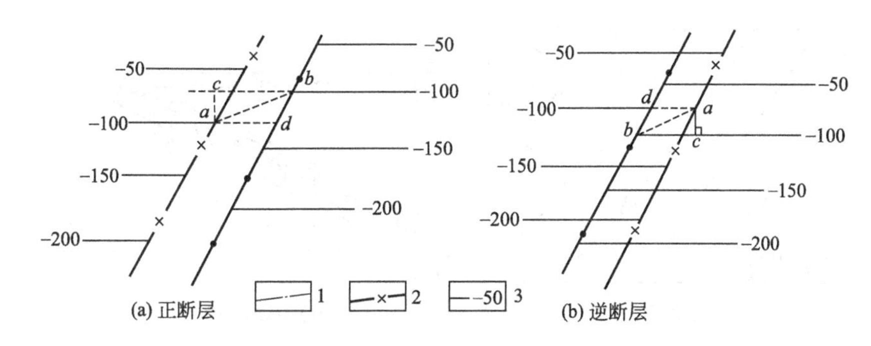

图 9-36　断层在煤层底板等高线图的表现

1—断层上盘与煤层的交面线；2—断层下盘与煤层的交面线；3—煤层底板等高线

4. 其他

（1）遇露头线与采空区　在地面或基岩露头线以外，煤层因侵蚀而不存在，因此煤层底板等高线遇露头线发生中断。底板等高线遇到采空区时，因采空区无煤可采，同样也发生中断（图 9-37）。

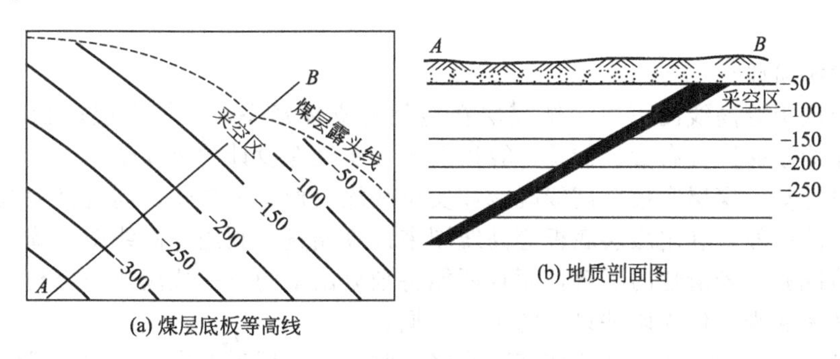

图 9-37　煤层底板等高线遇露头线和采空区时的表现

（2）煤层尖灭和被冲蚀　当煤层发生尖灭，尖灭线以外煤层不存在，底板等高线中断；当煤层被冲蚀，冲蚀区被碎屑岩所代替，底板等高线中断（图 9-38）。

（3）遇岩浆岩侵入和岩溶陷落柱　岩浆岩侵入和岩溶陷落柱都能形成相当大的无煤区，这种无煤区的界线也将底板等高线切断（图 9-39）。

在煤矿生产过程中，为了更明确地反映煤层基本形态，有时在采空区、岩浆岩侵入、冲蚀和喀斯特陷落柱等引起煤层缺失的地段，用虚线表示煤层等高线。

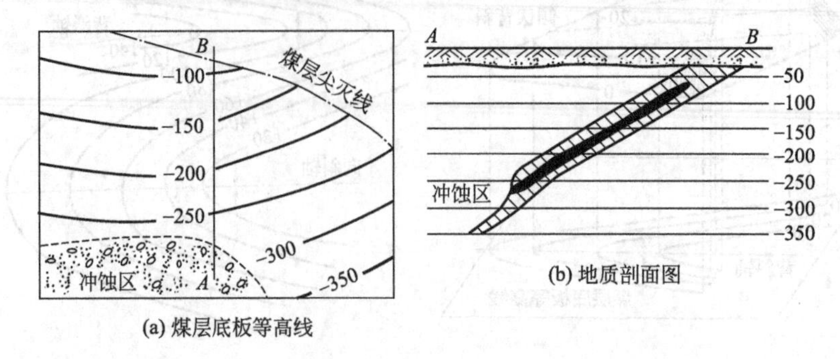

图 9-38　煤层底板等高线遇煤层尖灭和冲蚀时的表现

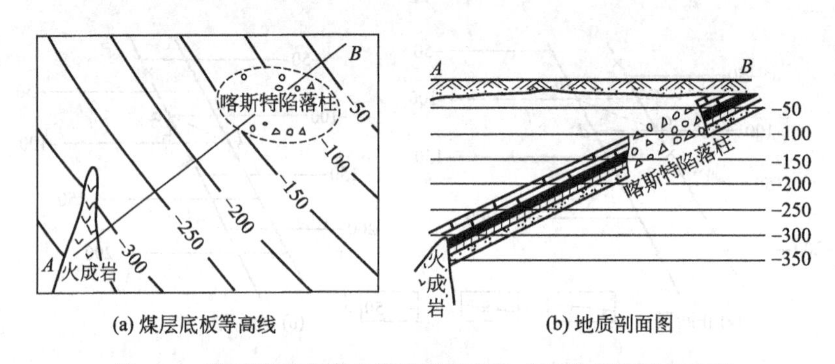

图 9-39　煤层底板等高线遇岩溶陷落柱或岩浆岩体时的表现

四、煤层底板等高线图的应用

在地质勘探、矿井设计、矿井建设和井田开采的各个阶段，有很多工作都离不开煤层底板等高线图，因此煤层底板等高线图编制和利用的程度，在一定程度上影响到井田开发能不能顺利进行。

1. 地质勘探阶段

利用煤层底板等高线图可以了解煤层在空间的立体形态，掌握煤层产状和地质构造变化，并能够作为勘探工程布置、储量计算以及进一步勘探设计的重要依据。

(1) 储量计算　煤层底板等高线既能如实反映煤层形态和变化，同时又大致是水平煤巷的实际位置，故一般常利用煤层底板等高线图来计算储量。利用等高线图计算储量，不但能对煤层分布情况有比较清楚的了解，而且还能将划分出来的每一块段或条带与煤层产状在形态上有机地联系起来，作为矿井设计的重要依据。

(2) 编制勘探设计　在普查或详查工作终了时，往往还需要进一步详查或精查勘探，这样就需要在普查或详查资料的基础上，进一步编制详查或精查的勘探设计。勘探设计所需要的勘探工程量，主要是根据对煤层底板等高线的控制程度，特别是对构造和煤层厚度变化的控制程度而定。

2. 矿井设计及建设阶段

煤层底板等高线图在矿井设计及建设阶段也是较重要的图件。井型较大的矿井，要根据储量分布特点来确定井筒布置是否合理。如某一井田煤层形态为一个背斜（图 9-40），初期开采水平的储量，A 翼多于 B 翼。为了使两翼储量开采均衡，井筒不应设计在井田中央 O 处，而应设计在偏于 A 翼的 C 处；否则，两翼储量开采不均匀，即使能够采取打斜石门等措施加以补救，也会造成不应有的损失。

此外，煤层底板等高线图还可作为铁路、工业广场等预留煤柱的底图，有时也可作为布置通风、运输、排水系统的参考图件。

3. 井田开采阶段

(1) 利用煤层底板等高线图求煤层的产状　在煤层底板等高线图上确定煤层产状方法如下（图 9-41）所述。

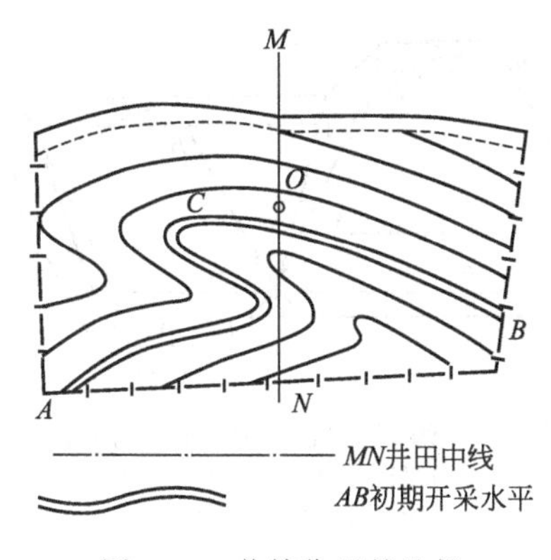

图 9-40　井筒位置的选择

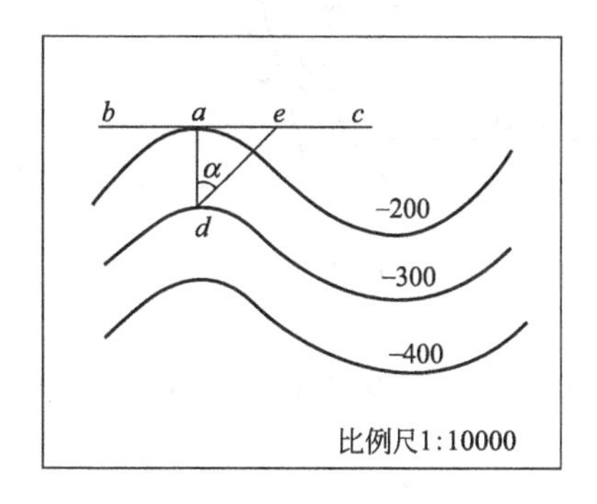

图 9-41　煤层底板等高线图上求煤层产状

① 走向。由底板等高线性质可知，等高线上任一点的切线方向即为该点处煤层的走向。如过 a 点作 -200m 等高线的切线得 bc，bc 线为煤层在该点的走向线。

② 倾向。过 a 点作 bc 的垂线交 -300m 等高线于 d，则 ad 方向为该点煤层的倾向。

③ 倾角。选择具有代表性的等高线（如 -200m 及 -300m 等高线），其法线距离为 ad，由 a 点按比例尺截取 ae，使 $ae=$（a 点高程值$-d$ 点高程值）×比例尺（m），连接 de，则 $\angle\alpha$ 为该地段煤层的倾角。即

$$\tan\alpha = ae/ad$$

式中　ae——a 点到 d 点高程值之差；

ad——a，d 点间的水平距离。

(2) 利用煤层底板等高线图求断层的产状及断距

① 断层面的产状。在煤层底板等高线图上求断层面产状方法如下所述（图 9-42）。

a. 走向。连接上下盘同标高的断煤交点 EF 及 GH 为断层面的走向线。

b. 倾向。过 F 点作 EF 线的垂线交 GH 于 Z，则 FZ 方向为倾向。

c. 倾角。GH 及 EF 为断层面的两条等高线，其倾角的求法与煤层底板等高线图上求煤层倾角相同。

② 断距。目前在煤层底板等高线图上确定的断距主要有落差、水平地层断距和铅垂地层断距。图 9-43 中 $AEFG$ 表示上盘煤层的层面，其中 AE 和 GF 分别表示断层上盘 300m 和 200m 煤层等高线。$NHCK$ 表示下盘煤层的层面，NH 和 KC 分别表示断层下盘 400m 和 300m 煤层等高线。AG 和 HC 分别表示上盘煤层和下盘煤层与断层面的交线。BC 为同一煤层面在水平方向上断层上下盘间错开的距离，称为水平错开。AC 为断层走向方向的断距。DG 为同一煤层面上、下盘之间沿煤层走向上的落差。

现以图 9-36 为例，说明各断距在图上的求法。首先作断层面等高线 ab（-100），a、b

间的距离为走向断距。通过 a 点（-100m）作断层上盘-100m 煤层等高线的垂线 ac，a、c 之间的法线距离为水平地层断距。从-100m 等高线下盘交面线的 a 点延长交于上盘交面线的 d 点，则 a、d 两点的标高差分别为：$H_{正}=(-100)-(-130)=30(\text{m})$，$H_{逆}=(-100)-(-70)=-30(\text{m})$，即落差为 30m。

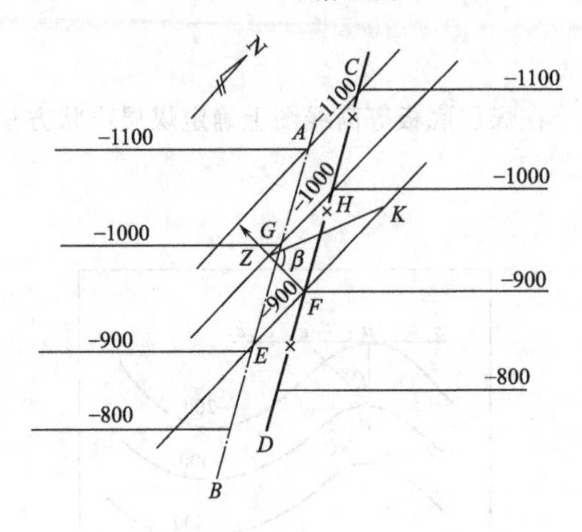

图 9-42　煤层底板等高线图上求断层产状

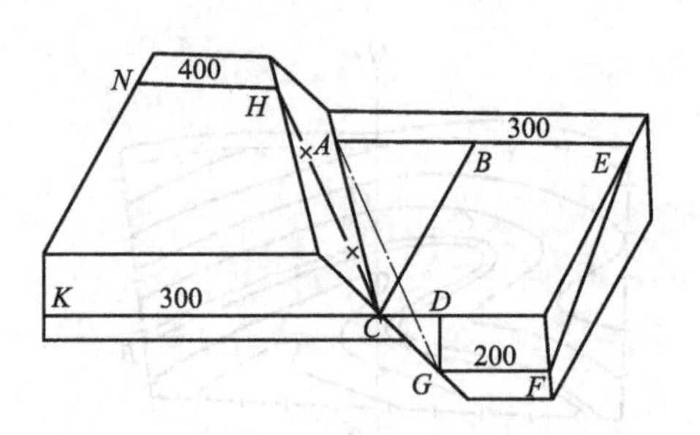

图 9-43　煤层底板等高线图上的断距

AC—走向断距；BC—水平地层断距；DG—铅直地层断距

（3）利用煤层底板等高线图编制地质剖面图　煤矿开采阶段，大量的地质资料都反映在煤层底板等高线图上。在生产过程中，常利用煤层等高线图绘制地质剖面图，以此作为巷道设计的预测图，或利用煤层底板等高线图来修改地质剖面图。

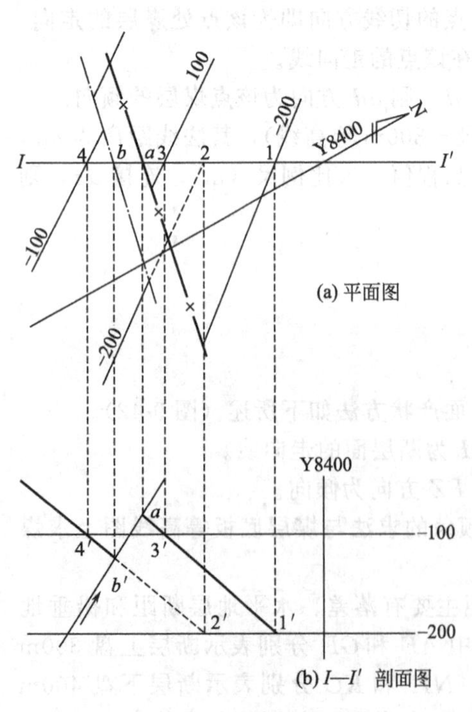

图 9-44　根据煤层底板等高线图编制剖面图

现以图 9-44 为例说明利用底板等高线图编制剖面图的方法。

① 图中煤层底板等高线与 $I-I'$ 剖面线交于 1、2、3、4 各点，按其位置和高程分别直接投影到图 $I-I'$ 剖面中得 1′、2′、3′、4′各点。其中，1′、3′点为断层下盘煤层与剖面线的交点；4′点为断层上盘煤层与剖面线的交点；2′点为断层上盘-200m 标高煤层沿走向延长线与剖面线的交点。

② 将剖面线与断煤交线上的交点 a、b 用内插法求出 a、b 点的高程，再用投影法分别投影到 $I-I'$ 剖面图中去，得 a'、b' 点。

③ 在 $I-I'$ 剖面图中，连接 a'、b' 点即为断层线；连接 1′、3′点，即为断层下盘的煤层线；连接 2′、4′点即为断层上盘的煤层线。

此外煤层底板等高线图还可以作为回采工作面设计依据。在矿井地质研究过程中，常用底板等高线图作为编制分析图件的底图。

第七节 水文地质图

一、矿井充水性图

矿井充水性图是综合记录井下实测水文地质资料的图纸，是分析矿井充水规律、开展水害预测及制定防治水措施的主要依据之一，也是矿井水害防治的必备图纸。一般采用采掘工程平面图作底图进行编制，比例尺为1：(2000～5000)，主要内容有：

① 各种类型的出（突）水点应当统一编号，并注明出水日期、涌水量、水位（水压）、水温及涌水特征。

② 古井、废弃井巷、采空区、老硐等的积水范围和积水量。

③ 井下防水闸门、水闸墙、放水孔、防隔水煤（岩）柱、泵房、水仓、水泵台数及能力。

④ 井下输水路线。

⑤ 井下涌水量观测站（点）的位置。

⑥ 其他。

矿井充水性图应当随采掘工程的进展定期补充填绘。

二、矿井涌水量与各种相关因素动态曲线图

矿井涌水量与各种相关因素动态曲线是综合反映矿井充水变化规律，预测矿井涌水趋势的图件。各矿应当根据具体情况，选择不同的相关因素绘制下列几种关系曲线图：

① 矿井涌水量与降水量、地下水位关系曲线图。

② 矿井涌水量与单位走向开拓长度、单位采空面积关系曲线图。

③ 矿井涌水量与地表水补给量或水位关系曲线图。

④ 矿井涌水量随开采深度变化曲线图。

三、矿井综合水文地质图

矿井综合水文地质图是反映矿井水文地质条件的图纸之一，也是进行矿井防治水工作的主要参考依据。综合水文地质图一般在井田地形地质图的基础上编制，比例尺为1∶(2000～10000)。主要内容有：

① 基岩含水层露头（包括岩溶）及冲积层底部含水层（流砂、砂砾层等）的平面分布状况。

② 地表水体，水文观测站，井、泉分布位置及陷落柱范围。

③ 水文地质钻孔及其抽水试验成果。

④ 基岩等高线（适用于隐伏煤田）。

⑤ 已开采井田井下主干巷道、矿井回采范围及井下突水点资料。

⑥ 主要含水层等水位（压）线。

⑦ 老窑、小煤矿位置及开采范围和涌水情况。

⑧ 有条件时，划分水文地质单元，进行水文地质分区。

四、矿井综合水文地质柱状图

矿井综合水文地质柱状图是反映含水层、隔水层及煤层之间的组合关系和含水层层数、厚度及富水性的图纸。一般采用相应比例尺随同矿井综合水文地质图一道编制。主要内容有：

① 含水层年代地层名称、厚度、岩性、岩溶发育情况。

② 各含水层水文地质试验参数。

③ 含水层的水质类型。

五、矿井水文地质剖面图

矿井水文地质剖面图主要是反映含水层、隔水层、褶曲、断裂构造等和煤层之间的空间关系。主要内容有：

① 含水层岩性、厚度、埋藏深度、岩溶裂隙发育深度。

② 水文地质孔、观测孔及其试验参数和观测资料。

③ 地表水体及其水位。

④ 主要井巷位置。

矿井水文地质剖面图一般以走向、倾向有代表性的地质剖面为基础。

六、矿井含水层等水位（压）线图

等水位（压）线图主要反映地下水的流场特征。水文地质复杂型和极复杂型的矿井，对主要含水层（组）应当坚持定期绘制等水位（压）线图，以对照分析矿井疏干动态。比例尺为1∶（2000～10000）。主要内容有：

① 含水层、煤层露头线，主要断层线。

② 水文地质孔、观测孔，井、泉的地面标高，孔（井、泉）口标高和地下水位（压）标高。

③ 河、渠、池塘、水库、塌陷积水区等地表水体观测站的位置、地面标高和同期水面标高。

④ 矿井井口位置、开拓范围和公路、铁路交通干线。

⑤ 地下水等水位（压）线和地下水流向。

⑥ 可采煤层底板下隔水层等厚线（当受开采影响的主含水层在可采煤层底板下时）。

⑦ 井下涌水、突水点位置及涌水量。

七、区域水文地质图

区域水文地质图一般在1∶（10000～100000）区域地质图的基础上经过区域水文地质调查之后编制。成图的同时，尚需写出编图说明书。矿井水文地质复杂型和极复杂型矿井，应当认真加以编制。主要内容有：

① 地表水系、分水岭界线、地貌单元划分。

② 主要含水层露头，松散层等厚线。
③ 地下水天然出露点及人工揭露点。
④ 岩溶形态及构造破碎带。
⑤ 水文地质钻孔及其抽水试验成果。
⑥ 地下水等水位线，地下水流向。
⑦ 划分地下水补给、径流、排泄区。
⑧ 划分不同水文地质单元，进行水文地质分区。
⑨ 附相应比例尺的区域综合水文地质柱状图、区域水文地质剖面图。

八、矿区岩溶图

岩溶特别发育的矿区，应当根据调查和勘探的实际资料编制矿区岩溶图，为研究岩溶的发育分布规律和矿井岩溶水防治提供参考依据。

岩溶图的形式可根据具体情况编制成岩溶分布平面图、岩溶实测剖面图或展开图等。

① 岩溶分布平面图可在矿井综合水文地质图的基础上填绘岩溶地貌、汇水封闭洼地、落水洞、地下暗河的进出水口、天窗、地下水的天然出露点及人工出露点、岩溶塌陷区、地表水和地下水的分水岭等。

② 岩溶实测剖面图或展开图，根据对溶洞或暗河的实际测绘资料编制。

第十章 Chapter 10 煤炭资源/储量及矿井储量管理

煤炭资源/储量是指埋藏于地下，具有一定工业价值和研究价值的煤炭数量。它不仅包含煤炭资源在地下的数量，而且还包含煤炭资源的质量，并反映其地质研究程度和开采技术条件。煤炭资源/储量计算与管理是煤矿进行矿井设计、建井、生产及远景规划的主要依据，因此准确评价煤炭储量，真实地统计矿井储量，加强矿井储量管理，是矿井建设和生产中一项非常重要的工作。

第一节 煤炭资源/储量级别与分类

一、历史沿革

《煤炭资源地质勘探规范》1986 年 12 月由全国矿产储量委员会颁布，将煤炭资源储量分为：能利用储量和暂不能利用储量两类，将煤炭资源储量级别分为：A、B、C、D 四级，A 级和 B 级为高级储量，其中 A、B、C 级储量为工业储量，D 级储量为远景储量，A、B、C、D 级合称为探明储量。

A 级储量：通过详细的地质研究所圈定的储量，是煤矿企业设计和投资的依据；

B 级储量：通过较详细的地质研究所圈定的储量或者由 A 级储量外推的储量，辅助 A 级储量作为煤矿企业设计和投资的依据；

C 级储量：通过一定的地质研究所圈定的储量或者由 B 级储量外推的储量，辅助 B 级储量作为小煤矿设计和投资的依据；

D 级储量：通过地质填图或稀疏的控制工程所圈定的储量，是煤矿远景发展的依据。

上述煤炭资源储量级别和分类主要是源于前苏联，主要参照前苏联 1953 年的规范；曾在我国的煤炭资源勘探和开发过程中起过积极的促进作用，但随着经济社会的不断发展，它已不能满足需求了，主要表现在：

① 名词术语不够准确，缺乏系统性，导致在操作上具有随意性；

② 未考虑资源的经济可行性，无法与国际标准相衔接对比。

随着经济的不断发展，研究制定新的煤炭资源储量分类系统成为了时代发展的需求。

联合国经济和社会发展委员会在1997年发布《联合国国际储量/资源分类框架》（固体燃料和其他矿产），为了和《联合国矿产储量/资源分类框架》接轨，并与GB/T 17766—1999《固体矿产资源/储量分类》相一致，国家质量技术监督局于1999年6月8日发布国家标准《固体矿产资源/储量分类》（GB/T 17766—1999），国土资源部于2002年12月17日发布地质矿产行业标准《煤、泥炭质地质勘查规范》（DZ/T 0215—2002）（见表10-1），提出与国家质量技术监督局一致的煤炭资源/储量分类方案，以取代1986年的分类体系。新规范提出后，原全国矿产储量委员会颁发的《煤炭资源地质勘探规范》和原地质矿产部、煤炭工业部颁布的《泥炭地质普查勘探规定》（试行）自行废止。

表10-1　固体矿产资源/储量分类表（DZ/T 0215—2002）

经济意义	地质可靠程度			
	查明矿产资源			潜在矿产资源
	探明的	控制的	推断的	预测的
经济的	可采储量(111)			
	基础储量(111b)			
	预可采储量(121)	预可采储量(122)		
	基础储量(121b)	基础储量(122b)		
边际经济的	基础储量(2M11)	基础储量(2M22)		
	基础储量(2M21)			
次边际经济的	资源量(2S11)			
	资源量(2S21)	资源量(2S22)		
内蕴经济的	资源量(331)	资源量(332)	资源量(333)	资源量(334)?

注：表中所用编码（111～334），第1位数表示经济意义：1＝经济的，2M＝边际经济的，2S＝次边际经济的，3＝内蕴经济的；第2位数表示可行性评价阶段：1＝可行性研究，2＝预可行性研究，3＝概略研究；第3位数表示地质可靠程度：1＝探明的，2＝控制的，3＝推断的，4＝预测的。b＝未扣除设计、采矿损失的可采储量，?＝经济意义未定的。

二、煤炭资源储量分类依据

在新的规范中，规定了煤、泥炭地质勘查的目的和任务、阶段划分、工作程度要求，勘查方法原则，煤、泥炭资源/储量分类条件和估算的原则等，其中，煤炭资源储量分类依据可行性评价程度、经济意义、地质可靠程度三方面进行。

1. 可行性评价程度

可行性评价就是通过调查研究，论证项目在技术、工程、经济中是否可行，从而为项目是否可行提出综合评价。可行性评价程度包括概略研究、预可行性研究和可行性研究三种。

（1）概略研究　是指对矿体开发经济意义的概略评价，概略研究通常是在收集国内外市场供需状况的基础上，结合由地勘单位完成的普查、详查、勘探资料以及矿区的自然地理条件和环境保护，对未来矿山建设、矿体进一步开发制定长远规划决策提供依据。

（2）预可行性研究　是对矿体开发经济意义的初步评价。通常是在详勘或勘探阶段后进行，进一步对国内外市场对该种资源的需求作出分析和预测，并借鉴相关企业的实践经验，从总体上对项目建设的必要性、建设条件的可行性及经济收益的合理性进行初步论证，为下一步是否进行勘探及项目建设提供依据。

（3）可行性研究　是对矿体开发经济意义的详细评价，通常在勘探阶段后进行，是最高阶段的评价，能较为准确地确定未来矿山建设中的有关问题：工程总体布局、环境保护、供水供电、产品运输、质量、价格、竞争力等，并评价当时的投资、生产、经营资本、销售收入等，其结果可以计算不同资源/储量类型，得出矿山开发及如何建设的基本认识。可行性研究工作应由具有一定资质的单位完成。

2. 经济意义

经济意义是指在当时的市场条件下，通过对矿产资源进行不同程度的可行性评价，再结合矿体开发的内部和外部因素，综合分析其经济效益，并根据经济效益的大小，划分为：经济的、边际经济的、次边际经济的和内蕴经济的四种。

（1）经济的　其数量和质量是依据当时的市场价格指标计算的，经可行性研究或预可行性研究，技术上可行、经济上合算、环境条件等其他条件允许，每年开采煤的价值能满足投资回报的要求，抑或是在政府的扶持下开发是可能的。

（2）边际经济的　经可行性研究或预可行性研究，其开采是不经济的，接近盈亏边界，只有将来技术进步、经济的发展、环境的改善，或是政府的大力扶持才能盈利。

（3）次边际经济的　经可行性研究或预可行性研究，其开采是不经济的，需大幅提高产品价格或技术进步使成本价格降低后，才能变成经济的。

（4）内蕴经济的　仅通过概略研究作了相应的投资机会评价，由于不确定的要素较多，还无法区分是经济的、边际经济的还是次边际经济的。

3. 地质可靠程度

地质可靠程度反映了矿体勘查阶段工作成果的精度，包括：探明的、控制的、推断的和预测的四种。

（1）探明的　在矿区范围内，详细查明了矿体的形态、厚度、结构、构造、产状、规模、连续性、品位及开采技术等。矿体储量计算所需的数据详尽，可信度高。

（2）控制的　在矿区范围内，查明了矿体的形态、厚度、结构、构造、产状、规模、连续性、品位及开采技术等。矿体储量计算所需的数据详尽，可信度较高。

（3）推断的　在矿区范围内，按照普查的精度大致查明了矿体的形态、厚度、结构、构造、产状、规模、连续性、品位及开采技术等。矿体储量计算所需的数据较少，可信度较低。

（4）预测的　预测含煤区经过预查得出的结果，了解了煤层层位、厚度、产状、结构、构造，属于潜在的资源量。

三、煤炭资源/储量分类

依据经煤炭地质勘查获得的不同地质可靠程度和经相应的可行性评价所获得的不同经济意义，作为煤炭资源/储量分类的主要依据，分为：储量、基础储量和资源量三类。

1. 储量

储量是指经过详查或勘探，地质可靠程度达到了控制或探明的矿产资源，在可行性研究或预可行性研究基础上，扣除了设计和采矿损失，能实际采出的数量，基础储量中的经济可采部分。分为以下3种类型。

（1）可采储量（111） 勘探程度已达到程度要求，并进行了可行性研究，证实其在当时是可采的，计算的可采储量及可行性评价结果可信度高。

（2）预可采储量（121） 同（111）的差别是进行了预可行性研究，估算的可采储量可信度高，可行性评价结果可信度一般。

（3）控制的预可采储量（122） 勘探工作程度已达到详查阶段工作程度要求，预可行性研究表明开采是经济的，估算的可采储量可信度高，可行性评价结果可信度一般。

2. 基础储量

基础储量是指经过详查获得控制的和探明的程度，通过可行性研究和预可行性研究，认为属于经济的或边际经济的那部分矿产资源，其数量未扣除设计和采矿损失，分为以下6种类型。

（1）探明的（可研）经济的基础储量（111b） 同（111）的差别在于未扣除设计和采矿的损失。

（2）探明的（预研）经济的基础储量（121b） 同（121）的差别在于未扣除设计和采矿的损失。

（3）控制的经济的基础储量（122b） 同（122）的差别在于未扣除设计和采矿的损失。

（4）探明的（可研）边际经济的基础储量（2M11） 可行性研究表明，在当时条件下开采是不经济的，接近盈亏边界，只有当技术改进或政府扶持后才可变成经济的。

（5）探明的（预可研）边际经济的基础储量（2M21） 同（2M11）的差别是只进行了预可行性研究。

（6）控制的边际的经济基础储量（2M22） 预可行性研究表明，现在开采不经济，当经济条件改善后可变成经济的，估算的基础储量可信度高，可行性评价结果一般。

3. 资源量

资源量是指查明矿产资源的一部分和潜在矿产资源，包括内蕴经济的矿产资源和预测的矿产资源，包括7种类型：

（1）探明的（可研）次边际经济的资源量（2S11） 作了可行性研究评价，当时开采不经济，需改善条件才能成为可能，估算的资源量和可行性评价结果的可信度高。

（2）探明的（预可研）次边际经济的资源量（2S21） 同（2S11）差别在于只进行了预可行性研究，估算的资源量可信度高，可行性评价结果的可信度一般。

（3）控制的次边际经济的资源量（2S22） 作了预可行性研究，当时开采不经济，需改善条件才能成为可能，估算的资源量可信度高，可行性评价结果的可信度一般。

（4）探明的内蕴经济的资源量（331） 未作可行性研究和预可行性研究，仅作了概略研究，经济意义介于经济的至次边际经济之间，估算的资源量可信度高，可行性评价结果的可信度低，由于经济参数取值于经验参数，未与市场联系，不能区分其真实的经济意义。

（5）控制的内蕴经济的资源量（332） 未作可行性研究和预可行性研究，仅作了概略研究，估算的资源量可信度高，可行性评价结果的可信度低。

（6）推断的内蕴经济的资源量（333） 未作可行性研究和预可行性研究，仅作了概略研究，估算的资源量可信度低，可行性评价结果的可信度低。

（7）预测的资源量（334） 经过预查，在相应的范围内，对煤层产状、厚度、构造了解后所做的估算资源量，其中，各项参数都是假设的，经济意义不确定，属潜在矿产资源，可作为区域远景发展规划的依据。

第二节 储量计算

一、储量计算的工业指标

根据中国国土资源部发布的《煤、泥炭地质勘查规范》(DZ/T 0215—2002),对煤层最低可采厚度和最高可采灰分等工业指标的规定见表 10-2。

表 10-2 煤炭资源量估算指标

<table>
<tr><th colspan="4" rowspan="2">项　目</th><th colspan="4">煤　类</th></tr>
<tr><th>炼焦用煤</th><th>长焰煤、不黏煤、弱黏煤、贫煤</th><th>无烟煤</th><th>褐煤</th></tr>
<tr><td rowspan="4">煤层厚度/m</td><td rowspan="3">井采</td><td rowspan="3">倾角</td><td><25°</td><td>≥0.7</td><td colspan="2">≥0.8</td><td>≥1.5</td></tr>
<tr><td>25°~45°</td><td>≥0.6</td><td colspan="2">≥0.7</td><td>≥1.4</td></tr>
<tr><td>>45°</td><td>≥0.5</td><td colspan="2">≥0.6</td><td>≥1.3</td></tr>
<tr><td colspan="3">露天开采</td><td colspan="3">≥1.0</td><td>≥1.5</td></tr>
<tr><td colspan="4">最高灰分 A_d/%</td><td colspan="4">40</td></tr>
<tr><td colspan="4">最高硫分 $S_{t,d}$/%</td><td colspan="4">3</td></tr>
<tr><td colspan="4">最低发热量 $Q_{net,d}$/(MJ/kg)</td><td>—</td><td>17.0</td><td>22.1</td><td>15.7</td></tr>
</table>

上述煤炭资源储量估算的工业指标适用于一般地区。对于煤炭资源贫缺地区的资源量估算指标,由有关省、直辖市、自治区煤炭工业主管部门规定,但这部分资源量在有关统计表中应单列,并加以说明。储量、基础储量估算指标由可行性研究或预可行性研究后确定。

二、圈定储量计算边界线的方法

按勘查工程划定符合煤层厚度、煤质工业指标要求的边界线,常用内插法或外推法,如确定煤层厚度为零的零边界线、最小可采厚度的可采边界线,以及最高灰分、硫分的可采边界线等。因工程质量不合要求(如打丢、打薄煤层),综合评价不能利用的工程点,不参与可采边界的圈定。

对未见煤钻孔,一般可有两种情况:相应煤层层位为炭质泥岩,则将孔点处视作零点,与相邻钻孔间用内插法确定可采边界;相应煤层层位为其他岩石,则将其与相邻钻孔连线的中点作为零点,再用内插法求出可采边界。

如果外边缘无勘查工程,应根据附近勘查工程查明的沉积规律和煤层形态外推确定资源/储量计算的边界。可用探明的基本线距 1/4~1/2 的距离推定控制的资源/储量,用控制的基本线距1/4～1/2的距离推定推断的资源/储量，但不得连续外推；或者依据勘查工程资料绘制煤层等厚线图，从等厚线分布形态推测零边界线或可采厚度等值线。

三、资源储量估算参数的确定

当储量计算边界圈定好之后，便可进行资源储量的估算，计算公式如下：

$$Q=SMD$$

式中 Q——计算块段的储量；$\times 10^4$t；

S——计算块段煤层的真面积；m^2；

M——计算块段煤层的平均厚度；m；

D——计算块段煤层的平均密度；t/m^3。

由上式可知，其计算参数包括：煤层面积、煤层厚度、煤层的密度。

(1) 煤层块段的测定　煤层面积分为埋藏的实际面积（真面积S）和煤层在水平投影面积（在煤层底板等高线上圈定的面积S'）或垂直投影的面积（在煤层立面投影的面积S''），在计算时，需换算成真面积S（见图10-1）。

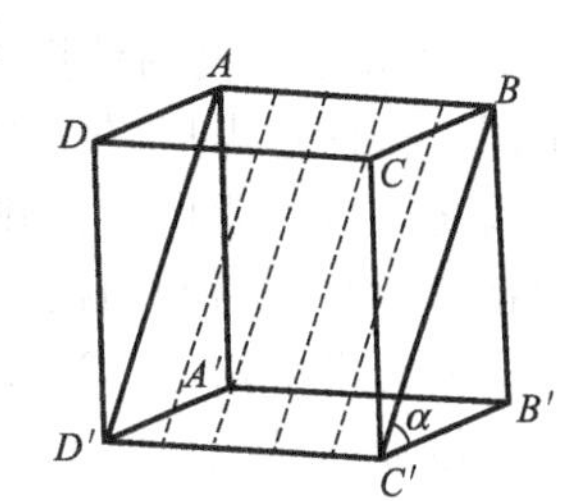

图10-1　真面积与水平投影面积、立面投影面积关系示意图

$ABC'D'$—煤层真面积S；

$ABCD$—水平投影面积S'；

$DCC'D'$—立面投影面积S''

其中，$S=S'/\cos\alpha$；$S=S''/\cos\alpha$（α为煤层倾角）。

块段的面积是资源、储量计算的重要参数之一。由于计算机的普遍使用，因此测定资源/储量块段平面面积主要采用计算机法。

(2) 储量计算采用厚度的确定　煤层厚度的确定，当煤层倾角小于15°时，采用铅直厚度计算储量；大于15°时采用真厚度计算储量。储量计算的煤层厚度资料主要来自钻孔、坑探工程、老窑、生产矿井井巷和回采工作面。钻孔的煤厚一般为铅直厚度，或因孔斜影响的假厚度，在井巷工程中可以直接测得真厚度或伪厚度。在大多数情况下，所获得的厚度资料不能直接用于储量计算，需要经过处理后才能使用。

① 计算方法。各见煤点储量计算采用的煤层厚度，其确定方法（据《煤、泥炭地质勘查规范》）如下所述。

a. 煤层不含夹矸时，本身厚度即为采用厚度。

b. 煤层含有夹矸时一般有下列几种情况：煤层中单层厚度小于0.05m的夹矸，当其混入煤中后，全层的灰分（或发热量）、硫分仍符合指标的规定，此时夹矸与煤分层厚度合为采用厚度。

煤层中夹矸的单层厚度等于或大于煤层最低可采厚度时，煤分层应分别视为独立煤层，一般应分别计算（或不计算）储量（图10-2）。夹矸单层厚度小于煤层的最低可采厚度且煤分层厚度等于或大于夹矸厚度时，可将上下煤分层厚度相加，作为采用厚度［图10-3(a)］；煤分层厚度小于夹矸厚度者，不加在采用厚度内［图10-3(b)］。

c. 结构复杂煤层和无法进行煤分层对比的复煤层，当夹矸的总厚度不大于煤分层总厚度的1/2时，以各煤分层的总厚度作为煤层的采用厚度（图10-4）；当夹矸的总厚度大于煤分层总厚度的1/2时，按a.条和b.条的规定处理。

图10-2中煤层最低可采厚度为0.6m，上分层采用厚度1.00m，下分层采用厚度为1.80m。

图10-3中煤层最低可采厚度为0.6m，夹矸单层厚度小于煤层最低可采厚度；图10-3(a)采用厚度为2.10m；图10-4中煤层最低可采厚度为0.6m，采用厚度为3.3m。

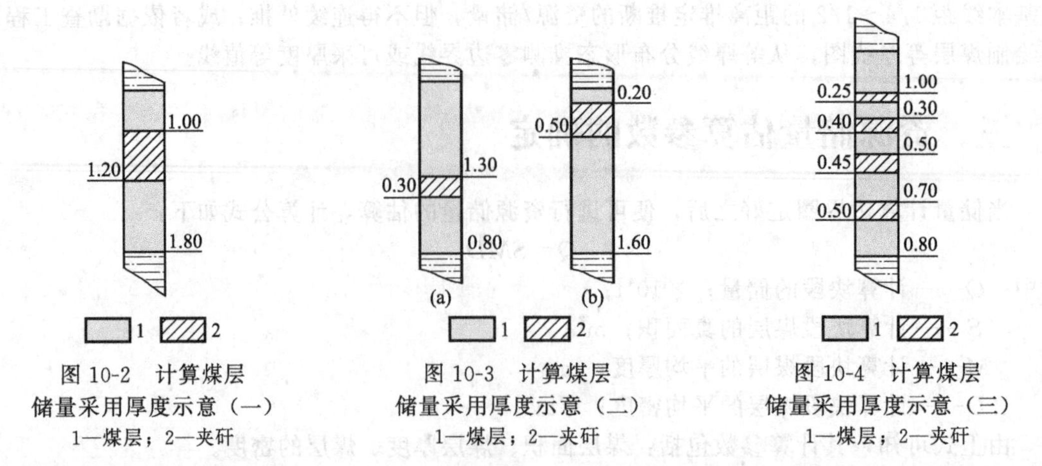

图 10-2 计算煤层储量采用厚度示意（一）
1—煤层；2—夹矸

图 10-3 计算煤层储量采用厚度示意（二）
1—煤层；2—夹矸

图 10-4 计算煤层储量采用厚度示意（三）
1—煤层；2—夹矸

② 煤层厚度的计算。在计算某一块段储量时，经常遇到同一煤层在不同见煤点中厚度不同。因此，煤层厚度常取所有见煤点厚度的平均值。如果出现见煤点的煤厚突然变厚或变薄情况，应查明原因，并根据具体情况作适当处理，以尽量减少其影响。煤层厚度的平均值包括算术平均值和加权平均值两种。

a. 算术平均值。当煤层厚度变化小，见煤点分布均匀时，常取其算术平均值作为煤层的平均厚度（见图 10-5），其计算公式如下：

$$M=\frac{m_1+m_2+m_3+\cdots+m_n}{n}$$

式中 M——平均厚度；m；

n——计算面积内见煤点数；

m_1，m_2，m_3，…，m_n——各见煤点可采厚度，m。

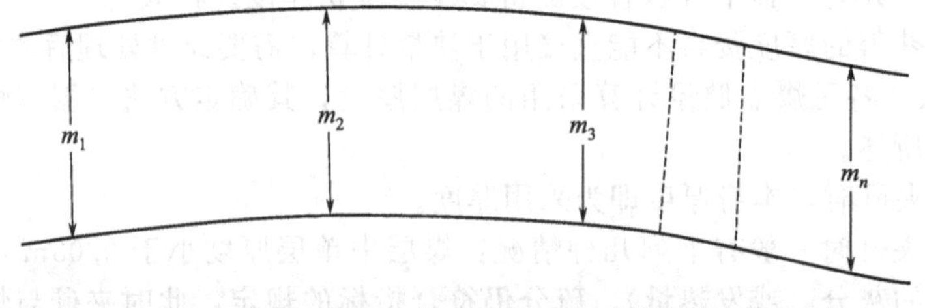

图 10-5 算数平均法计算煤层厚度示意

b. 加权平均值。当煤层厚度变化大，见煤点分布又不均匀时，常取其加权平均值作为煤层的平均厚度（见图 10-6），其计算公式如下：

$$M=\frac{m_1H_1+m_2H_2+\cdots+m_nH_n}{H_1+H_2+\cdots+H_n}$$

式中 M——加权平均厚度；m；

m_1，m_2，…，m_n——各见煤点的厚度，m；

H_1，H_2，…，H_n——各见煤点对应权数。

(3) 密度的确定 煤的密度是指单位体积煤的质量，以 t/m^3 表示。煤种不同，密度也不同，一般情况下，褐煤密度为 1.05～1.20 t/m^3，烟煤密度为 1.2～1.4t/m^3，无烟煤密度为 1.35～1.9t/m^3，又由于煤的空隙、温度、压实度影响煤的密度，所以，煤的密度应取几个采样点密度的平均值来计算。

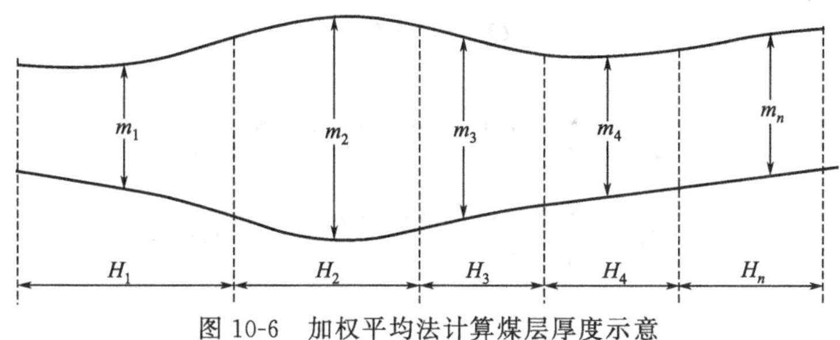

图 10-6 加权平均法计算煤层厚度示意

四、煤炭储量的计算方法

储量计算的方法很多，常用有十余种，这里仅介绍几种。

1. 算术平均法

算术平均法是将全区的总面积乘以各已知见煤点（钻孔、巷道）的平均厚度及煤的密度的平均值，计算储量的方法。计算公式为：

$$Q=SMd$$

式中 Q——总储量，$\times 10^4$t；

S——总面积，m^2；

M——计算面积内各见煤点平均煤厚，m；

d——计算面积内各见煤点平均视密度，t/m^3。

该方法简单，计算迅速，适用于勘查程度低的阶段，以及地质构造简单，煤层产状平缓、厚度变化不大，勘查工程分布均匀的矿区。

2. 地质块段法

根据计算区地质勘探程度、煤层产状、煤层厚度等因素，将井田划分成若干个块段，按块段的平均煤层厚度、煤层面积、煤的密度、煤层倾角分别计算各块段的储量，然后求和。

$$V=SM=\frac{S'}{\cos\alpha}M$$

$$Q=Vd$$

式中 V——块段内煤层体积，m^3；

S——块段内实际煤层面积，m^2；

S'——块段内煤层水平投影面积，m^2；

M——块段内煤层平均厚度，m；

α——块段内煤层倾角，(°)；

d——计算块段煤层的平均密度，t/m^3；

Q——计算块段煤层的储量，t。

各块段计算完后，将其相加就可得到煤炭储量。

3. 等高线法

在煤矿生产中，常采用某一标高布置巷道，因此在计算储量时，常以某一标高作为块段的界限，有时，不能将煤层简单地划分几个块段，就需用到等高线法来计算。有时，相邻等高线内，由于厚度变化，也需将等高线划分成小块段来计算储量。如图 10-7 中，＋50m～＋150m 等高线间的储量为：

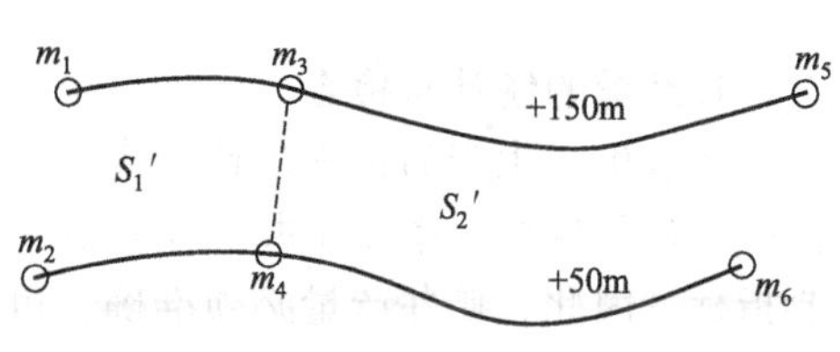

图 10-7 等高线法块段储量计算示意

$$Q=Q_1+Q_2$$

其中

$$Q_1=\frac{S'_1}{\cos\alpha_1}\left(\frac{m_1+m_2+m_3+m_4}{4}\right)d$$

$$Q_2=\frac{S'_2}{\cos\alpha_2}\left(\frac{m_3+m_4+m_5+m_6}{4}\right)d$$

第三节 矿井储量管理

矿井储量管理是指在矿井边界范围内，通过地质手段查明的具有工业价值的并符合国家煤炭储量计算标准的煤炭储量，它不仅反映了煤炭在地下埋藏的数量，还表明了煤炭的质量、勘查程度以及开采的经济、技术条件等。

如何尽可能地把埋藏在地下的具有工业价值的煤炭开采出来，直接影响到矿井建设的规模、生产发展问题，因此，须做好矿井储量的计算和统计。加强矿井储量的管理，是矿井生产管理中一项极其重要的工作。

地质勘探提供的储量资料不是固定不变的，在矿井建设和生产过程中，随着煤层的开采，储量会不断减少，井下地质情况越来越明了，储量级别由低到高；储量在生产过程中，每天都会发生变化，所以在矿井建设和生产中，必须及时地、经常地对矿井储量进行统计，为矿井的均衡生产，正常接替提供依据，保证煤炭资源的合理开发和充分利用。

一、矿井储量的特点

矿井储量与煤炭资源勘查阶段提交的储量相比，具有以下特点：

① 矿井储量随着勘探程度及采掘工程的不断深入，其在质量和数量上均发生改变，根据获得的第一手勘探资料，及时地对矿井储量进行计算，掌握其动态变化。

② 矿井储量计算中块段的划分，除要符合煤炭资源勘查规范的规定外，还应考虑生产的实际要求。对已开拓的区域，应以工作面、采区、煤柱等划分块段，并分煤层、煤种等进行计算。

③ 矿井储量计算的煤层厚度、面积、倾角、密度等参数更为可靠，计算的精确性较高。

④ 矿井储量要反映采掘过程，由于地质、安全、生产等因素发生的煤量损失，要及时地进行统计分析。

二、矿井储量的动态分析

1. 产量的统计与检查

随着矿井生产的正常进行，煤炭源源不断地从地下开采出来，矿井产量的多少，成为评价一个矿井生产效率、矿井规模等的主要依据，也是分析煤炭损失，矿井完成计划情况的主要指标，因此，矿井产量必须准确、可靠。

矿井产量一般是通过按班、日、月统计实际出煤车数来求得，但由于装车数量的不均匀，矿车变形等原因，常会使矿井产量出现偏差。因此，除加强日常统计工作外，还须根据采区验收测量、统计外运量和丈量煤余量等方法对统计进行检查和核实。如若发生偏差，应作出分析，找出原因，改进测量方法，更准确地掌握产量，为储量管理工作奠定基础。

2. 实际损失量统计对矿井生产的意义

在矿井生产和建设过程中，由于地质条件和开采技术水平的影响，有些煤量是允许丢失的，即设计损失，但煤量的损失还会因其他原因造成的不合理损失称为实际损失。

实际损失量的统计，是要与设计损失相对比，分析煤炭损失的原因，查明哪些是受地质条件和目前开采技术条件限制而在设计中允许损失的，哪些是由于开采方法不合理，组织工作不完善造成的损失，只有找出不合理损失的原因，才能有针对性地提出降低损失量、提高采出率的具体措施，以使采出率达到国家煤炭技术政策规定的指标。

三、矿井三量管理

在煤矿生产中，采完一个生产水平、一个采区和一个工作面之前，就要准备好下一个接替水平、采区和工作面，否则就不能保证正常的生产，甚至会造成产量下降，生产停顿。因此，在煤矿生产中采与掘的矛盾是生产中最突出的矛盾。回采依赖于掘进，掘进服务于回采，两者相互依赖，相互促进。把握好采掘比例的相对平衡，是确保生产正常进行的关键，为了确定采掘平衡的定量比例关系，常用三量来进行衡量。

根据掘进巷道的性质和用途不同，可将巷道分为开拓巷道、准备巷道和回采巷道，由于这三种巷道所圈定的可采煤量分别称为开拓煤量、准备煤量和回采煤量，简称三量，用三量反映该矿井的生产准备程度和采掘平衡关系，以保证生产的正常续接。

由于各矿的地质条件、开拓方式和采煤方法的不同，三量的圈定和划分方法也不同。现以目前常用的采区前进，工作面后退的开采方法为例，说明三量的划分和计算（见图 10-8）。

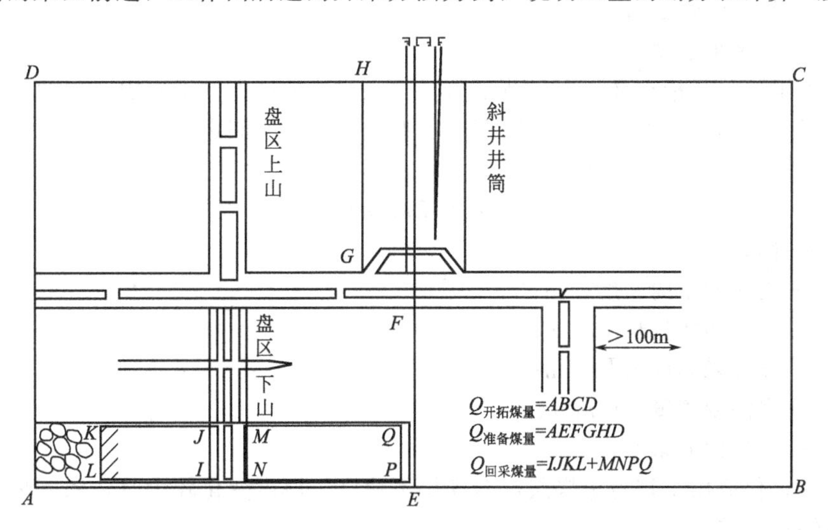

图 10-8　三量划分示意

（1）开拓煤量　是指在矿井可采储量范围内，已完成开采所必需的主井、副井、风井、井底车场、主要石门、集中运输大巷、集中下山或采区下山、主要溜煤眼和必要的总回风巷道等的开拓、掘进工程所圈定的煤量，并减去开拓区域内地质和水文地质损失、设计损失和开拓煤量可采期限内不能回采的临时煤柱及其他呆滞煤量，即为开拓煤量。其计算公式如下：

$$Q_{开} = (LhMd - Q_{地损} - Q_{呆滞})\ K$$

式中　$Q_{开}$——开拓煤量，t；

L——煤层两翼已开拓的走向长度，m；

h——采区平均倾斜长，m；

M——煤层平均厚度，m；

d——煤的视密度，t/m³；

$Q_{地损}$——地质和水文地质损失，t；

$Q_{呆滞}$——呆滞煤量（包括永久煤柱和开拓煤量中可采期内不能开采的临时煤柱及其他被压的煤量），t；

K——采区采出率。

(2) 准备煤量　是指在开拓煤量范围内，完成了开采所必需的采区运输巷道、采区回风巷道及采区上（下）山等掘进工程所圈定的煤储量，并减去采区内地质损失和水文地质损失，开采损失及准备煤量可采期限内不能开采的煤量，即为准备煤量。其计算公式如下：

$$Q_{准} = (LhMd - Q_{地损} - Q_{呆滞})\ K$$

式中　$Q_{准}$——准备煤量，t；

L——采区走向长度，m；

h——采区倾斜长度，m；

M——煤层平均厚度，m；

d——煤的视密度，t/m³；

$Q_{地损}$——地质和水文地质损失，t；

$Q_{呆滞}$——呆滞煤量（包括永久煤柱和开拓煤量中可采期内不能开采的临时煤柱及其他被压的煤量），t；

K——采区采出率。

(3) 回采煤量　是指在准备煤量范围内，已完成了采区上（下）山、中间巷道（工作面运输巷、回风巷）和回采工作面开切眼等巷道掘进工程后所圈定的煤储量，只有安装设备后即可进行正式回采的煤量。其计算公式如下：

$$Q_{回} = LhMdK$$

式中　$Q_{回}$——回采煤量，t；

L——工作面走向长度，m；

h——工作面倾斜长度，m；

M——设计采高或采厚，m；

d——煤的视密度，t/m³；

K——工作面回采率。

上述三式，仅适用于较稳定煤层，若煤层不稳定、厚度变化较大时，依实际情况划分块段分别计算储量后求和。

四、三量可采期

三量可采期是指要使三量满足“采掘平衡，留有储备”的要求，在相应的期限内，掘进工程构成的煤量达到生产接替所需资源准备的最优状态，它是矿井生产中平衡采掘接替关系的一个重要技术指标。

1. 三量可采期的规定

为了使矿井生产中采掘顺利地进行，原煤炭工业部曾对大、中型矿井的三量可采期限做出了以下规定。

开拓煤量的开采期：3～5 年；

准备煤量的可采期：1 年以上；

回采煤量的可采期：4～6 个月。

通常，矿井的三量达到上述标准，便能实现采掘平衡，否则，就会造成采掘失衡，影响矿井的正常生产。但必须注意，三量是一个概况性的指标，有些情况下，还不能确切地反映矿井的采掘关系，各矿井需根据自己的实际情况，提出适合本矿井的实际可采期限。

2. 三量可采期的计算

(1) 新建矿井移交生产时三量可采期的计算

开拓煤量可采期（年）＝移交时的开拓煤量/年设计生产能力

准备煤量可采期（月）＝移交时的准备煤量/平均月设计生产能力

回采煤量可采期（月）＝移交时的回采煤量/平均月设计回采能力

(2) 生产矿井三量可采期的计算

开拓煤量可采期（年）＝期末开拓煤量/年设计生产能力或当年计划产量

准备煤量可采期（月）＝期末准备煤量/平均月设计生产能力或当年平均月计划产量

回采煤量可采期（月）＝期末回采煤量/当年平均月计划回采产量

其中：

期末开拓煤量＝生产采区残存煤量＋备用采区煤量＋准备采区煤量

期末准备煤量＝生产采区残存煤量＋备用采区煤量

期末回采煤量＝现采工作面残存煤量＋备用工作面煤量

在开拓煤量、准备煤量可采期限计算时，若年计划产量超过设计能力，用计划产量；若年计划产量没有达到设计能力产量，采用设计能力产量；未审定能力的矿井可按计划产量计算可采期，衰老矿井可按每年计划产量计算。

3. 三量的合理开采期

我国地域辽阔，矿井众多，每个矿井都有自己的具体情况，有些矿井三量可采期达到甚至超出规定要求，还常出现采掘被动的局面；有些矿井三量可采期小于规定要求，仍有巷道长时间闲置的情况。因此，每个矿需根据自己的情况，制定符合本矿的三量可采期限。

影响三量可采期的因素众多，主要有以下几点。

(1) 地质条件　如果矿井地质条件复杂，虽然掘进了大量巷道，但是可采区段较少，这就要求三量可采期适当增加。如果矿井可开采的煤层较多，且厚度较大，在确定三量可采期时，就需特别注意开采条件和生产程序的影响。

(2) 井型　对于大型矿井，水平阶段的开拓工程量大，尤其在产量递增期，开拓工程量可能更大，三量可采期的确定要注意开拓、准备周期的长短。

(3) 开采方式　不同的开采方式，巷道布置及掘进工程量是不同的，如当缓倾斜煤层用倾斜长臂采煤时，可上、下山同时布置采区，掘进工程量可减少 20%，回采煤量要适当增加。

(4) 机械化程度　直接影响着掘进速度和回采速度，推进快，准备周期也要较长。

总之，由于矿井生产是动态的，所以每个矿在制定自己三量可采期时，应依据历年生产资料，在综合分析研究的基础上，结合本矿的实际，选择合适的计算公式来确定可采期，使矿井采掘处于相对平衡状态。

第十一章 Chapter 11

煤矿开采对环境的影响与环境保护

随着我国现代化建设的加快，对煤炭资源的需求量日益增加。伴随大规模开发利用煤炭资源，由此带来的环境污染日趋严重，环境问题以及社会问题日益突出。煤矿环境保护与煤炭资源开发利用及环境地质、工程地质、地球化学均有着极为密切的关系，已成为煤矿生产建设中必不可少的活动。

第一节 煤矿生产活动与环境地质

煤矿生产活动主要引发如下环境地质问题。

一、煤矿生产活动对大气环境的影响

在进行煤矿开采的矿区中所存在的矸石场、锅炉、原煤以及矸石运输、装卸存储的过程都会对大气造成一定的污染，其中主要的污染物包括二氧化硫、TPS、烟尘等，二氧化硫会直接危害人体健康，并且氧化以后也会对矿区内的水质和土壤呈现出酸化趋势，TPS所造成的影响包括降低能见度以及危害人体健康两个方面。

二、煤矿生产活动对水资源的影响

煤矿生产活动过程中所产生的废水包括矿井水与生活污水两类，其中矿井水污染物主要是SS，生活污水中的污染因子包括BOD_5、COD_{Cr}等，同时在煤矿开采过程中要使用地下水，而这种生产行为也会使地下水资源总量不断减少、地下水位下降以及地表沉降并使地表水减少。另一方面煤矸石淋融水向地下水下渗会使地下水受到污染，而地下水转变成矿井水的过程中也会出现水质污染。

三、煤矿生产活动对土地利用的影响

在煤矿生产活动中无论是矸石场还是工业场地、道路等都会占压土地，从而导致了土地利用方式的改变与对地表植被的破坏，同时煤矿开采还会导致采空区地表出现变形，其表现为滑坡、塌方以及地裂缝等，而这种情况的出现又会导致地表植被以及农作物的减少。在煤矿开采过程中应当在加强生产管理的基础上缩小开采范围，通过严格控制开采区域来降低地面辗压限度，以免对植被和土壤造成过大面积的破坏，而对于地表植被生长良好的地区尽量不要建造弃渣场、料场或者工棚。在土地恢复方面可以根据对土地的破坏程度来进行分析，根据不同土地类型进行土地复垦。

四、煤矿生产活动对声环境的影响

煤矿企业矿区在建设阶段与运营阶段都会具有一定的噪声，这些噪声主要来自于引风机、风机、绞车、电锯、破碎、车链等，其对声音环境的污染是具有较多的声源、较大的强度、较高的声级、较多的连续噪声等，这种特点的存在对矿区周边人们的生活产生了极其不利的影响。在煤矿开采的设备选用阶段，对机电产品的选用不仅要考虑生产工艺需求，同时应当具备高效低噪的特点；在煤矿开采的现场可以通过吸音处理来提升锅炉房、原煤准备车间、变电站、木工房等主要噪声来源的顶棚、墙壁的吸音能力；在煤矿开采现场周围也有必要通过使用降噪措施来阻隔噪声，如增加绿化来抑制噪声传播就是十分必要的对策，绿化的数目应当能够适应当地自然条件，尽量选用乔木与灌木结合的方式，在实现绿化降噪最大化的同时实现绿化与周围环境的协调。

第二节 煤矿环境工程地质灾害

地质灾害可分为自然地质灾害和人为地质灾害及两者共同作用的地质灾害。煤矿环境工程地质灾害主要是由人类开采活动违背自然规律、恶化生态环境，导致灾害发生。伴随煤矿开采引起的环境工程地质灾害主要有以下几点。

一、岩层移动地面沉陷

由于煤矿开采形成地下采空区，岩体失去原有平衡状态而发生移动，简称岩移。岩移包括地下开采造成的地表移动和露天开采引起的滑坡、塌陷。采矿塌陷均分布在矿井采空区上方，其变形形式有地表沉陷、断裂、塌陷等。

二、漏斗状陷坑和阶梯状断裂

这类地表移动发生突然、快速、强烈，危害严重但破坏范围小；主要发生在浅部急倾斜煤层采空区和开采深度与煤层开采厚度之比小于20的缓倾斜煤层采空区以及较大地质构造分布区。

三、山体开裂

在陡峭凌空的地形条件下，因山崖下采煤的管理不善和设计不当，甚至滥采，长期采掘会造成上覆山体开裂变形，最终产生倾倒、滑崩等地质灾害，轻则影响生产安全，中断交通，重则酿成巨大灾难。这是一类典型的且具有普遍性的人为诱发的工程地质灾害。

四、边坡失稳

露天采煤开挖矿坑，形成边坡。随着开采深度的加大，边坡规模增大，破坏原有的应力的平衡，导致人工边坡失稳破坏或滑移，最终形成滑坡。

五、采矿诱发地震（矿震）

采矿诱发地震（矿震）是指采矿工程活动引起的地震，它是地壳浅部岩石圈对人类活动的一种反作用现象。采矿形成的地下自由空间使采空区周围的岩体由原来的三向受压变成两向或单向受压，引起应力的重新分布。在采区范围内，沿断裂形成应力集中地段和高地压异常带，促使应变提前释放。采矿诱发地震与采矿活动密切相关，常发生在采掘工作面附近以及承载煤柱和煤壁的应力集中部位，底板以上发震较多；震源位置随工作面向前推进而发生变化。地震活动与开采时间相对应，常出现在一定规模的采空之后。地震强度上限一般为4级以下，个别可达5.0～5.5级。

第三节 煤矿环境污染因素及特点

煤矿环境污染主要由采矿、煤炭运输、加工等生产活动引起。人为活动是目前影响煤矿地质环境质量的主要因素。具体来说，煤矿环境污染物主要有煤矿固体废物、煤矿废水、煤矿废气、煤岩粉尘、煤矿生产噪声等。

一、固体废物

煤矿的固体废物主要有粉煤灰和生活垃圾、煤泥、露天矿剥离物、矸石等。其中矸石对环境影响最大、最普遍。

1. 煤泥

煤泥是在煤炭开采、运输、洗选等过程中产生的泥状物质。其形成与煤及煤矸石的物理性质、煤炭开采和运输方法、选煤工艺、煤泥处理系统等有关。煤泥一般呈塑性体或松散体和泥固体；灰分含量高、黏土物质多，热值低，持水性强。

2. 露天矿剥离物

露天矿剥离物的岩石组成和排放量取决于煤层上覆岩层的岩性、煤层的埋藏深度和赋存条件、地形条件和剥离厚度等。剥离层一般有松散沉积物、砂岩、灰岩及泥岩等。

3. 矸石

矸石是对在煤矿生产过程中产生的岩石的统称。包括采掘过程排出的顶板、底板岩石，选煤过程中分离出来的碳质岩和混入煤中的岩石等。矸石常由碳质泥岩、泥岩、砂岩、灰岩等组成，矿物成分主要有伊利石、蒙脱石、石英、白云石、高岭石、方解石、黄铁矿、长石、水铝矿等，也含有少量稀有金属矿物。化学成分以 Al_2O_3（含量 20%～30%）、SiO_2（含量 50%～70%）为主，同时含有不等量的 Fe_2O_3、CaO、MgO、TiO_2、K_2O、Na_2O、P_2O_5 和 V_2O_5 等。

二、废水

煤矿废水主要有矿井水、选煤废水及其他附属工业废水和生活废水。

1. 矿井水

矿井水是煤矿排放量最大的一种废水，它对地表河流等水资源产生较大的污染。矿井水的主要污染物为悬浮物；此外，由于矿井水中坑木、粪便等有机物的腐烂，乳化液的泄漏，使矿井水常带有颜色和臭味，含有较多的细菌和大肠杆菌。

煤矿矿井水质因区域水文地质条件、煤质状况等因素的差异而有所不同。根据矿井水质可将矿井水分为五种类型。

① 含悬浮物矿井水，含有大量的悬浮物、少量可溶有机物和菌群等。是在我国煤矿区分布广泛的一类矿井水，是由井下生产所产生的大量煤、岩粉以及井下生产和职工生活的各种废弃物混入矿井水而形成。比如在矿区生活污水中除含各种悬浮物外，还会有较多的有机质，尤其是矿区医院污水中含菌更多。

② 高矿化度矿井水，多呈中性或弱碱性，含有 SO_4^{2-}、Cl^-、Ca^{2+}、K^+、Na^+、HCO_3^- 等离子，一般带有苦涩味，无机盐总含量大于 1000mg/L。此类矿井水含盐量高且带苦涩味而不宜直接饮用。

③ 酸性矿井水，指酸碱度小于 5.5 的矿井水。其形成主要与煤层及其围岩含硫量偏高、矿井水来源与流径、大气流通状况、矿井密闭程度、开采深度等因素有关。由于酸性水易溶解煤层及围岩中的金属元素而可使矿井水中 Fe、Mn 重金属元素和无机盐类离子增加，导致矿化度和硬度升高。

④ 含特殊污染物矿井水，可分为含氟矿井水、含油类矿井水、含放射性元素矿井水、含重金属元素矿井水等。我国含氟矿井水主要分布于北方的一些矿区，其形成与高氟地下水或矿区附近的含氟火成岩矿层有关；含放射性矿井水和含油矿井水在我国的一些煤矿也有存在，其形成与煤及其围岩或地下水中含放射性物质以及煤系中有含油层有关。

2. 选煤废水

选煤废水是煤炭湿法洗选过程中产生的废水。其中含有大量的悬浮煤粒，故也称其为煤泥水。此外，选煤废水中还含有一定量的石油类、酚类、醇类、聚丙烯酰胺等有毒有机药剂和煤中的各种离子和放射性元素等。因此，选煤废水是一种有毒废水。其排放量与选煤工艺和设备有关。

3. 其他工业废水

这类废水主要指焦化厂、矿灯厂等煤矿附属企业产生的废水。其排放量虽然不大，毒性却很高，主要是这些废水中含有的有毒有害物质种类和量较为复杂。如焦化厂废水中含有硫化物、酚、氢化物、氨等；矿灯厂废水中含有铬、铅、镉、氰化物等。

三、废气

① 煤矿井下开采产生大量煤粉尘和有害气体污染环境。我国大部分煤矿都有瓦斯，并且瓦斯矿井和煤与瓦斯突出矿井约占40%。此外，在井下其他作业过程中还产生部分有害气体，如井下使用的铵梯炸药在爆破中产生CO和NO_x；使用柴油动力机械排放的废气中含有大量的NO_x；煤炭自燃产生CO，CO_2等。为了井下生产安全，通常采用通风的方式将井下的有害气体抽出排入大气中。CH_4及CO、CO_2、NO_x、H_2S等是造成大气污染和温室效应的有害源，严重影响地球的气候和生态环境。

② 矸石山自燃排放出大量烟尘和有害气体。煤矸石是煤炭生产过程中排弃的主要废渣，占煤炭产量的10%～20%。目前全国矸石山约1500座，其中自燃的有300座，经治理，仍有百余座在自燃，燃烧的矸石山放出大量的烟尘及NO_2、H_2S、CO等有毒气体，严重污染了矿区及周边地区的大气环境。

③ 矿区工业锅炉、窑炉以及居民燃烧的烟囱排放大量烟尘、二氧化硫，对矿区大气环境造成污染。在矿区，用于生产、生活的锅炉，大部分都未安装二氧化硫净化装置，矿区二氧化硫排放的90%来自煤炭的燃烧。另外，矿区居民通常大量燃用原煤，一方面造成原煤的浪费，另一方面产生严重的大气污染。这些小煤炉基本上没有经过治理，同时缺乏统一的管理，数量多，而且低空排放，烟尘难以扩散，对矿区大气污染严重。煤炭是我国的主要能源，每年有80%以上的煤炭用于直接燃烧。煤是由C、H、O、N、S组成的极其复杂的高分子有机化合物。煤炭燃烧时80%左右的硫是可燃的，燃烧时硫份大部分以SO_2的形式排出。例如电厂燃烧含1%硫的煤，烟气中的SO_2在0.1%左右。SO_2进入大气后，可转化为SO_3^{2-}、SO_4^{2-}，遇降水可形成酸雨。酸雨危害鱼类、侵害土壤、破坏森林，抑制农作物生长，对桥梁、机械设备、城市建筑、石灰石、大理石、雕刻的名胜古迹严重侵蚀。煤燃烧时，煤中的N以NO和NO_2的形式放出，NO可使血红蛋白转变为亚硝基血红蛋白或亚铁血红蛋白，使人体血液输氧能力降低。NO_2对呼吸管的刺激作用比二氧化硫还大，特别是大气中的氮氧化物、二氧化硫和颗粒物之间有协同效应，它们对人体的影响比各自污染影响总和要严重得多，可导致气管炎、肺气肿、肺癌等疾病。燃烧产生的CO_2发生温室效应，使气温上升，气候变暖，降雨量及其分布改变，造成干旱和洪水，严重威胁人类的健康和生存。此外，煤炭燃烧时产生的烟尘含有大量的有潜在危害的化学物质，尤其是粒径$<10\mu m$的浮尘，可随气流在全球扩散，影响气候，造成大气能见度降低，还参加光化学烟雾的形成，是导致大气能见度降低的主要原因之一。煤炭不完全燃烧产生挥发性烃，大气中的氮氧化物在太阳光中紫外线照射下能够和大气中的氧气、挥发性烃反应生成毒性很大的光化学烟雾，主要成分有臭氧、醛类、过氧乙酰、硝酸、酯类，造成二次污染，形成更大的危害。据统计，我国SO_2排放量占世界第一，CO_2排放量占全球总排量的13%，居世界第二。燃煤产生的SO_2排放量占全国总排放量的74%；燃煤产生的CO_2排放量占全国总排放量的85%；燃煤产生的NO_x排放量占全国总排放量的60%；燃煤产生的TSP排放量占全国总排放量的70%。许多矿区大气中，颗粒物、二氧化硫的浓度已经超过国家标准几倍，甚至十几倍，尤其是冬季，其超标率明显大于其他三个季节。

四、粉尘

煤矿在生产、储存、运输及巷道掘进等各个环节都产生大量粉尘。粉尘的主要成分是硅和铝的化合物，掘进工人患职业硅肺病，采煤工人患职业煤肺病就是二氧化硅和煤尘微粒在肺部沉积的结果，煤硅肺病是二者混合沉积的结果，在矿工职业病中见得更多。

煤矿粉尘由煤尘、岩粉和其他物质粉尘组成，其中以煤尘为主。一般具有湿润性、黏附性、电荷性、爆炸性、气溶性等一些特殊性质，可悬浮于矿井水和空气之中或沉附于各种物体表面。

五、噪声

矿区噪声污染存在于各主要生产环节，其中以煤矿生产中地面和井下机电设备运转产生的噪声最为突出。局部扇风机、电动凿岩机、地面空气压缩机、引风机以及洗煤厂的各种洗煤器械，是矿区的主要噪声源。煤矿生产所用设备多属高噪声。此外，采掘爆破噪声亦是高噪声。

第四节 煤矿环境污染防治简介

一、煤炭洁净开采技术

煤炭开采在给社会带来经济效益的同时，也导致了矿区的环境污染和生态破坏。如煤炭开采引起地表塌陷，煤炭开采过程中的废弃物、噪声污染和破坏人类生存环境等。为保护好生态环境，煤炭开采企业必须进行清洁生产审核，采用洁净开采技术，才能保持能源生产、消费和生态之间的平衡。因此，在生产高质量煤炭的同时，采取综合治理措施，使煤炭开采过程中产生的废弃物对环境的污染减小到最低限度。

加强污染小的煤炭开采与清洁煤技术的开发、应用和推广，促进传统的煤炭开采和加工利用方式向环境无害化方向转变，提高煤炭利用效率，减轻环境污染，增强全社会迎接环境挑战的内在应变力。在煤炭开采过程中，推广应用和引进开发下列工艺。

① 改进采煤工艺。采用全煤巷开拓方式，巷道尽量布置在煤层中，减少岩巷掘进量，从而控制排矸总量。应根据煤层赋存条件和生产技术条件，在安全、高效的原则下，选择合理的采煤方法和生产工艺，实现煤炭的清洁开采。具体如，加大采高，实现煤层全厚开采；合理分层；留顶（或底）煤开采；利用矸石充填井下巷道等。掘进工作面，大力推广激光导向光面爆破锚喷支护、多台凿岩机作业、大耙斗机装岩等技术。大力开发型煤、煤矸石建材沸腾炉燃料、矸石发电、膨润土、褐煤化工等产品。改进安全技术装备，全部采用瓦斯遥测自动控制系统，顶板支护大部分改为钢构化，通风实行自动控制。

② 加强矿区水资源管理，利用松散地层的过滤作用处理煤矿生产过程中的较高污染水，使之达到井下工业生产用水标准，采用浮选尾煤处理工艺流程，实现“煤泥回收，洗水闭路循环”，进而显著地提高经济效益。

③ 开发引进先进市郊的烟气净化技术。烟道气净化包括二氧化硫、氮化物和颗粒物控制，可采用干法、湿法，两种方法都可使烟气中的二氧化硫脱除90%以上，废渣可回收石膏出售。

④ 开发粉煤灰和灰渣利用技术。对灰渣处理方法有灰坝堆放，制灰渣砖，做黏土砖等，这些技术综合利用都有显著的经济与环境效益。应制定和完善有关政策，促进其市场开拓。

具体在煤矿粉尘防治方面，世界各主要产煤国家都先后采用高压喷雾或高压水辅助切割降尘技术，有效地控制采煤机切割时产生的粉尘，同时减少了截齿摩擦产生火花引燃瓦斯、煤尘爆炸的危险性。在掘进工作面，主要采用内外喷雾相结合的方法降低掘进机切割部的产尘量和蔓延到巷道的悬浮粉尘。同时，通过粉尘净化，通风除尘，泡沫除尘，声波霉化等综合措施，降低粉尘的产生和飞扬。

⑤ 积极参加与联合国《气候变化框架公约》有关的国际交流合作，引进国外先进的少污染煤炭开采技术和清洁煤技术，包括煤炭加工、洗选、型煤、水煤浆、煤炭高效洁净燃烧、流化床燃烧技术，高效低污染的粉煤燃烧、燃煤联合循环发电、煤炭转化、煤炭气化、煤炭液化、燃料电池以及废弃物的治理，如烟气净化、煤层气回收利用、煤矸石和粉煤灰综合利用。要引进先进技术，如燃烧磁流体发电、燃烧电池发电。

二、矿山固体废物资源化利用技术

1. 尾矿中有价组分的提取

许多矿山尾矿中具有回收利用价值的有价组分，其品位常常大于相应的原生矿品位，充分利用分选技术回收这些有价金属对充分利用资源、延缓矿产资源的枯竭具有重要意义。

2. 生产煤矸石砖、免烧砖、黏土砖

利用煤矸石生产烧结砖。煤矸石经破碎、粉磨、搅拌、压制、成型、干燥、焙烧而成烧结砖，各种原料的参考配比为：煤矸石 70%～80%，黏土 10%～15%，砂 10%～15%，也有的利用纯煤矸石。煤矸石砖一般均采用塑性挤出成型，经过干燥后入窑焙烧，烧结温度范围一般为 900～1100℃。由于煤矸石中有 10%左右的碳及部分挥发物，故焙烧过程中无需加燃料。煤矸石烧结砖的抗冻、耐酸、耐碱等性能也比较好，可代替黏土砖使用。

免烧砖是一种新型建筑材料，是由胶凝材料与含硅、铝原料按一定颗粒级配均匀掺和，压制成型，并进行蒸压或蒸养而成的一种以水化硅酸钙、水化铝酸钙、水化硅铝酸钙等多种水化产物为一体的建筑制品。此外，以尾矿为原料，用塑性成型或半干压成型生产黏土砖。

为了适应建材发展的需要，国家对发展煤矸石建材，提供了一系列优惠政策。“十一五”期间，淘汰两万家黏土砖企业，煤矸石综合利用率由 2000 年的 43%提高到 50%以上，重点煤矿和重点地区的煤矸石综合利用率达到 80%以上，这将促使煤炭企业产品向多元化发展。

3. 生产水泥

煤矸石中 SiO_2、Al_2O_3、Fe_2O_3 的含量较高，总含量在 80%以上，是一种天然黏土质原料，可以代替黏土做生产水泥的原料。利用煤矸石可生产煤矸石普通硅酸盐水泥、煤矸石火山灰水泥、煤矸石无熟料水泥。

(1) 普通硅酸盐水泥　生产煤矸石普通硅酸盐水泥主要原料是石灰石 69%～82%、煤矸石 13%～15%、铁粉 3%～5%、混合煤和石膏 13%左右，水 16%～18%，生产过程中可根据煤矸石及其他原料的性质确定合理的配比。这种水泥是先把石灰石、煤矸石、铁粉混合磨成生料，与煤混拌均匀加水制成生料球，在 1400～1450℃的温度下得到以硅酸三钙为主要成分的熟料，然后将烧成的熟料与石膏一起磨细制成的。这种水泥凝结硬化快，早期强度高，各项性能指标均符合国家有关标准。

(2) 煤矸石无熟料水泥　煤矸石无熟料水泥是以自燃煤矸石或经过 800℃温度煅烧的煤矸石为主要原料，与石灰、石膏共同混合磨细制成的，有时也可以加入少量的硅酸盐水泥熟料或高炉渣。

煤矸石无熟料水泥的原料参考配合比为：煤矸石 60%～80%、生石灰 15%～25%、石膏 3%～8%。如果加入炼钢高炉渣，各种原料的参考配合比为：煤矸石 30%～34%、高炉渣25%～35%、生石灰20%～30%、无水石膏10%～13%。这种水泥不需生料磨细和熟料煅烧，而是直接将活性材料和激发剂按比例配合，混匀磨细。生石灰是煤矸石无熟料水泥中的碱性激发剂，生石灰中有效氧化钙与煤矸石中的活性氧化硅、氧化铝在湿热条件下进行反应生成水化硅酸钙和水化铝酸钙，使水泥强度增加；石膏是无熟料水泥中的硫酸盐激发剂，它与煤矸石中的活性氧化铝反应生成硫铝酸钙，同时调节水泥的凝结时间，以利于水泥的硬化提高强度。

4. 生产化工产品

以黏土矿物高岭石为主要成分的煤矸石（称高岭岩），具有一系列优异的物理、化学性能而被广泛用于轻工、化工、石油、医药、高科技等领域。高岭岩在一定的物理、化学条件下经深加工，高岭石矿物可转变成结晶的或无定形的单晶相或多晶相产品，生产硫酸铝、聚合氯化铝等系列化工产品。

5. 尾矿及煤矸石的其他利用

含碳量较高的煤矸石可作为低热值燃料利用，如建煤矸石发电厂。以砂岩、粉砂岩为主要成分的煤矸石除做建材外，可做井下采空区充填、地表塌陷区复垦充填或路基充填石料等的利用。目前，尾矿及煤矸石还广泛应用于生产陶粒、耐火材料、加气混凝土、黑色玻璃等方面。

三、矿井水处理复用技术

煤矿矿井水是指在采煤过程中，所有渗入井下采掘空间的水，由于受开拓及采煤活动的影响，水中常含有大量煤、岩粉尘等悬浮杂质或矿井水呈酸性，并含大量铁和重金属离子等污染物。井水的排放是煤炭工业具有行业特点的污染源之一，量大面广，我国煤炭开发每年矿井的涌水量为20多亿立方米，其特性取决于成煤的地质环境和煤系地层的矿物化学成分。我国是淡水资源贫乏的国家，人均拥有水量仅是世界人均水量的1/4，且分布极不均匀。我国北方主要产煤区资源占全国煤炭储量的80%以上，但水资源仅占全国总量的1/5。矿井排水，导致地下水位下降或矿区缺水，严重制约了矿区经济的可持续发展。矿井水流经采煤工作面和巷道时，因受人为活动影响，煤岩粉和一些有机物进入水中，我国矿井水中普遍含有以煤岩粉为主的悬浮物，以及可溶的无机盐类，有机污染物较少，一般不含有毒物质。因此，对矿井水进行净化处理利用，将产生巨大的经济效益和社会效益。

1. 煤矿酸性矿井水处理技术

我国海陆交互相或浅海相沉积的煤层，因煤含硫高，开采时矿井排水往往呈酸性。

(1) 煤矿酸性矿井水的成因及水质特征　煤炭的开采破坏了煤层原有的还原环境，矿井通风又提供了氧，使还原态硫化物氧化。地下水的渗出并与残留煤，顶、底板岩层的接触，促使硫化物氧化成硫酸，使矿井水呈酸性。

(2) 酸性矿井水的处理方法

① 石灰石中和法。目前，国内煤矿酸性矿井水的处理方法主要是中和法。一般是采用廉价的石灰石或石灰作中和剂进行中和处理。其原理是中和剂石灰石与酸性水中的硫酸进行中和反应，产生微溶 $CaSO_4$，反应式为：

$$CaCO_3 + H_2SO_4 = CaSO_4 + \underset{\downarrow \atop H_2O + CO_2}{H_2CO_3}$$

石灰石中和滚筒法是指利用石灰石为中和剂，酸性水在滚筒中被中和的一种处理方法。工艺流程如图11-1所示，酸性矿井水首先经耐酸泵提升至地面再经耐酸泵连续送入滚筒中，滚筒转速为10～20 r/min，筒体中心线的酸性水在滚筒中与中和剂石灰石反应。为了保证石灰石与酸性水有较充足的接触反应去除 CO_2，将滚筒出水送入曝气槽，使随矿井水带入的石灰石在反应池中与酸产生反应，进一步提高酸性水 pH 并脱除 CO_2。然后进入沉淀池，为了去除悬浮加混凝剂。沉淀处理后出水可达排放标准，直接外排或作选煤等工业用水复用。

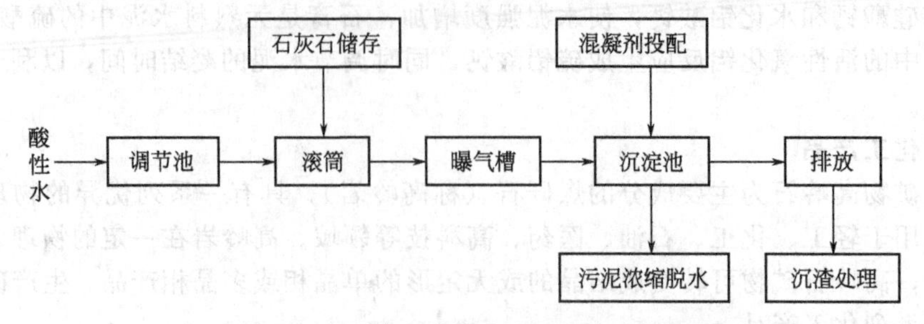

图 11-1　石灰石中和滚筒法处理酸性矿井水流程

石灰石升流膨胀过滤中和法是以细小石灰石颗粒（$d \leqslant 3.0$mm）为滤料，酸性水自滤池底部进入滤池，在酸性水作用下，石灰石滤料膨胀，颗粒相互摩擦，石灰石与酸性水反应能够连续不断地进行。酸性矿井水由提升水泵送至地面蓄水池，再经耐酸泵送入石灰石，酸性水自滤池底部上升过程中与石灰石产生反应，出水经平流式沉淀池沉淀后进曝气池，在压缩空气的作用下，反应产物 H_2CO_3 彻底分解为 H_2O 和 CO_2，最后经斜管沉淀池处理后排放（图 11-2）。

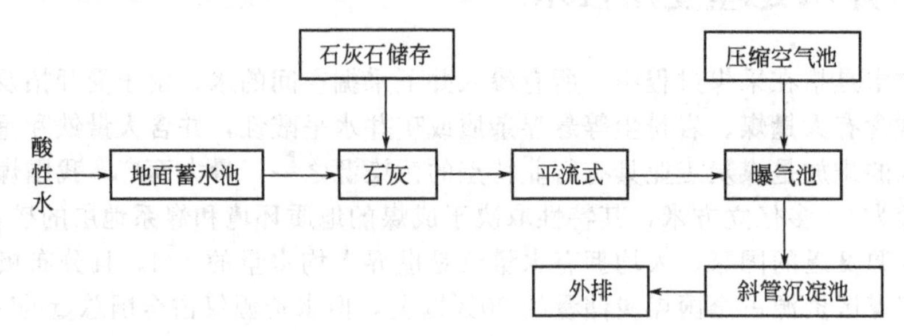

图 11-2　石灰石升流膨胀过滤中和法工艺流程

② 石灰中和法。石灰是一种来源方便、价格便宜的碱性物质，在煤矿酸性水中和处理中，常采用石灰进行中和处理。

石灰作中和剂进行中和处理酸性水，工艺流程如图 11-3 所示。

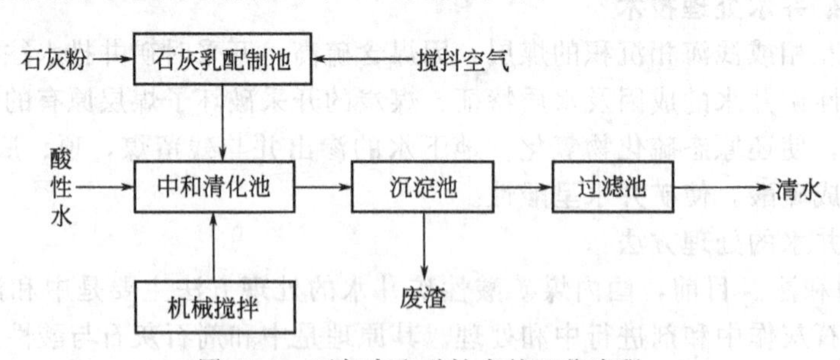

图 11-3　石灰中和酸性水的工艺流程

首先将氧化钙含量 67％～81％的石灰制成含活性氧化钙 5％～10％的石灰乳，然后加入中和氧化池中，同时采用机械搅拌进行充分搅拌，经沉淀、过滤，清水达到国家规定的排放标准（pH 值＝6.0～9.0），外排或者用于煤矿工业用水。废水中 Fe、Mg、Al 等一些有害的金属离子转化成未定的溶解度很小的氢氧化物沉淀并被除去。

③ 石灰石-石灰中和法。石灰石中和处理法具有操作简便、处理费用低等优点，其缺点

是处理后水 pH 经常达不到排放标准，除铁效率低；而石灰中和法优点是效果好，除铁效果好于石灰石中和法，但操作费用高。显然石灰石和石灰中和法联合处理酸性水是中和工艺的优化。从图 11-4 石灰石-石灰联合中和法工艺流程图可以看出，该工艺流程是先采用石灰石滚筒中和，消耗酸性水中绝大部分 H_2SO_4，使处理后水的 pH 达 5.5 以上；然后再采用石灰或石灰乳中和，使水 pH 得到进一步提高，一般控制 pH 在 8.0 左右，这时 Fe^{2+} 水解并产生沉淀，形成絮状物，起到混凝作用，有利于悬浮固体去除。

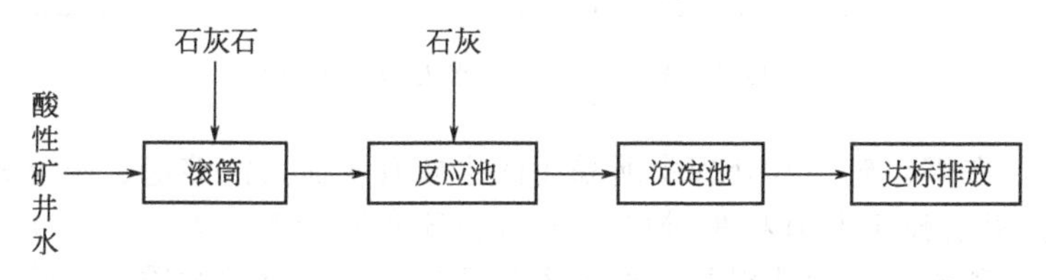

图 11-4　石灰石-石灰联合中和法工艺流程

④ 生物化学法简介。生物化学法处理含铁酸性水是目前国内外研究比较活跃的处理方法，在美国、日本等国家已经进行了实际应用。该方法的原理是利用氧化铁杆菌在酸性条件下将水中 Fe^{2+} 氧化成 Fe^{3+}，Fe^{3+} 具有活性，与 OH^- 反应生成 $Fe(OH)_3$ 沉淀，然后再用石灰石进行中和，以实现酸性矿井水的中和及除铁。

酸性矿井水经中和处理后，达到国家排放标准的，可供缺水煤矿作为工业用水复用；要做饮用水还需作进一步净化处理，除去金属离子等杂质。

2. 高矿化度矿井水处理技术

煤矿高矿化度矿井水的含盐量一般在 1000～3000mg/L，属于我国大部分地区的苦咸水含盐量范围，所以，有些煤矿也称高矿化度矿井水为苦咸水，其硬度往往较高。因受采煤等作业的影响，这类矿井水还含有较高的煤、岩粉等悬浮物，浊度大。苦咸水脱盐方法主要有电渗析和反渗透技术。目前电渗析技术已成为一个大规模的化工单元过程，广泛地用于各个行业。当进水含盐量在 500～4000mg/L 时，采用电渗析是技术可行、经济合理的；当进水含盐量小于 500mg/L 时，应结合具体条件，通过技术经济比较确定是采用电渗析还是采用离子交换或者两者联合。反渗透技术自从 20 世纪 50 年代末 60 年代初发展成为实用的化工单元操作以来正不断地拓展其应用领域和规模，目前已广泛地应用于各行业。国内外已广泛应用于海水、苦咸水淡化，锅炉补给水、饮用水纯化，在食品、制药、化工、医疗、环保、矿井用水等行业中制备纯透反渗水、超纯水，以及各种水溶液的脱盐、分离和浓缩。

我国北方地区煤炭储量丰富但水资源紧张，所以，处理利用这部分矿井水是解决北方矿区生活、生产状况紧张的良好途径。因高矿化度矿井水含盐量高，处理工艺包括混凝、沉淀等工序外，其关键工序是脱盐。脱盐采用电渗析和反渗析脱盐技术。

高矿化度矿井水处理，一般分成两个部分：第一部分是预处理，主要去除矿井水的悬浮物，采用常规混凝沉淀技术；第二部分是脱盐处理，使处理后出水含盐量符合我国生活饮用水要求，如图 11-5 所示。

3. 含悬浮物矿井水处理技术

含悬浮物的矿井水的主要污染物来自矿井水流经采掘工作面时带入的煤粒、煤粉、岩粒、岩粉等悬浮物。因此，这种矿井水多呈灰黑色，并有一定的异味，浑浊度也较高，pH 呈中性，含盐量<1000mg/L，金属含量微量或未检出，不含有毒离子。

含悬浮物矿井水处理技术主要有混凝、沉淀和澄清、过滤和消毒。矿井水混凝阶段所处理的对象主要是煤粉、岩粉等悬浮物及胶体杂质，它是矿井水处理工艺中一个十分重要的环节。实践证明，混凝过程的程度对矿井水后续处理，如沉淀、过滤影响很大。

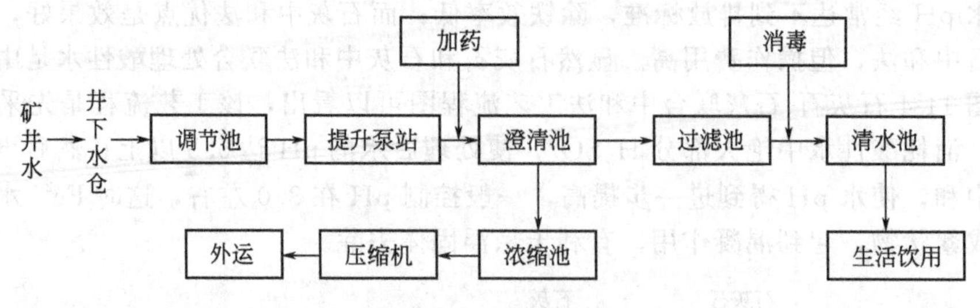

图 11-5 高矿化度矿井水处理工艺流程

沉淀和澄清：在煤矿矿井水处理中所采用的主要有平流式沉淀池、竖流式沉淀池和斜板（管式）沉淀池。澄清池主要有机械搅拌、水力循环和脉冲等。在煤矿矿井水处理过程中，过滤一般是指以石英砂等粒状滤料层截留水中悬浮物。去除化学杂质，澄清和生物过程未能去除的细微颗粒和胶体物质，提高出水水质。矿井水处理可以采用过滤池。过滤池有普通快滤池、双层滤料滤池、无阀滤池和虹吸滤池等。常采用的滤料有石英砂、无烟煤、石榴石粒、磁铁矿粒、白云石粒、花岗岩粒等。

水净化处理后，细菌、病毒、有机物及臭味等并不能得到较好的去除。所以，必须进行消毒处理。消毒的目的在于杀灭水中的有害病原微生物（病原菌、病毒等），防止水质传染病的危害。在以煤矿矿井水为生活水源水处理中，目前主要采用的是氯消毒法。消毒剂主要有：液氯、漂白粉、氯胺、次氯酸钠等。

含悬浮物矿井水的污染物主要是煤、岩粉悬浮物和细菌。这类矿井水又被经常用作生活用水水源加以处理利用，所以去除矿井水中悬浮物和杀菌消毒是处理的关键。

图 11-6 是含悬浮物矿井水处理经常采用的工艺流程，优点是流程相对简单，节省基建投资。

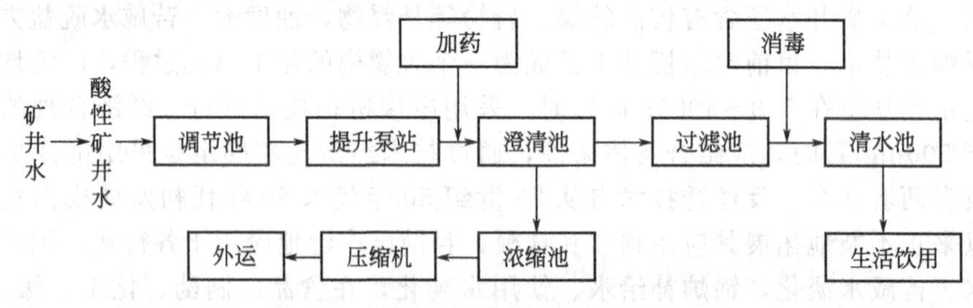

图 11-6 含悬浮物矿井水处理工艺流程

4. 洁净矿井水

洁净矿井水通常是奥灰水，砂岩裂隙水，第四纪冲积层水及少量老空积水。这类矿井水水质好，pH 中性，矿化度低，不含有毒、有害离子，低浊度，经消毒处理后，可作生活用水。

以上是煤矿常见的几种矿井水廉价处理工艺方法，其他水质的矿井水，经净化处理后也可作工业用水复用，节约水资源。矿井水处理属“三废”利用环保项目，享受国家有关税费减免优惠政策，是实现煤矿可持续发展的循环经济举措。

5. 煤泥水处理技术

含有煤泥等轻度污染的矿井水，这类矿井水水量不大稳定，常采用一体化净水器进行处理，该净水器是一种新型重力式自动冲洗式一体化净水器，适合进水浊度≤3000mg/L，出水浊度≤3mg/L。该净水器集絮凝、反应、沉淀、排污、反冲、污泥浓缩、集水过滤于一体，自动排泥、自动反冲洗。本装置处理效果好，出水水质优良，自耗水量少，动力消耗省，占地面积小，节水、节电，无需人员管理。处理后的水质达到生产和生活用水的要求。

四、塌陷矿坑回填复垦技术

由于开采浅部煤层引起的地表塌陷，常呈漏斗状或台阶状断裂塌陷坑。开采深部煤层，塌陷呈大范围平缓下沉盆地，塌陷面积是煤层开采面积的1.2倍左右，塌陷盆地边坡坡度可达1°～5°。下沉盆地中央塌陷深度若超过潜水位时，地下潜水会造成积水，常年积水区使原有农田不能耕种，季节性积水区则会造成农业减产。

1. 矸石回填复垦

利用煤矸石充填采煤塌陷区和露天矿坑复垦造地造田，复垦种植技术。对处于开发早期、尚未形成大面积沉陷区或未终止沉降形成塌陷稳定区的矿区，可采用预排矸复垦。推广利用煤矸石充填沟谷等低洼地作建筑工程用地、筑路等工程填筑技术。矸石复垦土地作为建筑用地时，应采用分层回填，分层镇压方法充填矸石，以获得较高的地基承载能力和稳定性。推广煤矸石矿井充填技术，采用煤矸石不出井的采煤生产工艺，充填采空区，减少矸石排放量和地表下沉量。

2. 生态农业复垦技术

生态农业复垦技术是指根据生态学和生态经济学原理，应用复垦工程技术和生态工程技术，通过合理配置植物、动物、微生物等，进行立体种植、养殖和加工。生态农业复垦技术充分利用塌陷区形成积水的特点，根据鱼类等各种水生生物的生活规律、食性以及在水中所处的生态位置，按照生态学的食物链原理进行合理组合，实现农-渔-畜综合经营的生态农业类型，在生态系统中，生物之间以营养为纽带的物质循环和能量流动，形成多级的循环利用。

3. 生物复垦技术

生物复垦技术是利用生物措施恢复土壤肥力与生物生产能力的活动。主要内容为土壤改良和植被品种筛选以及微生物复垦技术。

① 微生物复垦技术是利用微生物活化药剂或微生物与有机物的混合剂，对复垦后的贫瘠土地进行熟化和改良，恢复土壤肥力和活性。

采用微生物方法复垦，对煤矸石、露天矿剥离物等堆放场地不需覆盖表土，经一个植物生长周期（6个月），就可建立稳定的活性条件，第二年可种植农作物。三五年后能完全达到产田的肥力，并维持数年不衰减。该方法也能使其他类型贫瘠土壤或酸性土壤恢复成良田，种植品种没有任何限制。微生物复垦只需普通材料和机具，费用低，效率高，效益好。该技术首先由匈牙利开发，并在前苏联、捷克、加拿大、美国和巴西等国推广使用。

② 土壤改良主要有以下几种方法。

绿肥法。这种方法的实质是在复垦区种植多年生或一年生豆科草本植物。这些植物的绿色部分在土壤微生物作用下，除大量养分外，还可以转化成腐植质；其根系腐烂后也有胶结和团聚作用，能改善土壤理化性质。

施肥法。本方法以施用大量有机肥料来提高土壤中的有机物含量，改良土壤结构，消除过黏、过砂土壤的不良理化特性。

客土法。对过砂、过黏土壤，采用“泥入砂、砂掺泥”的方法，调整耕作层的泥沙比例，达到改良质地、改善耕地、提高土壤肥力的目的。

化学法。该方法主要用于酸性土壤改良。中和酸性土层，一般用石灰做掺合剂；变碱性为中性，常用石膏、氯化钙、硫酸等做调节剂。

一般植被品种筛选是通过实验室模拟种植试验、现场种植试验、经验类比等手段筛选确定。筛选出的品种生长快、产量高、适应性强、抗逆性好、耐贫瘠。尽量选用优良的当地品种，条件适宜时引进外来速生品种。

煤矿地质学实验指导书

实验一　矿　物

一、目的

通过肉眼鉴定矿物加深对地壳物质组成的感性认识。掌握常见矿物的主要鉴定特征，并学会描述方法。

二、要求

1.在教师指导下观察矿物形态及物理性质，为认识矿物打下基础；

2.按照实习报告表的要求，鉴定和描述一些常见矿物的特征：方铅矿、闪锌矿、黄铜矿、黄铁矿、赤铁矿、磁铁矿、褐铁矿、方解石、石英、橄榄石、辉石、角闪石、白云母、斜长石、钾长石、萤石、高岭石、石膏；

3.爱护实习标本和实习设备，观察矿物手标本后放回原地。

三、实习内容

矿物是地壳中天然形成的单质或化合物，它具有一定的化学成分和内部结构，因而具有一定的物理、化学性质及外部形态。

1.矿物的形态

是指矿物的单体及同种矿物集合体的形状。

(1) 矿物单体形态

一向伸长型——呈针状、柱状晶形；

二向延长型——呈片状、板状晶形；

三向等长型——呈粒状或等轴状晶形。

(2) 矿物集合体形态

显晶质集合体形态：

一向伸长型——晶簇状、纤维状、放射状、束状、毛发状、柱状；

二向延长型——片状、鳞片状、板状；

三向等长形——粒状。

隐晶质和胶态集合体形态：结核状、鲕状、肾状、钟乳状、葡萄状、晶腺、树枝状、块状、土块、粉末状等。

2.矿物的物理性质

矿物的光学性质如下所述。

(1) 颜色：是矿物吸收可见光后所呈现的色调（自色与他色）。

自色：矿物本身固有的颜色。

他色：矿物因含外来杂质或气泡等引起的颜色。

描述矿物颜色的方法如下所述。

标准色谱法：利用标准色谱（红色、橙色、黄色、绿色、青色、蓝色、紫色）以及白色、灰色、黑色来描述矿物的颜色。如斜长石为白色。

类比法：把矿物和常见的实物进行对比来描述矿物的颜色。如橄榄石为橄榄绿色。

二名法：矿物的颜色较复杂时，用两种颜色来描述。如紫红色，以红为主，带紫色调。

(2) 条痕：是指矿物粉末的颜色。

(3) 光泽：矿物表面反射光波的能力。

根据反光的能力可分为四级：金属光泽、半金属光泽、金刚光泽、玻璃光泽。

此外，矿物表面光滑程度和集合方式的不同，会出现一些特殊的光泽如：油脂光泽、树脂光泽、丝绢光泽、珍珠光泽、土状光泽等。

(4) 透明度：指矿物可以透过可见光的程度。

在同一厚度下，根据矿物的透光程度可分为：透明、半透明、不透明。

3.矿物的力学性质

(1) 硬度：是指矿物抵抗外力刻划的能力。

摩氏硬度计：1—滑石；2—石膏；3—方解石 ；4—萤石 ；5—磷灰石；6—长石；7—石英；8—黄玉 ；9—刚玉；10—金刚石。

在野外工作及室内实习中，常用小刀（硬度5.5）、指甲（硬度2.5）代替硬度计，将硬度大致分为三级：低（小于2.5）；中等（2.5～5.5）；高（大于5.5）。

(2) 解理：矿物受力后沿一定的结晶学方向裂开光滑平面的性质。

解理可分为五级：极完全解理、完全解理、中等解理、不完全解理、极不完全解理。

(3) 断口：矿物受敲击后沿任意方向裂开成凹凸不平的断面。

(4) 其他的物理性质——相对密度、弹性、挠性、脆性、磁性等。

实验二　岩浆岩

一、目的

1.通过本次试验，对岩浆岩的结构、构造的概念及划分依据有个感性认识；

2.对照教材中所列岩浆岩的主要鉴定特征，在肉眼下借助于放大镜、小刀等观察不同岩石类型的主要矿物；初步掌握手标本上矿物含量的目估方法；

3.掌握岩浆岩手标本的观察内容和描述方法。

二、要求

1.在老师指导下了解识别岩浆岩的一般方法，认识其矿物成分、结构、构造特点及与岩浆性质、形成条件之间的关系；

2.认真观察几种常见的岩浆岩，将观察结果填写在实习报告中。

三、实习内容

1.重点与难点

(1) 岩浆岩的结构与构造。

(2) 岩浆岩的主要矿物成分。

2.岩浆岩的基本特征

对岩浆岩手标本的观察，一般是观察岩石的颜色、结构、构造、矿物成分及其含量，最后确定岩石名称。

(1) 颜色：主要描述岩石新鲜面的颜色，也要注意风化后的颜色。

直接描述岩石的总体颜色，如紫色、绿色、红色、褐色、灰色等。有的颜色介于两者之间，则用复合名称，如灰白色、黄绿色、紫红色等。

岩浆岩的颜色反映在暗色矿物和浅色矿物的相对含量上。色率是指暗色矿物所占岩浆岩体积的百分含量。一船暗色矿物含量＞60％称暗色岩；在60％～30％的称中色岩；＜30％则称浅色岩。

（2）结构：是指组成岩浆岩的矿物成分的结晶程度、颗粒大小、形态及其相互关系。根据岩石中各组分的结晶程度，可分为全晶质、半晶质、玻璃质等结构。

按矿物颗粒的绝对大小，可分为：粗粒结构＞5mm；中粒结构 1～5mm；细粒结构 1～0.1mm；隐晶质结构＜0.1mm。

按矿物颗粒的相对大小：等粒结构、不等粒结构、斑状结构（玻璃质＋结晶质）、似斑状结构（大的为斑晶，小的为基质）。

斑状结构：岩石中矿物颗粒分为大小截然不同的两群，大的称为斑晶，小的及不结晶的玻璃质称为基质。

似斑状结构：岩石也是由两群大小不同的矿物颗粒组成，但基质为显晶质，与斑晶为同一世代的产物。

（3）构造：岩浆岩的构造是指岩石中不同矿物集合体之间或矿物集合体与其他部分之间的排列、充填与组合方式。常见的岩浆岩构造有：块状构造、斑杂构造、带状构造、流动构造、流纹构造、气孔构造、杏仁构造、晶洞构造。

侵入岩常为块状构造，岩石中的矿物无定向排列；喷出岩常具气孔状、杏仁状和流纹状构造。要注意描述气孔的大小、形状、杏仁的充填物及气孔、杏仁有无定向排列。

（4）矿物成分：矿物成分及其含量是岩浆岩定名的重要依据。岩石中凡能用肉眼识别的矿物均要进行描述。首先要描述主要矿物的成分、形状、大小、物理性质及其相对含量，其次对次要矿物也要作简单描述。

组成岩浆岩的矿物，常见的有 20 多种，其中最主要的造岩矿物是橄榄石、辉石、角闪石、黑云母、斜长石、钾长石和石英七种。根据化学成分可分为以下两类。

铁镁矿物：橄榄石、辉石、角闪石、黑云母。

硅铝矿物：斜长石、钾长石、石英。

（5）次生变化：岩浆岩固结后，受到岩浆期后热液作用和地表风化作用，往往使岩石中的矿物全部或部分受到次生变化，若变化较强，就应描述它蚀变成何种矿物。如橄榄石、辉石易成蛇纹石；角闪石、黑云母常变成绿泥石；而长石则变成绢云母、高岭石等。

（6）岩石定名：在肉限观察和描述的基础上定出岩石名称。

颜色＋结构＋岩石基本名称，如浅灰色粗粒花岗岩；灰黑色中粒辉长岩。

（7）主要岩石类型

超基性岩：橄榄岩、辉石岩、角闪岩、金伯利岩。

基性岩：辉长岩、辉绿岩、玄武岩。

中性岩：闪长岩、安山岩、正长岩、粗面岩。

酸性岩：花岗岩、流纹岩。

脉岩：煌斑岩、细晶岩。

3.岩浆岩肉限鉴别方法和步骤

岩浆岩的分类定名，初学的可按以下步骤进行。

（1）观颜色、初定类：岩石的颜色反映了矿物成分及其含量，是岩石分类命名的直观依据。但需指出，在估计暗色矿物含量时，易产生肉眼视觉上的误差。浅色矿物覆于暗色矿物之上时，由于它的透明性，易把它看成暗色矿物，故对暗色矿物含量的估计，往往偏高。另尚要注意次生变化对颜色的影响。

（2）辨矿物定大类：在据颜色分成三大部分基础上，再根据矿物种类、含量和共生组合特征把岩石分成超基性岩、基性岩、中性（钙碱性）岩、酸性岩、碱性岩五类，即可确定岩石属哪一大类。

石英＞20％为酸性岩；橄榄石（＋辉石，或角闪石）＞90％为超基性岩；中、基性岩皆为斜长石＋暗色矿物；中、基性岩的划分除色率外，主要有以下两点规律：①暗色矿物种类：中性岩石以角闪石为主，基性岩以辉石为主；②共生矿物种类：基性岩与超基性岩可找到少量橄榄石；中性岩与酸性岩相邻，可找到少量石英和肉红色钾长石。酸性岩和碱性岩颜色都是近肉红色，两者的区分主要根据碱性岩的石英和斜长石（灰白色）含量都很少。

自然界中的岩石类繁多，并且在各类之间存在许多过渡类型。如某岩石中以角闪石、斜长石为主，次要矿物为石英（达5%～20%）、钾长石（达20%）、黑云母等，岩石应介于中酸性之间，定为花岗闪长岩。

对具斑状结构的喷出岩和浅成岩，基质是隐晶质，肉眼则难以鉴定其成分，斑晶一般是由岩石中的主要矿物组成的，主要依靠斑晶来定名。

对于无斑晶的隐晶质结构岩石，则只有根据岩石颜色和致密坚硬程度大致判断。含 SiO_2 较高的酸性隐晶质岩石往往硬度较大。

（3）看结构（构造），推环境（产状）：同类岩石成分相同，但每类根据不同的产状分成深成岩、浅成岩和喷出岩三种，分别给以不同的岩石种名。岩石产状即岩石生成环境，主要反映在结构构造上。

（4）根据岩石的颜色，主要、次要矿物成分含量及结构构造详细定名。

对于侵入岩：颜色＋结构＋基本名称，如：黑灰色中粒辉长岩。

对于喷出岩：颜色＋构造＋基本名称，如：黑色气孔状玄武岩

4. 岩浆岩肉眼鉴定描述举例：n 号标本

黑灰色，风化面略显黑绿色，等粒中粒结构，颗粒一般在1～1.5mm，块状构造，主要矿物为斜长石和辉石，各占55%和40%左右。斜长石为灰白色，柱状或粒状，时见解理面闪闪有光，玻璃光泽，辉石为黑色，短柱状，玻璃光泽，有的解理面清晰。岩石较新鲜，未遭次生变化。根据上面描述的 n 号标本岩石的各种特征可定为基性、深成岩，定名为：黑灰色中粒辉长岩。

实验三　沉积岩

一、目的

通过实验，了解和基本掌握沉积岩的肉眼鉴定和描述方法，了解沉积岩的矿物成分、结构、层理、层面构造特点及主要岩石类型的鉴定特征。通过对沉积岩特征的认识，加深对沉积作用过程及沉积岩形成环境的了解。

二、要求

1. 在教师带领下认真观察几种主要沉积岩的特征；对照教材中所列沉积岩的主要鉴定特征，在肉眼下借助于放大镜、小刀等观察不同岩石类型的主要矿物成分、结构构造特征；

2. 把观察到的现象认真地填写到实习报告中；

3. 要爱护实习标本。

三、实习内容

1. 沉积岩

沉积岩是外动力地质作用形成的沉积物经过成岩作用形成的。沉积岩的特征主要通过其颜色、构造、结构和成分来认识，沉积岩一般呈层状。按成因及成分可大致分类为：①碎屑岩类：包括正常的碎屑岩、火山碎屑岩；②化学岩和生物化学岩。

碎屑岩类：砾岩、砂岩、粉砂岩、火山碎屑岩（火山角砾岩、集块岩、凝灰岩）。

黏土岩：页岩、泥岩。

化学岩及生物化学岩：碳酸盐岩、石灰岩、白云岩；硅质岩；铁质岩、磷质岩、锰质岩、岩盐（蒸发岩）等。

2.沉积岩的基本特征

（1）沉积岩的颜色　沉积岩的颜色是指沉积岩外表的总体颜色，而不是指单个矿物的颜色。根据成因可分为原生色和次生色。

白色的沉积岩多为纯净的高岭土、石英、方解石、盐类成分组成。深灰色-黑色一般说明岩石中含有有机成分或散状的硫化铁等杂质，是还原环境下形成的岩石；肉红色或深红色可能含有较多的正长石或氧化铁，是在氧化环境下形成的；含二价铁的硅酸盐组成绿色沉积岩，形成于弱还原环境。

沉积岩的颜色命名方法：

① 沉积岩的颜色比较单一时，命名就比较简单，如灰色、黑色等。

② 沉积岩的颜色比较复杂时，可采用复合命名，如黄绿色等。

（2）沉积岩的成分　沉积岩的成分是指组成沉积岩的物质成分，包括岩石和矿物。沉积岩中常见的矿物有20多种。各类沉积岩中的矿物成分有较大差别。

① 碎屑岩由碎屑颗粒（岩石碎屑和矿物碎屑）和胶结物组成。最主要的矿物碎屑有不易风化的石英、长石和白云母等，而易风化的橄榄石、辉石、角闪石则少见；常见的胶结物有碳酸盐、氧化硅、氧化铁和泥质等。根据硅质硬度大，泥质较松软，钙质加稀盐酸起泡，铁质呈红褐色（三价铁）或灰绿色（二价铁）等特征，可将四种胶结物区别开。火山碎屑岩由火山碎屑（岩石碎屑、火山玻璃碎屑、矿物碎屑）和填隙的火山灰、火山尘组成。

② 泥质岩主要由黏土矿物（高岭石等）组成。

③ 化学及生物化学岩的矿物成分很多，常见的有铁、铝、锰、硅的氧化物、碳酸盐（方解石、白云石）、硫酸盐（石膏等）、磷酸盐及卤化物（石盐、钾石盐、光卤石）等。但某一种岩石的成分比较单一，往往以某一种化学组分为主。

（3）沉积岩的结构　沉积岩的结构是指组成沉积岩的物质成分的结晶程度、颗粒大小、形状及其相互关系。

① 碎屑结构　由各种碎屑物质和胶结物组成。按碎屑颗粒粒径大小可分为：砾状结构（$>$2mm）、砂状结构（0.05～2mm）、粉砂状结构（0.005～0.05mm）；火山碎屑结构：岩石中火山碎屑物的含量达到90%以上。根据碎屑粒径大小可分为：集块结构、火山角砾结构、凝灰结构。

② 泥质结构　$<$0.005mm，由各种黏土矿物组成。

③ 化学碎屑结构　由波浪和流水的作用形成的碳酸盐岩结构。包括：颗粒、泥晶基质、亮晶胶结物和孔隙四部分。如鲕状结构、竹叶状结构等。

④ 晶粒结构　全部由结晶颗粒组成的结构。按晶粒大小分为：粗晶、中晶、细晶及隐晶。

⑤ 生物结构　沉积岩中所含生物遗体或碎片达到90%以上。

（4）沉积岩的构造　沉积岩的构造是指沉积岩中物质成分的空间分布及排列方式。

沉积岩的原生构造：在沉积物沉积及固结成岩过程中所形成的构造，包括层理和层面构造。

① 层理　是沉积物沉积时形成的成层构造。层理由沉积物的成分、结构、颜色及层的厚度、形状等沿垂向的变化而显示出来。

按层的厚度，层理可分为：巨厚层$>$2m；厚层2～0.5m；中层0.5～0.1m；薄层0.1～0.01m；微层$<$0.01m。

按细层的形态，层理有以下几种类型：水平层理、波状层理、交错层理、粒序层理、块状层理。

② 层面构造　在岩层层面上所出现的各种不平坦的沉积构造的痕迹统称为层面构造。层面构造主要有：波痕、泥裂、雨痕和雹痕；晶体印模。

波痕：是由于风、流水或波浪等的作用，在砂质沉积物表面所形成的一种波状起伏现象，形似波纹。常见的波痕类型有：对称波痕和不对称波痕。

泥裂：是未固结的沉积物露出水面，受到暴晒而干涸、收缩所产生的裂缝。

③ 结核　结核是一种在成分、结构、颜色等方面与周围岩石有显著差别的矿物集合体。如锰结核等。

3.沉积岩的肉眼鉴定方法和步骤

（1）碎屑岩　具有典型的碎屑结构，观察描述以下内容。

① 颜色　要求指出岩石的总体颜色，并要区别新鲜面和风化面的颜色。

② 构造　看有无微层理和层面构造，一般以块状构造常见。

③ 结构　碎屑岩具有典型的碎屑结构，由两部分组成：a. 碎屑部分。描述碎屑颗粒的大小及含量，若为粗碎屑岩，描述砾石或角砾的大小、形态、磨圆度等。b. 胶结部分。常见的胶结物有：黏土质（土状，岩石较松散，小刀可以刻动，并在水中可以泡软）、铁质（使岩石呈紫红色或褐色）、硅质（白色，硬度大于小刀，往往胶结紧密）、钙质（白色加稀盐酸强烈起泡）。

④ 碎屑成分　常见的有石英、长石、白云母及岩屑碎屑，确定碎屑成分及含量。

⑤ 命名　碎屑岩按碎屑颗粒的大小先定出：砾岩、砂岩、粉砂岩、泥质岩，基本名称，再按碎屑粒级、成分细分。

（2）泥质岩　泥质岩由黏土矿物组成，矿物颗粒非常细小，故在手标本中肉眼鉴定其成分是困难的。主要观察描写泥质岩的颜色和物理性质。

① 颜色　一般的泥质岩往往为浅色，混入有机质则显黑色，混入氧化铁呈褐色，含绿泥石、海绿石等为绿色。

② 物理性质　观察岩面断口、硬度、可塑性，在水中易否泡软，吸水性强弱等。

③ 构造　观察岩石中有无层理、波痕、结核、泥裂等。

④ 是否含有生物化石。

⑤ 泥质岩易和粉砂岩混淆　肉限鉴定一般用手研磨岩石粉末，有无砂感予以区别。若无砂感者定为泥质岩。

⑥ 命名　泥质岩本身的进一步分类根据固结程度、有无页理构造分为黏土、泥岩和页岩，有的还可根据颜色、硬度和滴酸起泡等进一步分为铁质、硅质和钙质页岩等。

（3）化学及生物化学岩

① 颜色　灰-灰白色居多，但往往随混入物而变化。

② 构造　应注意有无微细层理和层面构造，有无化石等。

③ 结构　若为结晶粒状，要按粒度划分粗、中、细粒及其含量；若为生物碎屑，要分清生物种属及其含量。

④ 断口　可反映岩石的固结程度和结构、构造。如岩石由显微粒状方解石或白云石组成，固结差的为土状断口，固结致密的为贝壳状断口，颗粒较粗大而均匀的则呈“砂糖状断口”，颗粒较小不均匀而含有生物碎屑的则呈不平坦断口，若有显微层理则呈阶状断口。

⑤ 硬度　一般小于小刀，如混入硅质，硬度增加。

⑥ 遇酸反应　加酸起泡程度。

⑦ 命名　化学岩和生物化学岩主要根据物质组成进一步分类命名，其中碳酸盐类岩还应根据钙、镁和黏土物质的百分含量（即与盐酸反应难易程度）以及碎屑的成分与结构进一

步细分类。

4.沉积岩肉眼鉴定描述举例

对岩石标本，依上所述步骤观察、描述完毕，最后应给予命名。为便于从岩石名称中反映出岩石特征，往往用岩石的全名称。一般顺序是：颜色＋构造＋结构＋成分。

m 号标本：新鲜面为白色，风化面为灰白色；具层理构造；粗粒砂状结构，粒度一般为1mm左右，有5%＞2mm的砾石，磨圆较好，多呈浑圆状，分选也较好；硅质胶结。碎屑矿物主要为石英，其含量大于90%，可见少量长石，风化后呈高岭土。根据定名原则，*m* 号标本全名为：白色含砾粗粒石英砂岩。

n 号标本：黄绿色，带少量褐色斑点，泥质结构，岩石致密，硬度低，指甲可刻动，断口粗糙，表面光泽暗淡，可见细小云母片，含三叶虫和圆货贝化石碎片，具有平行的薄层状页理构造，滴盐酸起泡。*n* 号标本可定为：黄绿色含生物钙质页岩。

q 号标本：灰白色，泥晶结构，块状构造，岩石具贝壳状断口，固结致密，小刀可刻动，局部有粗晶的方解石颗粒，直径1～2mm，解理面闪闪发光，加盐酸剧烈起泡。故 *q* 号标本可定为：灰白色泥晶灰岩。

实验四　变质岩

一、目的

通过实验，了解和基本掌握变质岩的肉眼鉴定和描述方法，了解变质岩的矿物成分、结构构造特点及主要岩石类型的鉴定特征。通过对变质岩特征的认识加深对变质作用的了解。

二、要求

1.了解观察变质岩的一般方法，掌握其矿物成分、结构、构造等特点；对照教材中所列变质岩的主要鉴定特征，在肉眼下借助于放大镜、小刀等观察不同岩石类型的主要矿物成分、结构构造特征；

2.认识和观察几种常见的变质岩，将观察结果填写在实习报告中。

三、实习内容

1.变质岩

变质岩是变质作用的产物。因此，其矿物成分、结构、构造上与原岩相比，既有明显的继承性，又有一定的差异性。变质程度又直接影响到原岩改变的程度和变质岩的特征。

变质岩观察描述的内容与岩浆岩、沉积岩相似，也是颜色、构造、结构、矿物成分、次生变化等特征，最后确定岩石名称。所不同的是变质岩的结构、构造及矿物成分特点与岩浆岩、沉积岩显著不同，是变质岩的主要定名依据。变质岩的主要分类如下所述。

区域变质岩：板岩、千枚岩、片岩、片麻岩。

接触变质岩：角岩、矽卡岩、大理岩、石英岩。

自生变质岩：蛇纹岩、云英岩。

2.变质岩的基本特征

(1) 变质岩的矿物成分

① 变质矿物——变质作用形成的新矿物称为变质矿物，如红柱石、蓝晶石、石榴子石等。

② 变质岩中有大量在岩浆岩或沉积岩中普遍存在的一些矿物，如：石英、长石等。

(2) 变质岩的结构　变质岩的结构主要有三大类：动力变质作用形成的压碎结构；强

烈、彻底的变质作用形成的变晶结构；变质作用不彻底，保留原岩特征的变余结构。和其他岩石类似，观察时根据矿物颗粒大小和形状等先区别属于哪一大类结构；再确定具体的结构名称。

① 变晶结构　指原岩经变质过程中的结晶作用而形成的结构。

变晶结构按变晶粒径的绝对大小可分为：粗粒变晶结构（＞3mm）、中粒变晶结构（1～3mm）、细粒变晶结构（0.1～1mm）、显微变晶结构（＜0.1mm）。

变晶结构按变晶的相对大小分。等粒变晶结构：矿物粒径大致相等；不等粒变晶结构：矿物粒径不等，大小呈连续变化；斑状变晶结构：矿物粒径可明显分为大小不同的两群，粗大者称变斑晶。

变晶结构按变晶的形态可分。a. 粒状变晶结构：变晶为粒状物，如石英、长石、方解石等。b. 鳞片变晶结构：变晶为鳞片状矿物，如云母、绿泥石等。c. 纤维变晶结构：变晶为长条状、针状、纤维状矿物，如红柱石、硅灰石等。d. 角岩结构：是泥质岩受热接触变质作用形成的隐晶质变晶结构。黑、灰色，质地均一、致密、坚硬似牛角。

② 变余结构　岩石变质程度不深而残留的部分原岩结构。如变余泥质结构、变余泥质结构、变余斑状结构、变余花岗结构。

③ 变形结构　指动力变质作用形成的一类特殊结构。包括碎裂结构和糜棱结构。

（3）变质岩的构造　构造是变质岩的主要定名依据，常见的有以下几种。

① 片理构造　主要有以下几种：板状构造、千枚状构造、片状构造、片麻状构造。几种片理构造的区分方法如下所述。

板状构造：肉眼不易分辨岩石结晶颗粒，劈裂面光滑整齐，显弱丝绢光泽，易劈成厚度均匀的薄板状；

千枚状构造：劈裂面比较密集，并有强烈丝绢光泽，有时可见许多明显的小皱纹者；

片状构造：肉眼可以分辨岩石结晶颗粒，片状或柱伏矿物所组成，且连续分布；

片麻状构造　粒状矿物为主，片、柱状矿物为不连续的定向排列。

② 块状构造　岩石全部由颗粒矿物组成，不显定向性。如石英岩、大理岩。

③ 条带状构造　不同组分按一定方向成层状或带状分布。

（4）变质作用类型及变质岩类型

① 动力变质作用与动力变质岩　构造角砾岩、碎裂岩、糜棱岩。

② 区域变质作用与区域变质岩　板岩、千枚岩、片岩、片麻岩、石英岩、大理岩。

③ 混合岩化作用与混合岩　混合岩。

④ 接触变质作用与接触变质岩　接触热变质作用：红柱石角岩、大理岩、石英岩。接触交代变质作用：硅卡岩。

3. 变质岩的观察描述方法

变质岩的主要观察描述以下内容。

（1）颜色：主要描述岩石总体显示的颜色。

（2）构造：构造是变质岩的主要定名依据。

（3）矿物成分要观察描述肉眼和放大镜能辨认的所有矿物，估其含量。要特别注意变质矿物种类和含量以及原岩矿物的受变质情况，如重结晶、压碎、拉长、扭歪等。

标本 *a*：岩石呈灰白色，具片状构造，粒状鳞片变晶结构，主要的组成矿物为：白云母、绢云母，含量 60%以上。白云母、绢云母：无色透明、具强的丝绢光泽，硬度小，白云母为片状，绢云母为小队的鳞片状。此外还有石英与酸性斜长石，石英含量多于酸性斜长石。石英：粒状，灰白色，断口油脂光泽，硬度＞小刀，无解理。含量 25%左右。斜长石：粒状，灰白色，玻璃光泽，有解理，硬度＞小刀。含量 10%左右。根据上述岩石的鉴定特征该岩石定名为：绢云母石英片岩。

参考文献

[1] 胡绍祥等.矿山地质学.徐州：中国矿业大学出版社，2008.
[2] 杨孟达.煤矿地质学.北京：煤炭工业出版社，2000.
[3] 贾琇明.煤矿地质学.徐州：中国矿业大学出版社，2008.
[4] 李增学.煤地质学.北京：地质出版社，2009.
[5] 段云龙.煤炭采样制样和常规分析及质量控制手册.北京：中国质检出版社，中国标准出版社，2013.
[6] 陶昆，王向阳.煤矿地质. 徐州：中国矿业大学出版社，2013.
[7] 曾勇.古生物地层学. 徐州：中国矿业大学出版社，2009.
[8] 杨浩，陈斌.地史古生物学.武汉：中国地质大学出版社，2012.
[9] 李小明.矿山地质学.北京：煤炭工业出版社，2012.
[10] 曾勇.古生物地层学. 徐州：中国矿业大学出版社，2009.
[11] 刘本培，全秋琦.地质学教程.北京：地质出版社，1996.
[12] 陈书平，赵淑霞.煤矿地质学.长春：东北师范大学出版社，2012.
[13] 曹运江，蒋建华，资锋.煤矿地质学. 徐州：中国矿业大学出版社，2014.